国家出版基金项目
NATIONAL PUBLICATION FOUNDATION

合成生物学丛书

基因组合成生物学

沈 玥 付 宪 主编

山东科学技术出版社 | 科学出版社

济 南　　　　　　　北 京

内 容 简 介

本书对合成基因组学的核心内容进行了系统性介绍,既涉及相关的原理和技术,亦包括里程碑式科学事件和前沿应用展望。具体而言,本书序为国内外该研究领域的知名学者 George Church 教授和杨焕明院士对该领域的概述和展望;第 1 章围绕合成基因组所涉及的四大类设计原则(区分、重构、精简与赋能)进行深入介绍;第 2 章深入阐述如何从头人工合成基因组,以及该过程涉及的关键技术;第 3 章全面分享在病毒、原核生物及真核生物基因组人工合成方面取得的重大科研成果;第 4 章展望领域未来的应用场景并探讨发展带来的伦理安全问题。

本书可供合成生物学的基因组学技术与应用领域的高年级本科生、研究生和科研人员参考使用,对于合成生物学产业的从业人士也有参考意义。

图书在版编目(CIP)数据

基因组合成生物学 / 沈玥,付宪主编. —北京:科学出版社;济南:山东科学技术出版社,2024.6

(合成生物学丛书)

国家出版基金项目

ISBN 978-7-03-078657-9

Ⅰ. ①基… Ⅱ. ①沈… ②付… Ⅲ. ①基因组–生物合成 Ⅳ. ①Q503

中国国家版本馆 CIP 数据核字(2024)第 111372 号

责任编辑:陈 昕 张 琳 王 静 罗 静 刘 晶
责任校对:严 娜 / 责任印制:王 涛 肖 兴 / 封面设计:无极书装

山东科学技术出版社 和 科学出版社 联合出版

北京东黄城根北街 16 号
邮政编码:100717
http://www.sciencep.com

北京中科印刷有限公司印刷
科学出版社发行 各地新华书店经销

*

2024 年 6 月第 一 版 开本:720×1000 1/16
2024 年 6 月第一次印刷 印张:18
字数:360 000

定价:198.00 元
(如有印装质量问题,我社负责调换)

丛 书 序

21世纪以来，全球进入颠覆性科技创新空前密集活跃的时期。合成生物学的兴起与发展尤其受到关注。其核心理念可以概括为两个方面："造物致知"，即通过逐级建造生物体系来学习生命功能涌现的原理，为生命科学研究提供新的范式；"造物致用"，即驱动生物技术迭代提升、变革生物制造创新发展，为发展新质生产力提供支撑。

合成生物学的科学意义和实际意义使其成为全球科技发展战略的一个制高点。例如，美国政府在其《国家生物技术与生物制造计划》中明确表示，其"硬核目标"的实现有赖于"合成生物学与人工智能的突破"。中国高度重视合成生物学发展，在国家973计划和863计划支持的基础上，"十三五"和"十四五"期间又将合成生物学列为重点研发计划中的重点专项予以系统性布局和支持。许多地方政府也设立了重大专项或创新载体，企业和资本纷纷进入，抢抓合成生物学这个新的赛道。合成生物学-生物技术-生物制造-生物经济的关联互动正在奏响科技创新驱动的新时代旋律。

科学出版社始终关注科学前沿，敏锐地抓住合成生物学这一主题，组织合成生物学领域国内知名专家，经过充分酝酿、讨论和分工，精心策划了这套"合成生物学丛书"。本丛书内容涵盖面广，涉及医药、生物化工、农业与食品、能源、环境、信息、材料等应用领域，还涉及合成生物学使能技术和安全、伦理和法律研究等，系统地展示了合成生物学领域的新成果，反映了合成生物学的内涵和发展，体现了合成生物学的前沿性和变革性特质。相信本丛书的出版，将对我国合成生物学人才培养、科学研究、技术创新、应用转化产生积极影响。

张先恩

丛书主编

2024年3月

序　一

　　这篇序言是为该书阐释写作背景与动机的序章，该书本身也是一个序章——为人类广阔崭新的创造性潜力打开一扇大门，这种潜力也许是有史以来最有影响力的。合成基因组学是迈向工程生物学的通道，且实际上并不局限于生物学。我参与教授一门名为"How to grow almost anything（HTGAA）（如何培育几乎任何东西）"的公共课（Perry et al.，2022），这个课程名字也提示我们，在不久的将来，合成基因组学会涵盖目前人类可以制造的一切，甚至包括一些几乎无法想象的东西。

　　例如，信息存储（见本书 2.1.2 节）可能一开始看起来并不是合成基因组学的一部分，但是，当我们探索基因组哪些位置可作为新 DNA 插入的"避风港"时，我们发现可以通过这种方式来记录大量发育和生理信息（Kalhor et al.，2018；Loveless et al.，2021）。过去的研究中用来自 30g 小鼠组织的 30ng DNA 存储大约 0.2 TB（1 TB=1024 GB）的信息，但随着我们对以前被认为是"垃圾"的大概 40% 的基因组的深入探索，我们可以将信息的容量扩展到 EB 级（1 EB= 1 048 576 TB）水平。第二个相关的例子是，合成基因组学可能不是用于音频和视频记录的常规选择，但动物和其他生物的感官是生理性的，因此这些信息也是可被基因组性地记录的。

　　目前，合成基因组学聚焦在一些非常有挑战性的课题上，主要是通过添加或编辑一个或几个基因的方式，属于重组 DNA 技术（自 20 世纪 70 年代以来）、转基因和基因治疗领域。与所有现有基因组都非常不同的基因组是很难被设计的。将每一个可能的密码子更改为同义密码子，可以让我们得到约 35% 的 DNA 差异性（随机情况下是 75%）。我们有一些通过小范围完全改变氨基酸序列来研究功能的例子，如全部改变腺病毒衣壳蛋白中的 28 个氨基酸（Bryant et al.，2020）；也有一些是自然界中没有祖先的新生蛋白质和 RNA 的例子，但是这些都与在没有可追溯祖先作为模板的情况下设计可以完全自我复制的全新基因组相去甚远。此外，还有些其他例证：通过改变生物中几乎通用的 64 个三联遗传密码子有效利用新型的非天然氨基酸（ncAA，见 1.5.2 节），利用这些非天然氨基酸进行生物控制（4.3.3 节）及抵抗（几乎）所有病毒的侵染（如 4.3.4 节中所述）。

　　另一个在基因组层面开展大规模改写的例子是异种器官移植，它的技术手段仍属于"多重编辑"的范畴，但可能正在过渡到基因组合成。通过体细胞核移植（SCNT）技术将基因组工程改造后的成纤维细胞转移到代孕母猪的猪囊胚中，可以使得猪种系发生稳定的变化。到目前为止，基因组中发生最大改变的数量是 69 个，这些改变似乎足以使猪器官供体和灵长类动物受体之间实现兼容，使得移植个体存活时间达到两年以上。值得注意的是，通过上述基因组改造，三种细胞表面的糖类型，即免疫、补体和凝血因子发生了相应的改变，且清除了所有内源性逆转录病毒（以避免可能的人畜共患病版本的进化）。然而，如同人与人之间的器官移植，免疫抑制剂是必需的，这也增加了感染和癌症的风险。同卵双胞胎之间的移植不需要这些药物，例如，1954 年哈佛大学附属布列根妇女医院的外科医生取得首次成功。基因组合成可能使猪的蛋白质组与人有相似的兼容性。

还有一个由多位点编辑向基因组合成发展的例子，是将古 DNA 序列用于濒危物种的种群复兴和多样化、生态系统修复，乃至灭绝物种的复活。数百项野化实践都已经成功（例如，美国黄石公园中消失 70 年的狼群再现，野牛群体规模从 500 只提升至 50 万只），这取决于对 200 万年前的古老样本的测序，以及结合上文提及的猪器官应用中所采用的生殖细胞系的构建方法。目前，通过该路径开展的实践对象包括现代象-猛犸象混种、渡渡鸟及袋狼。以大象的实践为例，最初的目标是通过构建耐寒能力，将濒危物种的适应生存范围拓展至北极地区（因为过去的 5 万年里，该区域内未见大型食草动物的分布），以帮助保留冻原中存在的 1.4 万亿吨的碳。一些适应所需的变化可能不存在于古代或现代基因组中，如对灭绝级别病毒的抗性，以及隐藏吸引捕食者的肢体特征。需要强调的是，这些生物的基因组都非常庞大（约 30 亿碱基对），而比酵母基因组（约 1200 万碱基对）更大的基因组的从头合成仍未见报道（见 4.4 节）。针对关键特性进行多位点编辑的同时，合成基因组学还有很多待探索的空间。

基因组工程并不仅仅局限于生物化学，还可进一步延伸拓展至无机化学。对于适用于合成生物学的 20 种无机化合物的研究不过是冰山一角（Church，2022）。部分无机化学反应可以通过少量的基因来完成，绝大多数的反应则需要涉及基因组水平的系统重编，从而使之可编码非天然氨基酸，进一步处理新加入的功能元素，如镧系螯合物、共价有机金属化合物和半导体介质。基因组合成也将构建出具有极端微生物耐受性并兼顾多种环境和原材料处理所需的代谢多样性的全新杂交物种。另一项有望利用合成细胞产生颠覆性突破的应用是构建可通过高效的太阳帆加速到相对论速度的超微型太空探测器（皮克级至纳克级水平），使其在具备高度适应性与快速复制能力的同时，实现地球与太空的信息传输。该研究的关键点在于，如果有一种可以利用简单且常见的化学物质在 15 min 内实现原子级别的精确自修复与快速复制的终极纳米技术，合成基因组学就是这个技术的编程语言。

George Church

哈佛大学

2024 年 3 月 1 日

Foreword
（序—原文）

This short chapter is to provide context and motivations for the book which is itself a prelude – opening a door wide to vast new human creative potential, possibly the most impactful in history. Synthetic genomics is the gateway to engineered biology, and indeed is not limited to biology. I co-teach a global course called "How to grow almost anything" (Perry et al., 2022) and this phrase (HTGAA) reminds us that someday soon synthetic genomics may embrace everything currently manufactured and even some barely imagined.

For example, information storage (see this book section 2.1.2) may not, at first, seem part of synthetic genomics, but as we explore genomic "safe harbors" into which novel DNA can be inserted, we find that we can record vast amounts developmental and physiological information (Kalhor et al., 2018; Loveless et al., 2021). Past work stored roughly 0.2 Terabytes in 30ng per 30-gram mouse, but as we exploit the 40% of the genome previously considered "junk" we can extend this to exabytes each. As a related second example, synthetic genomics may not be the obvious choice for audio and video recording, but the senses of animals and other living things are physiological and hence genomically recordable as well.

Synthetic genomics is, for now, focused on projects which would be very challenging to do by adding or editing one or a few genes, which has been the realm of recombinant DNA (since the 1970s), transgenics and gene therapies. It is hard to design genomes which are very different from all existing genomes. Changing every possible codon to a synonymous codon can get us to about 35% DNA differences (random is 75%). We have a few examples of function with full amino acid changes for short stretches – e.g., 28 out of 28 AA in AAV (Bryant et al., 2020). A few examples of *de novo* proteins and RNAs with no ancestry in nature exist, but nothing close to a fully replicating genome lacking traceable ancestry has been designed. Nevertheless, the examples which require include changing the nearly universal genetic code of 64 triplets to enable efficient use of novel amino acids (ncAAs, see 1.5.2), biocontainment via those ncAAs (4.3.3), and resistance to (probably) all viruses, as described in 4.3.4.

An example of genome-scale changes which has been in range of 'multiplex-editing' but may be transitioning to genome synthesis is xenotransplantation. Changes have been made stably in the pig germline via somatic cell nuclear transfer (SCNT) from genome-engineered fibroblast cells into pig blastocysts in a surrogate mother pig. The maximum number of changes made so far is 69 and appear sufficient to enable compatibility between pig organ donors and primate recipients over two-year survival of the organs – notable three cell-surface carbohydrate types, immune, complement and clotting factors, as well as eliminating all endogenous retroviruses (to avoid evolution of possible zoonotic versions). However, like human-to-human transplants, immunosuppressants are required, which increases risks of infection and cancer. Transplants between identical twins does not require such drugs, as seen in the first success in 1954 by Harvard-Brigham surgeons. Genome synthesis might enable making pig proteomes which are similarly compatible.

Another example, along the spectrum from multiplex editing to genome synthesis is using ancient DNA to revitalize and diversify endangered species, restore ecosystems and even extinct species. Hundreds of examples of rewilding have been successful (e.g., wolves in Yellowstone Park after 70 years absence and bison populations restored from 500 to 500, 000). Revival of ancient alleles is based on sequencing of ancient samples up to 2 million years old plus germline methods described above for pigs. Efforts underway include elephant-mammoth hybrids, dodos, and thylacine. In the case of elephants, the initial goal is cold resistance in order to expand the range of the endangered species to the arctic, which has been depleted of large herbivores over the past 50, 000 years and to help retain 1400 gigatons of carbon in the frozen tundra. Some of the changes needed for adaptation may not be present in the ancient nor modern genomes, for example, resistance to extinction-level viruses and elimination of body parts attractive to poachers. It should be emphasized that these genomes are large (~3 billion base pairs) and the synthesis of genomes larger than yeast (12Mb) is not yet demonstrated (see 4.4). Much can be done in the meantime with multiplex editing of key features.

Genome engineering is not limited to biochemistry but can include diverse categories of inorganic chemistry. A survey of 20 inorganic compounds suitable for synthetic biology (Church, 2022) is just the tip of the iceberg. Some of these inorganic reactions can be handled by a small number of genes, while others may require full genome recoding to exploit ncAAs which handle additional elements, e.g., lanthanide chelates, covalent organometallic compounds, and semiconductors. Genome synthesis will also be needed to make hybrids of species with extremophile tolerances plus metabolic diversity needed to handle a broad set of environments and raw materials. One roadmap that will likely drive progress is the use of synthetic cells in making ultra-miniature space probes (picogram to nanogram scale) capable of efficient solar-sail acceleration to relativistic speeds, highly adaptive yet circumscribed replication and construction of communication devices to phone home to earth. The point is that synthetic genomics is the programming language of the ultimate nanotechnology – one that is atomically precise and capable of self-repair and replicative-doubling in 15 minutes using simple and common raw chemicals.

George Church

Harvard University

March 1, 2024

参 考 文 献

Bryant D, Bashir A, Sinai S, et al. 2020. Massively parallel deep diversification of AAV capsid proteins by machine learning. Nature Biotech, 39: 691-696.

Church G. 2022. Picogram-scale interstellar probes via bioinspired engineering. Astrobiology, 22 (12): 1452-1458.

Kalhor R, Kalhor K, Leeper K, et al. 2018. A homing CRISPR mouse resource for barcoding and lineage tracing. Science, 361: eaat9804.

Loveless T B, Grotts J H, Schechter M W, et al. 2021. Lineage tracing and analog recording in mammalian cells by single-site DNA writing. Nature Chem Biol, 17: 739-747.

Perry E, Weber J, Pataranutaporn P, et al. 2002. How to grow (almost) anything: a hybrid distance learning model for global laboratory-based synthetic biology education. Nature Biotechnol, 40: 1874-1879.

序　二

这是一本由我国年轻一代科学家编撰的好书。

我们年轻的作者们告诉我，这本书首先是给 DNA 双螺旋结构发现 70 周年的献礼——詹姆斯·沃森（James Watson）和弗朗西斯·克里克（Francis Crick）的历史性发现，在业内被誉为生命科学史上的"第一场革命"；同时，这本书是对遗传信息流向规律——"中心法则"的重要贡献者之一、已故著名生物学家悉尼·布伦纳（Sydney Brenner）的怀念。此外，这本书也是对与布伦纳和约翰·萨尔斯顿（John Sulston）一起分享诺贝尔奖的罗伯特·霍维茨（H. Robert Horvitz）的感谢，感谢他对合成生物学的支持以及对中国年轻科学家的鼓励和期待。是的，他们永远是我和我的朋友、学生们的良师益友，我很赞赏我们的新生一代"感恩谢师"的情怀。

今年也是国际人类基因组计划（Human Genome Project，HGP）完成 20 周年。借此我谨向弗朗西斯·柯林斯（Francis Collins）、埃里克·兰德（Eric Lander）、梅纳德·奥尔森（Maynard Olson）、阿里·帕特纳斯（Ari Patrinos）、约翰·萨尔斯顿、米歇尔·摩尔根（Micheal Morgan），以及日本、法国、德国数百位一起并肩完成第一个人类基因组草图的老朋友们表示感谢。是他们高举"HGP 精神——共有、共为、共享"的大旗，拥抱中国这一 HGP 协作组中唯一的发展中国家，并一如既往地支持中国与中国的科学家，与我们这一代和年轻一代在科学情怀和科学精神上同频共振。

合成生物学这一个领域是 20 世纪 70 年代中期遗传工程的继续，其主要特点是基于 DNA 双螺旋结构，聚焦于已经鉴定的编码蛋白质的 DNA 序列，以实验室和工业化规模来生产蛋白质产品，带来了遗传学研究和生物产业的第一个飞跃。合成生物学的先驱者克雷格·文特尔（Craig Venter）及其研究所设计和合成的支原体 Synthia，是人类设计和合成的第一个完整的、功能齐备的基因组（尽管还带有明显模仿自然的痕迹）。青蒿素、吗啡和大麻这三个复杂的生物活性化合物，是合成生物学第一阶段的代表性产物，也奠定了设计和合成以下代谢网络的基础：一个完整的物质和能量代谢途径组成的代谢网络、细胞信号传递通路、诸多基因调控系统组成的基因表达的调控网络（特别是提高目标产物的产量和修饰）。约翰斯·霍普金斯大学的杰夫·布卡（Jef Boeke）教授发明了"基于真核基因同源重组的基因组片段替代法（homologous recombination-based genomic segment replacement）"，该方法成功的范例就是人工合成酿酒酵母基因组计划（Sc2.0），该项目是人类首次尝试合成真核生物的基因组，可以称之为合成生物学发展史上的另一个里程碑。

  Sc2.0 计划可以说是中国参与发起、协调和组织的第一个国际性大合作的科研项目。我还清晰地记得 2012 年在北京举行的第一次国际 Sc2.0 会议，来自多国的协作组成员欢聚一堂、精心策划、分工合作，启动了这一历史性的国际合作计划并如期完成。Sc2.0 不仅已成为合成生物学的一个里程碑，而且造就和锻炼了本书编写团队等年轻有为的科学家。自 Sc2.0 计划之后，中国在北京、天津、上海、深圳等地的团队又取得了多项喜人的进展。就在最近，在全球合作的 Sc2.0 第二期计划中，年轻的科学家又取得了令人振奋的合作成果。这也使该书总结的经验知识得以充实，使得该书内容能够涵盖整个基因组合成技术的全过程，对合成生物学未来发展和应用的思考更有见地。

  还有一点要同大家分享的是，作为起步较晚的发展中国家，我们的成功是基于全人类的"共有、共为、共享"。我相信这本书能够传递这一合作共赢的精神，激励我们年轻的一代又一代茁壮成长。

  这本书一定会吸引更多的年轻人，包括本科生、硕士研究生、博士研究生、博士后加入这个队伍，投身于这一生命科学和生物产业的重要领域。我们完全有理由相信，我们年轻一代科研人员一定会脱颖而出，与他们的国际同行一起成长，创造更加美丽的生命世界和更为美好的人类未来。

杨焕明

中国科学院院士

2024 年 3 月 15 日

前　言

　　随着 DNA 测序、合成与编辑技术的快速发展和基因组学知识的不断积累，合成基因组学作为合成生物学的重要分支领域，在 21 世纪不断取得突破，实现了从病毒和细菌到真核单细胞生物基因组的从头再造，进而为认识和理解生命的基本规律提供了新的契机（造物致知），亦为人类应对环境、能源、食品和疾病等方面的挑战带来了颠覆性的技术方案（造物致用）。

　　合成生物学被誉为"第三次生物科学革命"。合成生物学以工程化设计理念，驱动生物技术从认识生命进入到设计生命乃至创造生命，不仅为生命科学研究提供了新范式，也为传统产业带来颠覆性变革的机遇，具有"造物致知，造物致用"的现实意义。合成基因组学作为合成生物学的重要分支，也被认为是合成生物学发展的终极目标之一，旨在通过系列技术手段从头设计构建一个生命系统的基因组，从而掌握生命系统的基本运作原理，揭示生命活动的底层规律。合成基因组学得益于合成生物学的快速发展，当下人类对基因组的认识随着解读能力（测序）和修改能力（编辑）的快速发展达到了前所未有的高度，继而也推动了合成基因组学在 21 世纪不断取得突破，实现了从病毒和细菌再到真核单细胞生物基因组的从头再造。

　　本书是我和付宪研究员作为主编，以及多位通过参与 Sc2.0 酵母基因组国际协作项目一路成长起来的研究骨干共同编写完成的。2011 年，受 Sc2.0 项目国际协调人蔡毅之教授邀请，我们有幸在杨焕明院士的带领下，成为最早一批参与并推动该国际协作项目实施的中国代表团队之一，并通过这样一个大科学工程的实践获得了知识和技术的系统积累。

　　本书旨在围绕合成基因组学的核心内涵，为本科生或研究生提供系统性、普适性和前沿性兼顾的内容梳理与介绍，既涉及相关的原理和技术，亦包括里程碑式科学事件和前沿应用展望。具体而言，我们首先在第 1 章针对基因组合成生物学所涉及的四大类设计原则（区分、重构、精简与赋能）进行介绍；继而在第 2 章深入阐述如何从头人工合成基因组，以及该过程涉及的关键技术；第 3 章全面分享在病毒、原核生物及真核生物基因组人工合成方面取得的重大科研成果；最后，我们在第 4 章展望领域未来的应用场景并探讨发展带来的伦理安全问题。

　　在此，感谢编写团队付出的努力，也感谢杨焕明院士与 George Church 教授对本书出版的支持，我们希望本书能帮助读者系统性地梳理与回顾合成基因组学的发展历史，亦能对该领域未来的发展趋势和应用潜力有所了解，以期吸引更多科研新生力量的加入，共同推进合成基因组学这一新兴学科的蓬勃发展。受知识与语言能力所限，本书难免有疏漏之处，期待各位读者与同行的指正。

沈　玥

2024 年 1 月 1 日

目　　录

第1章 基因组合成生物学设计及设计原则

1.1 概　　述

1.1.1 基因组合成生物学设计的基本概念与重要性

基因组合成生物学的设计是指根据研究目的，以合成生物学理念为指导，综合考虑生物学理论和技术，对目的基因组序列进行预设改造及其产生预设性序列变化的过程。基因组合成生物学的设计属于合成生物学"设计–构建–检验–学习（design-build-test-learn，DBTL）"循环中的设计环节，涉及从头系统性设计，以及根据试验学习后的优化设计。

对目标生物系统进行基因组水平的设计，涉及的系统结构与层次更为复杂，设计的复杂程度与难度也进一步提升。设计过程会涉及引入新的功能基因或基因簇，需要评估其对基因表达关键调控过程的潜在影响，如表观遗传修饰、转录、翻译、翻译后修饰等（Welch et al.，2011）。设计也会涉及对基因组特定功能元件的精简，因此也需要评估分析所引入的改动是否影响其功能，以及考虑基因组水平上影响其稳定性的潜在因素，如结构、排序和冗余性等（Nowak et al.，1997；Zhang et al.，2020b）。同时，基因组合成生物学的设计还需要结合基因组构建过程所涉及技术的可行性与效率进行合理的构建策略设计。例如，在人工合成酿酒酵母基因组计划（Sc2.0）的染色体设计中，天然的端粒序列是合成困难的高度重复序列，但考虑到端粒可保护染色体免于被外切酶消解而必须保留，所以根据端粒的最短功能序列设计了人工端粒，既降低了合成难度，又能保证端粒的功能（Richardson et al.，2017）。总体而言，基因组合成生物学的设计需要对目标生物系统具有较为系统性的认识，从而达到在功能创新、系统稳态与技术路径可及性间的最佳平衡。

基因组是由多种具有特定功能的元件组成的，如基因、启动子、终止子、转座子及其他调控元件等。为了使人工设计的生命系统可以正常行使功能，需要通过生物信息学及功能性研究对引入的元件有较为准确的认知。现有的基因组合成生物学设计大部分都是自上而下式（top-down）的设计策略，即在设计过程中以目的基因组序列为初始蓝图，进行序列替换的引入等；反之，自下而上式（bottom-up）的设计则是指首先选定功能元件，逐级组成模块至系统。尽管近年来基因组学解读的深度与广度大幅提升，然而我们对于生命系统与生命现象的理解仍不透彻。目前仅有新月柄杆菌必需基因组合成（Venetz et al.，2019）是以自下而上式的设计思路实现的。新月柄杆菌必需基因组合成的实践帮助科学家对该系统中部分元件的功能注释进行了补充与校正，通过基因组构建的方式进行实验性验证，从而对该系统的认知有了进一步的提升。

　　基因组合成生物学研究的设计对目标生命系统能否被高效、准确地构建并实现预设的创新功能起决定性作用。具体体现在基因组合成生物学研究中，即是根据研究目的，结合目的基因组或有机体的现有相关知识及大量的前期调研制订构建策略。在构建合成型基因组的过程中及完成后，检验其功能是否符合研究目的。进行研究的过程中对不符合预期的检验结果，重新提炼学习新知识，输入到重设计中，进入下一个循环直至达成研究目的。例如，克雷格·文特尔等人在人工合成支原体最小基因组合成项目中，通过 DBTL 循环多次修补最小基因组的组成（Gibson et al.，2010，2008；Hutchison III et al.，2016）；又如，在人工合成酿酒酵母基因组合成计划中对设计缺陷的不断纠正（Annaluru et al.，2014；Dymond et al.，2011；Mercy et al.，2017；Mitchell et al.，2017；Richardson et al.，2017；Shao et al.，2018；Wu et al.，2017；Xie et al.，2017；Zhang et al.，2017b；Shen et al.，2017）。设计是联结学习与构建两个研究循环的重要节点，设计的影响也贯穿整个循环，前一次循环的输出通过设计输入到下一个循环。若序列设计考虑得充分、全面并设置得当，后续的构建、检验，甚至重设计过程就会更容易推进。若设计的序列充分考虑了构建过程中所需要的元件，就能降低构建的难度与时间；若设计的序列考虑到检验技术的方便性，遇到问题就能通过相关的设计较为快速地查找出错误来源，如人工酵母基因组合成的 PCRtags 设置。一个相反的例子是，研究者设计新月柄杆菌基因组 1.0 版本时没有考虑合成困难序列的排除，使得 1.0 版本基因组的部分 DNA 无法合成，最后导致合成基因组不能被完整构建，迫使重新进行设计；后来在 2.0 版本中引入 10 172 个碱基替换，去除了 5668 个合成困难序列，该基因组才能被完整构建（Venetz et al.，2019）。无论是从基因组合成生物学相关技术的限制，还是从成本方面考虑，都要求研究人员在设计前进行充分考虑，以避免在其他环节出现问题。

　　合成生物学最为核心的理念是将生物进行工程化、标准化、系统化、简约化设计，采用设计的生物元件或基因线路在理性的设计原则指导下，层级装配成具有特定功能的生物装置或生物系统（李春，2020）。因此，基于这种工程化理念，运用现有生物学知识，对生物元件、基因线路、生物装置、生物系统进行深入的理性设计，本身就是合成生物学研究与应用区别于其他生物学科研究与应用的重要特征（Garner，2021）；而作为合成生物学的重要分支学科，基因组合成生物学显然也继承了这种特征。随着生物学的快速发展，对生物系统功能的发现、系统理论认知技术手段的提升、基因组注释的完善，以及合成生物学元件资源的积累与丰富，使得人工生命系统自下而上式的从头设计能力及复杂度有望不断提升与突破。

1.1.2　基因组合成生物学的设计原则

本节基于基因组合成生物学 20 多年发展的经验，系统性总结了基因组设计过程中运用的三大原则。

1. 低缺陷性原则（对目标生物系统无生理活性损害的设计）

合成生物学中人为设计构建的元件、模块乃至系统，最终都是为了在实际应用中发挥作用，因此，这些设计不应对载体生物产生明显的损害。如果这些人工设计的元素使得目标生物体不能正常工作（如生长缓慢或死亡），那这些设计的元素即便精妙绝伦，也没有实际的使用价值。低缺陷性原则是合成生物学设计的最重要原则，其他原则均在其前提下进行。这一原则在基因组合成生物学中体现得更加明显：合成生物学设计的元件、装置和系统通常为了支撑其行使一种或多种功能，如生产一种代谢产物、实现一种逻辑运算或实现生物传感等，对载体生物的生命活动影响有限且易于排除。而设计合成的基因组却需要支撑整个载体生物进行正常的生命活动，除涉及大量的功能元件外，还涉及基因组的结构，以及许多功能未知的序列，其复杂性和脆弱性不言而喻，也使得排查过程更加困难。因此，基因组合成的设计过程中要尽可能避免对细胞产生非必要的不利影响，以达成研究目的并减少资源的浪费。同时也要看到，受限于现阶段的理论与知识，对载体生物有害的设计在初始设计阶段可能难以避免，这也是基因组合成生物学"造物致知"的一部分，但可以通过 DBTL 循环的重设计阶段修补有害的设计。因此，遵循低缺陷性原则要从设计上尽可能避免，并在遇到缺陷时对基因组设计进行及时修补。

降低设计对细胞产生的不利影响，主要从两个方面考虑：第一，基因组的元件组成，即确保设计基因组中包含细胞生存必需的元件，如必需的基因、非编码元件和基因组结构成分，有时候还需要一些额外的基因以保证细胞的生长速率达到可应用的程度，因此需要前述的设计基础——对必需的组分有清晰的注释；第二，影响基因表达的因素，这些因素包括启动子、终止子、核糖体结合序列等顺式作用元件、基因的 mRNA 二级结构、GC 含量和密码子偏好性等。设计合成的基因组要支撑载体生物的生命活动，必然要涉及蛋白质的表达，在设计过程中自然就要考虑到影响转录及翻译的各种因素并加以设计和控制（Welch et al.，2011）。首先，需要保证设计不会阻断必需组分发挥正常功能；其次，设计要尽量不改变影响基因表达的因子，例如，在人工合成酿酒酵母基因组计划中，出现过插入的赋能性设计元件改变了相邻基因的 mRNA 二级结构，导致基因表达下降，产生严重的缺陷表型；最后，避免在设计过程中产生非设计的功能序列干扰细胞的正常功能，如在重编时产生内部 RBS（ribosomebinding site），引发核糖体"撞车"而导致翻译不正常（Napolitano et al.，2016）。总之，在进行基因组合成生物学设计时要思虑周全，尽可能避免设计导致载体细胞产生缺陷，而在重设计时要根据检验和学习环节中得出的原因对缺陷设计进行修补。

2. 目的性原则（功能与研究目的相适应的设计）

在基因组合成生物学研究过程中，常出现设计没有充分满足研究目的，或设计缺乏目的性的现象，这通常是"为了合成而合成"的错误认识导致的。因为没有明白基因组合成是研究手段而非目的，导致漫无目地进行基因组设计与合成。我们可以通过一个例子来理解这个原则：在ΦX174噬菌体基因组合成项目中，研究目的主要在于概念与技术验证，即证明其方法能快速合成出目的基因组。这其实暗示了需要一种设计能区分自然噬菌体基因组与合成的噬菌体基因组，然而，项目中却缺乏这样的区分性设计。最后，研究人员通过解释合成型噬菌体基因组与数据库序列高度一致而自然噬菌体中含有几个突变，来认定最终获得噬菌体来自于合成而非自然噬菌体污染。这个解释并不具有很强的说服力。设置一个区分性设计则能很好地满足研究目的并解决他们的困境。

由于目前基因组合成仍然十分耗费时间和资源，采用基因组合成必然是因为没有其他更好的替代研究方式可以实现研究目的。因此，必须强调设计具有目的性，并充分满足研究目的。例如，对基因组进行大量的修改、重构、删减或赋能等来研究构成生命活动的最小基因组组成，在设计和实验过程中，相较于基因编辑方法，使用基因组合成更为省时、省力。这要求在启动项目的初始阶段就要明确，项目所要研究的生物学问题是什么（研究目的），以及必须使用基因组合成的原因。这样，明确研究目的之后，设置相应的、带有目的性的设计，就能满足研究的需求。例如，要研究密码子的偏好性对生命活动的影响，可以对相应密码子进行重构性设计或精简性设计，从而更利于找出相应的线索。当设计具有目的性后，后续的构建、验证和学习过程才能有针对性地进行。而且，一个 DBTL 循环产出时，有目的性的设计才能更好地进行下一循环的重设计，最终解决研究的问题。

3. 可实现性原则（利用现有技术可实现目标的设计）

进行基因组合成生物学设计，显然要考虑现有技术的限制。无论设计如何富有创意和研究价值，若现有技术无法实现，那也只是"纸上谈兵"、"空中楼阁"。目前，基因组合成技术的限制主要有：①困难序列（如重复序列）的 DNA 合成；②超大 DNA 片段的组装；③超大 DNA 片段的转移（详见第 2 章）。根据经验，基因组合成生物学设计还需要考虑整体及局部 GC 含量、构建过程中是否会出现相似的同源序列，以及是否需要对基因组内的限制性内切核酸酶位点进行改变以方便构建。需要特别指出的是，目前的基因组合成生物学研究局限于病毒、原核生物及单细胞真核生物，对于多细胞真核生物的基因组合成，仍然存在很多技术和理论上的限制。最典型的例子是高等植物的基因组合成。由于植物人工染色体对于植物学和农学的研究与应用具有重要价值（Yu et al.，2016），因此通过基因组合成生物学方式获得植物人工染色体被寄予厚望。然而，由于高等植物染色体着丝粒与端粒存在大量重复序列，现有 DNA 合成技术无法实现；此外，高等植物基因组大小比现有最大的人工酵母基因组大小高出一个数量级，缺乏超大 DNA片段组装和转移技术；同时，由于植物染色体着丝粒功能不依赖于序列而依赖于组蛋白表观修饰（Comai et al.，2017），暂时没有开发出可替代的人工着丝粒或其他解决方案。所以，高等植物染色体基因组合成的难题依然未解决。通过上述例子可以窥见，没有技术作为支撑，设计无法成为有用的输出。因此，进行基因组合成生物学设计要考虑使用技术的限制，或找出可以绕开技术限制的解决方案。

1.2　区分性基因组设计

1.2.1　区分性基因组设计的定义

区分性基因组设计是通过设计的序列变化，在构建或检验阶段标识合成基因组的序列设计，具有区分合成型基因组与野生型基因组的功能；在某些项目中，它可起到指示和诊断合成错误的作用（见 2.4 节）。

区分性基因组设计是基因组合成生物学最早引入的、最基础的设计类型。在进行基因组合成研究过程中，特别是在早期的基因组合成项目中，由于研究目的是进行概念验证或技术验证，对目的基因组往往没有进行大量的或复杂的人工序列设计。研究人员为了保证构建过程中和证明最后获得的基因组是通过化学合成、组装而来的，会在不影响基因组正常功能的前提下，加入区分性的序列设计对合成型基因组进行标识，可以说是主动的或显性的区分性设计。例如，脊髓灰质炎病毒基因组合成中，通过在合成型基因组中形成不同于野生型序列的酶切位点，利用酶切反应产物在凝胶电泳中的条带差异区分野生型和合成型病毒基因组（Cello et al.，2002）；在支原体基因组合成中，研究人员通过在合成型基因组中插入水印（watermark）标签区分野生型和合成型支原体基因组（Gibson et al.，2010，2008）；在人工酵母基因组合成中，研究人员通过在合成型基因组中形成与野生型不同的 PCRtags，以 PCR 反应产物在凝胶电泳中的条带差异区分野生型和合成型基因组（Annaluru et al.，2014；Mitchell et al.，2017；Richardson et al.，2017；Wu et al.，2017；Xie et al.，2017；Zhang et al.，2017b；Shen et al.，2017）。

随着基因组合成生物学的发展，研究目的逐渐从概念和技术验证向科学验证和应用研究演变，相应的人工序列设计逐渐增多且变得复杂，进而使得这些人工设计虽然并不是纯粹为了区分合成型基因组与野生型基因组，但却因其数量多且复杂的序列变化，客观上起到了区分性设计的功能，并可以将区分性基因组设计融合其中而不需额外设置，相对来说是一种被动的或隐性的区分性设计。例如，在大肠杆菌密码子重编的基因组合成生物学项目中，研究人员通过对目标密码子进行同义替换实现密码子表的压缩（即目标密码子不再存在于目的基因组中），客观上使得合成型基因组序列与野生型基因组序列产生了很大的差异，并不需要额外的区分性设计就能通过 PCR 或测序进行分辨（Fredens et al.，2019；Ostrov et al.，2016）；在最小支原体基因组合成中，由于合成型基因组中剔除了许多非必需基因，基因组组成与野生型基因组明显不同，因而也不需要专门设置区分性基因组设计进行分辨（Hutchison III et al.，2016）。通常，这种被动的区分性设计不会被归类为区分性基因组设计，因为其设计的主要目的是实现其他功能，即便将区分性设计融合其中，其序列设计的优先级也需让步于其他功能设计。

此外，要将区分性基因组设计与构建过程中用于快速筛选转化子的筛选标记区别开来。筛选标记的目的是在构建过程中提高获取正确转化子的效率，虽然似乎也起到了区别野生型和合成型的作用，但主要目的是区别反应未发生与反应已发生的群体，只是与野生型群体和合成型群体有所重叠而已。而且，大部分筛选标记并不会留在最终合成的基因组中。本节主要讨论主动的或显性的区分性基因组设计。

区分性基因组设计的设置要符合前述的设计原则：①使用最少的序列变化起到区分的作用，若存在其他序列设计，可以考虑是否可通过与其他序列设计融合、无需额外的序列变化实现区分性功能；②设置时要充分考虑其是否会影响细胞的活性，即区分性设计是否改变了某些已知元件或因素，影响相关基因的表达；③对于研究目的和构建过程而言，是否有专门设置的必要；④要充分考虑实现区分性设计功能时所需技术的可实现性和简便性。区分性基因组设计的主要目的是在构建和验证过程中能快速、准确地区分野生型和合成型基因组，是一种提供便捷的设计，因此实现的方法必须可靠且相对便于操作。

1.2.2 区分性基因组设计的必要性

从上文来看，人们似乎很容易认为，区分性基因组设计对于基因组合成生物学研究而言，并非是一种必要的序列设计，但这是一种误解。区分性基因组设计是在基因组合成生物学研究发展的开始阶段，与概念验证和技术验证的研究目的相适合的、实现区分功能的序列设计。随着基因组合成生物学研究目的变得更复杂，数量和功能更繁多的序列设计的引入足以起到区分合成型和野生型序列的作用，特设的区分性基因组设计似乎将会可预见地逐渐减少甚至不再必要。虽然对基于同一个目的基因组的基因组合成生物学延续性项目而言，区分性基因组设计可能会随着对该基因组的认知和设计的复杂性提高而减少，或不再设置区分性基因组设计，但对于每一个新的目的基因组，特别是高等生物的基因组而言，由于认识不足以进行复杂的序列设计，一个初始"1.0 版本"的设计与合成仍然是必要的。这是因为通过一个"1.0 版本"的序列变化极少的合成型基因组，我们可以探索只依靠 DNA 序列本身是否足以支撑载体细胞的基础生命活动、是否存在一些非序列依赖性的必需功能（例如，高等模式植物拟南芥的着丝粒相关功能由表观遗传修饰决定而不是由着丝粒序列决定），并从中发现新的生物学机制以及为后续基因组合成生物学改造提供参考，也可以在技术层面上探讨可行性并验证新技术。因此，考虑到目前基因组合成与转移技术的限制，要求这个初始设计中仍要含有区分性基因组设计（Zhang et al.，2020b）。

1.2.3　区分性基因组设计的分类

区分性基因组设计的分类，从设计方法上主要分成两种。第一种是改编型（图 1-1A、B），即对编码区的部分序列进行同义序列替换，通过序列依赖的方法区分野生型和合成型基因组。这一类的典型设计就是人工酵母基因组合成项目中的 PCRtags 设计。PCRtags 是通过对大量选定的编码区序列进行连续的同义序列替换形成的序列标签，针对序列标签设计合成型引物序列和对应的野生型引物序列，再进行 PCR 就能大概指示出目标区域是野生型序列还是合成型序列。由于 PCRtags 产物长度通常被设计在 100～500 bp 范围内，可以缩短 PCR 所用时间，实现快速的区分鉴定。但由于一次组装过程的大片段（megachunk）中含有大量的其他设计，需要大量的 PCRtags 来确保合成型序列的成功整合，所以 PCRtags 鉴定仍需要较大的工作量。第二种是插入型（图 1-1C、D），即在合成型基因组设计时插入一些目的基因组中不存在的序列，通过序列依赖的方法区分野生型和合成型基因组。显然，这些序列插入时不能破坏目的基因组中的功能组分而导致细胞活性下降。这一类型的典型设计是支原体基因组合成项目中的水印（watermark）标签（Gibson et al.，2010，2008）。水印标签是人工设计的几段生物学上无意义的序列，但根据密码子表翻译后是有意义的英语词句。水印标签插入的位置是研究已证明能被转座子插入而不影响表型的基因间序列。

根据实现方法不同，区分性设计主要分成四种。第一种是酶切型（图 1-1A），即通过同义序列替换，增加、减少或改变目的基因组中的限制性内切核酸酶序列，然后通过酶切反应和核酸凝胶电泳，产生不同的 DNA 分子条带带型，对野生型和合成型进行区分。典型的例子是脊髓灰质炎病毒基因组合成项目中的区分标记

（Cello et al.，2002）。研究人员通过同义替换增加或剔除了某些酶切位点，使得用特定的限制性内切核酸酶处理基因组后，可以通过凝胶电泳中 DNA 条带大小的差异区分野生型与合成型基因组。酶切型区分设计可能更适用于基因组较小的项目。第二种是 PCR 型（图 1-1B），即将引物序列设计在野生型序列与合成型序列差异较大的区域，然后通过凝胶电泳检测相应 PCR 反应是否有相应产物，从而区分野生型和合成型基因组。典型的设计是前面提及的人工酵母基因组合成项目中的 PCRtags 设计。PCR 型区分性基因组设计的关键在于标签序列的选定，需要考虑一系列影响 PCR 反应的因素，如引物序列设计、目标区域的二级结构等。第三种是测序型（图 1-1C），即对目的基因组测序，根据野生型与合成型基因组中的差异性序列来区分两者，如前面提及的支原体基因组合成项目使用的水印标签。通过测序的手段区分野生型和合成型基因组自然是最为准确的，但是却需要花费更多的时间，这对于较大的基因组及快速区分筛选的需求而言，并不是一个合适的手段。第四种是报告基因型（图 1-1D），通过在合成型片段中散布式地插入操纵子，当合成型片段被完整整合时，操纵子能完整行使其报告功能，使得合成型基因组直接在表型上区别于野生型基因组。但这种设计类型似乎只适用于原核生物。典型的例子是 Jason Chin 课题组的大肠杆菌密码子重编程项目中使用的荧光素操纵子。在项目的初始探索阶段，研究人员在合成的 100 kb DNA 片段中散布式地插入了荧光素操纵子。当片段较完整地替换了野生型片段后，荧光素操纵子能完整地表达，菌株能发出荧光，从而与野生菌株相区别。

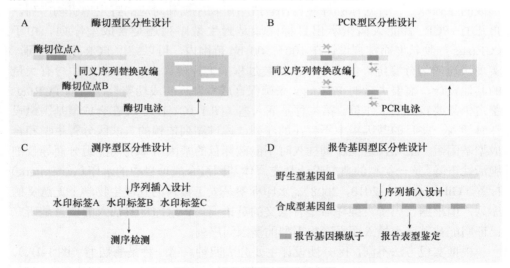

图 1-1　区分性设计类型示意图

A. 酶切型区分性设计；B. PCR 型区分性设计；C. 测序型区分性设计；D. 报告基因型区分性设计

在未来，区分性基因组设计并不会完全消失，而且设计的要求也在提高，更简便、快速、准确的区分性基因组设计仍然是基因组合成生物学领域的一个共同需求。

1.3　重构性基因组设计

重构性基因组设计是指通过对基因组序列单元或组织结构进行重新组织排列，实现特定目的的序列设计。基因组序列单元是指基因组中包含的、具有一定特殊性质的各种序列和元件，如重复序列、基因、启动子等；基因组的组织结构是指基因组序列单元的排序组织形式，如基因的方向、基因的顺序、密码子的使用频率、基因组是环状的还是线性的。

重构性基因组设计涉及的基因组序列单元和组织结构具有不同尺度。目前，重构性设计涉及的最小单元是密码子，在脊髓灰质炎病毒部分基因组重编的项目中，研究人员在其中一种设计中对目的基因组片段中的同义密码子位置进行了重构，以探索在脊髓灰质炎病毒中密码子位置的变化是否会对翻译造成影响（Mueller et al.，2006）。基因组组织结构重构设计涉及的尺度还有：以突变序列模式为单元（Becker et al.，2008；Vashee et al.，2017）；以遗传元件为单元（Oldfield et al.，2017）；以功能模块为单元（Venetz et al.，2019；Hutchison III et al.，2016）；以染色体结构为单元（Wang et al.，2019b）；以染色体为单元（Shao et al.，2019，2018；Luo et al.，2018b）。重构性基因组设计有时与其他基因组设计产生重叠，或者说，一些基因组设计会同时具有重构性和其他功能（常常是精简性），如将酵母基因组结构重新构建为一条染色体（Luo et al.，2018b；Shao et al.，2019，2018），这是基因组组织结构的重新构建，也是对染色体数目的精简。重构性基因组设计有时也会与其他基因组设计耦合使用，例如，进行基因组密码子赋能时，需要对选定密码子进行功能解耦，同时，为避免违反设计原则，需对部分重叠基因进行拆分以规避同义替换影响非目的基因（Fredens et al.，2019；Ostrov et al.，2016）。

基因组的序列长期以来都是研究的重点，对生物体的影响也是最为直观的，但现在发现基因组的组织结构在物种间甚至物种内普遍存在差异并引起相应特征的差异，进而可能对生物体的进化和表型产生影响（Feuk et al.，2006；Hufton and Panopoulou，2009；Peichel，2016；Coradini et al.，2020）。人类的唐氏综合征（Antonarakis，2017）及部分癌症（Willis et al.，2015）都被发现与染色体的结构和数量变化相关。仅通过生物信息学手段分析这些组织结构差异的成果有限，基因组合成生物学的优势使得研究人员可以通过人为设计和合成，主动重构基因组，用实验来研究这些组织结构与表型之间的关联（Coradini et al.，2020）。

进行重构性基因组设计，仍然要遵循前述的设计原则。特别是在重构性基因组设计序列变化幅度大且目前对大部分元件注释并不十分清晰的情况下，重构性基因组设计的设置导致细胞缺陷的情况可能难以避免，但可以做到尽可能避免不必要的重构设计或降低重构的程度（Ostrov et al.，2016），降低已知的风险以减少在检验及后续 DBTL 循环中的工作量。同时，这也表明重构性基因组设计可能需要经历多轮的 DBTL 循环，在设计上需要考虑为后续修改过程提供简便性的设计。

重构性基因组设计是基因组合成生物学研究中常见的设计类型，特别是在基因组合成生物学的早期阶段，合成生物学家利用对基因组序列单元和组织结构的轻度重构来初步探索某些基因组序列单元与组织结构的特性。这种重构性设计的随机性较高，工程化改造理念不强。但随着研究的深入，重构性基因组设计的工程化改造理念加深，可区分为解耦化设计和区块化设计（Zhang et al.，2020b）。

1.3.1 一般性重构设计

一般性重构设计通常是指对基因组序列单元或组织结构进行的简单变化，重构的内在逻辑通常都是随机性较高或较为简单的，没有强烈的工程化思想在其中。简单的一般性重构设计并不需要通过基因组合成手段实现，例如，丙型肝炎病毒（hepatitis C virus，HCV）的突变体组合重构研究，只需通过 PCR 的方法重新排列组合构造出不同亚基因组型的 HCV 突变体，从而研究 HCV 的关键侵染因子（Lohmann et al.，1999）。一些变化程度较高的重构设计，虽然内在逻辑较为简单，但实现起来较为困难，需要使用到基因组合成手段，例如，两个研究团队分别通过基因组合成手段对脊髓灰质炎病毒的密码子使用频率进行了重构，以研究密码子偏好性对其复制和毒性的影响（Burns et al.，2006；Mueller et al.，2006）。

现阶段较为典型的一般性重构设计包括以下三种。①核型重构设计（图1-2A），是对染色体的数目和形态进行重构的设计，最典型的是通过基因编辑技术实现 16 条酵母染色体的融合，以研究核型变化对酵母细胞的基因组三维结构和生命活动的影响（Luo et al.，2018b；Shao et al.，2018），并为研究真核细胞的核型进化提供了一种新思路。另外，还可通过基因编辑和基因组合成技术实现酵母染色体的环化（Shao et al.，2019；Xie et al.，2017），从而研究线性和环状基因组酵母细胞的差异机理。②突变体重构设计（图 1-2B），即以突变序列为单元的基因组重新排列组合，典型的例子是蝙蝠-人杂交 SARS 样冠状病毒合成（Becker et al.，2008），研究人员通过基因组合成方法，合成了不能被体外培养的蝙蝠 SARS 样冠状病毒，通过与感染其他宿主的不同 SARS 样冠状病毒的刺蛋白结合域排列组合形成不同的突变体，研究了 SARS 病毒跨物种传播进化的可能过程。③密码子使用频率重构设计（图 1-2C），即对基因组内一个或多个密码子进行重编，改变密码子的使用频率，如脊髓灰质炎病毒部分基因组密码子重编、鼠伤寒沙门氏菌部分基因组密码子重编和泛基因组（pan-genome）合成。需要特别指出的是，将某个密码子使用频率重塑为 0 的极端情况，实际上属于密码子功能解耦的情况。

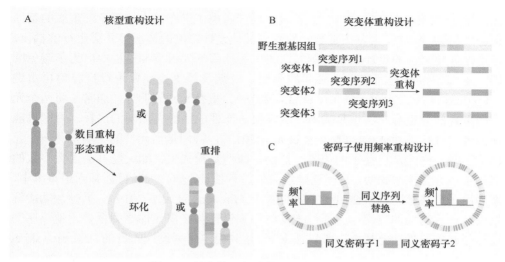

图 1-2 其他基因组重构设计类型示意图

A. 核型重构设计；B. 突变体重构设计；C. 密码子使用频率重构设计

1.3.2 解耦化设计

解耦化是合成生物学的重要理念（Andrianantoandro et al.，2006）。重构性基因组设计的一大方法即基因组解耦化设计。基因组解耦化设计是指将原有基因组中的复杂功能或机制拆解为几个简单可控的功能或机制的序列设计（Andrianantoandro et al.，2006；Endy，2005）。解耦化设计主要是为了使某些基因组的序列、元件、功能或机制更便于操纵或更符合后续研究和应用的需求，能更自由地与其他元件、功能或机制联用（Endy，2005）。可以通过多功能酶的例子来理解合成生物学的解耦化这一概念：将多功能酶的功能使用相应的专一同工酶来替代，可以增加相应酶反应的可控性。同样的，生物体中某些代谢物的生产会共享一些通路，为提高可控性，进行代谢工程改造解耦，将两个代谢物用不同的通路进行生产，这也是合成生物学解耦化的例子。

在基因组合成生物学中，解耦化设计的典型例子是处理基因组的一种复杂性特征，即重叠元件（图 1-3A）。生物体中常有基因元件重叠在一起的现象，特别是在进化上需要小基因组而进行基因组压缩的有机体（Zhang et al.，2020b）。利用解耦化设计，将重叠的元件拆分为单独的元件能使其既保持功能又易于操控（Temme et al.，2012；Zhang et al.，2020b）。而且，通过重叠元件的拆分，可以避免对其中一个基因进行序列设计而引起另一个基因产生不利突变导致缺陷（Coradini et al.，2020）。在一些病毒基因组中的研究表明，这种解耦化设计本身在充分考虑表达元件完整性的情况下，似乎并不会产生显著的不利影响（Chan et al.，2005；Ghosh et al.，2012）。不过，由于考虑了潜在的未知因素，现有的基因组合成生物学项目，只有在重叠元件受到其他设计影响的情况下才会进行解耦化，以遵循低缺陷性的设计原则，例如，在大肠杆菌基因组重编过程中，为了避免密码子重编使重叠基因产生不必要的突变，对涉及的重叠元件进行拆分后再重编（Fredens et al.，2019；Ostrov et al.，2016）。重叠元件的拆分，通常是将两个元件的重叠部分进行一次重复插入，这需要对元件的边界有清晰的注释，否则只能通过经验进行主观估计（Fredens et al.，2019），特别是当元件的5′端与另一个元件重叠时，便涉及启动子的边界。然而，即便是模式生物如大肠杆菌，大多数的启动子边界都未曾探明，只能通过经验值进行估计，如在大肠杆菌基因组重编中，就采用了重叠基因上游 20 bp 序列的估计（Fredens et al.，2019）。另外，功能解耦设计还有逆向的应用——通过把某些序列设计与必需元件序列重叠，使该序列设计与必需元件功能耦合而难以被突变，达到稳定序列设计的目的（Blazejewski et al.，2019）。

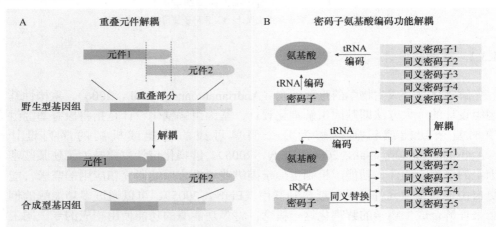

图 1-3 解耦化设计类型示意图

A. 重叠元件解耦；B. 密码子氨基酸编码功能解耦

另一个经典的解耦化设计则是密码子的重编（Fredens et al.，2019；Ostrov et al.，2016；Venetz et al.，2019）（图 1-3B）。通过对选定密码子的全基因组同义替换及对应 tRNA 基因或释放因子基因进行敲除，将选定的密码子从编码对应氨基酸的功能中解耦出来。密码子的功能解耦，最终目的是赋予选定密码子编码非天然氨基酸的功能。进行密码子的编码功能解耦设计，需要考虑选定密码子在某些位置上是否参与了其他功能。研究表明，密码子除了氨基酸编码功能外，还可能在特定位置上参与了基因的表达调控（Chaney and Clark，2015），包括影响基因相互作用（Quax et al.，2015）、调节 mRNA 水平与二级结构（Boël et al.，2016；

Chen et al.，2017；Kudla et al.，2009；Mishima and Tomari，2016；Presnyak et al.，2015；Zhou et al.，2016b）、控制翻译速率（Sørensen et al.，1989；Sørensen and Pedersen，1991）和影响蛋白质分泌与折叠（Buhr et al.，2016；Pechmann et al.，2014；Tsai et al.，2008；Zalucki et al.，2011，2009；Zhou et al.，2013）等。因此，进行密码子功能解耦化设计，需要考虑许多因素。总结现有的基因组合成生物学水平和基因水平的密码子重编研究（Fredens et al.，2019；Goodman et al.，2013；Napolitano et al.，2016；Ostrov et al.，2016；Venetz et al.，2019；Wang et al.，2016c；Lajoie et al.，2013b），在进行密码子功能解耦化设计时需要考虑：①选定密码子对应 tRNA 的删除不会影响其他密码子的翻译；②选定密码子与替换密码子的翻译效率尽可能相似，特别是当选定密码子在特定位置的翻译效率对基因的表达起到重要作用时；③选定密码子与替换密码子对基因或 mRNA 二级结构的影响尽可能小，特别是在 5′端或 3′端等重要位置；④选定密码子的替换尽可能不要引起其他功能序列的变化，包括功能序列的破坏或形成，如 RBS 序列；⑤选定密码子的替换尽可能不要引起表观遗传修饰的变化；⑥选定密码子的替换尽可能不要引起mRNA 水平的变化，包括 mRNA 转录效率和降解速率的变化；⑦选定密码子的替换尽可能不要引起全局或局部的 DNA 中 GC 含量变化。但由于目前对密码子参与其他功能的机制了解不全面，密码子解耦化设计的规则可能需要通过 DBTL 循环进行试错式的补充（Chin，2017）。

1.3.3　区块化设计

模块化是合成生物学的另一个重要的理念，上升到基因组重构的尺度即是对基因组的区块化（图 1-4）。基因组区块化设计指的是将具有相似特质或参与相似生命活动的功能序列进行重新聚类分布排列形成区块的序列设计。区块化设计除了利于相关功能元件的操纵之外，还能帮助研究人员理解基因排列顺序的功能性及其对生命活动的影响（Coradini et al.，2020）：基因的区块化排序和模式是否对其功能有影响？基因的区块化组织结构是否影响染色体的结构及细胞核的结构？是否能创造完全功能区块化的基因组？完全区块化的基因组是否在进化上降低了生物的适合度，使得现存基因组都以低区块化形式存在，还是由于变异的随机性导致了低区块化？

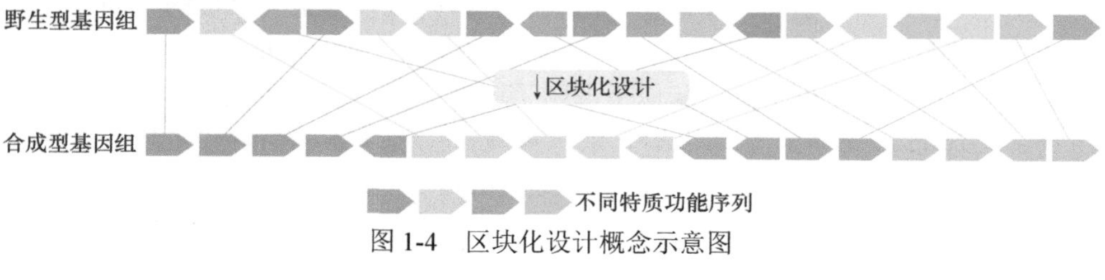

图 1-4　区块化设计概念示意图

完全的功能区块化基因组依赖于清晰的基因组注释，目前显然是做不到的，当前研究最深入的模式生物，如大肠杆菌及酵母，仍分别有将近20%（Keseler et al.，2021）和1000个基因（Cherry et al.，2012）的功能未明。对已知功能序列的区块化设计涉及功能序列的边界确定。因此，区块化设计应尽可能遵循目的性原则，减少不必要的重构，并在遵循低缺陷性原则的基础上进行更多的考虑：在功能序列提取时，可能会遇到功能序列重叠的情况，这时候需要考虑功能序列的解耦化拆分；提取功能序列时要保证其完整性，在注释不清晰的情况下，可以使用偏大的边界估计；在功能序列重新排列时，还要考虑重新组合是否会产生新的功能序列，干扰原有序列的功能，甚至改变功能序列及其下游产物的二级结构而影响其正常功能。

在现有的基因组合成生物学研究中，最常见的功能区块化设计是必需基因与非必需基因的功能区块化，主要是为了构建最小基因组，便于改造底盘细胞（Venetz et al.，2019；Hutchison III et al.，2016）。最典型的例子是新月柄杆菌的必需基因组合成，研究人员基于转座子插入测序试验确定的必需基因元件序列集合（Christen et al.，2011），设计合成了一个只含有这些必需元件序列的基因组模块，并将其移植到含有完整基因组的新月柄杆菌内，期望通过这个必需功能模块来研究最小基因组组成（Venetz et al.，2019）。

另一种功能区块化设计就是将行使相似功能的元件进行聚集分布，例如，在人工酵母基因组合成中，几乎将所有 tRNA 都重新定位至一条新的染色体上（tRNA 新染色体，tRNA neochromosome）（Richardson et al.，2017）。tRNA 基因在酵母中是冗余的（Percudani et al.，1997），常引起基因组的不稳定（Admire et al.，2006；Ji et al.，1993）。为了减少合成基因组的不稳定性，研究人员将除必需 tRNA 外的其他 tRNA 从原基因组位置上删除，重新定位至一条新的染色体上，使用外源的 tRNA 上下游序列进行间隔以增加其稳定性。同时，tRNA 基因的拷贝数被认为与翻译速率及密码子偏好性有关（Chaney and Clark，2015）。将 tRNA 基因模块化设计，大大方便了对 tRNA 基因的操纵，将有利于对这方面的研究（Luo et al.，2020）。

1.4 精简性基因组设计

基因组合成生物学的精简性基因组设计是指降低基因组冗余性的序列设计。生物体的基因组被普遍认为是冗余的（Nowak et al.，1997；Zhang et al.，2020b），通过一些简单的基因组精简试验似乎证明了这种特征（Kolisnychenko et al.，2002；Yu et al.，2002）。首先，基因组的冗余性体现在生物体基因组内，尤其是高等生物基因组内，普遍存在多个基因或通路实现相同功能的基因冗余现象（Costanzo et al.，2016；Nowak et al.，1997）；其次，存在一些删减后短期内也不影响生物体正常生命活动的非编码序列，如转座子序列、假基因序列、原噬菌体（prophage）

序列等，它们似乎是进化过程中残留的而不是细胞正常生命活动所必需的（Zhang et al.，2020b）；最后，基因组中并非所有基因都是细胞基本生命活动所必需的，有些基因在生物体应对特殊环境时才被激活（Coradini et al.，2020）。需要说明的是，这种冗余性是基于实验室条件而言的。在自然环境中，生物体在空间上需要时刻应对环境的变化及与其他生物体的竞争，显然，只拥有基本生命活动相关的基因是不足以在自然条件下生存的（Coradini et al.，2020）；而在时间上，一些非编码序列在进化的时间尺度上可能是对生物体有利的，如转座子元件（Britten，2010；Chao et al.，1983；Kazazian，2004）。另外，这种冗余性与目前的研究认知有限有关。对基因组冗余性的精简有助于研究人员探索冗余元件的功能，这是构建合成生物学应用中底盘细胞的需求。

基因组合成生物学为系统性验证和精简基因组冗余性提供了绝佳的手段。基因组合成生物学设计可以对排列分散的目标序列或元件进行精简设计，然后通过基因组合成实现系统性的基因组目标冗余序列精简。前面提到，目前对冗余序列的认知仍然不足，即便是研究较多的基因，也存在合成致死现象，使得一些非必需基因无法被精简（Costanzo et al.，2016；Tong et al.，2004），因此，系统性的基因组精简设计容易导致缺陷。为尽可能遵循低缺陷原则和目的性原则，进行精简性设计时需要考虑：①删除目标冗余序列时要尽可能使用保守的边界，以减少不必要的精简，例如，在删除非必需基因过程中可以删除编码序列（coding sequence，CDS）而不删除其转录单元（transcriptional unit），保留启动子和终止子；②当删除的冗余序列与其他功能序列重叠时，应进行解耦化设计后再删除冗余序列；③冗余序列被删除后，重新组合的序列应避免产生新的功能序列，必要时可以进行序列变化以去除新产生的功能序列。

1.4.1　非编码元件的精简

非编码元件的精简是指在基因组水平上对非编码元件（如非编码 RNA、转座子、内含子、基因组结构元件、非编码重复序列等）的精简。虽然非编码元件可能具有一些潜在的、未发现的功能，但目前基因组合成生物学研究中对非编码元件的精简，主要目的在于使设计能够更好地遵循设计原则。例如，在支原体最小基因组合成（Hutchison III et al.，2016）及人工酵母基因组合成（Annaluru et al.，2014；Mitchell et al.，2017；Richardson et al.，2017；Wu et al.，2017；Xie et al.，2017；Zhang et al.，2017b；Shen et al.，2017）研究中，转座子元件都被精简删除了。上述设计的主要原因是研究人员担忧转座子元件的存在会增加合成基因组的不稳定性（低缺陷性原则）（Richardson et al.，2017）；即便转座子元件可能在进化上具有有利作用，但这与构建最小基因组或构建稳定的人工酵母底盘的目标不符合（目的性原则）。此外，在人工酵母基因组合成中，研究人员在设计时使用较为简单的人工端粒序列替代了酵母自身复杂的端粒序列，这种精简规避了酵母自身端粒序列中重复序列带来的 DNA 合成难度（可实现性原则）。

不过，在人工酵母基因组合成中，对内含子的精简性设计则是为了探索内含子或者转录本剪接的未知功能与意义。在真核生物中，内含子是普遍存在的，如人类基因的 95% 都有内含子（Venter et al.，2001）。可变剪接赋予了真核生物单个基因可编码蛋白的多样性，被认为对细胞分化等生命活动的调控起到重要作用（Chaudhary et al.，2019；Matlin et al.，2005；Parenteau et al.，2019）。另外，内含子中常常含有非编码元件，如 microRNA 和 snRNA 等非编码 RNA（Rearick et al.，2011）。然而在酵母中却只有 5% 的基因含有内含子，并且少有已发现的功能序列重叠其中，目前只发现酵母的内含子在极端环境下具有一定的调控功能（Parenteau et al.，2019）。因此，人工酵母基因组合成设计中，将实验室条件下非必需的内含子进行了精简，计划通过解耦化设计将必需的内含子及其内部非编码元件与基因序列分离（Richardson et al.，2017），以便更好地研究内含子的功能和操纵相应的基因。

1.4.2　密码子表的精简压缩

基因组合成生物学研究中一个经典的精简性基因组设计就是密码子表的精简压缩。密码子表的精简压缩是指将目标生物体原有的标准密码子表上编码氨基酸的密码子数量减少。这需要在基因组水平上对目标密码子进行全局的同义密码子替换，将目标密码子从编码序列中消除，并删除相应的 tRNA 或释放因子，实现目标密码子的功能解耦，达到密码子表的精简压缩。对密码子表进行精简，实际上是为了在功能上解耦部分密码子，进而释放出空白的密码子，将其用于特异性基因编码非天然氨基酸。因此，可以说密码子表的精简压缩是密码子解耦化设计与非天然氨基酸编码赋能性设计的中间产物。密码子表精简压缩可用于探究现有 tRNA 使用率是如何在适应环境与进化过程中形成的（Coradini et al.，2020）。

1.4.3　最小基因组

研究生物体维持正常基本生命活动所需要的最小基因集合，一直是生物学的基础性问题之一。最小基因组，如同前面所述的冗余性，均是默认在实验室环境下。长期以来，研究人员使用生物信息学推测或逐步式删除的方法进行最小基因组的研究（Glass et al.，2006；Hutchison III et al.，1999；Mushegian and Koonin，1996；Yu et al.，2002；Christen et al.，2011）。这两种手段要么准确性不够，要么极其费时耗力。最小基因组的研究是充满挑战性的。首先，对于同一个有机体，最小基因组可能不止一个可能性，特别是更为复杂的有机体。这是由前面所提及的基因组的冗余性导致的，最小基因组可以包含冗余基因或通路中的一个，这就使得这个集合具有多样性。对于多细胞生物而言，最小基因组可以是能分化成所有细胞类型并完成相应功能的基因集合，也可以是完成特定细胞类型功能的基因集合，又或者是所有细胞类型共有的基因集合。此外，单纯使用生物信息学方法和单敲除实验推测最小基因组并没有办法覆盖所有"合成致死"的情况，导致推测的最小基因组偏小，例如，在支原体最小基因组合成研究中，设计的第一个版本的最小基因组即是基于生物信息学和基因敲除实验推测的，结果发现该基因组无法支撑细胞正常活性（Hutchison III et al.，2016）。基因组合成生物学的出现为研究最小基因组提供了革命性的手段。基因组合成生物学可以大大降低最小基因组构建的难度，因为基因组合成生物学直接通过计算机辅助的序列设计系统性去除非必需的元件或保留选定的元件，然后通过基因组合成与组装构建最小基因组，利用 DBTL 循环不断地删除或回补元件，完善最小基因组，操纵的自由度较传统手段大大增加（图 1-5）。

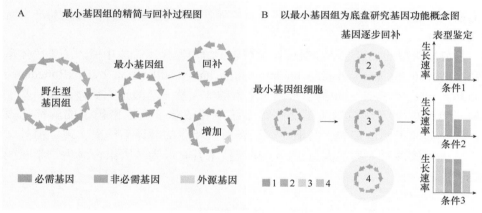

图 1-5　最小基因组研究示意图

A. 最小基因组的精简与回补过程图；B. 以最小基因组为底盘研究基因功能概念图

目前最典型的例子就是支原体最小基因组合成研究。在设计上，研究人员首先基于转座子基因敲除测序分析和其他敲除实验数据（Suzuki et al.，2015），结合现有分子生物学理论（Forster and Church，2006）进行推导，设计了第一个版本的最小基因组；然后，基于转座子敲除测序分析，设计加入半必需基因形成第二版最小基因组；最后，在多轮循环中进行了回补和删除设计，获得了能支撑细胞正常活性的最小基因组。

这项研究的设计经验将对后续的最小基因组研究有指导意义。首先，在基因选取上，以生物信息学和基因敲除的实验数据为基础，补足一些理论上基本功能相关的基因，并基于"合成致死"研究加入或去除相关基因，以这个集合为初始，在 DBTL 循环中不断地修正设计。这其中最难的是寻找"合成致死"基因对。其次，在序列设计时，去除基因的同时将整个 CDS 删除，当基因与基因或其他元件重叠时，应当进行解耦化设计后再去除；去除基因簇时将其内部的基因间序列删除；基因或基因簇两端的序列在去除时应当被保留。

1.5　赋能性基因组设计

赋能性基因组设计是指通过基因组水平的序列变化，使目标生物获得新增功能的序列设计。需要强调的是，这种赋能性的设计应当是通过基因组合成的手段才能完成的，否则并不能算是基因组合成生物学的赋能性基因组设计，如一些天然产物的生产就可以通过代谢工程手段获得。赋能性基因组设计常常与重构性基因组设计和精简性基因组设计有重叠的部分，且大多需要额外的功能序列插入。因此，进行赋能性基因组设计应当遵循设计原则，设置的赋能性设计应当有明确的研究目的与意义，设计时可以参考重构性设计与精简性设计的方法。同时，在需要插入功能序列时，应当避免破坏原有的元件而影响附近元件的表达和产生新的干扰序列。

目前最典型的赋能性基因组设计是在人工酵母基因组合成中引入的染色体重排系统（synthetic chromosome recombination and modification by loxP-mediated evolution，SCRaMbLE）和基于密码子重编的非天然氨基酸正交翻译系统。基于密码子重编的非天然氨基酸正交翻译系统主要依赖于选定密码子的解耦化设计、正交的非天然氨基酸工具配对，以及引入相应的翻译系统来实现。另外，基于非天然核酸引入的基因组密码子拓展技术具有成为基因组合成生物学赋能性设计的潜力。

1.5.1　染色体重排系统（SCRaMbLE 系统）

人工酵母基因组设计的染色体重排系统，依赖于 loxPsym 序列的全基因组规律性插入与 Cre 酶的表达。下面将从染色体重排系统的原理和设计方面进行介绍。

1. 染色体重排系统的原理

1）Cre/loxP 重组酶系统的工作原理

Cre/loxP 重组酶系统是染色体重排系统的核心元件，因此有必要简单介绍 Cre/loxP 系统的工作原理（Meinke et al.，2016）。Cre/loxP 系统来源于 P1 噬菌体，由 Cre 酶及其特异性识别的 loxP 序列组成。loxP 序列是由两段 13 bp 的回文序列夹着一段 8 bp 的间隔序列组成。Cre 酶属于酪氨酸型位置特异性重组酶，因其引

发 DNA 重组反应的关键位点上有酪氨酸而得名。Cre/loxP 重组酶系统引发 DNA
重组时，需要 4 个 Cre 酶和 2 个 loxP 位点。首先，4 个 Cre 酶识别 2 个 loxP 序列
并结合在两端的 4 个回文序列上形成 Cre/DNA 复合体，在复合体内形成了有两段
双链 DNA 存在的情况。其中 2 个相对的 Cre 酶变为活性构象，切割各自结合的
那一段双链 DNA 中的一条链，切割位点在间隔序列内，并且断裂的 DNA 单链中
的 3′端与处于活性构象的 Cre 酶的酪氨酸位点结合。然后，断裂 DNA 单链中的 5′
端自由羟基与另一段 DNA 断裂的单链 3′端重新结合，形成了霍利迪连接体
（Holliday junction），使两段双链 DNA 的各自一条单链发生了互换。接下来，Cre
酶的构象发生变化，原来处于活性构象的两个 Cre 酶变为非活性构象，另外两个
Cre 酶则变为活性构象，并对各自结合的双链 DNA 中的另一条未断裂的单链进行
切割。最后，断裂的单链发生与前述断裂单链相似的反应，实现了 DNA 的重组。
由于被切割的 loxP 间隔序列不是回文序列，因此，loxP 位点本身是具有方向性的，
重组发生时，在 Cre/DNA 复合体内部的两个 loxP 方向必须是相同的。所以，根
据两个 loxP 的位置和方向，Cre/loxP 重组酶系统可以产生不同的重组反应结构，
包括 DNA 片段的删除、插入、倒位和易位。

2）染色体重排系统的工作原理

人工酵母基因组合成在设计时使用的是 loxPsym 位点。与 loxP 位点不同的地
方在于，loxPsym 位点内的间隔序列也是对称的回文序列，因此，loxPsym 位点就
没有了方向性，大大增加了 DNA 重组的变化性。此外，由于设计时在全基因组
尺度上规律性地插入了将近 4000 个 loxPsym 位点（表 1-1），大大增加了两个位点
组合的可能性，使得合成型酵母基因组可以同时发生多个重组反应，极大地增加
了重组的复杂性。

表 1-1　人工合成酿酒酵母基因组计划中设计引入 loxPsym 位点表

位点名称	野生型染色体大小/bp	合成型染色体大小/bp	引入 loxPsym 位点数
Chr01	230 208	181 030	62
Chr02	813 184	770 035	271
Chr03	316 617	272 195	100
Chr04	1 531 933	1 454 671	479
Chr05	576 874	536 024	174
Chr06	270 148	242 745	69
Chr07	1 090 940	1 028 952	380
Chr08	562 643	506 705	186
Chr09	439 885	405 513	142
Chr10	745 751	707 459	249
Chr11	666 816	659 617	199

续表

位点名称	野生型染色体大小/bp	合成型染色体大小/bp	引入 loxPsym 位点数
Chr12	1 078 177	999 406	291
Chr13	924 431	883 749	337
Chr14	784 333	753 096	260
Chr15	1 091 291	1 048 343	399
Chr16	948 066	902 994	334
总计	12 071 297	11 352 534	3 932

产生基因组结构变异是 SCRaMbLE 系统的核心，也是驱动菌株进化的动力。SCRaMbLE 有不同的发生模式和基因结构变异类型。当细胞表达 Cre 酶时，基于 loxPsym 位点的对称性，将在同一条染色体上的一对 loxPsym 位点处，以理论上相等的概率产生片段的倒位（inversion）或删除（deletion），并可能转移到染色体的其他 loxPsym 位置（易位，translocation），或形成拷贝数增加（重复，duplication）（图 1-6）。同时，删除的片段也可以再通过转移形成插入（insertion），或通过末端连接形成环化（circularization），从而在染色体上产生多种结构变异（图 1-6）。

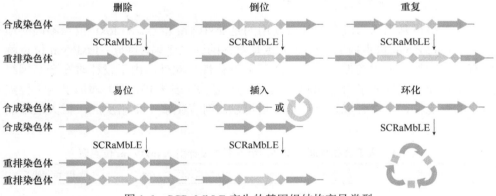

图 1-6　SCRaMbLE 产生的基因组结构变异类型

染色体重排产生的这些多样化的基因型实际上最终导致基因表达的改变，如删除导致基因表达下调、重复导致基因表达上调。倒位的影响比较复杂：Wang 等（2020）发现必需基因集质粒中 *SPB1* 基因的倒位提高了 *SPB1* 的转录水平；Wu 等（2018）也发现体外 SCRaMbLE 使 β-胡萝卜素合成途径的 *CrtI* 基因倒位，导致其表达水平上调；Luo 等（2018c）发现 synXII 染色体区域的倒位会导致 *ACE2* 基因的表达缺失。同时，删除和倒位也会对周边基因的表达产生影响，因为重排位置的拓扑结构改变也可能影响相邻基因的表达，如局部核小体定位的变化、附近启动子调控的干扰及基因与另一基因相对位置的改变等（Wu et al.，2018）。每个重排后菌株的表型正是由一个或多个这些不同重排变化的组合形成的，从而有效地产生基因型和表型多样性（Dymond et al.，2011），这就是 SCRaMbLE 加速菌株进化的原理。

2. 染色体重排系统的设计

人工酵母基因组合成计划进行染色体重排系统设计时设定如下规则：①loxPsym 位点插入在每个非必需基因的终止密码子后 3 bp 的位置；②当一个元件被删除时，插入一个 loxPsym 位点（内含子删除除外）；③当两个 loxPsym 位点之间的距离小于 300 bp 时，去除其中一个。然而，这些规则对低缺陷性设计原则没有进行充分的思考，使得很容易引起细胞缺陷。依照这些规则设计插入的 loxPsym 位点，有些在后续的构建和验证过程中被发现影响了相关元件的表达，甚至引起了细胞的缺陷（Mitchell et al.，2017；Wu et al.，2017；Zhang et al.，2017b）。这些最后通过 DBTL 循环修正的设计缺陷，实际上可以在设计时避免，特别是在 loxPsym 被插入至相关基因的启动子元件区域的情况下。

为了使 SCRaMbLE 的发生可诱导，系统中采用了一种融合小鼠雌激素结合域（estrogen-binding domain，EBD）的工程化 Cre 重组酶，其发挥活性依赖于 EBD 与 β-雌二醇的结合。在没有 β-雌二醇的情况下，EBD 将 Cre 重组酶隔离在细胞质中；当暴露于 β-雌二醇条件下，β-雌二醇与 EBD 结合，Cre 重组酶进入细胞核并触发重排（Dymond et al.，2011）。同时，Cre 重组酶由子细胞特异性启动子 pSCW11 控制表达，pSCW11-Cre-EBD 在每个细胞的生命周期中仅产生一次重组酶活性脉冲，因此保证只在子细胞中发生一次基因组重排。此外，研究表明 Cre 重组酶引起重排发生的位置非常精确，只发生在合成染色体的 loxPsym 位点，合成染色体其他位置均不产生结构变异（Luo et al.，2018c；Shen et al.，2016）。除重排事件边界为 loxPsym 位点外，重排不涉及非合成染色体，且非合成染色体上的异源途径基因均不产生单核苷酸多态性（single nucleotide polymorphism，SNP）（Jia et al.，2018），Cre 重组酶的精确识别和切割有效保障了 SCRaMbLE 重排发生的可控性。

1.5.2　基因组密码子拓展技术

自然界生物体中能被编码用于蛋白质合成的氨基酸只有约 20 种，这些氨基酸被称为标准氨基酸，而自然界中存在着近 500 种非标准氨基酸，也称为非天然氨基酸，包括 β-氨基酸、D-α-氨基酸和针对特殊氨基酸侧链基团（R）设计改造的氨基酸，若能将这些氨基酸进行编码用于合成蛋白质，则能极大地拓展天然编码系统中有限的蛋白质构筑基元种类，开发精细改造或调控蛋白质结构功能的潜力。

前期研究表明一些生物也能编码非标准氨基酸，如酿酒酵母的线粒体能使用终止密码子 UGA 编码色氨酸（Macino et al.，1979）。在包括人类在内的许多物种中，UGA 亦可被用于编码硒代半胱氨酸（Böck and Stadtman，1988）。这些发现均暗示着密码子可以被拓展和重编用于编码非标准氨基酸。以 Peter Schultz 为代表的科学家目前已经通过遗传密码子拓展技术将非标准氨基酸定点引入到目标蛋白质中的指定位点（图 1-7），进而展现出了巨大的应用潜力，包括：实现人工调控蛋白表达（Brown et al.，2018b；Edwards et al.，2009；Hemphill et al.，2015；Suzuki et al.，2018；Wang et al.，2019a）；模拟蛋白质的翻译后修饰（Chin，2017；Luo et al.，2017b；Park et al.，2011；Pirman et al.，2015；Rogerson et al.，2015；Yang et al.，2016；Zhang et al.，2017a）；进行蛋白质的荧光成像与示踪（Lang et al.，2012a；Lukinavičius et al.，2013）；开发一些新型治疗方法（Agarwal et al.，2013；Kolb et al.，2001；Ma et al.，2016；Schmidt et al.，2014；Wang et al.，2003）和生物防控技术（付宪等，2020）等。

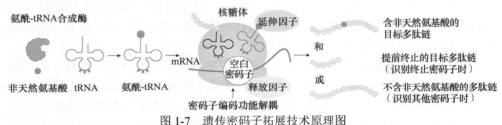

图 1-7　遗传密码子拓展技术原理图

　　遗传密码子拓展技术主要围绕翻译工具开发和适配底盘细胞构建两部分进行。开发高效且正交的翻译工具，寻找既能特异性识别非天然氨基酸，又能与生物内源的翻译系统兼容的非天然氨酰-tRNA 合成酶及其适配 tRNA 并进行改造，从而保证目标蛋白质合成过程的正交性。在这个部分，不断有新的正交工具被挖掘开发用于遗传密码子拓展技术。例如，深圳华大生命科学研究院团队从嗜盐产甲烷古菌（Candidatus *Methanohalarchaeum thermophilum*，HMET1）中发掘和开发出两对相互正交的非天然氨基酸编码工具（Zhang et al.，2022b），拓展了目前工具库的种类，揭示了相互正交工具的设计原则。构建适配的底盘细胞方面，通过基因组合成生物学方法对底盘细胞的目标密码子进行解耦化的全局重编，从根本上构建出携带空白密码子的生命体，将其用于特异性基因编码非天然氨基酸，并对翻译系统等诸多细胞途径进行后续改造，从而保证遗传信息传递和解读过程的正交性。可以说，基于密码子拓展技术进行的正交非天然氨基酸编码赋能，是基因组密码子解耦和精简的最终步骤及目的。在设计上，进行遗传密码子拓展技术赋能设计需要综合考虑翻译工具与适配底盘的选择。

　　目前，通过基因组合成生物学手段实现密码子解耦化、获得适配底盘并进行遗传密码子拓展技术赋能已有实例。Jason Chin 课题组通过向其构建的 61 个密码子大肠杆菌中引入 3 对不同的非天然氨基酸编码工具配对，成功合成了含有一段由这三种非天然氨基酸连续组成的蛋白质，是遗传密码子拓展技术赋能里程碑式的成果（Robertson et al.，2021）。显然，在基因组结构更为简单的原核底盘上，通过翻译工具引入和基因组密码子解耦进行遗传密码子拓展技术赋能，较在真核底盘上更容易。然而，真核底盘细胞具有特殊的地位，其在翻译后修饰和特殊蛋白折叠方面具有原核底盘细胞所不具备的先天优势，这方面的优势在构建表达人源蛋白的系统时尤为重要；此外，一些成熟的新型多肽/蛋白质高通量筛选技术（如酵母展示）是基于真核生物开发的，显然与真核底盘适配性更好。在以真核细胞为底盘、基于密码子解耦的遗传密码子拓展技术赋能上，目前正在开展的人工合成酿酒酵母基因组计划已设计了全基因组的 UAG 密码子解耦。另外，深圳华大生命科学研究院的付宪和沈玥研究团队也正在开展多项针对酵母其他有义密码子的密码子解耦及拓展赋能研究，尝试构建携带多个空白密码子的酵母底盘细胞，推动真核生物中遗传密码子拓展技术的下游应用。

另外一种遗传密码子拓展技术赋能的方式，是由四联密码子翻译系统主导的非天然氨基酸编码技术（Dunkelmann et al.，2021）（图 1-8）。该技术的关键是能读通四联密码子的工具配对、适配翻译四联密码子的正交核糖体，以及只能被该核糖体识别的核糖体识别序列。通过四联密码子适配的核糖体识别序列，使得含有四联密码子的 mRNA 只能被适配的核糖体识别翻译，而不会被正常的核糖体翻译。四联密码子适配的核糖体也不能识别正常的三联密码子 mRNA。只有四联密码子 mRNA 被四联密码子适配核糖体识别，四联密码子 tRNA 才能识别四联密码子并将其翻译成对应的非天然氨基酸。目前 Jason Chin 课题组通过这个系统，构建了一个可以识别 68 个密码子（64 个三联密码子+4 个四联密码子）并同时编码 4 种非天然氨基酸的大肠杆菌系统（Dunkelmann et al.，2021）。这个系统的优

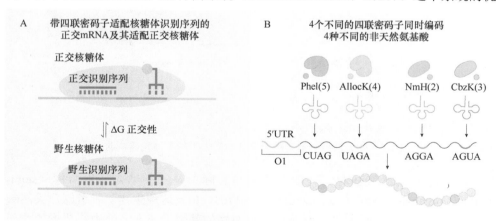

图 1-8　基于四联密码子的遗传密码子拓展技术原理图

A. 带四联密码子适配核糖体识别序列的正交 mRNA 及其适配正交核糖体；B. 4 个不同的四联密码子同时编码 4 种不同的非天然氨基酸

势是可以构建一套完全区别于细胞内源翻译系统的独立体系，进行独立的蛋白质翻译过程。虽然这个系统目前没有通过基因组合成生物学级别的大规模四联密码子基因组得以构建，但可以预见的是，对合成生物学细胞工厂底盘构建而言，这将会是一个重要的发展方向之一。

1.5.3 非天然核酸编码赋能

自然生物中存在的三联密码子实际上是 4 种碱基（胸腺嘧啶与尿嘧啶并不同时存在于同一类核酸分子中）排列组合的呈现（即 $4^3 = 64$ 个密码子）。由此可知，理论上，若使碱基对的数量增加 1 对，则会使得潜在的密码子数量理论上增加至 152 个（含有非天然核酸的密码子可能具有位置效应，可用的"空白密码子"将少于理论数量）。目前，研究人员已开发出多对能被生物体利用的非天然碱基对（Malyshev et al.，2014；Hoshika et al.，2019），证明非天然碱基对可用于遗传密码子拓展技术来编码非天然氨基酸（Dien et al.，2018；Zhang et al.，2017d；Zhou et al.，2019）（图 1-9），第一次以非天然的形式重现了中心法则，是基因组合成生物学研究及人工生命体构建的一种新思路。

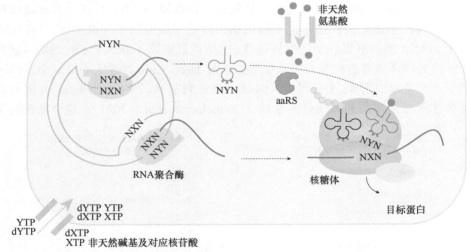

图 1-9　非天然核酸编码赋能设计的半人工生命体构建概念图

被赋能非天然碱基对编码能力的细胞实际上是一种半人工生命体（semi-synthetic organism，SSO）（Zhang et al.，2017c），构建这种生物除了考虑非天然碱基对本身的性质外，还需要对细胞进行针对性的基因组改造，其中需要增加非天然碱基/核苷酸转运合成所需的元件、非天然脱氧核糖核酸复制所需的元件、非天然核糖核酸转录所需的元件、能准确识别并翻译含有非天然碱基的 mRNA 的翻译元件、与非天然脱氧核糖核酸修复（特别是碱基错配修复）相关的功能元件，还要对天然的 DNA 和 RNA 复制、转录、翻译、修复相关元件进行改造，使其与非天然核酸系统正交（Romesberg，2022，2019）。例如，Romesberg 课题组在以大肠杆菌为基础构建半人工生命体时，利用三角褐指藻（*Phaeodactylum tricornutum*）的三磷酸核苷转运蛋白将含有相应非天然碱基的三磷酸核苷转运至细胞内（Zhang et al.，2017c）。研究人员通过对引入的非天然碱基对进行优化，能够在一定程度上不被碱基错配修复机制识别，同时能使用胞内的 DNA 复制酶、T7 RNA 聚合酶及核糖体以质粒的形式完成 DNA 复制、转录和翻译（Zhang et al.，2017c，d），最终实现非天然氨基酸的编码。

采用非天然碱基对的优势在于避免了对基因组进行大规模的改造，并能实现更多的密码子拓展，灵活性更强。然而，该策略目前只在原核生物中以质粒 DNA 的方式实现（Zhang et al.，2017c），且其在体内 DNA 中的长时间稳定存在仍需要依赖一套维持机制（使用 CRISPR/Cas 系统去除突变的非天然碱基对）（Zhang et al.，2017c），整合至基因组后是否能在体内稳定维持非天然碱基对并稳定行使功能仍未见报道。该策略若应用于真核系统，目前亦只能通过瞬时转化的方法实现非天然氨基酸的编码（Zhou et al.，2019）。该策略最终仍依赖于设计开发一套正交的、适应于非天然碱基对的 DNA 复制酶、RNA 聚合酶、核糖体及非天然碱基对/核苷酸的合成或转运机器，以保证底盘的复制、转录和翻译活动高效进行。因此，非天然核酸编码赋能设计仍需要后续进一步的优化和完善。

1.6　基因组合成生物学设计工具

随着基因组的大小及设计复杂程度不断增加，仅靠手动设计是极难完成基因组合成生物学设计的。计算机辅助的基因组设计是更为有效和方便的方法。

除了需要通过计算机辅助进行基因组序列的设计，基因组组装和 DNA 合成过程也需要进行分级设计，生成不同长度的多级 DNA 片段序列，以适配高效的实验方法。因此，基因组合成生物学的设计工具可分为基因组序列设计工具与基因组片段切分设计工具。

1.6.1　基因组序列设计工具

基因组序列设计工具是能实现目的基因组序列设计相关操作，如插入、删除、替换序列的脚本、网页或软件等计算机辅助程序。

在基因组序列设计工具中，利用密码子的简并性，通过同义密码子替换进行不同目的 CDS 序列重编设计，以提高异源蛋白表达量的密码子优化工具较为普遍，如 COOL（codon optimization online）（Chin et al.，2014）、COSMO（Taneda and

Asai，2020）、Presyncodon（Tian et al.，2018）等密码子在线优化工具。COOL 整合了个体密码子使用频率（individual codon usage，ICU）、密码子序列（codon context，CC）、宿主密码子适应指数（codon adaptation index，CAI）、隐藏终止密码子（hidden stop codon，HSC）和 GC 含量等多因素，实现密码子优化。COSMO 采用了动态规划优化算法，实现了系统性地多因素密码子优化。Presyncodon 则进一步整合了进化信息，利用宿主中多肽的密码子使用模型（codon usage pattern of peptide），扩展了密码子优化的维度和广度。另外，还有可以利用同义密码子替换、引入序列标签（如 PCRtags）以实现合成基因组区分性设计的工具，如酿酒酵母（*Saccharomyces cerevisiae*）基因组序列设计工具 Biostudio（Richardson et al.，2017）。此外，还可利用同义密码子替换，除去合成基因 CDS 序列中的发夹结构、重复序列、特殊的酶切位点或调整 GC 含量等，以提高目标 DNA 片段或基因合成效率，如新月柄杆菌（*Caulobacter crescentus*）必需基因组合成的序列设计工具 Genome Calligrapher（Christen et al.，2015）。

其他序列设计如遗传元件插入、删除等操作，已有较成熟的分子克隆工具，如商用软件 A Plasmid Editor（ApE）（Davis and Jorgensen，2022）、Snape Gene Editor、VectorNTI、MacVector、Geneious 等，均可提供遗传信息的可视化，并实现遗传元件的删除、插入等序列设计。这些软件通常是为质粒分子克隆设计的，虽然能提供良好的可视化界面和人机交互，但无法读取或操作较大的基因组，且无法实现批量操作，对大基因组的序列设计是非常有限的，如在酵母基因组序列设计中插入约 4000 个 loxPsym 位点等。为了解决这一问题，Richardson 等（2017）开发了一套适用于酿酒酵母的基因组的序列设计工具 Biostudio。其基于 Perl 脚本的程序，通过 Apache、MySQL 和 Genome Browser（Gbrowser）等工具实现基因组可视化和序列交互设计，进而实现删除、插入、替换等酿酒酵母基因组序列设计。

目前，基因组设计还处于模仿天然生命体的阶段，每一个基因组合成生物学项目都使用自己开发的工具，并且没有统一的标准，使用方法也不够便捷、直观，使得设计的自由度受到限制。随着基因组设计的大小和复杂性增加，以及基因组合成生物学研究团队的增多，开发一款普适性、可视化、可交互、操作便捷、具有更大自由度的基因组设计软件已成为该研究领域的迫切需求。

1.6.2 基因组片段切分设计工具

受限于寡脱氧核苷酸（oligonucleotide）化学合成长度的限制，基因组人工合成采用多级 DNA 组装的方式，需设计不同长度的多级 DNA 片段，以适配高效的 60～200 bp 的寡核苷酸分级组装成长片段 DNA 或基因组的构建方法。基因组片段切分包括小片段基因合成的寡脱氧核苷酸设计和长片段 DNA 组装合成的分段设计。

小片段基因合成（<1 kb）是利用固相亚磷酰胺三酯法合成寡核苷酸，基于 DNA 连接酶链反应（ligase chain reaction，LCR）或 DNA 聚合酶链反应（polymerase chain reaction，PCR），将寡核苷酸聚合组装成小片段双链 DNA。常用的基因合成的寡脱氧核苷酸设计工具包括 DNAWorks（Hoover and Lubkowski，2002）、Gene2Oligo（Rouillard et al.，2004）、GeneDesign（Richardson et al.，2006）、TmPrime（Bode et al.，2009）等。TmPrime 和 DNAWorks 是基于迭代算法，优化设计寡脱氧核苷酸序列，用于无间隙 PCR 组装（gapless PCR assembly）；Gene2Oligo 和 GeneDesign 也是基于迭代算法，设计的寡脱氧核苷酸则用于间隙 PCR 组装（gap PCR assembly）。在合成基因的产业应用中，寡脱氧核苷酸设计多采用间隙 PCR 组装。寡脱氧核苷酸设计的算法都是将输入的基因序列划分为退火温度（melting temperature，T_m）偏差最小的寡核苷酸（如 TmPrime 中，最小偏差退火温度<3℃），其重叠区（overlap）具有一致的退火温度。但在优化理论中，退火温度最小偏差并不总是这类问题的最佳解决方案（Cormen et al.，2009）。因此，2022 年，方刚等开发了更灵活、更有效的整合算法来设计基因合成的寡核苷酸，包括利用贪婪算法（greedy algorithm）划分输入合成基因 DNA 序列，再利用迭代算法（iterative algorithm）和动态规划算法（dynamic programming algorithm）优化调整重叠区域，实现重叠区的退火温度均一化和方差最小化（Fang and Liang，2022）。

长片段 DNA 组装合成是将多个小片段 DNA，通过多级 DNA 拼接，组装成长片段或者染色体。常用的长片段 DNA 分段设计工具包括 J5（Hillson et al.，2012）、Genome Partitioner（Christen et al.，2017）等。J5 是整合了多种 DNA 无缝多片段 DNA 组装（scar-less multipart DNA assembly）方法的长片段 DNA 组装合成的分段设计，包括基于同源短序列介导的 DNA 组装方法（如 SLIC、CPEC、Gibson、SLiCE 等），以及基于 IIS 型限制酶介导的 DNA 组装方法（如 Golden Gate、MoClo、GoldenBraid 等）。J5 通过执行成本效益分析自动设计侧翼同源序列及 IIS 型限制酶的优化方案，采用自动设计分级 DNA 组装策略来减少错误装配，以确保组装的效率与准确性。Genome Partitioner 是基因组规模的 DNA 设计的多层次分段设计工具，允许用户自定义片段间重叠区长度，应用于体外基于同源短序列介导 DNA 组装，如 Gibson 组装等，以及体内基于较长同源序列介导的同源重组，如酵母转化耦联重组介导组装（transformation-assisted recombination，TAR）等（Noskov et al.，2003）。

通常，不同物种的合成基因组构建策略是不同的，特别是基因组或染色体水平的高阶 DNA 组装，例如，大肠杆菌（E. coli）基因组构建的 REXER（Wang et al.，2016c），以及酿酒酵母基因组构建的 SWAP-IN（Dymond et al.，2011）等。同时，在基因组合成生物学领域，随着高通量芯片合成（Eroshenko et al.，2012）及生物酶法合成（Lee et al.，2019；Palluk et al.，2018）等新 DNA 合成技术的提升与应用，基因组片段切分设计将会出现新的技术要求。因此，基因组的片段切分设计仍迫切需要不断开发新的工具，以适配不同物种的基因组构建策略，以及新 DNA 合成技术的应用要求。显然，这样一款软件的开发需要与软件工程进行学科交叉，就像合成生物学本身就是学科交叉的产物一样。

1.7 小结与展望

总而言之，高度的人工设计是基因组合成生物学区分于其他基因组学研究的重要特征之一。基因组合成生物学的设计既是整个研究的开始阶段（从头系统性设计），也是连接每一个 DBTL 循环的关键节点（优化设计）。设计的优劣对后续构建、测试过程有重大影响，甚至决定研究的成败。从基因组水平上进行设计，涉及的系统结构与层次比其他合成生物学设计更为复杂，设计的复杂程度与难度不言而喻，因此要遵循一定的设计原则。根据过往的研究经验，基因组合成生物学的设计需要遵循三大原则：低缺陷性原则、目的性原则和可实现性原则。目前，基因组合成生物学的设计根据目的和实现方式主要分为四大类：区分性基因组设计、重构性基因组设计、精简性基因组设计和赋能性基因组设计。因为基因组合成生物学设计过程极为复杂，难以依靠手动设计完成，所以主要使用计算机辅助的基因组设计工具。基因组合成生物学设计工具目前分为两类：一类是进行基因组序列设计的基因组序列设计工具；另一类是进行基因组片段切分设计以适配高效构建过程的基因组片段切分设计工具。无论哪一类工具，目前对于基因组合成生物学设计而言，通用的系统性设计工具仍然是匮乏的。

虽然目前基因组合成生物学设计的内容已有较好的拓展，但仍然受限颇多。突破这些限制有赖于基因组元件序列和功能的认知水平提升、基因组编辑与合成技术的发展，尤其重要的是对基因组合成生物学设计工具的开发。

第 2 章　DNA 从头合成与构建技术

2.1　DNA 合成技术

2.1.1　DNA 化学合成

1. DNA 化学合成的发展历程

DNA 合成技术是指利用人工方法从头合成寡核苷酸（oligonucleotide）片段的技术，其出现对合成生物学的发展有着重要意义。DNA 合成技术作为合成生物学的关键基础性技术，是支撑现代合成生物学乃至生命科学发展的重要基石。根据合成原理的不同，DNA 合成技术可分为化学合成法与生物合成法（图 2-1）。化学合成法出现于 20 世纪 50 年代末。1955 年，剑桥大学 Todd 等人第一次使用化学合成法制备了具有 3',5'-磷酸二酯键结构的二聚寡核苷酸，拉开了 DNA 人工合成的帷幕（Michelson and Todd，1955）。该法将两个胸腺嘧啶核苷通过偶联反应形成 3',5'-磷酸二酯键，因此也被称为磷酸二酯法。随后，Khorana 等（1965）进一步拓展了磷酸二酯法，利用氯化磷制备了 3'端为磷酸酯而 5'端被保护的核苷酸，这些核苷酸在活化后使用二环己基碳二亚胺（DCC）之类的缩合剂与另一个 3'端为保护基而 5'端为羟基的核苷酸偶联形成磷酸二酯键。在此基础上，Khorana 等人还开发了一系列核苷酸上的保护基团，包括核糖的羟基、碱基上的氨基和磷酸基的保护基，其中，所开发的 5'端羟基上的二甲氧基三苯甲基（DMT）保护基团，由于其优异的稳定性及弱酸性条件下易脱保护的优势，直至今日仍被广泛使用。

随后在 20 世纪 60～70 年代，Letsinger、Reese 及 Itakara 等人相继在磷酸二酯合成法的基础上优化了保护基团和活化剂，结合固相合成的优势，逐步完善并发展出了磷酸三酯法（Letsinger and Mahadevan，1965）。70 年代中期，Letsinger 和 Lunsford 等人提出了亚磷酰胺三酯法，该方法使用 P（III）态的活性磷，而不是经典的 P（V）磷酰基，增加了将 P（III）氧化成 P（V）的步骤，提高了中间体反应活性，从而显著缩短了偶联时间（Letsinger and Lunsford，1976）。在此基础上，Caruthers 课题组于 20 世纪 80 年代提出了基于固相载体合成的亚磷酰胺四步法（Beaucage and Caruthers，1981；Matteucci and Caruthers，1981；McBride and Caruthers，1983），该方法采用了可控多孔玻璃（CPG）作为合成载体，解决了固相磷酸三酯法载体溶胀的问题；同时，利用核苷 3'-亚磷酰胺作为中间体，克服了亚磷酰胺三酯法中间体亚磷酸酯活性过高、不稳定、副反应多的缺点，亦成为当今主流寡核苷酸的合成路径。

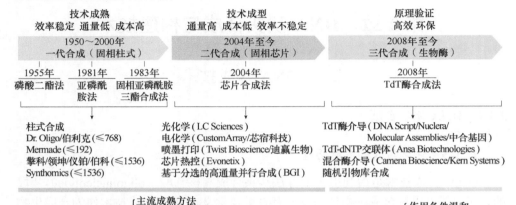

图 2-1　DNA 合成技术发展历程

2. DNA 化学合成法

1）固相亚磷酰胺四步法

固相亚磷酰胺四步法将核苷的 3′端固定在固相载体上，5′端连接保护基团 DMT，合成的方向由待合成引物的 3′端至 5′端，每步循环使用亚磷酰胺保护的核苷酸单体作为 DNA 合成的原料（Matteucci and Caruthers，1981）。天然核苷酸由于反应活性不足，无法快速合成寡核苷酸，需要使用核苷亚磷酰胺衍生物提高反应效率，并且为了避免副反应过多影响产率，必须将核苷中可能反应的其他官能团保护起来，在寡核苷酸全链合成结束后再一同去除保护基团（表 2-1）。其中，脱氧核糖上的 5′端羟基一般用 DMT 保护；胸腺嘧啶（T）和尿嘧啶（U）环外没有氨基，不需要额外保护；腺嘌呤（A）、鸟嘌呤（G）和胞嘧啶（C）上的环外氨基使用苯甲酰基（Bz）或异丁酰基（Ib）保护；另一种温和的方案是将腺嘌呤（A）的环外氨基用苯氧乙酰基（PAC）保护，胞嘧啶（C）用乙酰基（Ac）保护，鸟嘌呤（G）用二甲基甲脒基（DMF）保护，这些保护基比 Bz 或 Ib 更易去除，故被其保护的亚磷酰胺单体也更不稳定。脱氧核糖 3′端的亚磷酰胺基团被碱不稳定的 2-氰乙基基团保护，单体上的保护基也都可在弱碱性环境下脱去，合成结束，固相载体上的寡核苷酸脱 DMT 保护后可在弱碱性环境下去除核苷酸链上所有保护基团。

表 2-1　**DNA 合成中常见的保护基及其脱保护条件**

保护基团	基团化学式	保护位置	脱保护条件
二甲氧基三苯甲基（DMT）		5′端羟基	弱酸性环境，三氯乙酸（TCA）或二氯乙酸（DCA）
苯甲酰基（Bz）		A 的环外氨基	氨解
苯氧乙酰基（PAC）			氨解
苯甲酰基（Bz）		C 的环外氨基	氨解
乙酰基（Ac）			氨解
异丁酰基（Ib）		G 的环外氨基	氨解
二甲基甲脒基（DMF）			氨解

　　寡核苷酸的合成开始于脱保护，随后再通过偶联、盖帽、氧化，完成一个碱基的添加，以此四个步骤为循环，依次循环反应值至所需序列合成完毕（图 2-2）。

　　具体来说，连接在固相载体 CPG 上的带有保护基的核苷酸与三氯乙酸反应，脱去 5′端羟基的保护基团 DMT，获得游离的 5′端羟基。随后，亚磷酰胺单体与活化剂（四唑，tetrazole）混合，发生活化反应，得到核苷亚磷酸活化中间体，它的 3′端被活化，5′端羟基仍然被 DMT 保护，中间体与脱保护步骤得到的游离的 5′端羟基发生缩合反应，使单体偶联在固相载体的核苷酸链上。由于化学反应的产率无法达到 100%，偶联步骤中可能有极少数 5′端羟基没有参加反应（少于 2%），为防止未反应的羟基参与下一步反应，从而在每个循环中持续积累而生成序列错误的寡核苷酸链，需要在偶联后引入盖帽步骤，终止未反应的羟基继续发生反应。将封闭试剂乙酸酐和 N-甲基咪唑（NMI）溶解在四氢呋喃中，加入少量吡啶，将混合物与固体载体反应可封闭未反应的羟基，这种被封闭的短片段可以在纯化时分离。最后，使用氧化剂将核苷酸分子的三价亚磷酯转变为更稳定的五价磷酸三酯。

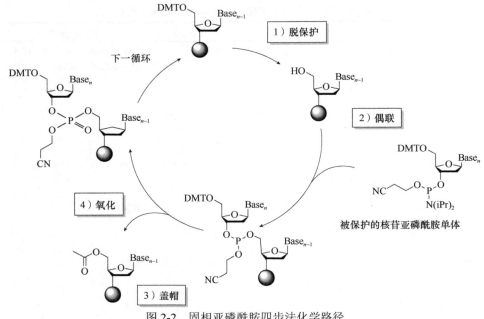

图 2-2 固相亚磷酰胺四步法化学路径

2）基于亚磷酰胺四步法的其他合成方法

由于化学反应产率的局限性，每步反应都伴随着不完全反应和产生副反应的可能性，随着寡核苷酸链长度逐渐增长，合成错误率呈指数上升，产率急剧下降，限制了化学合成寡核苷酸链的长度。在使用弱酸进行脱保护的过程中可能会发生脱嘌呤作用，特别是腺苷的脱嘌呤作用，也会导致最终合成产物错误率较高。此外，为了提高产率、缩短反应时间，反应过程中使用的化学试剂均远远过量，产生了大量有毒废液和废气。近年来，科学家们在固相亚磷酰胺四步法的基础上发展出很多其他合成方法，以期提高合成效率、降低错误率、减少有毒化学试剂使用量等，包括氢膦酸酯合成法、两步合成法、双碱基单体合成法等。

（1）氢膦酸酯合成法

经典亚磷酰胺四步法使用的三价亚磷酰胺单体易被氧化或水解变质，对合成环境要求较高，合成时需要严格控制无水、无氧的环境以保证偶联效率，增加了合成难度及合成成本。为此，Froehler 等（1986）和 Garegg 等（1986）提出了氢膦酸酯合成法（图 2-3），使用更加稳定的五价磷单体代替传统的三价亚磷酰胺单体进行合成，理论上不需要严格控制偶联步骤的水氧环境，也不必在每个循环都进行氧化，可以在合成结束后集中氧化，降低了合成难度，减少了合成步骤和有毒试剂的使用量。虽然五价磷单体更加稳定，但其化学偶联活性低于使用三价亚磷酰胺单体的方法，合成效率也较低，从而限制了该方法的进一步应用。

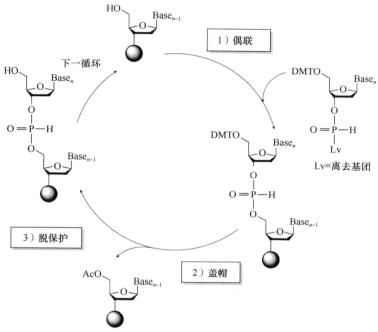

图 2-3　氢膦酸酯合成法（修改自 Roy and Caruthers，2013）

（2）两步合成法

通过改变合成过程中的保护基团,将四步法合成、简化为两步法(图 2-4)(Oka et al.，2008)。该方法的关键是将 5′端羟基的保护基团改为芳氧基羰基（aryloxycarbonyl，ArOCO），应用 N-二甲氧基三苯甲基保护腺嘌呤和胞嘧啶的环外氨基，通过在每个合成循环中都使用过氧阴离子作为亲核试剂，实现一步反应。两步法使用的过氧阴离子具有较强的亲核性和温和的氧化性，强亲核性使其在反应中不可逆地除去 5′端的 ArOCO 保护基团，较弱的氧化性可氧化核苷酸之间的亚磷酸三酯而不会氧化被保护的碱基，从而实现脱保护和氧化一步完成，减少了反应步骤。在合成短链寡核苷酸时，盖帽步骤被证实可以省略，因此实现了偶联-脱保护同步氧化的两步法合成。两步法由于使用弱碱性条件（pH＜10）的过氧阴离子而非弱酸（TCA）进行脱保护，理论上消除了脱保护过程中脱嘌呤的可能性，降低了合成 DNA 中的突变率。两步法还通过简化合成过程减少了许多有毒试剂的使用量，有利于更简单的自动化合成。但该方法使用的过氧阴离子溶液体系稳定性较差，需要现配现用，并且由于省略了盖帽步骤，在合成长链寡核苷酸时会产生较多反应不完全的副产物，降低了产率。

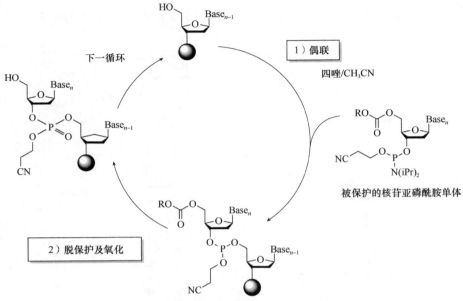

图 2-4　两步合成法（Oka et al.，2008）

（3）双（多）碱基单体合成法

经典亚磷酰胺四步法中，每一循环的脱保护及偶联步骤都有一定损失，累积影响最终产率，之后开发的氢膦酸酯法和两步法均存在合成效率较低、试剂或单体稳定性不佳的问题，导致长链寡核苷酸的合成产率较低。针对此问题，Kumar 和 Poonian（1984）开发了双碱基单体合成法（图 2-5），使用二聚体核苷亚磷酰胺单体作为偶联反应原料，一次循环可连接两个核苷酸。与亚磷酰胺四步法相比，合成所需序列的反应循环数减半，产量损失降低到约原来的一半，合成错误率也相应降低，在长链寡核苷酸（＞200 nt）的合成中有明显优势。在报道中，Kumar 和 Poonian 使用二聚体核苷亚磷酰胺单体进行了长度为 16～29 个碱基的几种寡核苷酸的合成，发现二核苷酸单元的单循环偶联效率（98%～100%）与常规亚磷酰胺单体的单循环偶联效率相当。然而，该方法所需的双碱基单体仍未实现商业化大规模合成，合成成本较高，且双碱基单体溶解性较差，容易结晶堵塞管路，合成所需的双碱基单体种类也较多（16 种），对配套仪器的液路系统要求较高，目前市面上仍未形成基于该方法的设备，因此该方法也未得到广泛使用。

3）存在的问题

寡核苷酸的化学合成长度受单循环合成效率及合成质量的影响。受限于化学合成的本质，单循环合成效率可以趋近但永远无法真正达到 100%。即使是单循环 1‰ 的损失，对于一个长片段寡核苷酸来说，都将积累出可观的终产物损失；合成过程中的多个环节又会导致合成错误的发生。例如，在使用三氯乙酸等弱酸进行 5′端羟基脱保护时，可能会导致脱嘌呤的发生（尤其以腺苷为甚）；三氯乙酸未洗脱就添加亚磷酰胺单体，可能会导致多次偶联（LeProust et al.，2010）；某循环未正确反应的寡核苷酸链又进行了下一循环的反应，会导致碱基缺失等。

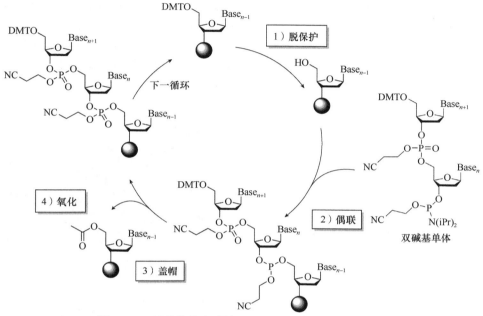

图 2-5　双碱基单体合成法（Kumar and Poonian，1984）

3. 基于化学法的合成仪器

1）仪器发展概述

DNA 合成技术的发展促进了 DNA 合成仪的开发。自 20 世纪 90 年代起，以美国、英国为代表的国家率先开始了 DNA 合成仪的研发与商业使用。目前，DNA 合成设备主要基于亚磷酰胺四步法，包括脱保护、偶联、盖帽及氧化四步循环。由于反应的每一步都存在不完全性和可能的副反应，随着寡核苷酸链的延长，合成错误率急剧上升，产率也急剧下降，直接影响后续的分离纯化及分子生物学实验。为此，科学家和工程师们针对反应环境、固相载体、合成路径等不断优化，最终实现了 DNA 合成仪的商业化。当前，主流的合成仪包括第一代柱式合成仪及第二代基于微阵列的高通量合成仪。本节介绍 DNA 合成仪器的发展历程及其原理。

2）一代柱式合成仪

柱式合成仪发展于 20 世纪 80 年代，以合成柱中所填充的固相材料作为反应载体，通过程序控制反应试剂与载体接触，形成负载于载体上的 DNA 单链。具体来说，该设备通过将亚磷酰胺单体分子固定在固相载体上，经过液路系统将反应试剂泵入合成柱中，流经固相载体表面，实现核苷酸链的合成。合成完成后，通过化学切割的方式将合成所得的寡核苷酸链从载体上脱下来，经过纯化后得到游离的寡核苷酸链（Beaucage and Caruthers，2001；Matteucci and Caruthers，1981；McBride and Caruthers，1983）。目前，市场上有多款柱式合成仪（图 2-6）。国外以美国应用生物系统公司的 ABI 系列、Biolytic 的 Dr. Oligo 系列、Bioautomation 的 Mermade 系列和 Synthomics 的 DNA 合成仪为主流代表；国内则是以北京擎科生物、江苏领坤生物及上海仪铂生物为代表的柱式合成仪使用广泛。

A

ABI 3900

B

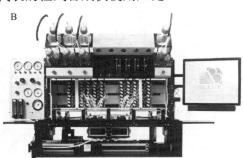

Dr. Oligo 192

C

Mermade 192

D

Synthomics 1536

图 2-6　部分一代柱式合成仪

当前，柱式合成仪最大合成长度一般可达 150～200 nt，产量一般在 0.5～1000 nmol 水平，合成错误率为 0.1%～0.2%，平均成本可控制在 0.05～0.5 元/nt。尽管柱式合成仪经过了数十年的发展，由于设备反应机理的限制，若实现更长长度寡核苷酸的合成，会显著影响其序列的准确性与产率。同时，柱式合成仪单批次最大合成通量仅能达到 1536 条寡核苷酸，无法从根本上实现高通量 DNA 合成，难以满足大规模基因合成及 DNA 存储等通量要求较高的应用。因此，针对高通量、低成本、高载量的 DNA 合成装备的开发十分必要。

3）二代高通量芯片合成仪

20 世纪 90 年代初，研究者们将微阵列引入到二代高通量 DNA 合成装备技术的开发中（Schena et al.，1995）。二代 DNA 合成技术以芯片为合成载体，通过微纳加工的方式在芯片表面形成不同的反应单元，从而在单片芯片上实现不同序列的单链 DNA 合成。相比于柱式合成法通量有限、成本过高、产生大量有毒废液废气等问题，微阵列技术在提升 DNA 合成质量、通量、效率、成本及试剂消耗等方面都取得了重大进展。目前，主流二代芯片合成分为 5 种路径，包括光化学合成法、电化学阵列技术、喷墨打印技术、集成电路控制技术及基于分选芯片的高通量合成技术。

（1）光化学合成法

光化学合成法包含了最早以美国 Affymetrix 公司为代表的原位光刻法（Baum et al.，2003）、IBM 公司的光敏抗蚀层并行合成技术，以及 Gao 等（1998）提出的光制酸脱保护合成法。

原位光刻法主要采用光敏单体介导的光控脱保护合成原理（图 2-7A），使用 5′端被光敏基团所保护的核苷酸单体作为反应单元，利用光掩膜实现对特定位置的 DNA 进行脱保护。该方法在合成前设计好微阵列每个点所对应的 DNA 序列，整个微阵列上待合成 DNA 序列的第一个碱基作为合成的每一层，针对每层四种碱基的分布情况设置对应的四块掩膜，每块掩膜在对应碱基的区域透光，其他区域不透光。在微阵列上原位合成时，选择相应碱基的掩膜覆盖并进行光照，被照射区域内光敏保护基团在光照下脱去，暴露出 5′端羟基进行相应单体的偶联。该种单体偶联反应完成后洗去多余的反应试剂，将未偶联的 5′端羟基封闭，阻止其参与下一步合成。通过交替使用不同的掩膜完成目标序列的合成。光敏单体介导光控脱保护合成法采用了光掩膜技术，具有分辨率高、DNA 序列密度大、合成通量大、易实现自动化生产等特点。目前，美国 Affymetrix 公司利用该技术已建成一条完整的基因芯片自动化生产线。然而，该方法需要使用含有特定光敏保护基团的核酸单体，其偶联效率受光脱保护这一步骤的限制，并且合成前需要加工大量掩膜，耗时较长，合成过程对于重复定位精度要求很高，合成难度、合成成本较高。

在此基础上，Sussman 及其团队针对光掩膜加工成本高的问题，提出了一种无需掩膜的光化学合成技术。该技术使用数字微镜阵列（DMD）形成明暗不同的虚拟掩膜以代替铬板掩膜，避免了昂贵且制作工艺复杂的光掩膜的大量使用，实现了灵活、低成本的寡核苷酸原位合成（Singh-Gasson et al.，1999）。这些虚拟掩膜能够在计算机的控制下精确地将紫外光反射至反应槽的芯片表面上，从而选择性地在特定位置上脱去光敏保护基团，以便进行下一步偶联反应。Sussman 团队使用该技术在 16 mm^2 的芯片表面成功合成 76 000 种 DNA 探针，合成时间降低至 8 h。Roche NimbleGen 公司与 LC Sciences 公司的光化学芯片也都采用了类似的数字掩膜合成技术。

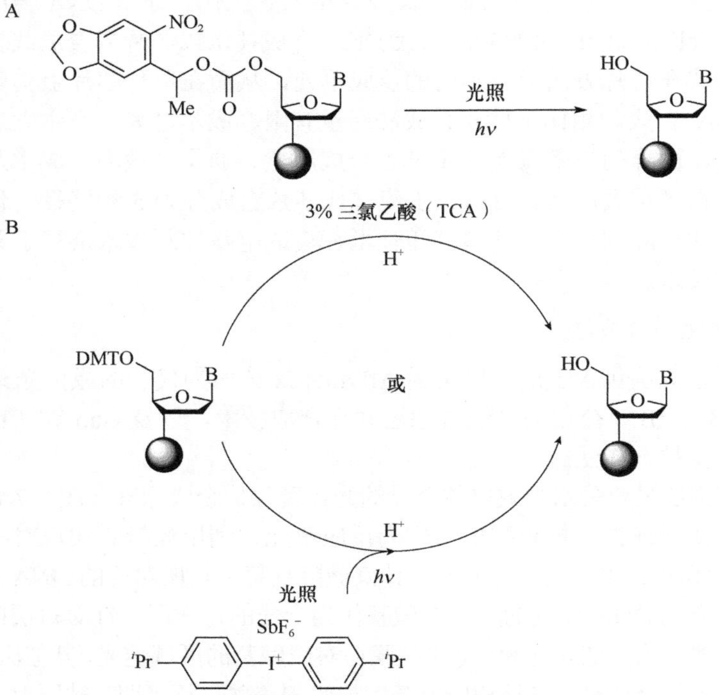

图 2-7　光化学合成法

A. 光控脱保护合成原理；B. 光制酸脱保护合成原理

此外，IBM 公司开发了基于光敏抗蚀层并行的合成技术，以亚磷酰胺四步法为合成原理，用光刻胶作为光敏抗蚀层，每步合成反应前在芯片表面涂覆光刻胶，对需要脱保护的区域曝光显影，洗脱光刻胶层，进行选择性脱保护和偶联。该技术与光敏单体介导光控脱保护合成法类似，每层四种碱基的合成需要在芯片表面涂覆四次光刻胶并使用四种碱基的光掩膜。合成所需芯片应提前进行硅烷化修饰并连接末端有活性羟基的延长臂（连接分子），延长臂的末端羟基上再连接一个 5′端被保护的核苷酸单体。表面修饰后的芯片涂覆上一层光刻胶，使用任一碱基的光刻掩膜对光刻胶进行曝光显影，暴露出需要进行同种碱基偶联的区域，随后对该区域进行脱保护和偶联。在特定区域选择性合成结束后，再将该层光刻胶全部洗脱，如此循环直至目的序列合成结束。该合成方法的产率较高，但合成过程需要反复涂胶、显影、去胶，操作复杂烦琐，所需光刻胶较多，且去胶过程需要用到化学活性较强的试剂伴随物理去除，会损失一部分芯片表面合成的寡核苷酸。

光制酸脱保护合成法的原理是在微阵列反应池中使用光生酸试剂,这种试剂通常为三芳基锍六氟锑酸盐(PGA)及噻吨酮的二氯甲烷溶液。光照区域中,噻吨酮作为一种光敏剂在光照作用下分解产生自由基,PGA 夺取自由基后生成的氢离子作用于寡核苷酸链 5′端的 DMT 保护基团,使之脱去并暴露出活性羟基,实现脱保护(图 2-7B)。未被光照到的区域不会发生光解产生酸的反应,5′端的 DMT 保护基团仍保留,不会参与下一步偶联。该方法依据的合成原理依然是经典亚磷酰胺四步法,其合成工艺成熟,可确保高质量的合成。同时,由于该方法仅改变了脱保护的条件而无需改变亚磷酰胺单体的结构,可以灵活应用于任意修饰的亚磷酰胺单体的合成。但该反应的合成效率受到光制酸效率的限制,且反应过程光控条件复杂,光照区域产生的酸在清洗时可能污染到非光照的相邻区域,导致本不该脱保护的区域也被脱保护。

(2)电化学阵列技术

Egeland 和 Southern 于 2005 年开发了电化学阵列技术,在合成芯片上通过向特定区域的电极施加电流发生电化学反应,所产生的酸选择性脱去该区域内芯片上的 DMT 保护基(Egeland and Southern,2005)。他们设计的电极阵列上,阴极与阳极交替连接,与合成芯片相邻放置,芯片和电极阵列之间的电解液是氢醌和苯醌的乙腈溶液。合成时向待偶联区域通电,电极表面进行电解反应,氢醌在阳极发生氧化反应产生酸和苯醌,酸向下扩散并对阳极区域下方的芯片局部进行脱保护,以便进行下一步偶联;扩散到阴极的酸和苯醌发生还原反应生成氢醌从而被消耗掉,理论上可保证不会有多余的酸扩散到芯片的其他位置。但在实际操作中,酸的扩散可能发生,且会导致相邻区域受到污染也一并被脱保护,从而降低合成的准确性。

2006 年,CustomArray 公司对电化学阵列技术进行了优化并提出了电化学原位合成法(Maurer et al.,2006)。该法利用互补金属氧化物半导体微阵列(CMOS),设计了 12 544 个可寻址铂电极,每个可寻址铂电极表面具有带大量羟基的高分子涂层,在涂层表面实现了 DNA 合成(Ghindilis et al.,2007)。合成时使用计算机控制待合成区域的微电极通电,电解产生的酸可以选择性脱去特定区域的 DMT 保护基并进行下一步偶联。CombiMatrix 公司使用浓度低于电化学反应产生的酸浓度的有机碱(2,6-二甲基吡啶)作为合成池内的缓冲溶液,以保证在通电的阳极区域内进行电解反应生成的酸量超过碱量,足以对目的区域进行脱保护,而扩散到非目的区域的酸会被缓冲溶液中更多的碱反应掉,不会进行脱保护反应。实验证明,使用碱性缓冲溶液可以将电解生成的酸限制在直径为 100 μm 的活性电极上(图 2-8)。通过增大反应电流或电压可以增加电解生成酸的量,从而更快地去除 DMT 保护基团;通过延长反应时间可以确保目的区域内脱保护反应完全。但随着酸浓度的增加和反应时间的延长，氢离子的扩散逐渐变得难以控制，同样会导致相邻非目标区域的污染。

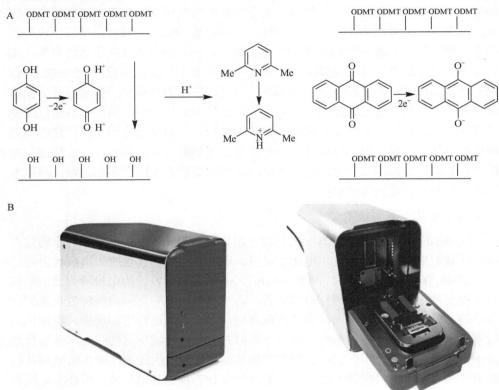

图 2-8 CombiMatrix 电化学原位合成法
A. 原理示意图；B. 设备示意图

（3）喷墨打印技术

喷墨打印技术的原理类似于喷墨打印机，只不过"墨盒"里装的是不同碱基单体的试剂。其反应路径同样采用亚磷酰胺四步法，主要区别在于使用的溶剂由乙腈变成黏稠度更高的己二腈，后者的优势是不易挥发，避免了反应物因溶剂挥发而析出，同时延长了微量反应中反应试剂与载体的反应时间，保证了偶联效率。该技术所采用的微喷头将合成试剂雾化成 1~25 mm 的微液滴，合成时微喷头移动到阵列的特定区域，按序列喷印上待合成的碱基，可以同时使用多种微喷头分别进行四种碱基的喷印（图 2-9）。一层碱基喷印偶联合成完毕后，芯片进行清洗、盖帽、氧化、脱保护等后续处理，再用于下一轮的偶联，如此反复循环，完成寡核苷酸链的合成。这种方法在合成过程中试剂用量少，且反应位点独立，不存在交叉污染，故合成的 DNA 纯度高、质量好，反应过程消耗的试剂量大大减少，也降低了合成成本。美国 Agilent 公司率先设计了基于喷墨打印的原位 DNA 合成设备。但受喷头机械定位精度的限制，喷印位置难以完全重叠，导致产率不均。随后，Twist Bioscience 公司实现了基于喷墨打印技术的商业化合成。其开发的高通量 DNA 合成芯片上有 96 个合成小孔，每个小孔内又有 100 个蜂巢状纳米合成井，总共形成 9600 个合成位点，将反应所需化学试剂体积减小为原来的百万分之一，且将合成通量提升了 1000 倍（Lausted et al.，2006）。但该方法需要对微液滴中的合成反应进行精准、独立的控制，因而在芯片制造、微喷头定位精度、软件系统等方面要求很高，开发相应仪器设备的技术壁垒也极高。

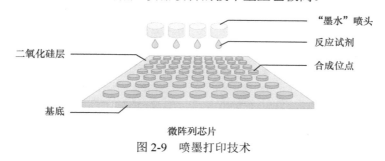

图 2-9　喷墨打印技术

（4）集成电路控制技术

英国合成生物学公司 Evonetix 开发了一种利用集成电路控制的高通量可寻址 DNA 合成仪，通过调节温度控制寡核苷酸的合成（David，2019）。该合成设备采用了基于微阵列芯片的热控制技术，在合成位点的反应室内使用低熔点、可反复加热的阻断材料，利用电路信号控制每个位点的通电与否，以此对位点的加热温度进行控制。合成位点浸泡在不断流动的液体中且能独立控制温度，成为一个"虚拟井"。每个虚拟井根据亚磷酰胺四步法进行单条寡核苷酸的合成，一张芯片可以容纳数千个独立的虚拟井。如图 2-10 所示，在虚拟井中，寡核苷酸链的 5′端羟基被热不稳定基团保护起来，合成时芯片浸泡在待合成单体试剂中，加热特定的虚拟井使寡核苷酸链脱去热不稳定保护基而得以延伸。同时，该技术可以实现合成产物原位纠错与组装技术。通过精确加热到与其合成序列有关的特定温度，并与待合成序列的互补链进行互补配对，在此温度下，不完全匹配的寡核苷酸链会解离并作为废液排走，合成正确的寡核苷酸链则保留在芯片上，实现高保真 DNA 合成。然而该技术目前处于研发阶段，实际效果还有待验证。

（5）基于分选芯片的高通量合成技术

深圳华大生命科学研究院自主研制了基于分选芯片原理的高通量 DNA 合成仪。该高通量合成仪根据芯片合成载体本身自带的身份编码（ID）信息选择每个循环所要添加的碱基，从而实现寡核苷酸的合成（图 2-11）。在合成前，将芯片自

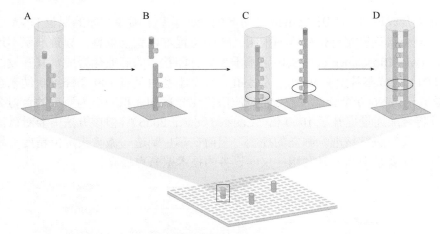

图 2-10   温控虚拟井合成技术（David，2019）

A. 芯片在特定位点被加热脱保护；B. 芯片池注入下一个碱基的单体试剂进行反应，仅脱保护的寡核苷酸可以发生偶联反应；C. 合成结束的寡核苷酸链与互补链配对；D. 存在合成错误的寡核苷酸链在温度控制下解链并作为合成失败序列被丢弃

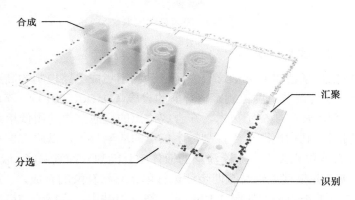

图 2-11   基于分选芯片的高通量合成仪技术

带的 ID 信息与待合成序列信息一一对应上传至合成仪。合成时，仪器根据扫描芯片 ID 得到的信息将其放入对应碱基的反应腔室，根据亚磷酰胺四步法进行寡核苷酸的延伸；反应结束后，回收芯片并重新扫描信息，进入下一个合成循环，直至序列合成完毕。该技术使用的芯片加工工艺简单，避免了高精度的微阵列加工，且芯片在结束寡核苷酸洗脱后可以进行清洗并重复使用，有效降低了合成成本。同时，由于合成通量由合成载体及反应腔室的大小决定，通量的提升简单灵活，不需要进行过于复杂的改造。目前，深圳华大生命科学研究院拥有自主知识产权的高通量合成仪的最高通量可达十万级，单条寡核苷酸产物载量高达 5 pmol，较传统点阵芯片技术提高 3～4 个数量级；合成错误率相比之下也具备优势，稳定在

1‰～3‰。同时，基于芯片分选的原理，交付引物的形式也更为灵活，可以实现单一引物交付或者任意引物的混合，大大提高了引物库订单的交付效率。

4）高通量 DNA 合成技术现存问题

芯片式高通量 DNA 合成技术的主要问题在于合成质量较柱式合成质量低，合成错误率也较高（Wan et al., 2014）。由于反应位点邻近，反应液滴定位不准、偶联失败的寡核苷酸链未被盖帽试剂封闭、光控系统光束偏移导致脱保护反应不精确等问题都会造成样品受试剂污染。这类问题在光化学合成、电化学阵列、喷墨打印技术等原位微阵列合成中都难以避免。随着仪器精度的提高和合成速率的降低，此类问题或能缓解，但高成本的问题也随之而来（Agbavwe et al., 2011）。此外，对比柱式合成单孔只存在单种寡核苷酸，DNA 微阵列芯片合成的寡核苷酸组成复杂，一张芯片上可以合成多种不同序列的寡核苷酸，且无法单独进行分离纯化，如果将芯片合成的寡核苷酸混合进行基因组装，会因为组分过于复杂而引入更多合成错误，提高了后续验证及纠错的成本。

2.1.2　DNA 生物合成

传统亚磷酰胺化学合成法受反应效率限制，DNA 合成产物长度仅能达到 200 nt 左右，极大地限制了该方法的下游应用。除此之外，合成过程中采用的强酸和强氧化剂，会产生对环境有害的化学废液且后续处理费用高昂。而生物酶法 DNA 合成技术在水相环境下合成，可有效避免上述提及的问题，有望以更低的成本合成更长的 DNA 分子。与 DNA 化学合成相比，生物酶法合成潜力巨大，有望在合成长度、成本及产量方面获得显著提升。

DNA 分子的体内合成主要是由各种 DNA 聚合酶催化、依赖于 DNA 模板进行合成。DNA 末端转移酶和一些特殊的 DNA 聚合酶也可不依赖已有的 DNA 模板分子，直接催化 DNA 链的合成。基于生物酶的 DNA 合成新技术，结合同源重组等体内组装方法，可以使寡核苷酸合成长度和准确度提升数个量级，这将极大地提高使用合成生物学设计与构建的能力，同时这一技术也会催生如 DNA 数据存储和新材料的设计制造等新兴领域的重大突破。

1. TdT 介导的酶促合成反应

在几种具有非模板依赖的 DNA 合成酶中，末端转移酶（terminal deoxynucleotidyl transferase，TdT）是最有效的。一些 DNA 聚合酶如大肠杆菌 DNA 聚合酶的 Klenow 片段、Taq 酶等可在 DNA 底物的末端加入一个核苷酸，而末端转移酶在同样的条件下可以催化数百个核苷酸，因而末端酶介导的酶促合成反应是目前酶法合成 DNA 的研究热点。

　　TdT 属于聚合酶 X 家族，分子质量约为 60 kDa。1959 年，Bollum 首次从小牛胸腺中提取出 TdT，发现其可以不依赖模板进行 DNA 的合成（Bollum，1959）。1962 年，Bollum 发现 dNTP 是加到起始碱基的 3′-OH 端，进而提出 TdT 可用于单链寡核苷酸的合成（Bollum，1962）。1984 年，Schott 和 Schrade 使用 TdT 将 dNTP 添加到不同长度的寡核苷酸链上，延伸至 9 个碱基长度的产物得率为 20%～30%（Schott and Schrade，1984）。由于 TdT 一次可以延伸多个碱基，为了保证合成过程按照设定序列逐个延伸，需要使用特殊修饰的碱基单体，以保证第 n 个碱基合成完成后不会继续延伸第 $n+1$ 个碱基，即反应可终止。同时，该策略也需要通过化学、物理或生物的方法去除碱基的特殊修饰基团，从而可以继续完成下一个碱基的合成。具有开发潜力的阻断基团包括甲基、胺基、烯丙基、磷酸基团、叠氮亚甲基、2-硝基苄基、叔丁氧基，以及乙氧基等（Jensen and Davis，2018）。其中，3′-O-NH_2 修饰的 dNTP 因其体积小、易去除及易被 DNA 聚合酶识别等优点，被认为是非常有前景的可逆终止核苷酸。但是，这种技术手段存在试剂昂贵、反应效率较以天然 dNTP 为底物时更低等缺点。

　　Minhaz Ud-Dean 等（2008）建议通过 pH 调节合成系统中不同酶的反应活性来完成碱基添加。利用不依赖于模板的 TdT 碱基聚合反应，基于可逆化学修饰碱基，根据任意设计的序列 DNA，可实现不依赖于模板的长片段人工 DNA 的合成。TdT 可用 pH 控制系统来调节其合成过程，即在 DNA 的 3′-OH 端添加含乙酸基团的 dNTP（3′ AcdNTP）。当含乙酸基团的 dNTP 加至 DNA 链上后，反应体系中的 pH 降低，乙酰酯酶、脱乙酰酶（acetylesterase，deacetylase，AE）和酸性磷酸酶（acid phosphatase，AP）被激活，TdT 失活，致使 DNA 链终止延伸。当使用 AE 去除乙酸基团后，AP 将加速水解 3′ AcdNTP，进行透析后会提高 pH 以激活 TdT 并使 AE 和 AP 失活。因此，可通过添加 3′ AcdNTP 启动新一轮的延伸反应。将核苷酸添加到核酸分子的 3′-OH 端，可与核苷酸添加和降解的受控方法结合使用，以合成预定义的核酸序列。2015 年，Efcavitch 等提出，把可逆的修饰基团加在碱基上面（如 5-胞嘧啶甲基等），但目前未见该领域的实际应用报道（Efcavitch and Suhaib，2015）。2016 年，Mathews 等报道了在脱氧核糖核苷三磷酸的 3′羟基端修饰的 2-硝基苄基基团[3′-O（-2-nitrobenzyl）-2′-deoxyribonu-cleoside triphosphates，NB-dNTP]以及 4,5-二甲氧基-2-硝基苄基基团[3′-O-（4,5-dimethoxy-2-nitrobenzyl）-2′-deoxyribonucleoside triphosphates，DMNB-dNTP]能够被 TdT 催化延伸第 $n+1$ 个碱基，且能够终止 TdT 进行第 $n+2$ 碱基的延伸反应（Mathews et al.，2016）。同时，NB 基团及 DMNB 基团在紫外线照射下极易完全降解。2018 年，Keasling 等基于 TdT 开发了新的策略（Palluk et al.，2018）：使用 TdT-核苷酸偶联物，以每个碱基 10～20 s 的合成速率实现了酶促精准合成。每个 TdT 都与一个脱氧核糖核苷三磷酸（dNTP）分子结合，可以将其并入引物中。加入 TdT-dNTP 偶联物后，引物的 3′端仍然与 TdT

共价结合，其他 TdT-dNTP 分子无法接近，可有效阻止 DNA 链的进一步延伸。将偶联物裂解释放 TdT 后，DNA 可进行新一轮的延伸。该方法单循环仅需 2～3 min，平均偶联效率可达 97.7%。TdT 对四种核苷酸的偏好性差异小、偶联效率高，持续合成和延伸单链 DNA 可产生长达 8000 nt 的均聚物。2022 年，中国科学院天津工业生物技术研究所江会锋团队从白喉带鹀中鉴定了一种天然的、不需要模板的 DNA 聚合酶（ZaTdT），通过重塑 ZaTdT 催化腔，使其对带有可逆终止修饰的非天然核苷酸的催化活性提高 3 个数量级。基于工程化的 ZaTdT 聚合酶，该团队进一步创建了两步循环酶促 DNA 合成技术，合成 DNA 的平均准确率高达 98.7%，单步催化效率最高达到 99.4%，与商业化的 DNA 化学合成法准确率相当，具有巨大的应用前景（Lu et al.，2022），并于 2022 年 1 月成立了国内首家以第三代生物合成 DNA 技术为主的公司——天津中合基因科技有限公司。如何控制反应的启动与终止以实现某一特定序列的片段合成，是利用该酶促反应实现从头合成 DNA 的关键问题。此外，酶促反应催化效率、酶对修饰单体的特异性、单体的特异性添加等问题亦是难点。

从 2013 年开始，三家以 TdT 为基础的 DNA 合成公司（Molecular Assemblies、DNA Script 和 Nuclera）相继成立。他们都是通过修饰核苷酸分子，化学合成带有可逆终止基团的核苷酸单体，然后利用 TdT 将碱基不断添加到所合成序列的末端。过程中通过化学反应控制核苷酸分子上的化学修饰基团，使得该酶每次只能延伸目标单碱基，随后除去终止基团并开始下一个目标碱基的合成，最终实现控制 DNA 链中目标碱基的有序连接（图 2-12）。因为 TdT 对于其所修饰基团要求极高，该方法前期投入较大，需耗费大量的人力物力进行蛋白质改造研究及化学修饰基团筛选。

2. TdT-dNTP 交联体介导与混合酶介导的酶促反应

由 Dan Arlow 和 Sebastian Palluk 等人共同于 2018 年成立的 Ansa Biotechnologies 公司，针对 TdT 难以接受修饰核酸的问题，提出 TdT-dNTP 交联体介导的可逆终止合成法，即让每个 TdT 酶单独与 3′端带可逆接头的脱氧核苷三磷酸结合，当新合成链的 3′端暴露出来时，这个 TdT 能够与核苷酸的偶联物连接，新目标碱基也随之被引入。同时，TdT 也继续停留在 3′端，阻碍其他的偶联物继续添加（图 2-13A）。与 TdT 介导的生物酶法合成相比，这种策略因为要先将 TdT 与核苷酸偶联，对 TdT 的消耗量更大。

基于 TdT 的寡核苷酸合成发生在水环境下，其中延伸的单链 DNA 分子达到一定长度后将不可避免地形成二级结构，但 TdT 酶对这些结构化底物的活性较差，限制了其在寡核苷酸合成中的用途。2020 年，Palluk 等为了提高 TdT 酶在发夹结构上的活性（Barthel et al.，2020），做出了两项改进措施。

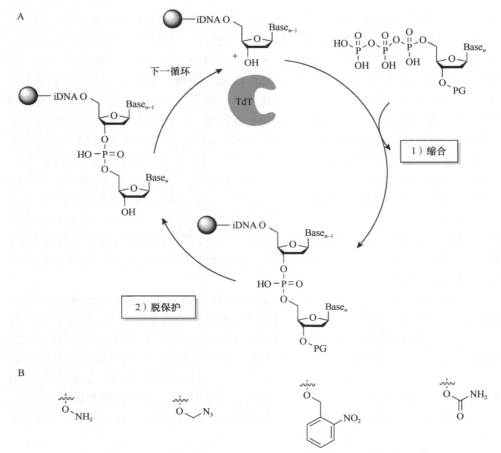

图 2-12　基于 TdT 酶的生物法（A）及常见生物法合成的 3′化学阻断基团（B）

1）优化二价阳离子辅因子的浓度

由于二价阳离子的存在会影响 TdT 的碱基偏好，当反应缓冲液中去除 Mg^{2+} 时，会显著降低嘌呤核苷酸（ddATP 和 ddGTP）的掺入率，但不会降低嘧啶核苷酸的掺入率。当提高 Co^{2+} 的浓度处于亚饱和状态时（0.25 mmol/L），可明显提高发卡结构的引物延伸率。

2）改造 TdT 以增强其热稳定性

高温可分解 DNA 的二级结构，野生型 TdT 反应温度为 37℃，所以必须对野生型 TdT 进行改造。当将延伸反应温度提高至 45℃时，发卡结构的引物延伸速率可提高约 2.3 倍，而常规结构的引物延伸速率并没有明显改变。将这两种改进相结合，鸟嘌呤-胞嘧啶发夹的延伸率提高了约 10 倍。

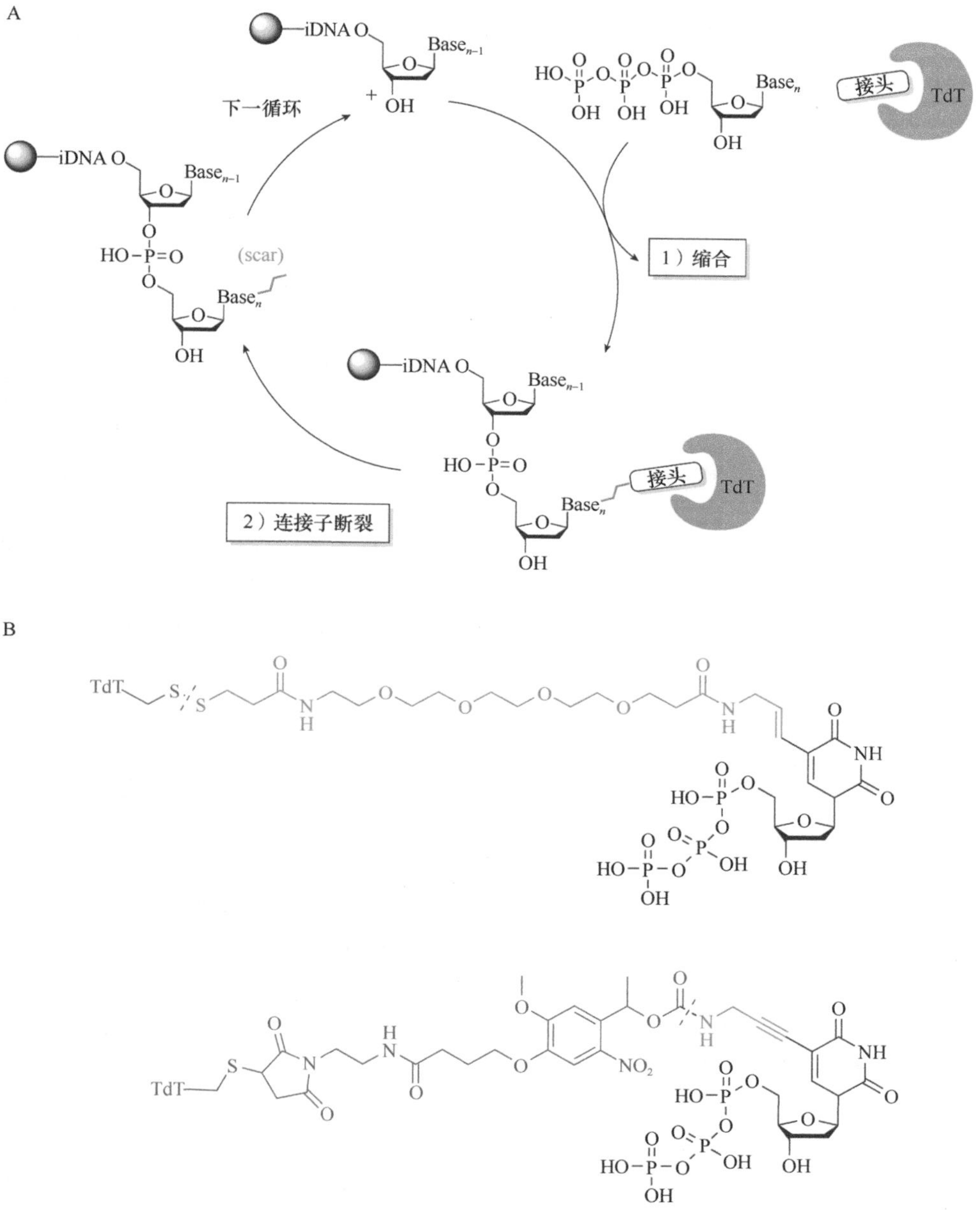

A

B

图 2-13　TdT-dNTP 交联体介导的酶促反应

A. TdT-dNTP 交联体介导的两步法合成 DNA 示意图；B. 两种 TdT-接头-dNTP 分子的化学结构式示意图

3. 混合酶介导的酶促反应

成立于 2016 年的英国 Camena Bioscience 公司通过特定组合的酶，从三核苷酸异构体中实现无模板的 DNA 合成。该公司开发了从头开始酶法合成和基因组装技术（gSynth^{TM}），每条引物的 3′端由可逆终止核苷酸（rtNTP）组成，合成反应体系内包含特定组合的酶或者有末端转移酶活性的核糖酶,通过不断重复延伸,合成 300 nt 长度的引物。对比其他 300 nt 的合成片段，该技术减少了连接步骤,其准确率较化学法合成的片段明显提升。该公司于 2020 年利用特有的技术与平台从头合成了 2.7 kb 的质粒（pUC19），证明该方法具有实际应用价值，未来可应用于蛋白质改造及微生物菌株构建等领域。近期，基于 gSynth^{TM} 技术，该公司已能够生产多种合成基因，最长可达 6.5 kb。

此外，Kern Systems 公司从 DNA 存储应用的需求出发，采用了一种免修饰的策略，利用了两种酶——TdT 及三磷酸腺苷双磷酸酶：前者可将核苷酸整合至 DNA 链末端；后者为核酸降解酶，可以使得体系中核苷酸浓度降低，导致无法再被 TdT 使用进行新一轮的合成。这种方法因为不能严格控制碱基的添加与终止，可能会导致合成错误率升高。通过加入特定冗余及纠错机制等方式，可将该技术应用于 DNA 存储。

2020 年，Lee 团队在原有策略的基础上结合无掩膜光刻技术开发了一种多路复用的酶促 DNA 合成法（Lee et al.，2020）。首先，使用过量的可光解金属螯合剂 DMNP-EDTA 与 TdT 酶催化所必需的辅助因子 Co^{2+} 形成络合物，从而使 TdT 处于无活性状态。然后，在紫外线（UV）的照射下光解 DMNP-EDTA 释放 Co^{2+}，使局部的 Co^{2+} 浓度升高，激活 TdT 酶的聚合活性，使其在限定的照射区域内选择性地延伸寡核苷酸。为了控制延伸长度，在预定的时间关闭 UV 光源，过量的 DMNP-EDTA 扩散到照射区域，重新螯合 Co^{2+} 使 TdT 酶回到不活跃的状态而终止延伸反应。最后，使用计算机系统控制光调制器或数字微反射镜装置，以动态光的模式在阵列表面进行寻址，实现多路复用酶促合成 DNA。

迄今为止，上述酶法合成公司已先后获得超过 1.5 亿美元的融资，整体仍处于概念验证阶段，尚未进入大规模商业应用的阶段。我国亦有如中国科学院天津工业生物技术研究所、湖南大学等科研院校的研发团队从事生物法合成的相关研发。

2.1.3 修饰引物与引物纯化技术

为满足不同应用需求，DNA 合成技术也可实现修饰引物合成，如含有特殊结构或独特生化性质的引物。修饰引物的结构不同，使得合成过程的设计也略有不同。此外，无论是柱式合成还是原位合成，氨解后洗脱得到的水溶液中除了目标寡核苷酸链，还有合成失败的非目标序列、切割和脱保护过程中多余的氨和脱下保护基生成的铵盐等。因此，需要经过进一步分离纯化得到所需目标产物，即后处理。本节主要归纳整理不同特殊引物的特点及常见合成方式，同时介绍了不同纯化方法及其适用场景。

1. 修饰引物

除了常规碱基合成的 DNA，经过修饰的特殊单体拥有独特结构和生化性质，其产品拓展了常规引物的应用范围。表 2-2 列出了一些常见的单体修饰方式。

表 2-2　常用的单体修饰方式

修饰类型	修饰名称	特点及应用
反义 DNA 合成	硫代	硫代修饰（phosphorthioate）的寡核苷酸主要用于反义实验中以防止被核酸酶降解。但随着硫代碱基的增加，寡核苷酸的 T_m 值会降低。为了降低这种影响，可以对引物两端 2～5 个碱基进行硫代修饰，通常可以选择 5'端和 3'端各 3 个碱基进行硫代修饰
	2-氟代核糖核酸（2F-RNA）	2F-RNA 主要应用于增加 T_m、适配体筛选和抵抗核酸酶。2F-RNA 与天然 RNA 具有很多相似特性，不影响双链结构，使其成为天然的 RNA 模拟物，能够与天然 RNA 靶标形成双链
	2'-O-甲基核糖核酸	在 RNA 的修饰中，2'-O-甲基核糖核酸（2'-O-甲基-RNA）修饰普遍存在于 tRNA 和其他转录后调控的小 RNA 中，2'-O-甲基核糖核酸寡核苷酸片段可以被直接合成，这个修饰可以增加 RNA：RNA 双链的 T_m 值，但是对于 RNA：DNA 的稳定性将会有微小的改变，因此比 DNA 更不易与 DNase 相合。作为能够稳定增加与目标信息结合能力的有效工具，该修饰被普遍应用于反义寡核苷酸
	5-甲基脱氧胞嘧啶	每个脱氧胞嘧啶被 5-甲基脱氧胞嘧啶（5-methyl Dc）取代后，其熔点温度将会增加 0.5℃；另外，当寡核苷酸片段植入活体内引发一些不必要的免疫反应，5-甲基-脱氧胞嘧啶在 CpG 修饰中的出现将会阻止或限制这些反应，这一点在反义核酸应用中是非常重要的
碱基修饰	脱氧次黄嘌呤	脱氧次黄嘌呤（deoxyinosine，dI）是一个自然存在的碱基，虽然不是真正意义上的通用碱基，但当与其他碱基结合时，会比其他碱基错配相对更稳定。脱氧次黄嘌呤与其他碱基的结合能力为 dI：dC＞dI：dA＞dI：dG＞dI：dT。在 DNA 聚合酶的催化下，脱氧次黄嘌呤首选与 dC 结合
	脱氧脲嘧啶	脱氧脲嘧啶（deoxyuridine，dU）可以插入寡核苷酸以增加双链的熔点温度，从而增加双链的稳定性。每摩尔脱氧脲嘧啶替代可以使双链熔点温度增加 1.7℃
	2-氨基嘌呤	2-氨基嘌呤（2-aminopurine）在寡核苷酸中可以替代 dA，它是一种常见的荧光分子，对于周围环境较敏感，可作为一种有效的探针用于监测 DNA 的发卡结构构成和动态变化，还可以检测双螺旋碱基的堆积状态；2-氨基嘌呤会不确定地轻微降低 T_m 值
	5-溴-脱氧尿嘧啶	5-溴-脱氧尿嘧啶（5-bromo dU）是一种光敏的卤代碱基，在有紫外线照射的情况下，它可被掺入寡核苷酸中与 DNA、RNA 或蛋白质交联，在 308 nm 处交联效率最大
	反向 dT	反向 dT（inverted dT）可以被合成在寡核苷酸的末端，从而形成交联，形成的交联可以抑制在 DNA 聚合酶延伸过程中的外切核酸酶的降解作用
	双脱氧胞苷	双脱氧胞苷（3'ddC dideoxy-C）可阻止 DNA 聚合酶在末端的延伸
间臂修饰		间臂（spacer）可为寡核苷酸标记提供必要的间隔以减少标记基团与寡核苷酸间的相互作用，主要应用于 DNA 发卡结构和双链结构研究。Spacer C3 主要用于模仿核糖和羟基间的三碳间隔，或"替代"一个序列中未知的碱基。Spacer C3 可引进一个间臂，从而阻止端外切酶和端聚合酶发挥作用。Spacer 18 常用于引进一个强疏水基团

修饰类型	修饰名称	特点及应用
氨基修饰	内部氨基修饰	主要通过将 C6-dT aminolinker 加到胸腺嘧啶残基上进行内部修饰。修饰后，氨基与主链相距 10 个原子距离，可用于进一步的标记和酶连接（如碱性磷酸酶）
	5′氨基修饰	可用于制备功能化的寡核苷酸，广泛应用在 DNA 芯片（DNA microarray）和多重标记诊断系统。5′氨基修饰分为 5′-C6 氨基修饰和 5′-C12 氨基修饰两种，前者可用于连接一些即便靠近寡核苷酸也不会影响其功能的化合物，后者用于连接纯化基团和一些荧光标记，可避免荧光标记太靠近 DNA 链而淬灭
	3′氨基修饰	目前提供 C6 氨基修饰，它可用于设计新的诊断探针和反义核酸酸，例如，5′端可用高度敏感的 ^{32}P 或荧光素标记，同时在 3′端可用氨基进行修饰，以便后续进行其他连接。此外，该修饰可以抑制外切酶酶解，从而可用于反义实验
巯基修饰		5′-巯基（Thiol）在很多方面都与氨基修饰类似。巯基可用于附加各种修饰如荧光标记物和生物素。例如，可以在碘乙酸和马来酰亚胺衍生物存在下来制作巯基连接的荧光探针。5′端的巯基修饰主要用 5′巯基修饰单体（5′-Thiol-modifier C6-CE phosphoramidite 或 Thiol-modifier C6 S-S CE phosphoramidite）。用 5′-Thiol-modifier C6-CE 单体修饰后，必须进行硝酸银氧化以去除保护基（trityl），而 Thiol-modifier C6 S-S CE 单体修饰后须用 DTT 将二硫键还原成巯基
磷酸化修饰		5′磷酸化（phosphorylation）可用于接头、克隆和基因构建，以及连接酶催化的连接反应。除了可应用于抗外切酶消化的相关实验，也可用于阻止 DNA 聚合酶催化的 DNA 链延伸反应
地高辛修饰		地高辛（digoxigenin）是一种从植物毛地黄中分离出来的类固醇物质，因为毛地黄的花和叶片是这种物质唯一的自然来源，所以抗地高辛抗体不会结合其他生物物质。地高辛经由一个 11 个原子的间臂连接到脲嘧啶的 C5 位置。杂交的地高辛探针可以由抗地高辛抗体来检测，这个抗体一般会与碱性磷酸酶、过氧化物酶、荧光素或胶体金偶联，或者与抗地高辛抗体相偶联。地高辛标记的探针可用于各种杂交反应，如 DNA 杂交（Southern blotting）、RNA 杂交（Northern blotting）、斑点杂交（dot blotting）、克隆杂交、原位杂交及酶联免疫分析（ELISA）
生物素修饰		生物素（biotin）修饰的寡核苷酸能紧紧地结合在链霉亲和素蛋白上，具有高度的亲和力和特异性，在许多生命科学领域研究中具有重要作用。生物素修饰可以利用 C6 或是 TEG 间臂被添加在寡核苷酸的 5′端，生物素 TEG 需要纯化，中间的生物素修饰可以通过 dT 碱基加入，这种形式需要更多的纯化步骤。引物生物素标记，可用于非放射性免疫分析来检测蛋白质、胞内化学染色、细胞分离、核酸分离、杂交检测特异性的 DNA/RNA 序列、离子通道构象变化等

资料来源：https://www.genecreate.cn/subject/855.html?1667273863.

2. 引物纯化

常见的后处理方法包括脱盐纯化、寡核苷酸纯化柱（OPC）纯化、聚丙烯酰胺凝胶电泳（PAGE）纯化和高效液相色谱（HPLC）纯化，通常根据合成 DNA

的长度及应用方面的纯度要求选择不同的纯化方式。具体可参考表 2-3。

表 2-3　不同长度引物可用纯化方式

纯化方式	<20 nt	21~40 nt	41~60 nt	61~90 nt	91~150 nt	下游应用
脱盐纯化	适用	适用	适用	不推荐	不推荐	用于定点突变、人工合成基因等
RPC 纯化	适用	推荐	推荐	适用	不适用	用于 PCR 克隆、定点突变、人工合成基因等
OPC 纯化	推荐	适用	不适用	不适用	不适用	纯化的 DNA 纯度>85%,适用于 40 mer 以下引物的纯化、PCR 扩增、DNA 测序、亚克隆、点突变等
PAGE 纯化	不适用	适用	适用	推荐	推荐	纯化的 DNA 纯度>80%,对 40 nt 以上的普通引物的纯化,用于 PCR 引物、二代测序、各种探针等
HPLC 纯化	推荐	推荐	推荐	适用	不适用	纯化的 DNA 纯度>90%,可用于修饰引物、商业化的诊断引物或探针的纯化等

脱盐纯化常用 C18 简易反相柱。这种柱子特异性吸附 DNA,被吸附在柱子内的 DNA 可以用有机溶剂洗脱而不被水洗脱,因此可以有效去除杂质中的铵盐和残留的氨,但是无法去除合成失败的非目标序列。这个方法可以用于聚合酶链反应(PCR)引物、基因合成引物等的纯化。

反相净化滤芯(reverse phase cartridge,RPC)纯化的原理与反相 HPCL 纯化相同,都是利用了 DNA 的疏水性与杂质的亲水性。RPC 纯化基质是反向净化滤芯。为吸附 DNA,滤芯常常含有 C18 等疏水基质,这样在清洗时,水可以轻松脱除保护基团等杂质,但在脱除短引物杂质片段时不适用。这是一种比 HPLC 分离精度低,却更加灵活、经济的纯化方法,若需精确测序与精确克隆,不推荐此方法。

如果使用 OPC 纯化合成,需保留最后一个碱基上的 DMT 保护基,OPC 内的树脂对 DMT 具有亲和力,纯化时所有合成产物被吸附在柱内,含 DMT 的、合成完全的 DNA 片段不会被有机溶剂洗脱从而保留在柱内;而合成失败的不含 DMT 的 DNA 片段亲和力低,被洗脱。最后再用酸脱去 DMT 保护基,用有机溶剂洗脱目标产物。该方法简单便捷,但对 DMT 的特异性吸附能力有限,存在合成失败的片段没有被洗脱的可能性,对 DNA 片段的负载量也比较小,适用于短链 DNA 的纯化。

PAGE 纯化采用变性聚丙烯酰胺凝胶电泳对 DNA 片段进行分离,分离的主要依据是 DNA 分子的大小。在控制电压或者电流的情况下,DNA 分子通过凝胶基质迁移,不同大小的分子在凝胶中的迁移速率不同,长度较长的片段,分子质量也相应更大,迁移得更慢,由此将不同长度的 DNA 分子分开。电泳结束后,切割下含有目的 DNA 条带的凝胶,浸泡碎胶,从浸泡的盐溶液中回收得到目的 DNA。该方法可以很好地分离不同长度的 DNA 片段,纯化效果好,尤其适用于纯化长链 DNA。但是 PAGE 纯化也存在步骤烦琐、消耗人工及时间、纯化后样品损耗量大等缺陷。为提升 PAGE 纯化分离效果，可以增加凝胶的长度和厚度以提高分离度，也可以通过在粗样品中加入尿素增加样品比重，以减少电泳过程中样品的损失。

HPLC 纯化利用分子极性差异，一般根据 DNA 的极性或疏水性大小分离合成产物。不同长度的 DNA 片段具有不同的极性或疏水性，在高效液相色谱上出峰时间不同。一般先进行 HPLC 分离试验，确定产物峰的位置，再增加进样量进行纯化，选择回收产物峰位置的产品，从而实现粗产物的分离纯化。HPLC 纯化法的自动化程度高，产物纯度很高，但所耗时间长、成本高。

3. 引物分析方法

1）引物定性分析方法

（1）荧光

荧光 PCR 仪扩增后的特殊引物可以在凝胶电泳时观察到荧光条带。通过分析条带是否拖尾、长度区间是否如预期等特点，可评价引物纯度。

（2）NTC

NTC 常用作荧光 PCR 仪的空白对照，可反映环境中的核酸污染情况。

（3）HPLC

高效液相色谱检测是几种定性方法中最准确、信息最全面，同时也是耗时最长、最复杂的引物定量方式。其原理是：在极性溶剂中，利用不同引物分子的不同极性分离并定量各引物。此方法可准确检测不同极性引物的含量。

2）引物定量方法

（1）Nanodrop

Nanodrop 检测引物浓度，是一种直观、经济、高效的检测手段。仅需纳克级别的样品，Nanodrop 光度计就能在数秒之内根据引物在 260 nm 和 280 nm 的特征波长，分析出引物浓度。

由于 Nanodrop 检测基于样品吸光度特性，因此浓度低于 20 ng/μL 的样品很难用此方法准确定量。同时，任何细微的核酸污染、离子污染、样品酸碱性，都将极大地影响 Nanodrop 检测结果。

（2）Qubit

Qubit 荧光定量是将荧光染料与靶分子结合后检测荧光信号。与 Nanodrop 定量方法相比，Qubit 检测在灵敏度和准确度上有了数量级的提高。

尽管一些智能电子 Qubit 检测仪可同时完成几个样品的检测，但由于染料与核酸的特异性结合，检测时间长达 2 min。同时，由于结合反应对温度比较敏感，几度的温差即需要重新标定标准溶液。

（3）质谱

质谱仪是一种电离化学物质并对分子碎片质荷比（质量-电荷比）进行排序分析的技术。

在有机分析中（Okamoto et al.，2000；陈耀祖和涂亚平，2001），样品用量仅需微克级别，数分钟即可获得样品分子质量、官能团等信息，且拥有混合样品分析的能力。

2.1.4　小结与展望

DNA 合成技术是合成生物学乃至现代生命科学的底层共性技术。自 20 世纪 80 年代以来，基于化学法的 DNA 合成路径不断优化，先后发展出经典亚磷酰胺四步法和以此为基础的光化学、电化学等新方法。此外，对于合成引物在不同应用场景中的纯化方法及特殊单体修饰方法上也取得了系统性突破。同时，基于化学法开发的 DNA 合成装备也在不断更新，在技术、载量、通量、成本等多方面不断地产出里程碑式的成果。除化学法 DNA 合成技术以外，合成方法也进一步拓展到生物酶法合成。生物酶法的开发使得高效率、低成本合成长链 DNA 分子成为可能，有望成为未来合成技术的重要研究方向之一。

2.2　DNA 组装技术

随着生命科学的发展，对具有调控功能基因及基因簇的合成需求越来越大，尤其是近年来快速发展的基因组设计合成领域，对超大 DNA 片段合成的需求更为迫切。无论是基于化学合成法还是生物酶法合成的寡核苷酸均受到反应效率的限制，无法合成较长的目的基因片段。因此，高效的 DNA 组装技术应运而生，逐渐成为合成生物学关键的底层核心技术之一（图 2-14）。

DNA 组装技术的目标是实现将人工合成寡核苷酸（oligo）引物逐步组装为不同长度的基因片段，主要分为胞外组装技术和胞内组装技术。胞外 DNA 组装，通常利用各种工具酶（如聚合酶、连接酶、内切酶、外切酶等）将寡核苷酸拼接成短双链 DNA 片段，再将 DNA 短片段组装成 DNA 长片段，直至组装到百万碱基（Mb）级别。胞内 DNA 组装，通常依赖于宿主细胞同源重组系统，将带有同源区的 DNA 片段导入宿主细胞（如大肠杆菌、酿酒酵母、枯草芽孢杆菌等）中，组装成 DNA 大片段乃至全基因组。随着 DNA 片段组装长度的不断增加，DNA

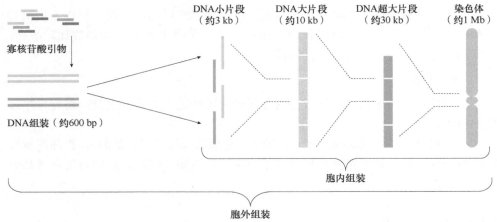

图 2-14　DNA 组装示意图

序列的错误率也逐渐累积。纠错技术的应用可有效降低 DNA 组装过程中积累的序列错误，从而大幅度提升人工合成 DNA 片段的质量和效率。

合成生物学前沿科研探索，如基因组合成、DNA 存储等，需要大量低成本的 DNA 片段，手工操作效率低、成本高。利用自动化移液工作站、机械臂等设备集成搭建大规模自动化基因构建实验平台，实现自动化、智能化基因序列的设计与构建，将大大加快合成生物学前沿科研和产业发展。本章也将对自动化基因组装技术进行详细阐述。

2.2.1　胞外组装技术

1. 连接介导的 DNA 组装策略（连接酶链反应）

连接酶链反应（ligase chain reaction，LCR）是设计覆盖整条基因双链的互补同源区的寡核苷酸，通过热循环反应，采用 DNA 连接酶将首尾相连且 5'端磷酸化的寡核苷酸片段连接起来，得到全长的目的片段，再以连接产物为模板、首尾寡核苷酸片段为引物进行聚合酶链反应（polymerase chain reaction，PCR）扩增，从而合成完整的目的基因片段（图 2-15）。自 20 世纪 90 年代，PCR 技术被用于基因合成，并在长期的研究发展中日渐成熟。LCR 法与 PCR 法的结合使用，在基因合成研究中发挥了重要作用（Jayaraman et al.，1991）。LCR 法还被用于 microRNA（Yan et al.，2010）及单核苷酸多态性的检测等（Cheng et al.，2012）。

寡核苷酸组装的 DNA 连接酶经历了逐渐演进的过程。起初，该体系使用的连接酶都是不耐热的 T4 DNA 连接酶，由于该酶的热不稳定性特征，反应条件为 37℃，导致该组装方法对二级结构较敏感，从而导致出现组装错误的现象。1968 年，

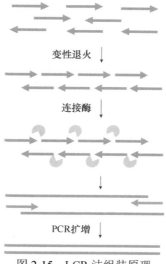

图 2-15　LCR 法组装原理

Gupta 等（1968）最早使用基于连接介导的 DNA 组装策略，使用 T4 DNA 连接酶将化学合成的寡核苷酸组装起来，合成了一条酵母丙氨酸 tRNA 基因片段，大小为 30 bp。1979 年，Khorana 等（1971）用 T4 DNA 连接酶将寡核苷酸连接成 80～200 bp 长度的基因序列。将不耐热的 DNA 连接酶改成嗜热性的 DNA 连接酶，在 50～65℃的高温下进行连接反应，从而减少了寡核苷酸链二级结构的形成，提高了组装基因的准确性（Smith et al.，2003）。Au 等（1998）发明了基于耐热 T4 DNA 连接酶的连接酶链反应，寡核苷酸在 T4 DNA 连接酶的作用下延伸并连接成 *leptin-L54* 基因，长度为 441 bp。2008 年，Church 等使用基于循环连接的组装方法构建：①DNA 聚合酶的 *Dpo4* 基因，长度为 1056 bp；②一条含有高重复序列的基因，长度为 300 bp；③一条长链 DNA 序列，长度大于 4 kb（Bang and Church，2008）。

　　LCR 法要求基因序列的两条链都必须完整地被寡核苷酸覆盖，寡核苷酸的 5′端需要进行磷酸化修饰，且该方法反应产物杂带较多，需进行纯化才能进行后续的反应。因此，通过 LCR 法进行基因合成的成本更高。LCR 法组装长度范围为 0.1～10 kb，组装长度有限。

2. PCR 介导的 DNA 组装策略

　　由于 LCR 法存在成本高、效率低等问题，研究者开发了基于末端互补序列的聚合酶组装策略。

1）聚合酶循环组装法

聚合酶循环组装（polymerase cycling assembly，PCA）的方法是目前更常用

的基因拼接方法。该方法首先合成具有互补配对重叠区的寡核苷酸,利用 PCR 扩增的原理,对末端有互补重叠区的寡核苷酸进行升温变性、退火复性及延伸连接获得目的基因片段,再以其作为模板进一步 PCR 扩增获得大量目的基因片段。

该方法根据反应步骤不同可分为一步组装法和两步组装法。PCA 一步组装法是将基因拆分出的末端互补的寡核苷酸库与首尾扩增引物一起加入 PCR 反应体系中,同时进行寡核苷酸的组装及目的全长基因片段的扩增(图 2-16A)。2004年,Tian 等使用 PCA 一步法将一个基于芯片合成的寡核苷酸库同时平行组装成21 条编码大肠杆菌 30S 核糖体亚基的基因。PCA 两步法则是首先在第一步 PCR反应体系中只加入寡核苷酸进行反应,使寡核苷酸逐步延伸成全长目的片段;第二步 PCR 反应时,再以第一步反应产物为模板,加入首尾引物扩增获得大量目的片段(图 2-16B)。两步法组装效果更好、更稳定,是目前主要使用的基因片段拼接方法。

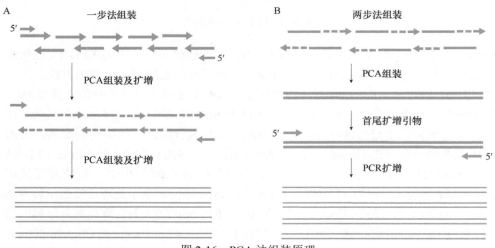

图 2-16   PCA 法组装原理
A. 一步法;B. 两步法

2)基于 PCA 法组装合成 DNA 的经典例子

(1)重叠延伸 PCR

重叠延伸 PCR(overlap extension PCR,OE-PCR)又称融合 PCR,由 Horton等在 1989 年建立(Horton et al., 1989)。该方法是利用两个末端互补的寡核苷酸,使两个 PCR 产物末端产生重叠区域,然后通过升温变性和退火复性使重叠区域形成互补双链,在完整基因两端设计的引物和 DNA 聚合酶作用下延伸扩增,产生完整的全长目的双链 DNA(图 2-17)。

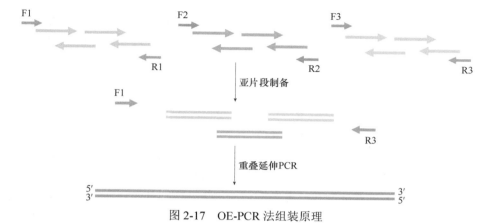

图 2-17　OE-PCR 法组装原理

　　近年来，以 PCR 为基础的基因合成方法得到了进一步的演变与发展。2004年，Young 等将双重不对称 PCR（dual asymmetrical PCR，DA-PCR）与 OE-PCR 相结合，在 DA-PCR 阶段，每 4 个相邻的带有重叠区的寡核苷酸碱基互补配对成小片段，这些小片段再经过 OE-PCR 合成全长基因（Young and Dong，2004）。OE-PCR 已经广泛应用于基因克隆、定点突变和基因拼接等研究中（Warrens et al.，1997；Wei et al.，2012），国内外许多公司已经将其商业化。例如，Stratagene 公司基于 OE-PCR 技术开发出来的进行基因定点突变的 QuickChange II XL Site-Directed Mutagenesis Kits，已经在许多研究工作中得到成功应用。

　　OE-PCR 不仅能用于基因的组装，也具有组装整个质粒的能力。OE-PCR 不受序列限制，仅需要目的 DNA 片段存在同源区即可完成组装，操作简单，周期短。受 DNA 聚合酶延伸效率及引入错误率的影响，该方法较难进行大片段的组装，适用于长度 10 kb 以下的 DNA 片段的组装。当序列高度重复或 GC 含量较高时，无法保证组装的准确性。

　　（2）环形聚合酶延伸法

　　环形聚合酶延伸法（circular polymerase extension cloning，CPEC）与 OE-PCR 法原理类似，由 Quan 等于 2009 年建立（Young and Dong，2004）。CPEC 首先用含有末端互补的引物，使线性 DNA 片段和载体末端产生重叠区，然后将具有末端重叠区的线性 DNA 片段和载体经过升温变性、退火复性得到具有重叠区的单链产物，最后在 DNA 聚合酶的作用下延伸得到环状载体，将得到的重组载体直接转化大肠杆菌体内，利用大肠杆菌体内的修复机制得到完整的双链环状目的克隆。

　　2010 年，Bryksin 等改良了 CPEC 技术，用于克隆的载体可以不用进行线性化，只需在反应完成后采用限制性内切核酸酶 DpnI 对产物进行处理即可用于基因组装（Bryksin and Matsumura，2010）。该方法依赖载体与片段之间的同源区实现组装，简便高效，既可用于单片段的克隆，也可用于多片段与载体的同时组装。但是，当合成的目的序列存在高度重复区或 GC 含量较高时，不能保证组装的准确性。CPEC 法适用于 20 kb 以下的基因片段组装。

3. 工具酶联合作用介导的 DNA 组装策略

随着合成生物学技术的不断发展，科学家对合成更大的、非自然界存在的 DNA 的需求十分迫切。基于 II 型限制酶合成基因的方法已发展得相对成熟，但是 II 型限制酶并不能完全突破多个片段同时组装及酶切位点的选择限制，并且这种限制会随着基因序列复杂度和长度的增加而加大，因而找到一种在组装中不识别和不切割目的基因的限制酶十分困难。此外，II 型限制酶产生黏性末端的碱基数量有限，难以支撑更大片段的连接。因此，探寻更加稳定且高效的组装方法是近年来合成生物技术发展的重要方向之一。介导 DNA 组装的工具酶包括核酸内切酶、DNA 聚合酶及 DNA 连接酶等。工具酶介导的组装能满足不同的 DNA 组装需求，应用广泛，尤其是 Golden Gate 和 Gibson 组装技术，是近年来主要使用的 DNA 组装技术。

1）基于同尾酶的组装技术

同尾酶是指一类能够识别 DNA 分子中不同的核苷酸序列，但酶切后能产生相同黏性末端的限制性内切核酸酶。由同尾酶切割产生的 DNA 片段，能够通过其黏性末端的互补配对进行连接。连接后的片段中不再包含原有酶的识别位点，即不能再被原有的限制性内切核酸酶所识别，达到"焊死"的状态。常用的同尾酶有 *Xba*I/*Nhe*I/*Spe*I、*Bam*HI/*Bgl*II、*Sal*I/*Xho*I 等。

基于同尾酶酶切连接的组装方法，根据所使用的同尾酶和非同尾酶的数量又可以分为 BioBrick、BglBrick 和 ePathBrick 组装法。其中，BioBrick 组装法最初是由美国麻省理工学院 Knight 研究组团队于 2003 年提出的，该方法利用一对同尾酶和两个非同尾酶将载体与 DNA 元件标准化形成元件库，标准化的元件可以通过 DNA 连接酶的作用，依据其产生的黏性末端按顺序依次组装起来（Knight，2003）。BioBrick 组装法在每个 DNA 元件上游设计 *Xba*I 酶切位点、下游设计 *Spe*I 和 *Pst*I 酶切位点，第一个载体用 *Spe*I 和 *Pst*I 切割，使载体在 *Spe*I 和 *Pst*I 之间产生缺口；第二个载体用 *Xba*I 和 *Pst*I 酶切，将第二个 DNA 元件切割下来。*Xba*I 和 *Spe*I 是一对同尾酶，所以在 DNA 连接酶的作用下将 *Xba*I 和 *Spe*I 酶切产生的黏性末端相连，可实现两个 DNA 元件的组装。BioBrick 技术利用同尾酶实现多个 DNA 片段的组装，同时利用其组装后不再含有原有酶的识别位点这一特性，设计多轮 DNA 片段的组装，组装长度可达 10～100 kb。当然，该法仍不能避免对 DNA 序列本身的依赖性，而且最主要的缺点是用 *Xba*I 和 *Spe*I 同尾酶酶切连接后，在元件连接处会额外增添 8 bp 的瘢痕，而这段瘢痕在组装后产生 ATC 序列，ATC 转录后形成终止子，影响后续转录翻译过程。此外，元件组装通量较低也是限制其快速发展的缺点之一。

科学家针对 BioBrick 方法存在瘢痕影响转录翻译的问题提出了另外两种方案，即 BglBrick 和 ePathBrick 组装法，其主旨都是将 BioBrick 产生的瘢痕转化为融合蛋白的连接肽（Grünberg et al.，2009；Phillips and Silver，2006）。其中，BglBrick 采取多基因共表达的策略，使每个基因都带有自身的表达元件，再利用限制性同尾酶将各个元件串联起来，使其能够独立地表达（Goldman et al.，2017）。Anderson 等使用同尾酶（*Bgl*II 和 *Bam*HI）和非同尾酶（*Eco*RI 和 *Xho*I）构建标准化组装载体，巧妙地将 6 bp 瘢痕（GGATCT）设计为两个对大多数融合蛋白无影响的氨基酸（甘氨酸和丝氨酸），既解决了 DNA 瘢痕问题，又不影响融合蛋白的表达（Anderson et al.，2010）。

2014 年，研究者利用归位内切酶 I-*Sce*I 和 PI-*Psp*I 可产生相同黏性末端的特点，提出 iBrick 的 DNA 组装方法（Liu et al.，2014）。归位内切酶与普通的限制性内切核酸酶相比，可以识别较长的非回文序列（12～40 bp）。由于 iBrick 具有较长的识别序列，并且在 DNA 中出现的概率极低，因此其相比于 BioBrick 对 DNA 片段序列的限制极小，可以有效避免在组装片段中出现相同的酶切位点，但是将目的片段组装后会在片段之间残留更长的疤痕。为了解决这个问题，科学家提出了一种 C-Brick 组装法，这是一种应用了 CRISPR/Cas 系统的 CpfI 蛋白 DNA 组装法（Li et al.，2016）。C-Brick 利用 V 型 CRISPR 系统切割双链 DNA，通过加入预先设计的 crRNA（CRISPR RNA）片段进行定位，引导 *Cpf*I 核酸内切酶识别目的片段中 PAM 位点并切割 PAM 序列的下游序列，产生 5 nt 的黏性末端。该方法可灵活设计 crRNA 以识别不同的序列，生成的 6 bp 序列（GGATCC）编码甘氨酸-丝氨酸，同样可以构建融合蛋白，一定程度上可规避 BioBrick 技术的缺点。

（1）Golden Gate 组装技术

Szybalski 等首次发现 IIS 型限制性内切核酸酶（如 *Bsa*I、*Bbs*I、*Bsm*BI 和 *Sap*I 等）是一类特殊的限制性内切核酸酶（Szybalski et al.，1991），但与传统 IIS 型限制性内切核酸酶不同的是，其识别位点和切割位点不在同一位置，切割位点位于识别位点的外侧，因此可以根据需求设置识别位点，切割出所需的黏性末端，实现定制化切割序列。基于 IIS 型限制性内切核酸酶的发现和应用，Engler 等于 2008 年开发了 Golden Gate 组装策略，该策略利用 IIS 型限制性内切核酸酶切目的片段，使其产生互补的黏性末端，再利用连接酶将多个目的片段按照设定的线性顺序连接，最后无缝组装成不含原来识别位点的长 DNA 片段（Engler et al.，2009）。同时，基于 IIS 型限制性内切核酸酶切割 DNA 后产生的 4 nt 由任意核苷酸组成的末端悬垂可形成 256 种互补区域的特性，实现了在单个连接反应中多个片段的高效拼接。

Golden Gate 克隆技术使用 IIS 型限制性内切核酸酶和 DNA 连接酶，按照一定的顺序将多个酶切后目的基因片段与目的载体连接，实现多基因片段的一步组装（图 2-18）。组装反应中需要遵循一定的原理和设计原则，例如，*Bsa*I 是 Golden Gate 组装中一种常用的 IIS 型限制性内切核酸酶，由 DNA 识别位点序列（GGTCTC）和 DNA 切割位点组成，酶切消化后暴露出 4 nt 单链 DNA 悬垂。因此，可以通过在目的基因和载体两端增加 IIS 型限制酶酶切位点的方式实现基因的有序组装。需要注意的是，目的基因片段序列两端需增加识别方向的 *Bsa*I 位点，而与之相连接的载体则需具有识别方向外的 *Bsa*I 位点。在 *Bsa*I 酶的作用下，切割产生的黏性末端唯一且互补，以便多个目的片段与载体按照一定顺序进行互补配对，而识别序列被切割后不参与组装过程，原来的识别位点从重组质粒中消除，即实现无缝组装。

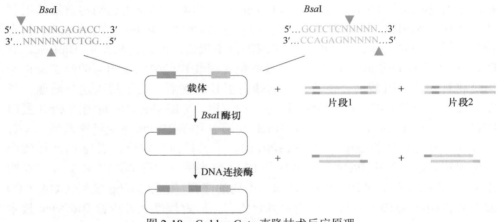

图 2-18 Golden Gate 克隆技术反应原理

由于预期的环状重组 DNA 分子中不包含所用酶的限制性位点，从而可以在同一反应体系中进行酶切-连接循环过程，最终整合至重组质粒中，这对于将片段从一个载体转移至另一个载体至关重要。Golden Gate 组装技术反应流程只需将目的片段和载体 DNA 与 Golden Gate 组装试剂（含有 IIS 型限制酶、DNA 连接酶和缓冲体系等）结合并设定反应温度进行孵育，最终形成无缝连接的全长产物，将其导入感受态细胞中进行转化，涂布平板后用于后续筛选和鉴定。但在一个步骤中组装多个片段时，随着目的片段的增加，其组装正确率会随之降低（Marillonnet and Grützner，2020）。

随着 Golden Gate 组装技术逐渐成熟并获得广泛应用，科学家们对基于 Golden Gate 方法的组装效率及通量有了更高的需求，进而开发出一系列预测组装效率的工具并进一步优化组装方案。Potapov 等（2018）运用单分子测序法检测黏性末端连接的保真度，量化悬垂的 4 个碱基互补配对时的连接效率，以及 T4/T7 DNA 连接酶连接末端悬垂时可能发生错配的概率，这些数据将用于预测 Golden Gate 组装的准确性。科学家根据预测信息所优化出的组装方案，成功地完成了 24 个片段的组装。末端 4 bp 的组合和配对方式对 Golden Gate 组装技术至关重要，Mohammad 等人基于高通量测序（MPS）的方法评估末端 4 个碱基互补配对时的连接效率，包括对自身退火的亲和力，以及与其他 4 个碱基连接的特异性分析，最终确定了 200 多套优化的碱基组合；此外，还开发出 iBioCAD GGA（http://ibiocad.igb.illinois.edu/）的应用程序，该工具可以优化碱基组合方式，设计无疤痕和标准化的组件。应用此工具设计的优化方案，已完成了无痕组装 3 kb 的氨苄西林基因（HamediRad et al.，2019）。Pryor 等（2020）也基于高通量的测序方法，依据 T4 DNA 连接酶和常用的 IIS 型限制性内切核酸酶作用的数据结果，开发网络工具（https://www.neb.com/research/nebeta-tools）进行组装的优化设计，实现了复杂的 Golden Gate 组装反应，即 13 个片段的 3 碱基悬垂组装和 35 个片段的 4 碱基悬垂组装。

Golden Gate 克隆方法在合成生物学领域已经有了较为成熟的应用。Engler 和 Marillonnet（2011）利用 Golden Gate 技术结合基因改组（gene shuffling）技术，创造性地完成了来自多个质粒的多个 DNA 片段与载体的拼接，理论上可构建 19 683 种不同的重组胰蛋白酶原基因，以筛选高效表达的胰蛋白酶突变体。2011 年，Bogdanove 和 Voytas 团队研究了一种新的基于 Golden Gate 的基因编辑技术，该技术可通过多个 DNA 片段的有序组装来构建 TALEN（转录激活因子样效应物核酸酶）。构建过程中充分利用 II 型限制性内切核酸酶（BsaI、BsmBI）特殊的识别和切割位点，实现了快速、高效地构建 TAL 阵列（Cermark et al.，2011）。另一个研究团队将 CRISPR 基因编辑技术结合应用 Golden Gate 克隆，将 gRNA 引导的靶点序列插入到含有 Cas9 的质粒中。这种克隆策略不仅能够构建单一的 gRNA 表达质粒，而且应用于多个 gRNA 的构建（Zhang et al.，2016）。另外，Addgene 开发了两种基于 Golden Gate 的 gRNA 组装方法，可以高效地将 7 个 gRNA 克隆到一个目的载体中，便于实现多路复用（Vad-Nielsen et al.，2016）。

（2）Gibson 组装技术

Gibson 组装技术是 2009 年由 Gibson 等人开发的 DNA 多片段体外一步拼接技术，将具有末端同源区的 DNA 分子在一定条件下通过 3 种酶的作用连接起来（图 2-19）。这三种酶及其所起的作用分别为：①核酸外切酶：消化 DNA 片段的末端一条链并暴露出长的黏性末端，以便与具有相同同源末端的 DNA 片段进行配对结合，形成一个有间隙（gap）的环状 DNA；②DNA 聚合酶：利用末端互补序列进行延伸填充间隙，形成一个只有切口（nick）的环状 DNA；③DNA 连接酶：

通过形成磷酸二酯键修复缺刻，得到完整的双链DNA，实现无痕拼接。

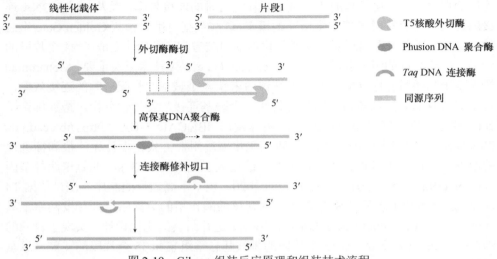

图 2-19　Gibson 组装反应原理和组装技术流程

　　Gibson 组装技术同源区的设计十分关键，GC 含量一般为 40%～60%，应避免串联重复、均聚物和二级结构的形成。同源区的理想长度取决于组装反应中片段的数量和长度（表 2-4），增加同源区长度可以提高大片段的组装效率。此外，还有一些特殊序列的结构较为复杂，需要对传统的 Gibson 组装方法进行优化。具有较高 GC 含量的 DNA 片段往往因易形成载体的自连而导致组装效率降低。因此，通过改造载体使其末端具有一对高 AT 含量的通用末端单链 DNA 悬垂，将有助于组装及克隆效率的提升。优化的 Gibson 组装方法有助于从链霉菌中快速获得 GC 含量高的较大 DNA 片段（Casini et al.，2014；Li et al.，2018c，2015）。

表 2-4　Gibson 组装技术片段数量与同源区长度的关系

插入片段数量	插入片段大小							
	0.1～0.5 kb	0.5～2 kb	2～5 kb	5～8 kb	8～10 kb	10～20 kb	20～32 kb	32～100 kb
1	20 bp	30 bp	30 bp	40 bp	40 bp	80 bp	80 bp	80 bp
2	30 bp	30 bp	40 bp	40 bp	40 bp	80 bp	80 bp	80 bp
3	40 bp	40 bp	40 bp	40 bp	40 bp	80 bp	80 bp	
4	40 bp	40 bp	40 bp	40 bp	40 bp	80 bp		
5	40 bp	40 bp	40 bp	40 bp	40 bp			
6	40 bp	40 bp	40 bp	40 bp	40 bp			
7	40 bp	40 bp	40 bp	40 bp				
8	40 bp	40 bp	40 bp	40 bp				
9	40 bp	40 bp	40 bp					
10	40 bp	40 bp	40 bp					

续表

插入片段数量	插入片段大小							
	0.1~0.5 kb	0.5~2 kb	2~5 kb	5~8 kb	8~10 kb	10~20 kb	20~32 kb	32~100 kb
11	40 bp	40 bp	40 bp					
12	40 bp	40 bp	40 bp					
13	40 bp	40 bp						
14	40 bp	40 bp						
15	40 bp	40 bp						

Gibson 组装作为一种简便高效的分子克隆、载体构建、定点突变实验工具，已广泛应用于不同研究领域。Gibson 组装技术作为分子克隆工具构建腺病毒系统（OSCA）重组腺病毒质粒，同时结合高通量测序的手段加速了克隆的验证，利于重组技术的发展与优化（Zhao et al.，2020；Ni et al.，2021）。在药物、工业化合物等遗传通路构建方面，Gibson 组装技术极大程度上简化了 DNA 大型构建体的合成。例如，将 50 kb 的遗传途径拆分为几个具有同源区的亚片段，通过 PCR 的方式获得亚片段后，使用 Gibson 组装技术整合为大型构建体。此外，运用该组装方法可实现将遗传途径从一种生物到另一种生物的转移，还可以实现基因、启动子、终止子和核糖体结合位点等元件的快速替换。Gibson 组装技术还应用于对 DNA 片段进行快速修改，包括替换、删除和插入，实现基因的定点突变及片段修饰。设计包含突变位点的扩增引物，将新扩增出的片段进行组装后，目标突变位点被整合至终产物中。突变数量取决于同时组装的片段数量，因此可以快速实现对较大 DNA 片段的突变改造。在蕈状支原体基因组的合成过程中使用了这种定点诱变策略，并成功编辑了 16 个组装元件的序列。此外，Kalva 等（2018）提出一种可实现简单、快速删除或替换小 DNA 片段的方法，称为"Gibson 删除法"，即用 Gibson 组装来删除 DNA 限制酶切割位点周围的 DNA 序列。这种方法可以很容易地替换或者删除 DNA 分子中的一个或多个限制性位点，以及可以从切割位点的 DNA 末端删除多达 100 bp 的 DNA 片段。另外，CRISPR 基因编辑技术与 Gibson 组装技术相结合，实现了较大片段的编辑和组装。Lockey 实验室使用由 RNA 引导的 Cas9 核酸酶在体外将长达 100 kb 的长细菌基因组序列切割制备，通过 Gibson 组装技术将其连接到特定的载体中，能够对基因合成成本高昂或难以通过传统的 PCR 和限制酶方法直接获得的基因进行编辑。Wang 等（2015）使用 Cas9 酶和特定的 gRNA 来切割 22 kb 载体，同样通过 Gibson 组装将 DNA 片段无缝插入线性化载体中。

2）双向等温拼接技术

基于 PCR 的 DNA 片段组装技术，对于重复序列、二级结构等复杂 DNA 序列的组装效果往往较差。林继伟和戴俊彪（2014）开发了一种专门针对难度序列合成的双向等温拼接技术。双向等温拼接技术的关键在于建立延伸体系，该体系包括起始双链、一组能够有序拼接的寡核苷酸、混合酶（聚合酶、连接酶和限制性内切核酸酶）以及酶相关的缓冲体系。一组可以有序拼接的寡核苷酸能够在酶的作用下以起始双链开始等温拼接，最终实现 DNA 长链的合成。等温拼接技术的核心点在于 DNA 序列拆分时将引物设计成稳定的发卡结构，该结构由三部分组成：①拆分的DNA 短序列；②限制性内切核酸酶的识别位点，添加在目的片段的 5′端；③与 DNA 短片段 3′端互补的序列，在酶切位点之前增加一段与目的片段互补的序列，形成一个稳定的发卡结构使引物之间互不干扰，同时，形成的发卡结构有 2～10 bp 的悬垂。任意两个片段之间的悬垂都是特异的，因此这种拼接方式既能保证片段的有序延伸，又尽可能地避免了引物之间的非目的结合而产生的错误配对。

　　双向等温拼接技术根据延伸过程中延伸方向的不同，分为里外模式和外里模式。里外模式中，起始双链充当起始引物进行延伸，延伸方向由目的片段中间向 5′端和 3′端延伸；外里模式则是由目的片段的 5′端和 3′端向中间延伸，最后在中间连接得到环状 DNA 分子。外里模式由线性化且 3′端有悬垂的目的载体充当起始双链，连接酶将载体与有互补悬垂的一个发卡结构进行连接，聚合酶的延伸作用将茎环结构打开，限制性内切核酸酶酶切位点变成双链，限制性内切核酸酶识别并切割序列，与一个发卡结构结合。继续重复上一个过程，直到所有引物延伸组装完毕即可实现目的片段与载体的一步组装（图 2-20），完美规避了不同引物之间错误连接的可能性，且可以直接用于转化，简化了实验流程。

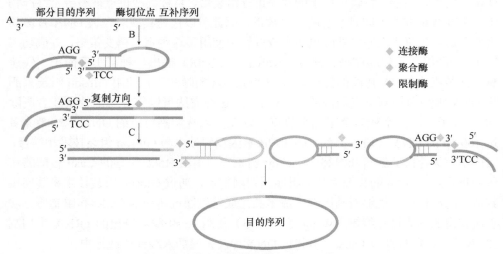

图 2-20　等温拼接技术原理（外里模式）

A. Oligo 的设计由部分目的序列、酶切位点和互补序列三部分组成；B. 互补序列与目的序列形成发卡结构，发卡结构有 2～10 bp 的悬垂，起始双链（载体）与有互补悬垂（TCC）的一个发卡结构在连接酶作用下进行连接，聚合酶延伸作用将茎环结构打开，限制酶切位点变成双链；C. 限制性内切核酸酶（简称限制酶）对已经成为双链的位点进行切割，产生的末端（新的悬垂）可与下一个发卡结构进行连接。重复循环进行，直至合成目标 DNA 长链等温拼接技术反应体系中涉及 Klenow exo-聚合酶、T4 DNA 连接酶以及 II 型限制性内切核酸酶这三类酶，并且可以在 33℃时同时发挥这三种酶的活性，实现恒温反应。等温拼接技术有良好的应用前景，对于基因合成的推广，以及生物工程、生物医学和生物信息学等领域的发展具有应用价值。但该技术也存在一定的局限性，一次拼接合成的长度范围为 200~300 bp，远低于 PCA 等组装技术的合成长度。

（1）SLiCE 组装技术

SLiCE（seamless ligation cloning extract）是利用细菌细胞裂解物的外源重组活性，在体外实现多个 DNA 片段组装的一种新型克隆方法（Zhang et al.，2014，2012）。SLiCE 组装技术不需要额外添加聚合酶、连接酶等工具酶，所使用的大肠杆菌裂解物易于获得及保存，因而具有操作简单、省时省力的优点。

SLiCE 中提取的细菌裂解物来源于各种常见的 RecA 型大肠杆菌菌株，如 DH10B 和 JM109。通过简单的遗传修饰将这些菌株进行优化，可以提高 SLiCE 克隆的效率和能力，从而使 SLiCE 的应用更具有普适性。张永伟实验室基于大肠杆菌 DH10B 菌株，将 L-阿拉伯糖诱导表达的 λ 重组系统整合至染色体中，获得高效的体外组装菌株 PPY（Carter and Radding，1971；Little，1967；Radding and Carter，1971），表现出更强的无缝克隆活性，显著提高了 DNA 的克隆效率。

SLiCE 技术可以将通过限制性内切核酸酶消化或 PCR 扩增产生的 DNA 片段高效地克隆到线性化载体中，几乎可用于任何类型的克隆，包括 PCR 或限制性片段的亚克隆、表达载体的构建、复杂载体（如基因靶向载体、细菌人工染色体）的构建，或较大 DNA 片段的定向亚克隆。

（2）OriCiro 体外组装与扩增技术

OriCiro® Cell-Free 克隆系统无须依赖大肠杆菌体内复杂的 DNA 克隆过程，是快速而强大的体外组装和扩增大片段 DNA 的新型酶促工具。该克隆系统主要分为组装和复制两个部分。组装部分基于 DNA 片段间的重叠序列，在重组酶的作用下进行消化和连接重组。与 Gibson 组装类似，片段间需要根据组装片段的大小和数量设计不同长度的同源区域（25~60 bp），通过 PCR 的方式引入或直接设计在序列中，当组装片段小于 10 kb 或者组装数量小于 10 个时，片段之间的同源序列为 25 bp；当组装片段大于 10 kb 时，同源序列长度需调整为 40~60 bp。该技术与 Gibson 组装最大的区别在于片段之间的同源序列可接受不同类型的 T_m 值。此外，片段之间的同源序列可以离序列末端有一定的距离，最长可达 10 个碱基。该技术一次可在 42℃恒温条件下、约 30 min 内实现多达 50 个 DNA 片段组装。

OriCiro® Cell-Free 克隆系统的另一个重要部分是基于大肠杆菌 oriC 体外重建的复制系统。oriC 是大肠杆菌环状染色体的复制起点，虽然早在多年前就实现了体外重建，但无法实现周期性的循环复制，而 OriCiro® Cell-Free 克隆系统在 oriC 的基础上利用 14 种纯化的酶（包含 25 种多肽）重构了体外复制系统，实现了 200 kb 大质粒的体外复制。在 RCR 系统中，DnaA 酶通过整合宿主因子 IHF 解开 oriC 双螺旋结构启动双向复制，DnaC 招募 DnaB 解旋酶延伸单链区域，复制体（包括单链 DNA 结合蛋白 SSB、DnaG 引物酶和 DNA 聚合酶 III 全酶）相继结合到该区域，RNaseH 和 *Pol*I 连接酶辅助形成共价闭合 DNA，完成先导链和冈崎片段的形成，随后通过结合 TopoIV 和 TopoIII-RecQ 的脱链系统成功地抑制了滚环复制，从而形成结构上与原始模板相同的超螺旋单体分子，依次周而复始在单个反应中将 oriC DNA 环状质粒复制多代（图 2-21）。

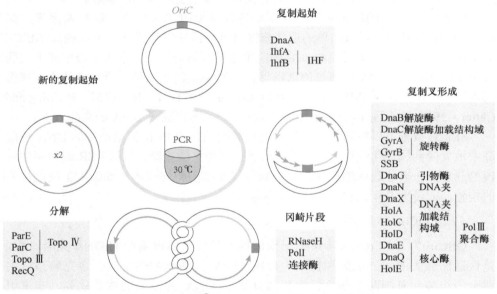

图 2-21　OriCiro® Cell-Free 克隆系统体外复制原理

3）模块化标准组装系统

合成生物学的发展使得大量人工设计的复杂 DNA 分子得以灵活组装。在此过程中，不仅需要具备大片段 DNA 构建能力，还需要一种标准化、模块化的基因组装系统。这种组装系统要求对各种 DNA 元件进行标准化处理，且允许重复使用先前验证过的 DNA 元件，实现元件之间的快速组装，直至组装成复杂的遗传模块；同时可根据不同需求进行元件之间的自由交换，最大限度地简化克隆构建流程，为代谢通路和文库构建提供便捷的通道。

（1）MoClo 组装系统

2011 年，Weber 等（2011）基于 Golden Gate 发明了新的多片段重组系统模块克隆（modular cloning，MoClo），通过 3 个连续的克隆步骤，实现了多个 DNA 片段定向组装，成功组装了总长 33 kb 的 DNA 分子，含 11 个转录单元，其中转录单元又由 44 个独立的基本模块组成。

MoClo 主要策略为：①设计最终的载体结构，确认实验中所需的工具载体和基因片段；②以 0 级模块中基本的基因片段与一级载体平行组装得到一级转录单元；③将一级转录单元组装得到二级载体（每次最多组装 6 个单元），最后根据实际情况可能要多次重复才能得到最终的多基因构建体。MoClo 组装系统在每个 0 级模块中的遗传元件的两侧设计有特定的融合位点，尽可能选择与编码序列重叠的融合位点，以减少编码蛋白质的变化。此外，由于同一类型的所有 0 级模块的两侧都是相同的融合位点，因此它们可以自由互换，只选择所需的模块即可创建任何所需的转录单元，最终由这些转录单元组装成更大的基因构建体（图 2-22）。

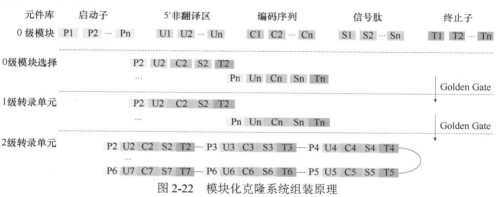

图 2-22　模块化克隆系统组装原理

Werner 等（2012）使用该技术组装了 68 个编码基本遗传元件的 DNA 片段，产生了含有 17 个真核转录单位的 50 kb 构建体。目前，NEB 公司基于该组装方案已推出较完善的商业化试剂盒。MoClo 这种模块化组装策略易于实现自动化操作，可在代谢工程领域发挥重要作用（Weber et al.，2011）。MoClo 组装系统除了构建编码整个通路的大型复杂构建体之外，还可以利用其高组装效率构建元件库。元件库的构建以模块库的方式进行。例如，在使用启动子库的情况下，获得的元件库将包含不同启动子控制下的编码序列。所有的元件都是预先验证正确的，因此可以直接筛选该文库获得该特定基因的最佳表达水平，或者直接用于下一个级别的克隆。构建的通路中所有基因线路不仅可以共表达，而且可通过调节它们的表达比例以获得所需产物的最佳产量。这一点对于优化代谢工程的生化效率起到了极大的推动作用。

（2）GoldenBraid 组装系统

BioBricks 是基于同尾酶的标准化二元组装规则，每步组装只能实现两个元素的连接，严重限制了组装通量。Golden Gate 组装技术基于 II 型限制酶实现组装，主要优点是可以将其模块化，但在标准化和可重复性方面存在一定的限制，影响其应用的效率。Sarrion-Perdigones 等（2011）基于以上两种组装方法开发了一种新的可重复使用遗传元件标准化组装系统 GoldenBraid（GB），可以在一个反应中实现多个标准化元件的无痕定向组装，并允许由标准化的 DNA 片段组成的可重复使用的基因模块，通过二进制组合无限生长（图 2-23）。

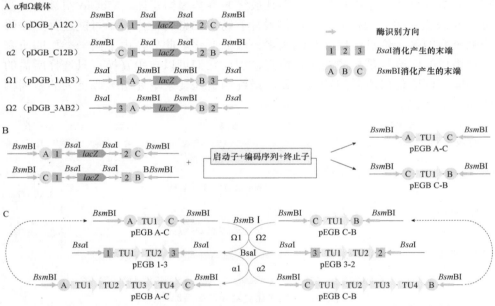

图 2-23　GoldenBraid 系统中 LacZ 盒的结构示意图和 GoldenBraid 组装系统的原理

A. GB 质粒集包含 4 个目标质粒（pDGB），其中 2 个用作 α 级组装的目标质粒，其余 2 个用作 Ω 级的目标质粒。所有 pDGB 载体都包含一个 LacZ 筛选框，两侧是 4 个 II 型限制酶切位点（BsaI、BsmBI），但位置和方向相反。为了便于设计的可视化，每个切割序列都做了相应的标记：BsaI 消化产生的末端用正方形标记并用数字命名（1、2、3），而 BsmBI 产生的切割位点用圆圈标记并以大写字母（A、B、C）命名。B. 通常使用 α 级质粒（pDGBA12C 或 pDGBC12B）组装作为启动子（PR）、编码序列（CDS）和终止子（TM）的标准部分，其两侧有固定的 BsaI 切割位点（表示为数字和框）。组装后 BsaI 识别位点消失，序列不可再切割（表示为交叉标签）。新组装的转录单元（TU1，为简化表示为箭头）的两侧仍存在 BsmBI 可切割位点（表示为带圆圈的大写字母）。C. 在互补 α 质粒中组装的两个转录单元可以作为基础载体（pEGB）重新用于随后的 Ω 级二元组装，前提是它们共享一个 BsmBI 黏性末端（标记为圆圈 C）。类似地，使用相反的 Ω 质粒组装的构建体可以重用作后续 α 级二元组装的入口载体，前提是它们共享一个 BsaI 黏性末端（标记为方框 3）。通过不同抗性 α 水平和 Ω 水平，可以无限地交替创建越来越复杂的结构

GB 组装系统允许由标准化的 DNA 片段制成可重复使用的模块进行组装，由 4 个目标质粒（pDGB）组成，这些质粒被设计成包含由标准 DNA 片段组成的多

部分组装体，并将二者结合以构建复杂的多基因构建体。pDGB 载体内 II 型限制酶酶切位点的相对位置在克隆策略中引入了双环拓扑结构，可以将复合元件通过一系列迭代组装步骤无限增长，同时保持了系统的整体简单性。pDGB 载体分为两种类型，分别命名为 α 级和 Ω 级。GoldenBraid 设计的关键在于所有质粒都包含对应于两种不同类型 II 型限制酶的两个限制/识别位点，但对 α 级和 Ω 级质粒的位点进行反向设计；此外，α 级和 Ω 级质粒标记不同的筛选标记，进而可以进行反选（Sarrion-Perdigones et al.，2011）。在这个策略中，只需要 4 个目的质粒来满足 GoldenBraid 的环克隆拓扑结构：质粒 pDGB_A12C 和 pDGB_C12B 用于在 α 级组装，pDGB_1AB3 和 pDGB_3AB2 用于在 Ω 级组装，其中 1、2 和 3 对应的 4 个黏性末端由 *Bsa*I 酶切后产生，A、B 和 C 是由 *Bsm*BI 酶切后产生黏性末端。GoldenBraid 中使用的克隆标准元件通常组装在 α 级质粒中，构建到 pDGB_A12C 中作为目标载体的复合部分，与组装在 pDGB_C12B 中的其他结构合并，产生两种可能的结果。具体结果取决于 Ω 级质粒中目标载体的选择：一个由 1～3 个位点侧翼组成的新结构，或者由 2～3 个位点侧翼组成的结构。在第二轮组装中，使用 Ω 级质粒组装的复合部件可以与使用 α 级目标质粒组装的元件组装在一起。GoldenBraid 可以实现二进制程序集的无限迭代。

GoldenBraid 组装技术的优点之一是可重复性和交换性，所有 GoldenBraid 组装复合元件都可以直接转化为单元，或作为一个部件用于构建更复杂的结构，且不需要进行 PCR 扩增或进一步修改片段。GoldenBraid 组装技术的另一个优点是速度快，由于 GoldenBraid 方案的起点是多部分组装，因此与 BioBricks 等纯二元系统相比，其加快了整个工作的进展。此外，GoldenBraid 组装流程基于 Golden Gate 技术，可以在一步反应中进行酶切-连接反应，最终实现无缝连接，大大提高了反应效率、缩短了实验流程。该技术还有一个显著的特点是其简便性，理论上只需要使用 4 个目标质粒和 4 个基本组装规则就可以实现无限组装。

（3）MODAL 组装系统

基于同源重组的方法进行 DNA 组装的策略在合成生物学中广泛应用。Casini 等（2014）基于同源的策略提出了一种带有接头的模块化重叠定向组装（modular overlap-directed assembly with linker，MODAL）。

MODAL 组装策略选取 45 bp 序列作为同源区，在组装反应中充当引导端。为了能够将其连接到任意 DNA 片段上，还需进行标准化处理，通过 PCR 扩增的方式分别将 15 bp 特定的 DNA 序列连接到目的 DNA 片段的两端（分别称为前缀接头和后缀接头），也可以通过从头合成的方式产生具有接头的 DNA 片段。DNA 片段在最终构建体中的顺序取决于引导组装反应的接头序列。例如，所需的序列由 A 部分到 B 部分，则 A 使用反向引物扩增接头序列的互补序列会加上后缀接头序列；B 使用正向引物进行扩增，即接头序列加上前缀接头序列。如需颠倒组装片段的顺序（即 B 部分后接 A 部分），则用于扩增各部分的引物互换，以便 B 用上述反向引物扩增，A 用正向引物扩增（图 2-24）。MODAL 策略不仅使结构内基因的顺序和方向得以快速重新排列，而且带有接头的合成序列在基因之间有很好的兼容性。该策略所用的同源区和接头序列均经过相应软件（R2oDNA）的特定算法筛选，有效消除了组装片段与宿主基因组之间的错配组装。通过添加模块化接头序列定向组装 DNA，可以实现不同顺序和方向的基因的标准化组装。

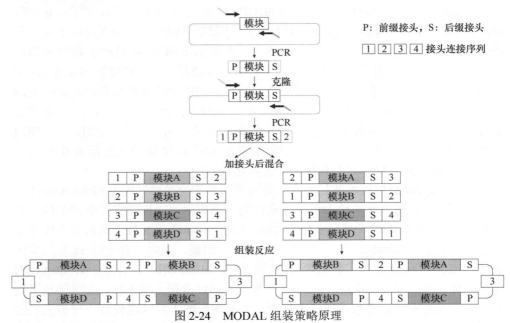

图 2-24　MODAL 组装策略原理

使用 PCR 扩增方式将选定的 DNA 部分扩增，引物两侧带有 15 bp 同源接头序列（P，前缀接头；S，后缀接头），获得的片段可以在 pJET 载体中克隆和序列验证；然后通过 PCR 将接头连接序列（编号 1～4）添加到同源接头的 5'端和 3'端，再将这些连接序列引导同源介导的重叠片段组装到质粒或其他构建体中。图中的分叉显示了通过变化 A 部分和 B 部分的接头连接序列，影响其在构建体中最终顺序的示例

4. DNA 纠错

大规模的 DNA 从头合成，难免会产生错误，错误来源主要是寡核苷酸合成阶段，每一步生化反应的不完全性、可能伴随的副反应（如脱腺苷酸化等）及反应物浓度的降低，均会导致在每轮合成的过程中出现错误；在合成反应过程中，一些酸性试剂造成脱氧核苷酸脱嘌呤化，导致合成错误（主要为突变），盖帽和脱保护不完全亦会引起缺失；此外，在下游的基因组装过程中，寡核苷酸序列复杂性、DNA 聚合酶的保真性以及热循环反应过程等因素同样会导致错误碱基的引入。随着 DNA 片段长度的增加，DNA 合成过程中产生的错误也随

之积累，造成产物合成效率低、合成和组装的工作量加大、时间和人工等成本增加。

　　为了降低引物合成过程中产生的错误，对寡核苷酸合成和纯化方式进行了改进，现用高效液相色谱法（high performance liquid chromatography，HPLC）、变性聚丙烯酰胺凝胶电泳法（polyacrylamide gel electrophoresis，PAGE）、脱盐和疏水性纯化柱等方法进行纯化，但这些方法只能去除合成过程中的副产物来提高寡核苷酸的质量，无法去除目的长度寡核苷酸中单碱基缺失、插入和替换导致的错误产物（Ellington and Pollard，2001；Andrus and Kuimelis，2000）。因此，研究者们在 DNA 合成和组装过程中加入纠错的步骤来降低 DNA 产物的错误率。目前常用的两种纠错方法分别是基于错配结合酶的纠错和基于错配切割酶的纠错。

1）DNA 错配修复系统 MutHLS

　　DNA 错配修复系统 MutHLS 中的错配结合蛋白 MutS 及其复合物是原核生物体内错配修复系统（mismatch repair system，MMR）的重要成分，可识别并结合多种不同的 DNA 错配类型（Modrich，1991；Smith and Modrich，1997）。不同来源的 MutS 蛋白对不同类型错配的结合能力不同，但几乎可结合所有的单碱基错配以及 1~4 个碱基的插入或缺失。来源于大肠杆菌（*Escherichia coli*）的 MutS 蛋白能够识别并结合全部 8 种错配，以及由碱基修饰引起的错配，还能识别结合 1~4 个核苷酸插入或缺失形成的茎环结构；来源于嗜热栖热菌（*Thermus thermophilus*）的耐高温 MutS 蛋白，能够有效识别并结合 1~3 个碱基的插入或缺失，以及 8 种错配产生的异源双链 DNA 分子，并能在低于 80℃的温度下保持稳定（Whitehouse et al.，1997）；来源于流感嗜血杆菌（*Hemophilus influenzae*）的 MutS 蛋白，除了能结合双链 DNA 的错配外，还具有结合单链 DNA 的能力（Kálmán et al.，1990）。

　　基于 MutS 蛋白的纠错方法主要是利用 MutS 蛋白结合 DNA 上各种错配碱基形成 DNA-MutS 复合物，再通过凝胶电泳、磁珠或固相载体吸附等方法分离出错配链，进而达到纠错的目的（图 2-25）。Carr 等（2004）开发出单独用 MutS 结合蛋白对从头合成的基因片段纠错的方法：对于错误率较低的 PCR 产物，通过升温变性、退火使 PCR 产物重新复性暴露出错配的异源双链，MutS 蛋白可直接与含错配碱基的异源双链结合，由于结合了 MutS 蛋白的复合物分子质量大，可以通过凝胶电泳分离出完全正确的目的基因片段并将其进行切胶回收。该方法可将错误率降低为原来的 1/15，大约每 10 000 bp 出现 1 个错配碱基。由于单独使用 MutS 蛋白对含较高错误率的基因片段纠错效果不佳，Binkowski 等（2005）基于核酸内切酶与 MutS 蛋白结合的特性开发出新的纠错方法，该方法先将基因片段经过核酸内切酶切割成较短的基因片段，再通过 MutS 蛋白结合含错配碱基的短基因片段，由于不同的 DNA 分子错配位置可能不同，故酶切后可能保留部分互补的短基因片段，最终采用 PCR 方法将完全正确的短基因片段重新组装成目的基因片段。该方法可将合成准确率提高 3.5～4.3 倍，大约每 3500 bp 出现 1 个错配碱基。

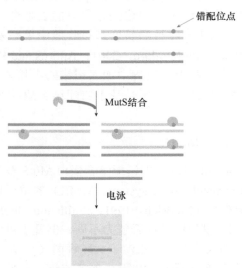

图 2-25　MutHLS 纠错原理

与其他的酶切纠错系统相比，MutS 蛋白的纠错效率较高，可将错误率降低为原先的 1/20 左右，而且使用相对简便（Kosuri et al.，2010），但 MutS 蛋白活性的持久性较差，在 7 天左右即开始显著下降，导致在一个完整的基因组合成流程中需要多次表达与纯化，这不仅阻碍了纠错环节的通量化和规模化，也限制了 MutS 蛋白纠错系统的工业化应用。2020 年，张佳等通过搭建二硫键来提高 MutS 蛋白活性，与麦芽糖结合蛋白的融合表达可提高 MutS 蛋白的异源表达量，与纤维素结合挂柱并在 4℃保存可保持酶活峰值长达 63 天（Zhang et al.，2020a）。

2）错配切割酶

错配切割酶属于 DNA 核酸内切酶，可对错配碱基进行特异性识别并切割。对基因片段的升温变性及退火复性过程中，合成错误的序列与合成正确的序列之间会形成错配碱基，错配切割蛋白能特异性结合错配碱基并进行切割，切割的序列通过长度排阻，降解或者使用聚合酶、核酸外切酶切除错配碱基，修复后的片段可以通过 PCR 重新组装成目的基因序列。该方法起初并没有用来纠错，而是用于检测单碱基突变和定向诱导基因组局部突变（targeting induced local lesions in genomes，TILLING）等（Comai and Henikoff，2006）。随着基因合成的发展，研究人员以此为基础建立了纠错体系。Fuhrmann 等（2005）用这些核酸酶对合成的 DNA进行纠错研究，成功将合成的氯霉素乙酰转移酶(chloramphenicol- acetyltransferase，cat）的无突变克隆比例由 4.1%提高到了 84.2%。

（1）DNA 分解酶

DNA 分解酶曾被用于鉴定和评估核酸中的突变，包括 T4 噬菌体的内切核酸酶 VII（endonuclease VII）、T7 噬菌体的内切核酸酶 I，它们可识别 DNA 的错误类型并进行切割。T4 噬菌体的内切核酸酶 VII 能够识别所有可能的错配，包括 C/C 错配、异源双链的环（loop）、单核苷酸突出环、单链突出末端、分支 DNA、脱嘌呤等错误（Youil et al.，1995）。T7 噬菌体的内切核酸酶 I 可识别并切割不完全配对、十字形结构、霍利迪连接体（Holliday junction），以及异源双链的 DNA，或者以缓慢的速度切割具有切刻的双链 DNA，该酶切割位点在错配碱基 5′端的第一、第二或第三个磷酸二酯键。

（2）CELI 核酸内切酶

CELI 核酸内切酶 I（CEL endonuclease I，CELI）是一个从芹菜中分离出的核酸酶（Quan et al.，2011），它能够特异性地在 DNA 错配位点的 3′端将双链中的一条切断，从而识别并切割所有的单碱基错配及插入、缺失错误，但对错误类型的识别存在一定的偏好性，较难识别 T-T 错配。

使用 CELI 酶进行错配修复可进行多轮重复纠错。每个循环包括 4 个步骤：①将基因片段升温变性解链，缓慢降温、重新退火形成异源双链 DNA，使含错误碱基的错配位点暴露出来；②CELI 酶识别错配位点，并且在错配位点的 3′端进行切割；③CELI 酶切后产物中加入具有 3′→5′外切酶活性的核酸外切酶将错配位点切除，或使用具校正功能的 DNA 聚合酶的 3′→5′外切酶活性将突出的错配位点切去；④在 DNA 聚合酶的作用下对反应产物进行重叠延伸 PCR（OE-PCR）反应，将所得片段重新组装并扩增出全长目的片段（图 2-26）。但是，当原始基因片段中含较多错配位点时，经 CELI 酶切反应后，由于切割片段太碎，导致无法组装出全长目的基因片段，此时可适当缩短第一轮 CELI 酶反应时间保留一部分全长基因片段，再将基因片段进行二次识别，以增加目的基因的回收率。

（3）其他

核酸内切酶 V，也称为脱氧次黄嘌呤核苷 3′内切酶，是一种发现于大肠杆菌中的 DNA 修复酶，可识别 DNA 中的脱氧次黄核苷，也可识别含脱碱基位点或尿嘧啶、碱基错配、插入/缺失错配、发卡结构、未配对茎环等结构的 DNA。大肠杆菌核酸内切酶 V 可以在距错配碱基第二个或第三个磷酸二酯键的 3′端进行切割，切割第二个磷酸二酯键的效率是 95%，切割第三个磷酸二酯键的效率是 5%，产生一个 3′羟基、5′磷酸基的缺刻（Youil et al.，1995）。

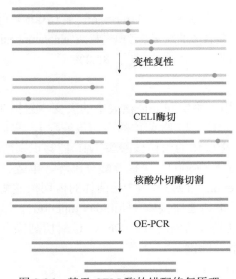

变性复性

CELI酶切

核酸外切酶切割

OE-PCR

图 2-26　基于 CELI 酶的错配修复原理

此外，芯片合成寡核苷酸的纠错可通过直接与序列中正确的寡核苷酸捕获探针进行杂交选择，改变捕获探针长度使所设计的探针具有几乎相同的 T_m 值。在适当的杂交条件下，碱基错配或缺失的寡核苷酸不能很好地与捕获探针结合，具有较低的 T_m 值，并且不稳定。经过杂交、洗涤和洗脱的循环，序列与探针完全匹配的寡核苷酸被优先保留和富集，使得错误率进一步降低到约每 1394 bp 出现 1 个错误碱基（Tian et al.，2004）。英国 Evonetix 公司的 DNA 合成平台通过对温度的控制将合成、组装、纠错进行整合，其纠错过程由精确的温度控制，去除非完全匹配的 DNA 链（T_m 值的变化），提供比传统方法好几个数量级的精度（James et al.，2019）。近期，美国一家初创公司 Elegen 宣称可以实现 1/70 000 的超低错误率 DNA 合成（1~7000 bp），从而越过烦琐的克隆步骤，简化后续操作流程，将时间缩短至一周（Hill，2022）。

随着测序技术的发展，也有研究人员利用罗氏 454 测序技术（NGS 技术）与挑拣磁珠的机器人相结合，从测序序列中有选择地去除寡核苷酸序列（附着在磁珠上），将正确序列用于基因合成。该方法将合成、组装、测序、纠错一体化，与芯片合成的寡核苷酸池相比，可以将错误率降低至原有错误率的 1/500（Matzas et al.，2010）。近年来，也有文献报道利用纳米孔和动力学纠错的 DNA 测序法，即通过纳米三明治的物理系统来区分正确探针和非正确探针与模板 ssDNA 链等候时间（wait-time）的差别（Ling，2020）。

3）定点突变技术

定点突变技术（site directed mutagenesis，SDM）是基于 PCR 原理设计特殊

扩增引物的技术。使用该方法的基本路线是：根据目的点位，设计含有所需突变位点的反向互补引物，通过升温变性、降温复性使引物与模板质粒结合，在高保真 DNA 聚合酶的作用下延伸出完整的目的质粒，然后使用 *Dpn*I 酶消化原始质粒，最终通过将制备的质粒进行转化测序验证是否修复成功（图 2-27）（Walker 2016）。

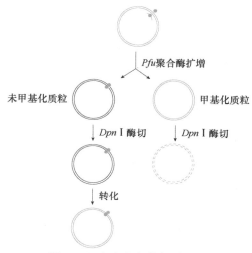

图 2-27　定点突变修复原理图

*Dpn*I 酶可识别甲基化序列 GATC，GATC 在几乎各种质粒中都会出现，而且不止一次，也就是用 *Dpn*I 酶消化掉含甲基化修饰的模板质粒，带突变序列的目的质粒由于没有甲基化而不被切开，在随后的转化中目的质粒得以成功转化，即可得到突变质粒的克隆。该方法不足之处是成本昂贵，操作烦琐，反应耗时复杂。

4）纠错试剂盒市场

根据纠错效率来说，错配结合蛋白 MutS 纠错效果最佳，可将错误率降至原有错误率的 1/20 左右，但由于目前 MutS 酶活持久性较差，目前市场上已商业化的纠错试剂盒全部都是基于错配切割酶开发出来的。

市场上大多数商用纠错试剂盒都是基于 T7 核酸内切酶 I，如 NEB、赛默飞及金斯瑞等公司，但该酶不能有效识别少于 2 个碱基的插入/缺失或错配，只能将错误率降低至原有错误率的 1/4 左右，纠错效果不稳定。赛默飞公司（ThermoFisher）基于 II 型限制性核酸内切酶的混合物推出的 CorrectASE™酶切纠错试剂盒，可在错配位点的 3′端产生缺口，该试剂盒里含有 3′→5′核酸外切酶可消除错配碱基，不需额外的外切酶体系。但是该试剂盒只能将错误率降低至原有错误率的 1/8～

1/2，且价格昂贵，200 美元的试剂盒只能进行 4 个纠错反应。IDT 公司基于芹菜酶家族开发出商业纠错试剂盒 Surveyor 酶（Qiu et al., 2004），该酶易获取、价格便宜，几乎可识别所有的单碱基错配，纠错效率较高，可将错误率降低至原有错误率的 1/17 左右。

2.2.2　胞内组装技术

体外组装依赖重组酶，需要在体外构建重组体，而重组酶需要经过复杂的提取纯化过程，且运送和保存方法要求严格，致使成本高。体内组装也称胞内组装，依靠微生物内源性重组酶，由体内复制系统监控重组过程，使具有同源序列的DNA 分子在体内发生重组。胞内组装较胞外组装的优点是可以进行多片段同时组装和大片段的组装，具有成本低、效率高的特点。因此，高分子质量的 DNA 或整个基因组通常在体内通过宿主细胞中的同源重组来组装。常用的同源重组工具菌株包括大肠杆菌、酿酒酵母和枯草芽孢杆菌。

1. 大肠杆菌同源重组

大肠杆菌遗传背景清晰，易于培养，传代快，所用组装周期短，且易于转移到其他宿主细胞中，因此，大肠杆菌作为典型的原核宿主细胞被研究者广泛使用。大肠杆菌常见的同源组装系统包括 RecA 重组系统和 Red/ET 重组系统。

1）RecA 重组系统

RecA 重组系统是大肠杆菌（*Escherichia coli*）内源性同源重组系统，它由RecA 与相关的辅助蛋白 RecBCD、RuvAB 和 RuvC 组成。在行使重组功能的过程中，RecA 蛋白以右手螺旋的形式结合单链 DNA（ssDNA）片段，形成 DNA-蛋白纤维结构，这种结构协助 RecA 蛋白在双链 DNA（dsDNA）中寻找单链 DNA同源片段，一旦发现同源序列，两个同源片段便形成霍利迪连接体（Holliday junction）结构，伴随着 ATP 的水解作用而发生同源重组。在 RecA 重组系统中，不同的辅助蛋白以不同的方式促进 RecA 蛋白介导 DNA 发生重组反应。RecBCD蛋白分子质量较大，是一个由 RecB、RecC 和 RecD 组成的复合体，具有解旋酶活性和 ATP 依赖的核酸外切酶活性。RecBCD 与受损双链 DNA 上的切口结合，沿 DNA 链移动，降解 5′单链末端，产生一段 3′端突出的单链，单链结合蛋白（single-stranded DNA-binding protein，SSB）随后缠绕在该单链区域进行保护以免单链降解，随后 RecBCD 识别 Chi 位点（5′-GCTGGTGG-3′），并在 Chi 位点停顿约 5 s 以减慢移动速率。RecA 蛋白随后在此富集，通过竞争结合替换掉 SSB，结合在 ssDNA 上形成核蛋白丝，其中，每个蛋白质结合 3 个核苷酸形成六角螺旋结构。形成的核蛋白丝会在目标双链 DNA（double-stranded DNA，dsDNA）

上寻找同源序列，入侵并形成茎环结构，并以同源区为模板进行复制，茎环结构迁移，最后在链交换完成后，由 RuvABC 蛋白剪开茎环形成霍利迪连接体，完成对 DNA 的同源重组。在大肠杆菌 RecA 重组系统中，除了上述辅助蛋白外，RuvAB 和 RuvC 蛋白在催化分支迁移和降解霍利迪连接体过程中也起到非常重要的作用。

　　基于 RecA 重组系统的重组策略在实际应用中也有不少局限性，例如：RecBCD 具有核酸外切酶活性，可降解线性 DNA，因此目的片段需整合于质粒载体上才能进行同源重组；目的片段需较长的同源区，重组率低；当前常用的反向选择标记如 sacB 和 ccdB 基因不能广泛使用；接合转移的效率低，且要求受体菌具有可供筛选的抗性标记。Demarre 等（2005）开发了生长缺陷型供体菌及自杀质粒，提高了 RecA 重组系统中第一次重组整合的效率，并解决了重组技术对受体菌抗性依赖的问题。

　　2）Red/ET 重组系统

　　Zhang 等（1998）发现大肠杆菌 Rac 原噬菌体上的操纵子 RecE/RecT 编码的蛋白质能够高效地介导体内同源重组的发生；Muyers 等（1999）发现来源于大肠杆菌 λ 噬菌体的 Redα/Redβ 蛋白与 RecE/RecT 蛋白有类似的介导同源重组的功能；后来，Muyrers 等又将 λ 噬菌体上的 Redα、Redβ、Redγ 整合到了大肠杆菌的 W3110 染色体上，构建出利用 Red 操纵子进行同源重组的 Red 重组系统。由于 Redα/Redβ 与 RecE/RecT 蛋白具有类似的介导同源重组的功能，所以将这两种方法统称为 Red/ET 重组（Muyrers et al.，2001；Zhang et al.，2003a）。

　　Red/ET 重组系统工作时，RecE 和 Redα 具有 5′→3′核酸外切酶活性，从 5′端开始酶切双链 DNA（dsDNA）分子，产生局部的 3′端单链 DNA（single-stranded DNA，ssDNA），暴露出同源区突出末端，具有单链结合蛋白活性的 RecT 或 Redβ 马上与 3′突出末端结合，一方面防止单链被降解，另一方面介导外源单链 DNA 退火，帮助寻找到同源序列，完成重组。而 Redγ 则发挥与大肠杆菌内源 RedBCD 核酸外切酶结合的功能，抑制外源 DNA 的降解。Redα、Redβ 发挥重组功能时有两种重组机制：一种是与 RecE、RecT 相同的单链退火机制介导的重组；另一种是需要 RecA 重组酶参与的单链侵入（single strand invasion）机制，发生在 dsDNA 无法形成 ssDNA 时，Redβ 重组酶在 RecA 等的作用下侵入 dsDNA 中，形成类似霍利迪连接体的结构，之后依赖大肠杆菌的核酸内切酶完成中间体的拆分，形成重组体（图 2-28）。

　　Red/ET 同源重组技术，仅仅需要目的片段两侧有 20～50 bp 的同源序列，在 Red/ET 重组酶的作用下，靶基因被导入的序列置换下来，从而达到同源重组的目的。Red/ET 通常有不可转移系统和可转移系统两种方法实现胞内同源重组。一种是构建具有 RecE/RecT 和 Redα/Redβ/Redγ 的诱导表达质粒，通过共转染使质粒与

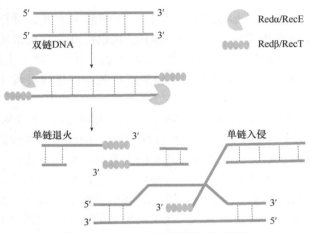

图 2-28 Red/ET 重组系统工作原理
RedE/Recα 是 5′→3′核酸外切酶，RedT/Recβ 是单链 DNA 结合蛋白

待重组 DNA 分子共同进入同一细胞内，经诱导表达后即可发生同源重组反应；另一种是构建和筛选具有 Red/ET 重组功能的大肠杆菌菌株，将待重组的 DNA 片段导入大肠杆菌细胞内，整合到大肠杆菌的染色体上。

Redα/Redβ 蛋白对能够高效地介导线性 DNA 片段与环状 DNA 分子之间的线环重组（linear plus circular homologous recombination，LCHR），而全长的 RecE 和 RecT 蛋白可更为有效地介导两个线性 DNA 片段之间的重组（线线重组，linear plus linear homologous recombination，LLHR），Redα/Redβ 介导的线环重组发生在复制叉，需要 DNA 复制的进程，而 RecE/RecT 介导的线线重组不依赖复制进程，说明线线重组的机理与线环重组是不同的（Juhas and Ajioka，2017）。2016 年，Sivaraman 等发现删除 Redβ 的 C 端仍能促进退火和核蛋白丝的形成，但不能介导同源重组，免疫共沉淀实验证明双链 DNA 的重组涉及 Redα-Redβ 蛋白相互作用，该相互作用需要 Redβ 的 C 端区域和 N 端区域的共同参与（Subramaniam et al.，2016）。

噬菌体的 Redαβ 介导的同源重组已广泛应用于重组 DNA 工程。张友明等利用 Red/ET 直接克隆技术成功克隆了位于酵母菌和小鼠胚胎细胞染色体上的目的 DNA 大片段（Zhang et al.，2003b）。Wang 等（2016a）利用大肠杆菌宿主含有的 Red/ET 和 Redαβ 系统，建立了直接克隆，运用生物合成基因簇工程方法快速从基因组 DNA 中获得转基因，并在 1 周内准备好异源表达。2019 年，Ma 等利用 RecET 重组系统对革兰氏阴性菌多糖基因簇进行了快速、准确的克隆，用于后续多糖基因的研究（Ma et al.，2019b）。由 λRed 噬菌体的单链结合蛋白 Redβ 介导的多元自动化基因工程（multiplex automated genome engineering，MAGE）通过程序化循环，同时对染色体上多个位置进行单链重组，从而产生多种基因组组合。2009 年，

Wang 等利用 MAGE 技术，使用混合的单链 DNA 同时对大肠杆菌中 1-脱氧-D-木酮糖-5-磷酸酯（DXP）的生物合成途径的 24 个位点进行遗传修饰，平均每天可产生 43 亿个特定位点的基因突变型组合，通过高通量筛选从中获得了能够大量生产具有工业用途的类异戊二烯番茄红素的突变株（Wang et al.，2009）。2011 年，Farren 使用 MAGE 技术在大肠杆菌中进行同义密码子替换，将 314 个 TAG 终止密码子同时替换为同义的 TAA 密码子，从而推测出大肠杆菌个体的重组频率并对有关联的表型进行了确定（Isaacs et al.，2011）。

　　目前基于 Red/ET 重组的方法也在不断改进，尤其是全长 RecE 基因的发现，对 50 kb 以内的 DNA 分子可进行一步克隆且不产生随机突变，具有很高的保真度，尤其对细菌人工染色体（bacterial artificial chromosome，BAC）等大分子的修饰具有无可比拟的优势（Fu et al.，2012；Wang et al.，2016a）。利用 RecET 介导的重组技术不仅能够从细菌人工染色体（BAC）上精准地亚克隆基因片段，而且能够从酶切后的原核生物基因组 DNA 上高效克隆出大片段目标 DNA 序列（如次级代谢产物生物合成基因簇等），不需要进行费时费力的基因文库构建和筛选，极大地促进了后基因组时代大型基因的克隆研究，具有重大研究意义，受到众多科学家的关注（Fu et al.，2012；Cobb and Zhao，2012；Nawy，2012）。

　　大肠杆菌同源重组系统不需要限制性内切核酸酶酶切和 DNA 连接酶的体外连接，仅仅需要同源区就可实现 DNA 片段的组装。与 RecA 重组系统相比，Red/ET 重组系统需要更短的同源区就能实现同源重组，同时也避免了 RecA 蛋白引起的基因重排和随机重组的问题，因而 Red/ET 重组效率远高于 RecA 重组系统。此外，Redα/Redβ 同源重组系统与 ccdB 反向筛选标记相结合，可广泛用于基因簇的点突变、无痕删除和插入等遗传操作。将 λRed/ET 重组系统和 Cre/loxP、FLP/FRT 等位点特异性重组系统相结合，可以实现 DNA 元件的组装、克隆、置换、敲除和突变。Red/ET 同源重组也有缺点，由于细菌和哺乳动物基因组的高度复杂性，线性载体和目的基因转化时，同时进入宿主细胞的机会减少，直接限制了 Red/ET 克隆的效率。Red/ET 依赖于同源区的重组，如果载体有同源序列，则载体自身重组概率很大；如果待重组的 DNA 除了设计的同源区以外还有同源序列，那么会导致部分序列被删减。因此，每次重组后需要用限制性内切核酸酶酶切鉴定重组的质粒。对于大片段（50 kb 以上）的质粒，需要使用多个限制性内切核酸酶鉴定（Wang et al.，2018a，2016a）。

　　3）其他重组技术

　　以上介绍的 RecA 重组系统和 Red/ET 重组系统都是基于大肠杆菌内源性重组系统，要求 DNA 片段之间有同源区，而来自大肠杆菌噬菌体 P1 的 Cre/loxP 特异性位点重组系统介导的 DNA 体内组装，不受限于位置及片段长度，位点特异性重组只发生在特异位点之间。Cre/loxP 位点特异性重组系统克服了外源基因随机整合带来的不确定性，有助于推动构建稳定、高效的基因表达系统，因而拥有广阔的应用前景。

来自大肠杆菌 P1 噬菌体的 Cre/loxP 位点特异性重组系统由重组酶 Cre（causes recombination）和重组酶作用位点 loxP 两个部分构成，Cre 不需辅助因子催化 loxP 位点特异性重组（Guo et al.，1997）。loxP 是长度为 34 bp 的 DNA 序列，由 2 个 13 bp 的反向重复序列和 1 个 8 bp 的间隔区组成。重组发生在 8 bp 的分隔区内，Cre 重组酶根据 loxP 的方向性，可根据不同底物（超螺旋环状、松弛型和线型 DNA 分子）进行特定的切割和拼接，实现交换、完成重组（Guo et al.，1997；Kopertekh et al.，2004）。

Cre 酶介导的重组有 4 种表现方式。①删除。当同一条 DNA 分子上的 2 个 loxP 位点的排列方向相同时，则可能出现 2 个 loxP 位点之间的基因被删除，最终只剩下 1 个 loxP 位点，这种方式是 Cre/loxP 重组酶系统最主要的作用方式。②颠倒。同一条 DNA 分子上 2 个 loxP 位点方向相反时，则 2 个 loxP 位点之间的基因可能会发生颠倒。③移位。当基因两端的 loxP 位点方向相同时，则可能发生移位，转移到另一个位置上单独的 loxP 位点上。④交换。如果基因组中的不同 DNA 分子上各有 loxP 位点，则可能出现 loxP 位点前后基因发生交叉换位。

Cre/loxP 介导的 DNA 体内组装已经得到广泛应用。体外应用聚焦于高通量 DNA 克隆和腺病毒载体构建，体内的应用则主要集中于基因的替换、敲除及染色体畸变。

2. 酿酒酵母同源重组

越大的质粒在大肠杆菌中复制时越不稳定，对于 Mb（百万碱基对）级别的体外组装，即使体外组装成功，可能也无法导入到大肠杆菌内进行扩增。酿酒酵母具有高效的同源重组能力，能够很好地实现多个带有同源互补区设计片段的一步组装，对于超大片段，或者在大肠中组装克隆困难的基因，酵母同源重组是一个很好的选择。酿酒酵母同源组装方法与大肠杆菌 Rec/ET 方法相似，但所利用的受体细胞不同。酿酒酵母利用高效的同源重组系统，15 bp 的同源序列就可以实现同源重组；当同源序列为 40 bp 时，重组效率达到 90%以上。

1）TAR 酵母转化偶联重组技术

20 世纪 80 年代，Botstein 等首次证明了在酵母细胞内两个含同源序列的 DNA 分子可以同源重组，并将其开发用于更普遍的 DNA 体内连接或拼接，后被命名为 TAR（transformation-associated recombination）技术，即酵母转化偶联重组技术（Kunes et al.，1985；Ma et al.，1987）。TAR 技术是在 20 世纪 90 年代末发展起来的，当初的 TAR 克隆技术对于选择性分离大片段的效率很低，只有 1%～5%

（Kouprina and Larionov，2006）。经过长期和持续的策略改变及操作方法优化，
TAR 同源重组既可以组装较短的 DNA 片段，也能组装很长的 DNA 片段，乃至整
个基因组（Gibson et al.，2009，2008；Mitchell et al.，2021）。1991 年，Silverman
等报道酵母可以实现长达 2 Mb 的人工染色体组装。借助于酵母强大的同源重组
能力，2008 年，Venter 研究组利用该方法在酿酒酵母体内完成了对生殖支原体
Mycoplasma genitalium 基因组（582 970 bp）的最后一步组装（Gibson et al.，2008）。
Gibson 等（2010）报道合成世界上第一个人造生命体——由酵母组装获得的长达
1.1 Mb 的合成基因组。Shao 等（2018）报道将酿酒酵母 16 条染色体合并为 1 条
长度达 11.8 Mb 的染色体，并获得有正常功能的单染色体酵母菌株。带有 1 条染
色体的酵母可作为一个新的研究平台，增进我们对染色体重组、复制和分离机制
的解析，具有重要的意义。此外，该研究的结果也说明酿酒酵母对染色体长度惊
人的容忍度（至少长达 12 Mb），这为利用酵母构建高等生物的超长染色体提供了
理论依据，有利于后续 GP-write 项目（Genome Project-write，基因组"写"计划）
的开展（Boeke et al.，2016）。

　　TAR 方法首先需要制备具有同源序列的目的 DNA 片段与线性载体，然后导
入酵母细胞，利用酵母本身的重组系统形成重组体，再根据标记基因，利用合适
的筛选方法筛选阳性克隆。TAR 克隆载体通常有酵母着丝粒序列（CEN）、酵母
自主复制序列（ARS）及其选择标记，而组装好的质粒因拷贝数太低可能会转入
细菌中扩增，因此 TAR 克隆载体可能含有细菌的元件，如大肠杆菌的复制起点和
选择标记（Yamanaka et al.，2014；Jiang et al.，2022）。TAR 重组技术组装的 DNA
有两种类型：①TAR 克隆载体和 DNA 片段的组装；②通过 linker 将 DNA 片段与
克隆载体组装起来，linker 两侧分别是所连 DNA 的同源序列，这可以克服某些
DNA 片段难以进行 PCR 扩增的问题（Karas et al.，2019）。常见的组装方法包括
以下步骤：①将多个含有同源区的 DNA 分子与线性化的酵母穿梭载体共转化酵
母；②将整个筛选培养板上的全部转化后酵母菌落洗脱下来，离心，弃上清，得
到转化后的酵母细胞；③提取上步获得的酵母细胞的质粒 DNA，转化大肠杆菌感
受态细胞；④筛选大肠杆菌克隆，得到大片段 DNA。

　　酵母细胞内组装可广泛应用于基因元件、代谢途径和基因组的组装，为后续
的科学研究提供良好的材料（卢俊南等，2018）。TAR 技术在基因簇合成方面广
泛使用。Kim 等（2010）于 2010 年构建了 TAR 克隆载体 pTARa，包含酵母、大
肠杆菌和链霉菌三部分元件。Moore 教授课题组在 TAR 克隆载体 pCAP01 的基础
上引入强启动子 *pADH1* 基因和反向选择性标记 *URA3* 基因，构建了可减少高背景
影响的新 TAR 克隆载体 pCAP03，成功地从 86 株海洋放线菌基因组中分离出
PKS-NRPS 杂交途径的生物合成基因簇 tlm 及其相关的 ttm 基因簇（Tang et al.，
2015）。苏会娟（2018）在 TAR 克隆的基础上构建了诱导型酵母转化重组系统，

即 iTAR（inducible transformation-associated recombination）克隆系统，通过将目的 DNA 片段导入经半乳糖诱导的、含捕捉载体的酵母细胞，采用体外 Cas9 酶切技术在目的基因簇两端实现特异性切割，使目的 DNA 末端与 iTAR 载体上的同源片段严格匹配，最终使克隆效率高达 83.1%，显著高于传统的 TAR 克隆效率（0.5%～2%），利用 iTAR 将多黏芽孢杆菌基因组上的多黏菌素基因簇转移至 *Bacillus subtilis* 168，成功合成了多黏菌素。

TAR 同源重组可以组装较短的 DNA 片段，也能组装很长的 DNA 片段，乃至整个基因组。经过改进的 TAR 技术，如 TAR 技术与 CRSPR/Cas9 技术偶联，可以使 TAR 克隆的阳性率提高至 32%，减少了筛选工作量，缩短了实验周期（Lee et al.，2015）。TAR 克隆技术存在一些缺点：当 TAR 克隆需要将线性化的载体与片段化基因组 DNA 同时导入酵母细胞时，共转化效率低；TAR 克隆只能用于克隆不超过 300 kb 的 DNA 片段，大的片段容易断裂；高 GC 含量或者反重复序列会导致 TAR 克隆不稳定（童瑞年等，2018）。

2）DNA assembler 技术

DNA assembler 可以利用酿酒酵母的体内同源重组系统，一步到位地快速完成 DNA 片段的组装（Shao et al.，2009；Shao and Zhao，2013）。该技术的核心是去除目的基因前原有的、受到复杂代谢调控的启动子，替换成研究透彻且可诱导的组成型启动子（Shao and Zhao，2013）。DNA assembler 技术主要包含如下几部分：目标物质相关基因簇的分析、启动子的选择、表达模块的组装、辅助模块的设计及一步转化等。DNA assembler 技术设计的原理如下：①基于测序的基因组或宏基因组数据分析，推测可能的生物合成基因簇及目的产物；②选择一系列合适的启动子；③PCR 扩增或化学合成相应的 DNA 片段，采用 OE-PCR 将不同的启动子和相应的结构基因组装成表达模块；④将表达盒与辅助模块共转化酿酒酵母，组装成环化的表达载体；⑤在酿酒酵母（DNA 组装宿主）或其他宿主体内异源表达目标化合物；⑥目标产物的检测及分析（Luo et al.，2013）。

DNA assembler 方法需要制备单独的基因表达盒，每个基因盒由一个启动子、一个结构基因、一个终止子组成，其中关键是启动子需要替换成可诱导的组成型启动子。其组装过程包括：启动子的克隆、目的基因（簇）的克隆、启动子与目的基因（簇）的连接等。每个含有筛选标记的基因盒通过 PCR 扩增，再用重叠延伸 PCR 法（OE-PCR）组装制备。第一个基因表达盒的 5′端与载体有重叠序列或者与待整合的染色体目标位点有重叠序列，而 3′端与第二个基因 5′端有重叠序列。连续的基因表达盒两侧都有重叠序列，最后一个表达盒 3′端与载体有重叠序列或者与待整合的染色体目标位点有重叠序列。辅助模块是在酿酒酵母、大肠杆菌（DNA 富集宿主）和目标表达宿主体内维持 DNA 稳定及 DNA 复制的遗传元件，分别克隆自相应的载体（Shao and Zhao，2013）。具有互补末端的 PCR 引物使相邻片段间产生重叠，这些片段共转化进入酿酒酵母后，通过同源重组组装成一个完整的 DNA 分子。随后提取出质粒转入大肠杆菌富集并鉴定，最后将正确组装的 DNA 转入宿主体内异源表达目标通路。

在完成表达模块和辅助模块的操作后，可在酵母中通过一步转化法如电击转化将这些有重叠序列的片段同时导入一个酿酒酵母细胞中，利用酵母高效同源组装系统，对多个表达盒与载体或者待整合的染色体进行组装（图 2-29）。当同源区域大于 40 bp 时，重组效率高达 70%～100%，适当增加插入基因与载体比例能有效提高组装效率。

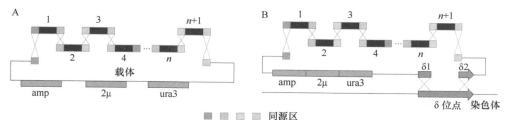

图 2-29　利用酿酒酵母体内同源重组组装和整合生化途径的一步方法
A. 一步组装到载体；B. n 个基因片段一步整合到酿酒酵母染色体 δ 位点

Shao 等（2012）利用 DNA assembler 方法，在酿酒酵母中实现了玉米黄质的生物合成，其过程是：以质粒 pCAR-ΔCrtX 为模板分别克隆玉米黄质生物合成通路中的一系列基因，以 S. cerevisiae 基因组 DNA 为模板分别克隆出相应的启动子和终止片段，然后利用 OE-PCR 将启动子、基因和终止片段连接成 5 个表达盒，分别是 TEF1p-CrtE-PGIt、HXT7P-CrtB-TPI1t、TEF2p-CrtI-FBA1t、FBA1p-CrtY-ENO2t、PDC1p-CrtZ-TDH2t，最后利用 DNA assembler 技术将表达盒与 BamHI 线性化处理后的质粒 pRS416m 组装成一个环状质粒。质粒 pRS416m 上含有 S. cerevisiae 辅助元件（含尿嘧啶合成营养缺陷筛选标记）和 E. coli（含氨苄西林抗性筛选标记）辅助元件。正确组装的质粒在 S. cerevisiae 中表达后，可检测到玉米黄质。链霉菌中的 Spectinabilin 是一个含有硝基苯的聚酮化合物，有抗疟疾和抗病毒的活性，在正常的培养条件下其生物合成途径保持沉默。Shao 和 Zhao（2014）选择链霉菌体内持家基因（包括 RNA 聚合酶亚基、延伸因子、核糖体蛋白、糖酵解酶类和氨酰-tRNA 合成酶等）上游的强启动子，应用 DNA assembler 技术在酵母体内将启动子、结构基因、终止子、辅助元件组装成完整质粒。将带有完整基因簇的质粒导入目标异源宿主，实现了 Spectinabilin 在链霉菌中的生物合成。该策略与传统方法相比，既简化了实验流程，还可以使在天然宿主体内受到抑制的生物合成在异源宿主体内表达。

DNA assembler 与 TAR 重组技术类似，均需先制备含同源序列的 DNA 片段和克隆载体。载体与 TAR 克隆载体设计一样，均有酵母自主复制元件和选择性标记等（Shao and Zhao，2013），只是 TAR 重组技术的 DNA 片段不要求完整的表达系统。TAR 重组技术可以合成所需的 DNA 序列，而 DNA assembler 可以构建生化途径。DNA assembler 不仅可以在质粒上，也可以在染色体上构建定制设计的 DNA 分子，后者使外源 DNA 能够稳定地维持在细胞内，并有潜力组装一个非常大的生化途径。

3）CasHRA 技术

CasHRA（Cas9-facilitated homologous recombination assembly）即 Cas9 促进的同源重组，是指基于 CRISPR/Cas 免疫防御系统开发的基因编辑技术与酵母内源性同源重组相结合的胞内组装技术。该方法通过原生质体融合，直接将大的环状 DNA 导入酿酒酵母中，并且它们被 gRNA 引导的 Cas9 核酸酶切割以释放线性 DNA 用于随后的同源重组。

与其他组装技术相比，CasHRA 技术可以直接使用大的环状 DNA，利用 Cas9 核酸酶在细胞内进行线性化 DNA 的制备，避免了体外环状 DNA 质粒进行线性化的大量操作。因此，CasHRA 技术弥补了几种体外和胞内组装都需要制备高纯度线性化 DNA 片段的缺陷，使多个大片段在胞内高效组装成百万碱基 DNA 成为可能，是全基因组合成最后阶段的有力工具。

2016 年，中国科学院上海生命科学研究院覃重军团队开发了 CdsHRA 技术，利用 CasHRA 与上游组装 Gibson 方法相结合，成功构建了 1.03 Mb MGE-syn1.0 最小大肠杆菌基因组（Zhou et al.，2016a）。该方法直接使用 3 个大质粒（100 kb）在体内进行一步 DNA 组装。首先在酿酒酵母中转入 pMet-Cas9 质粒，形成带有 Cas9 质粒的酿酒酵母菌株，使原生质体融合在酿酒酵母中同时引入 3 个大的环状 DNA，通过不同的缺陷型培养基筛选阳性克隆，然后将 pTrp-gRNA 质粒和线性化的克隆载体导入。一旦 pTrp-gRNA 导入细胞，gRNA 引导的 Cas9 系统就被激活并切割大的环状 DNA，释放出线性化 DNA 片段，通过设计同源序列使线性化的 DNA 片段在酵母细胞中利用酵母自身同源系统完成组装（图 2-30）。组装后，当获得阳性克隆时，通过半乳糖诱导，pMet-Cas9 质粒包含的一个半乳糖诱导的小向导 RNA（sgRNA）被激活，Cas9 核酸酶直接靶向 pTrp-gRNA，将 pTrp-gRNA 质粒切割成线性，线性片段在细胞内无法成环且不稳定，很容易被降解并消除，从而为下一轮组装做好准备。

上述同源组装都是基于酿酒酵母组装，但因毕赤酵母的外源蛋白高表达的优点，其在生物代谢工程中比较适用。甲醇酵母被广泛用作重组蛋白生产的宿主，Nishi 等（2022）在毕赤酵母中建立了一种可实现多个 DNA 片段的一步组装和基因组整合技术，为在体内同时实现精确的多 DNA 组装和高效整合到靶基因组位

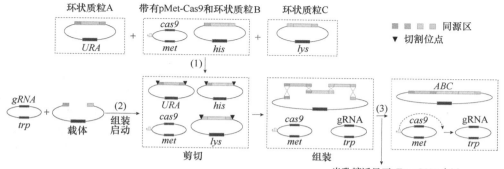

图 2-30　Cas9 促进的同源重组（CasHRA）方法原理图（Zhou et al.，2016a）

（1）通过原生质体融合将大质粒 DNA 共导入携带 Cas9 表达质粒 pMet-Cas9 的单个酵母细胞中。（2）向导 RNA（gRNA）表达质粒 pTrp-gRNA 和线性组装载体共导入酵母细胞，gRNA 引导的 Cas9 切割所有大环状 DNA 载体骨架，利用酵母有效的同源重组系统，线性化 DNA 片段和线性载体通过同源序列完成组装。（3）通过半乳糖诱导，Cas9 核酸酶直接靶向 pTrp-gRNA，将 pTrp-gRNA 质粒切割成线性而失去活性

点，使用了一株缺乏非同源末端连接相关蛋白 DNA 连接酶 IV（Dnl4p）的毕赤酵母菌株，该基因可通过同源重组来提高基因打靶效率。

3. 枯草芽孢杆菌同源重组

大肠杆菌作为宿主细胞，通常只能导入环状 DNA（cfDNA），所以在体外制备环状 DNA 至关重要。随着 DNA 片段数目的增加，体外制备环状 DNA 的效率也变得越来越低。酵母生长缓慢导致实验周期长，这在一定程度上限制了酵母作为宿主细胞的运用。枯草芽孢杆菌（*Bacillus subtilis*）自然活性强，具有强大的重组系统，能够吸收外源 DNA，是常见的宿主细胞。利用芽孢杆菌同源重组将 DNA 片段分别导入多个具备不同筛选标记的相容性质粒，或者陆续将 DNA 片段整合到基因组的不同位置，可以有效解决环状 DNA 制备复杂且耗时的问题。外源质粒在枯草芽孢杆菌内复制时会出现不稳定的单链 DNA 形式，导致质粒的丢失。通过将枯草芽孢杆菌基因组（BGM）作为 DNA 克隆的载体，RecA 介导的同源重组能将大的外源 DNA 整合到宿主染色体上以实现外源 DNA 的稳定（Yadav et al.，2014；Ogawa et al.，2015）。研究者使用该方法已经将 3.5 Mb 的蓝藻 PCC6803 基因组整合到 4.2 Mb 的枯草芽孢杆 BGM 载体上，形成一个 7.7 Mb 的杂合基因组（Itaya et al.，2008；Iwata et al.，2013），但是此种方法由于需要高纯度的长片段（超过 100 kb）DNA 模板，一定程度上限制了该方法的应用（Juhas and Ajioka，2017）。除此之外，BGM 载体系统还存在载体同源序列之间非理性重组的问题。

为了提高组装效率以及可操作性，Itaya 等（2008）进一步开发了一种新的"多米诺骨牌法"，在 BGM 载体中进行多轮多米诺片段延伸来组装超大 DNA 片段，

成功将 16.3 kb 的小鼠线粒体基因组和 134.5 kb 的水稻叶绿体基因组整合到 BGM 载体上。所用策略是：整合了 pBR322 序列的枯草芽孢杆菌，首先将待合成的基因拆分成带有同源区的 5 kb 片段，然后通过 pBR322 序列，利用同源重组将含有氯霉素耐药标记（cat）的多米诺片段 A 整合到 BGM 的 GpBR 位点（pBR322 序列的基因组），形成具有氯霉素耐药性的片段，然后将第二个含有红霉素耐药标记（erm）的多米诺片段 B 整合在多米诺片段 A 下游，形成红霉素耐药性的片段，两种抗性的不断交替使用，可以无限延伸片段，最终将所有待组装的片段整合到 BGM 载体上（图 2-31）。这种组装方法由于需较长的同源区且耗费时间，目前未得到普遍使用。为减少组装大片段所需步骤，需要增加多米诺 DNA 片段的长度，可以利用大肠杆菌来源的细菌人工染色体（BAC）提供长度约为 100 kb 的 DNA 片段用于多米诺骨牌法。

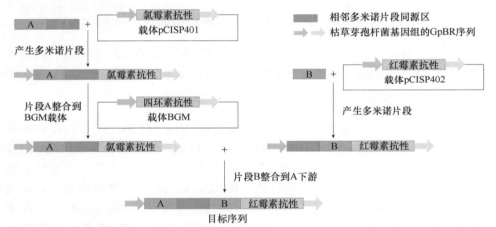

图 2-31　枯草芽孢杆菌基因组载体中的"多米诺骨牌法"基因组装（Juhas and Ajioka，2017）

用于多米诺克隆的不同抗性筛选质粒 pCISP401（cat）和 pCISP402（erm）。氯霉素抗性标记的多米诺片段 A 同源重组到载体 BGM 上；红霉素抗性标记的多米诺片段 B 整合到多米诺片段 A 下游。通过耐药抗性的交替，可实现多米诺片段的延伸

以枯草芽孢杆菌为宿主开发的组装技术仅能稳定维持 GC 含量在 44% 以下的外源大 DNA 片段（长度大于 200 kb）。此外，为了避免非理性重组问题，Ogawa 等（2015）开发了 RecA 诱导型 BGM 载体（iREX），使 RecA 的表达受到培养基中木糖的控制，在缺乏木糖的条件下，RecA 在 iREX 系统中不表达，相反，存在木糖的条件下则诱导 RecA 表达，从而抑制含有同源序列的 DNA 片段之间不希望产生的重组，使 iREX 能够发挥与 BGM 载体相同的组装能力，进一步提高了 BGM 载体系统的严谨性。与细菌人工染色体（BAC）和酵母人工染色体（YAC）等大分子 DNA 操控工具相比，BGM 载体有很多优势，相比 BAC 能整合更大的 DNA 片段（高达 300 kb）。尽管酵母人工染色体能整合更大的 DNA 片段（高达 2Mb），

但很难操控并且容易发生嵌合。由于 BGM 拥有超过 3 Mb 的克隆容量，同时结合 DNA 插入、倒置和删除等基因编辑策略，BGM 成为一个很有前途的操纵大分子质量 DNA 的工具（Juhas and Ajioka，2017）。

4. 其他技术简要概述

TAR 技术、DNA assembler 和 CasHRA 等都是基于酿酒酵母同源重组系统的 DNA 组装技术。2015 年，Jakočiūnas 等开发了一种新方法——CasEMBLR，这种方法是基于 DNA assembler 和 CRISPR/Cas 系统开发的，在基因组工程和细胞工厂开发中具有普遍适用性（DiCarlo et al.，2013b；Jakočiūnas et al.，2015b；Shao et al.，2009）。

除酵母和枯草芽孢杆菌可以利用自身的同源重组酶组装大片段的 DNA 之外，部分细菌通过超表达 T4 连接酶或整合 Red λ 重组系统也能够介导大片段 DNA 的胞内组装，将待组装的 DNA 片段导入宿主细胞内即可进行组装，通过筛选可得到目的片段。Karas 等（2019）发现完整的细菌染色体可以通过细菌细胞与酿酒酵母球体融合，直接转移到酵母宿主细胞中，在酵母宿主细胞中以着丝粒质粒的形式繁殖，去除供体细菌的限制性内切核酸酶系统，可以增加基因组转移的成功率。

2.2.3　自动化组装技术

合成生物学作为 21 世纪发展起来的，汇聚了生命科学、工程学和信息科学等的崭新交叉学科，被认为是继"DNA 双螺旋发现"和"人类基因组测序计划"之后的第三次生物技术革命，也是各个世界强国科技战略的主战场。合成生物技术由于生命的高度复杂性，目前还无法进行理性设计，其前身可以被认为是基因工程或代谢工程技术，在引入工程学理念之后，期望用大量的试错实验代替理性设计的不足，从而得出生物合成设计方案的"正解"，由此产生的难题正是怎样高效完成大量实验。对于近年来发展迅猛的合成生物学产业来说，仍依赖于传统实验室低效率低通量的操作方式肯定是不现实的。因此，发展自动基因组装技术，即利用自动化设备执行实验操作并由智能软件系统协调控制实现从人工合成的 oligo 组装到 DNA 合成的实验技术成为必然趋势。

1. 自动化组装的发展背景

在经历了 2008 年全球金融危机之后，以制造业为核心的实体经济被重新重视。目前，美国、德国、日本等发达国家相继部署制造业发展战略。美国创建了"国家制造业创新网络"，在全国范围内建立制造业创新中心，旨在构建制造业"产政学研"联合的基础平台并形成创新智能智造生态体系。德国提出"工业 4.0"战略，以智能工厂、智能生产、智能物流为三大主题提升制造业智能化水平。日本提出工业价值链计划，让不同的企业通过接口链接组成日本制造的联合体王国，充分利用物联网和机器人技术促进制造业发展。中国于 2015 年出台《中国制造2025》作为制造强国战略的发展纲领，并明确以"智能制造"为主攻方向，抢占未来经济和科技发展的制高点；工信部出台的《智能制造发展规划（2016—2020）》中，将智能制造定义为基于新一代信息通信技术与先进制造技术深度融合，贯穿于设计、生产、管理、服务等制造活动的各个环节，具有自感知、自学习、自决策、自执行、自适应等功能的新型生产方式。它是一种运用控制理论、仪器仪表、计算机和其他信息技术，对工业生产过程实现检测、控制、优化、调度、管理和决策，具体来说，通过对"人机料法环测"的自动采集和数据分析，发现生产瓶颈和产品缺陷并引入高度柔性的生产设备，达到增加产量、提高质量、降低消耗、确保安全和生产多品种个性化产品等目的的综合性高技术。

美国丹纳赫集团作为全球著名的具备高端科学和技术的工业仪器及设备供应商，其生命科学和诊断平台是全球五大战略平台之一，可以说是生物实验室自动化领域的巨头之一。合成生物学作为独立学科与传统工业的应用场景完全不同，其他行业的自动化巨头无法直接复制已有产品，较大的跨行隔阂形成了一定的技术和认知门槛，也就是说，应用场景成熟的工业机器人和 3C 智造机器人并不会对生命科学领域的自动化有太多帮助。

基因组装是典型的适合发展自动化的生物实验室领域，很多专注于生物实验室自动化的企业机构纷纷把资源力量投放到基因组装自动化上。目前，基因组装自动化仍处于技术储备与产品探索初期阶段，基因组装已经具备较稳定的、可靠的工艺流程，工艺发展也已经进入平台期。大部分实验操作已经有了配套的自动化设备，并且都有意识地向标准化协议靠拢。很多国家也开始投资合成生物学领域的自动化设施工程，建立集成化设施。但是行业内自动化团队通常关注的是操作层面的自动化，以及实验成功率、实验成本和实验通量。而对于智能性方面的需求，如实验自动设计、实验数据处理、结果预测等在现实中还未做到，仍需要未来技术迭代和经验积累沉淀。未来，基因组装必将朝着流程化、自动化、标准化、集成化、信息化和智能化方向发展（图 2-32）。

2. 基因组装的流程化

实现自动化的前提是手工实验方法具有成熟稳定的工艺流程。目前基因合成的主流方法是化学合成寡核苷酸，然后通过 PCA 和 Gibson 组装等酶促反应技术将寡核苷酸链拼接成长链 DNA。该方法还存在三个主要问题：碱基错误、长度限制和复杂结构限制。

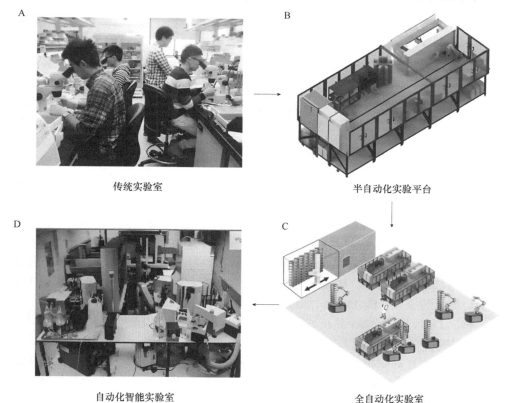

图 2-32　基因组装自动化发展趋势

（1）碱基错误

通过前面章节的阅读可知，由于化学合成无法达到 100% 的反应效率，寡核苷酸产物总是存在较多的非正确序列 DNA。因此，合成的 DNA 产物通常需要被克隆到质粒中并转化到工程菌株进行筛选鉴定，才能获得完全正确的 DNA 序列。

（2）长度限制

PCA 和 Gibson 组装的长度限制在 200 bp 至 20 kb 范围内，当合成较长 DNA 时，多轮 Gibson 和重复的克隆实验增加了大量的实验操作和信息处理工作量，造成了较高的成本和较长的交付周期。随着 DNA 合成长度的增加，制备 20 kb 以上的 DNA 通常需要借助生物体内的合成系统，将外源 DNA 导入到大肠杆菌、酵母、枯草芽孢杆菌等进行体内组装。体内克隆组装实验时间周期长、不可控因素多，并不利于大规模实验。

（3）复杂结构限制

重复序列、二级结构等高度复杂结构的存在，会引发 PCA 和 Gibson 反应产生较多错配,从而影响组装效率。因此,基因组装实验开始之前应该预先对序列进行评估,且进行针对性的实验设计。

以上三个"痛点"分别可以通过筛选单克隆、建立多级组装与体内组装实验方法、进行序列评估设计等措施来解决可行性问题,从而形成一套相对成熟的通用工艺流程,为基因组装实验自动化打下基础。但是工艺流程中实验操作与信息处理的复杂性远远超过汽车、化工等传统行业,这对自动化生产大批量 DNA 提出较大的挑战。

近年来,商业化市场出现了众多改良的基因合成组装技术,以提高基因合成组装的效率,降低基因组装的工艺流程复杂度。例如,2017 年 OriCiro Genomics 开发了无细胞 DNA 合成与扩增技术,将大肠杆菌的体内克隆过程在体外模拟重现,最长可合成 1 Mb DNA。2021 年,Ribbon Biolabs 声称其创新的文库合成法可通过预先建立各个物种的高纯度寡核苷酸文库,在体外快速拼接无错配的超过 10 kb DNA。2022 年,Evonetix 宣称其热控合成技术通过对传统的亚磷酰胺化学合成方法的重新设计,从而实现热控制脱保护,利用独创的二元 DNA 短链组装法将短链组装成长双链 DNA,通过芯片表面密集的合成位点实现一张芯片控制数千个独立 DNA 序列合成,并在芯片设计时引入了错误检测模块实现合成即时纠错,有利于大批量生产高质量 DNA。2023 年,Ansa Biotechnologies 宣布成功从头合成了用于基因治疗的腺相关病毒(AVV)载体中具有高 GC 含量和复杂二级结构的 1005 个碱基长度的寡核苷酸序列,克服了传统方法通过较短寡核苷酸组装特殊序列时容易失败的问题。

总之,基因合成组装的工艺流程正在逐步发展,但尚未看到能完美合成无限大小 DNA 的通用性方法,因此大规模的基因组装仍会是一项实验操作繁杂且需要根据不同 DNA 序列类型设计不同实验方案的综合性工程。

3. 基因组装的自动化

基因组装自动化是指将大量的、高强度的生物实验流程通过自动化设备代替人类完成,使工作人员从高强度的重复性劳动中解放出来,从而有更多的时间去对获得的数据进行分析并思考新的科学问题。基因组装流程需要实现 DNA 片段组装及后续微生物转化培养、单克隆筛选及菌落检测、核酸提取和 DNA 片段/质粒的测序或毛细管电泳样品制备、检测分析等处理。根据应用方式不同,涉及设备可以分为液体处理类、物理加工类、存储类和检测类。

1)液体处理类设备

(1)全自动移液工作站。它是一种自动化液体处理平台系统,可取代传统的移液工具,自动完成梯度稀释、移液及合并液体等高精度的液体处理任务,并可与检测仪器联用,实现对目标物高效、精确的检测,从而广泛应用于 DNA 质粒纯化、PCR 前处理、DNA 测序前处理、高通量样本制备等。全自动移液工作站一般由移液模块、监测模块、工作台、安全门和软件五个部分组成。移液模块的主要功能是完成样品梯度稀释、移液及合并等液体处理任务。监测模块可以监测移液模块的状态，保证移液的精确度和准确性。工作台上可放置实验所需的容器、配件和整合的相关仪器。工作站配置有安全门，防止在实验过程中液体溅出造成污染或异物飞入，保证操作人员安全。软件可控制全自动移液工作站及其整合的相关配件和设备，实现液体转移、添加试剂、配比稀释，或控制各种整合配件、仪器等。市场上主要生产企业有帝肯（Tecan）、哈美顿（Hamilton）、贝克曼（Beckman）、美杏高德（Mettler Hedo）、安捷伦（Agilent）、珀金埃尔默（Perkin Elmer）等；国内企业如华大智造、奥美泰克、博奥生物、德淳等在技术上不断接近国外顶尖水平，且在国内市场所占份额不断提升。

（2）超声移液器，可自动探测液体高度和液体组成成分，依据探测结果计算移液所需能量，通过动态液体分析技术实时调节移液参数，实现精准移液，具有无需吸头、快速、高通量、微量化移液等独特优势。使用传统移液工作站进行 DNA 组装，所需反应体积为 10～20 μL。超声移液器可以使基因组装/验证等步骤的体积减至原来的 1/10，降低试剂成本，同时保持甚至提高组装效率。

（3）蠕动泵分液器。相比于移液工作站和超声移液器，蠕动泵分液器的功能单一，仅用于分装试剂，但是价格十分实惠，并且对于分装试剂这类应用来说，蠕动泵分液器会比上述复杂系统在操作和效率上都占据优势。

2）物理加工类设备

（1）PCR 仪等温度控制设备，是基因组装中酶反应的主要场所。现有高性能的 PCR 仪可达到温度准确性为 ±0.25℃，温度均一性为 ±0.5℃，金属板变温效率为升温 3.5℃/s、降温 2.5℃/s，样本板变温效率为升温 1.8℃/s、降温 1.6℃/s。除了普通 PCR 仪之外，现在还有第二代荧光定量 PCR 仪，通过对 PCR 过程中产生的荧光信号积累实时监测整个 PCR 过程，并测定 DNA 片段初始浓度和第三代数字 PCR 仪，可实现超高通量、微量化地直接对核酸拷贝数的绝对值进行定量。

（2）膜处理设备，包括封膜机和撕膜机。手动从样品板上移除封膜是一项常规的、看似毫不费力的实验室工作。然而，一次重复拆卸和（或）更换几十张甚或数百张封膜就成了一项巨大的挑战。孔板通常需要用到特定类型的封膜以阻止蒸发，否则可能会改变样品浓度并破坏重复性。

（3）离心机，包括板式离心机和管式离心机，通常可以通过更换适配器进行切换。离心机是利用物体高速旋转时产生强大的离心力，使置于旋转体中的悬浮颗粒发生沉降或漂浮，从而使某些颗粒达到浓缩或与其他颗粒分离之目的。这里的悬浮颗粒往往是指制成悬浮状态的细胞、细胞器、病毒、磁珠等。随着离心机转子高速旋转，当悬浮颗粒密度大于周围介质密度时，颗粒朝向离开轴心方向移动，发生沉降；当颗粒密度低于周围介质密度时，则颗粒朝向轴心方向移动而发生漂浮。一般自动化离心机对于管子的最高转速不超过 8000 r/min，对于深孔板的最高转速一般不超过 5000 r/min。

（4）挑克隆设备。由于自动化组装离不开要进入体内扩增以筛选出正确单一的克隆子，因此需要大量的挑克隆、涂布实验操作。挑克隆设备，可将培养皿或单孔微孔板有序堆叠在系统内，并通过机械臂加载到挑选系统上，从而实现高效实验室菌落筛选。菌落采集器上的摄像头将捕捉到菌落的高分辨率图像，图像分析软件将根据操作员的标准自动挑选合适的菌落。挑选可以完全自动完成，或者自动选择的菌落可以在拣选前由实验室工作人员审核，手动选择和取消选择。一旦系统得到了实验室工作人员的批准，它就会使用挑菌针自动选择合适的菌落进行挑选并接种到培养基，然后在下一轮挑菌之前对针进行清洗和消毒，整个过程重复进行。使用这些菌落工具可以增加挑菌通量，因为系统是连续运行的，而且许多系统有多个挑菌针可以一次挑取多个菌落。每个周期都非常快，可以在短时间内进行几轮挑菌。一套完整的挑克隆系统每小时可以挑选 2500 多个菌落，这是人工无法做到的。

3）存储类设备

（1）自动化样本库。自动化样本库主要由存储箱体、制冷系统和自动化存取系统组成。按照箱体的集成化程度，可以将目前市面上厂商设计的箱体分为两种类型：一种是一体化大仓储，即所有样本都存放在一个箱体中；另一种是小仓储并联，即多个独立箱体并联使用，相当于 N 个独立冰箱，在保留了各自独立的制冷系统的情况下，把其他冗余的结构和空间（共用一套存取系统且箱体之间紧密连接）去掉。小仓储并联模式因为有更多的独立制冷系统，所以需要更大的空间和购买/运营成本，但同时也降低了故障风险，即当某个小仓储的制冷系统发生故障时，不会影响到其他小仓储的制冷系统。

（2）物料堆栈。物料堆栈是指适用于微孔板的储存架，可在微孔板、深孔板和类似规格的耗材支架中运输样本。物料堆栈非常适合于储存基因组文库、DNA 和 RNA 文库，以及高通量组装实验的中间产物板，也可以用于短期或长期储存试剂或样本。

4）检测类设备

（1）毛细管电泳仪。当前的毛细管电泳技术性能已经能达到最低检测限 0.5 ng/μL，片段大小误差 <±5%，分辨率满足 ≤3 bp，这是传统的琼脂糖凝胶电泳远远达不到的。有些毛细管电泳仪甚至可以使用预制胶，免去了配胶的人工前处

理环节，进一步提高了自动化效率。但是从成本上考虑，每个样本几元的试剂成本对于很多实验室都无法承担，并且运行效率（每小时 192 个样本）是比较慢的。

（2）测序仪。Sanger 测序法是验证 DNA 组装产物是否符合设计的黄金标准，但受到成本和测序长度的限制，可首先使用分辨率较低但成本低、通量高的方法初步验证，例如，使用限制酶酶切和毛细管电泳对酶切图谱进行比对分析，或使用 qPCR 对 DNA 片段组装接口进行分析等。针对大规模的测序分析需求，可使用条码序列标记并混合建库，同时对成百上千的样本进行高通量测序。

自动化实验操作的好处是能够大大提高结果的可重复性，帮助科学家获得更客观、准确的实验结果。其需求场景及配套自动化产品正在快速革新，目前已经从可有可无的奢侈品，逐渐变成实验室的"标配"。

4. 基因组装的标准化

随着生命科学的迅猛发展，实验室自动化系统凭借强大、高效和便捷的优点，已在多个领域逐渐取代了人工操作。然而，现有的实验室自动化系统通常独立于品牌自成体系，相较于其他领域的自动化系统，其集成度与自动化程度普遍较低。实验方法的复杂、多样、不确定性对系统控制提出了较高的要求，低设备兼容性也大大增加了升级与设备复用的难度和成本，自动化设备之间如同"信息孤岛"，无法有效协同运行，人机配合的工作量巨大，这给实验员带来巨大的工作挑战。借鉴工业制造的发展经验、设计标准化的控制接口是构建开放式实验室自动化系统的有效方法。全自动核酸检测工作站系统软件通过应用和扩展广泛使用的实验室自动化接口标准 SiLA（Standardization in Lab Automation），增强了系统集成过程设备的模块性和兼容性，实现了实验室自动化工作站系统的高度灵活应用。致力于简化和加速实验室自动化系统的集成，众多制药公司、设备制造商和集成商加入了 SiLA 联盟。应用和扩展广泛使用的实验室自动化接口标准 SiLA 定义了实验室自动化相关软件接口标准，增强了系统集成过程设备的模块性和兼容性，其标准内容主要包括对象模型和通信协议等，对象模型涵盖了实验室中常见设备与耗材的属性、参数、功能等信息，通信协议定义了标准的数据传输格式。由于 SiLA 非常完备的接口设计，不仅加快了产品的研发与迭代更新，同时提高了各厂家设备间的兼容性，因此得到了全球众多厂商的认可。

SiLA 标准主要体现在统一设备控制接口，其内容包括以下几个方面。①耗材类对象接口：对于常见实验耗材，如深孔板、酶标板、枪尖堆栈、试管、储液槽等，设置了统一的模型属性，包括身份、机械尺寸、可操作性、容器等信息。②设备类对象接口：设备类接口根据设备所属分类不同，分别设置了属性信息和指令。其中，指令分为通用指令和特殊指令，通用指令对应设备的状态控制如初始化、运行、暂停、停止、复位等，特殊指令对应设备所能提供的具体实验操作功能。③标准通信格式：通信接口规定了设备与设备间、设备与系统间通信的格式，这些通信过程包括设备指令、设备状态、事件、系统请求和设备响应等信息传输。通过序列化和反序列化相关通信类对象，能够生成机器可读的 XML 文件流进行传输。

5. 基因组装的集成化

自动化组装按照集成程度可划分为单模块设备、多功能一体机和设施平台。单模块设备是针对实验某一操作步骤实现自动化，如 PCR、封膜及移液等操作，对于实验总体而言属于半自动化。多功能一体机是在一台设备内集成多个关键功能模块，结合实验应用方向实现一系列连续、完整的自动化实验操作，如核酸提取流程自动化、血液前处理自动化等。设施平台则是通过把一系列自动化设备有机串联，并监控实验过程的数据流、样本流和工作流，实现整个实验过程的大批量样本自动化处理。两者相比，设施平台强调搭建局部自动化模块，执行单一的特定功能，并根据需求将多个模块组合成各类生产线设备系统。与汽车生产线相似，属于一次性大投资的全自动生产线，容易造成产品线单一的局限性。当然，我们可以通过冗余和留白设计，尽量设计成灵活、可拓展的兼容多种功能模块的集成系统，从而有效地应对合成生物学领域的持续技术更新，但是设计难度还是比较大的。多功能一体机则强调单机实现完整的功能，搭建出一个可以执行全套操作流程的执行单元。每套一体机都是一个独立的执行单元，它的运行通量通常是 96 份或 384 份样本，然后我们通过复制多套一体机的方式来匹配最终通量需求。一体机与外部设备之间没有物理操作上的强协同关系，这点与自动化整合系统相反。从生产结构上来说，多功能一体机是"散点"形态，单台（套）产能较小，通常布置多台（套）匹配最终通量。设施平台是"中心"形态，单台（套）就按照最终通量需求来设计产能。随着技术的发展，基因组装自动化设备的集成化程度越来越高，实验通量也逐步增加。例如，Amyris 等通过 Tecan、Hamilton 等公司的多功能一体机实现了大肠杆菌和酵母体内多达 12 个片段的自动化组装，通量达每周 1500 个以上。伊利诺伊大学 iBioFAB 团队在 2014 年建立了世界上首个合成生物自动化设施。第一代 iBioFAB 平台包含 1 个具有 6 个自由度的机械臂、5m 长的轨道、20 台自动化设备和 DNA 组装设计软件 iBioCAD，可基于酵母体内组装、Gibson 组装、LCR 和 Golden Gate 等不同方法进行工程 DNA 的构建设计，以及 PlasmidMaker，允许用户从网站前端界面提交质粒构建需求，由系统自动化完成引物设计后，根据任务清单触发机器人系统完成自动化 DNA 组装。目前在建的深圳合成生物学大设施一期工程包含合成测试、用户检测和设计学习三大平台，其中，合成测试平台采用模块化设计理念，针对合成生物研究中的主要流程和工艺，设计和开发集成型功能岛，用于 Oligo 组装基因片段、DNA 组装、细胞转化、菌落挑取、核酸提取、细胞在线分析等。

6. 基因组装的信息化

随着生物实验室自动化技术的不断发展与进步，人们慢慢理解了实验室自动化与工业自动化在目标上的本质差异。工业自动化的目标是高效生产产品；实验室自动化的目标除了高通量生产产品之外，还需要通过一系列的实验设计方案得到实验数据，然后经过数据的分析处理，得到某些结论后再重新设计实验方案。从这个角度来看，实验室自动化不仅是执行操作层面的自动化，而且是实验操作与数据分析结合的智能制造系统。当然，这一切的前提是能够构建出一套质量稳定、成本可控的自动化执行系统。

大多数生物学研究者都认为他们在生物材料中研究所得的结论并没有物理学研究那样可信。生物系统内部反应产生的各种"噪声"会淹没研究者想要搜寻的信号，但当我们开始使用自动化平台时，它具有庞大的样本处理能力，提高了合成生物学研究内容和方法的复杂度，也带来了实验数据的爆炸性增长。实验策略和数据的复杂性让研究者更加难以凭借人脑进行深度处理，而借助计算机系统收集和分析数据，科学家只需要设定研究目标，计算机系统就能够自动优化实验设计，实时调整实验策略的工作模式，这成为未来生物实验室的发展方向，与国家提倡发展先进制造业的政策不谋而合。人们期待的自动化组装实验室是在引入自动化设备实现生产现场自动化的基础上搭建 ERP（企业资源计划系统）、MES（生产过程执行系统）等管理软件，并通过通信系统收集信息形成数据库，分析数据，辅助管理者实现科学决策、合理排产的信息化系统，让自动化实验室的设备如同自己的手臂一般实现精准操控。

7. 基因组装的智能化

随着人工智能、大数据、物联网等技术的出现，基因组装自动化技术融入了更多的要素。为了抢占自动化与合成生物学相结合的科技高地，继美国、英国之后，中国、德国、荷兰、日本、新加坡、澳大利亚等国紧密跟进，在全球范围内相继投资建设了数十个合成生物学设施平台（biofoundry），如美国伊利诺伊大学的 iBioFAB（Illinois Biological Foundry for Advanced Biomanufacturing）、英国爱丁堡大学的 EGF（Edinburgh Genome Foundry）等（图 2-33）。除公共研究机构外，许多企业也搭建了自己的设施平台，如美国 Amyris 公司、Ginkgo 公司、Zymergen 公司、Transcriptic 公司等。2019 年 5 月，来自全球 8 个国家的 16 所合成生物学设施机构联合成立了"全球合成生物学设施联盟"（Global Biofoundry Alliance，GBA），将共享基础设施、开放标准、分享最佳案例、互通数据资源，共同应对自动化合成生物学研究的技术难题。截至 2023 年 4 月，根据 GBA 官网，其成员已达 33 个。其中，来自我国的团队包括中国科学院深圳先进技术研究院牵头建设的深圳合成生物研究重大科技基础设施，以及天津大学合成生物学前沿科学中心。世界各地的工程化设施规模不一、所实现的功能复杂性不同，整体而言，都旨在帮助科研人员实现特定基因线路设计的自动化组装、宿主细胞转化和高通量测试，更好地促进合成生物学"设计-构建-测试-学习"循环的良性发展。

A

iBioFAB合成生物学平台

B

中国深圳先进院合成生物功能岛

C

Zymergen实验室中用于微生物改造的自动化设备

D

华大高通量寡核苷酸合成平台

图 2-33　全球范围内相继建成的合成生物学设施平台

设施平台需要在实现信息化的基础上，满足合成生物学特定的高级需求——实现合成生物学辅助设计，包括零件与系统设计、DNA 组装图谱设计，以及具备自适应调整实验工艺参数等实验自主设计功能。其中，DNA 组装图谱设计以工程DNA 序列为输入，基于计划采用的 DNA 组装方法，输出产生目标 DNA 序列所需的零件序列和组装路径。DNA 组装图谱设计工具是自动化 DNA 合成和组装的关键共性技术。Vector NTI 是早期开发的一款商业化序列分析和设计工具集成套件，无法满足利用标准化元件进行大量 DNA 组装的设计需求。美国能源部 Agile Biofoundry 研发了网页版 DNA 组装设计软件 j5，可根据用户选择或软件推荐的组装方法设计组装图谱和组装过程，并编译产生可用于移液工作站、微流控等的操作指令，大大提高了设计效率。波士顿大学 Douglas Densmore 团队开发的 RAVEN 工具，不仅实现了 DNA 设计自动化，还可通过自主学习算法，基于实验结果以交互方式优化组装设计。爱丁堡大学 EGF 团队针对同源臂设计、序列优化、组装规划、计算机辅助酶切、测序验证等 DNA 组装流程中的不同环节，开发了包含一系列 DNA 组装工具的 CUBA 软件平台（https://cuba.genomefoundry.org/），实验通量达每周 2000 个以上 DNA 组装反应。基于转化相关重组（transformation-associated recombination，TAR），利物浦大学 GeneMill 平台开发了聚焦复杂合成生物学流程的管理系统 Leaf LIMS（Laboratory Information Management System）；华盛顿大学西雅图分校的 UW BIOFAB 推出了 Aquarium，这是一种基于 Web 的开源软件应用程序，集成了实验设计、库存管理、实验协议执行和数据捕获的功能。Golden Gate 和 Gibson 组装方法是设施平台最常用的两种组装方法，此外，连接酶循环反应（ligase cycling reaction）、BASIC（biopart assembly standard for idempotent cloning）、USER（uracil-specific excision reagent）等 DNA 组装方法也因其可实现多片段的一步无痕组装，被应用于各个自动化工程设施平台。这些设施平台不同程度地实现了生产过程智能化和工艺流程柔性化，期望在提升实验效率和质量、降低成本的同时，满足科学家的个性化需求，极大程度地改善生物实验工作者的工作方式。

然而，针对基因合成组装的智能化需求，如大规模 DNA 序列的组合式并行设计、大片段 DNA 可视化分析和操作、基于机器学习的 DNA 组装反馈优化等，还有很多空白有待开发。对于预算有限的企业单位，采用多功能一体机是更务实可靠的技术方案。但是在有限的未来，越来越智能化的设施平台将逐渐成为主流。

2.2.4　小结与展望

不同类型的组装技术具有不同的适用性（表 2-5），将寡核苷酸合成双链 DNA 的常见方法——LCR 法和 PCA 法，组装基因长度范围为 0.1～10 kb，组装长度有限，且 LCR 法产物不纯，后续需要纯化，成本比 PCA 更高。将双链合成长片段的方法 OE-PCR 不受序列限制，仅需目的 DNA 片段存在同源区即可完成组装，操作简单，周期短。该方法较难进行大片段的组装，一般适用于 0.1～10 kb 的 DNA 片段组装。另外，当序列高度重复或 GC 含量较高时，不能保证组装的准确性。基于核酸内切酶的组装方法 Golden Gate 受限于 DNA 本身序列，若序列内部含有酶切位点则不能使用该方法，且会有疤痕存在，极有可能对后续实验有一定程度的影响。Gibson 组装技术只需片段存在 20～40 bp 的同源区，打破了酶切位点在基因合成中的限制，可实现在同一温度下通过三种酶的共同作用组装成完整的 DNA 分子。这一优化极大地简化了实验流程，缩短了反应时间，因此 Gibson 组装广泛应用于合成生物学、代谢工程和功能基因组学的研究中，是一种很重要的分子工程工具（Gibson et al.，2011，2009；Lienert et al.，2014）；缺点是该过程适用于大于 200 个核苷酸的片段。无论是 Golden Gate 还是 Gibson 组装技术，高难度的、含有复杂序列的基因，如高或低 GC 含量、重复序列均难以实现拼接。等温拼接技术几乎可以合成任何 DNA 序列，尤其对于高难度的、含有复杂序列的基因。该技术流程简单，合成成本低，且在同一温度下可进行组装，适用于大规模自动化合成基因；但该技术也存在一定的局限性，一次组装合成长度范围为200～300 bp，远低于 PCA 等组装技术的合成长度。OriCiro® Cell-Free 克隆系统是完全体外重组技术，与传统技术相比具有非常明显的优势。其中，DNA 组装技术虽然与 Gibson 技术很相似，但其组装规模的性能远高于 Gibson 组装，可以一次性实现多达 50 个片段的组装，这是其他技术包括体内组装技术都难以实现的；此外，该技术虽然也基于片段之间的重叠序列，但对片段的末端序列有更加宽泛的要求，便于序列的设计和改造。为了合成更长的 DNA，通常的策略都是几项技术联合使用。学科交叉也在一定程度上推动了 DNA 组装技术的发展，但还是存在一些问题需要我们去解决。虽然我们目前组装的片段长度越来越长，但还是有一定的限制，需要开发更加高效的组装方法；同时，组装的准确度和可调性也需要我们不断去探索。这就需要在深入揭示相关机制的基础上，不断开发新的分子生物学技术。

表 2-5　不同类型组装技术比较

组装方法	原理	有无同源区	组装长度	优缺点
OE-PCR	聚合酶和 PCR 介导	有	<20 kb	省时、成本高
BioBrick	同尾酶酶切	无	几十 kb	有疤痕，需构建标准化元件
Golden Gate	IIS 型限制性内切核酸酶	无	30 kb	无痕，受酶切位点的限制
Gibson	多种酶联合作用	有	高达 1 Mb	应用广泛，适用于不小于 200 bp 基因，成本高
等温拼接	内切酶和连接酶	无	200～300 bp	合成高难度基因，合成长度小
OriCiro 体外组装与扩增技术	多种酶	有	高达 200 kb	一次性可以实现 50 个片段的连接
SLiCE	外源细菌重组系统	有	10 kb	成功率高，技术流程简单，合成成本低
RecA	大肠杆菌内源性 RecA 重组系统	有	<2 Mb	周期短，易于培养，应用广泛；脱靶易导致基因重组异常
RecET	大肠杆菌内源性 RecET 重组系统	有	<2 Mb	
TAR	酵母自身同源性重组系统	有	>Mb	重组效率高，组装周期长
DNA assembler		有	>Mb	
CasHRA		有	>Mb	
BGM 克隆载体/多米诺骨牌法	枯草芽孢杆菌自身同源性重组系统	有	百 kb	应用价值高，易于操控；存在错误整合风险

基于常用宿主细胞大肠杆菌、枯草芽孢杆菌和酿酒酵母的体内重组机制发展了一系列体内组装技术，推动全基因组合成的研究。不同宿主细胞的同源重组各有其特点，根据不同的组装需求选择合适的组装技术。大肠杆菌重组系统具有组装周期短、方便转移到其他表达宿主的优点，但是组装长度一般较小，很少用于全基因组合成。对于一些在大肠杆菌组装克隆中有困难的基因合成，酵母同源重

组组装是一个很好的选择。枯草芽孢杆菌重组系统组装量大，相对于传统的载体来说，BGM 载体和 iREX 操作性好，但是也存在错误整合外源基因片段的风险；同时，利用 BGM 作为载体也增加了大尺度 DNA 转移的难度。依赖于酿酒酵母高效的同源重组系统和便捷的分子操作手段，其已成为目前最受欢迎的大 DNA 组装技术。但是酵母组装也存在限制因素，例如，目前常用的一些质粒载体不带有酵母复制系统，难以在酵母中实现组装。此外，酵母合成基因组的分离提取和转移的效率会随着目的基因组的增大而大大降低，甚至无法提取出完整的基因组。这些都一定程度上限制了该方法的应用；同时，DNA 的 GC 含量、异源基因的细胞毒性和缺少原宿主的转录后修饰都可能影响 DNA 组装效果。随着合成基因组学的发展，对染色体规模的大 DNA 组装技术的开发将变得越来越重要，大 DNA 组装技术还需要在提升组装效率、降低组装成本、拓展组装能力和开发转移技术等方面不断发展，例如，在深入揭示相关机制的基础上，开发新的分子生物学工具，突破更大、更复杂的大 DNA 组装技术，开发新的宿主用于构建含有特殊结构（如具有高 GC 含量或高度重复序列）的大 DNA。此外，开发通用型组装宿主以便超大 DNA 向其他细胞体系转移的需求也十分紧迫。

随着 DNA 大片段组装和转移技术的快速发展，基因组合成生物学领域实现了从单个基因到代谢通路乃至部分完整基因组的从头合成。大片段转移技术作为合成基因组学的核心底层技术之一，是测试和验证合成 DNA 片段功能的基础。但是，该技术的效率和通用性目前仍旧面临着众多难题，从而制约了相关领域的发展。在近些年的研究中，科学家为了满足一系列基因组合成的里程碑项目需求，不断地开发和优化适配于大片段及基因组的高效转移技术。本节将重点介绍 DNA 片段的转移技术，结合最前沿的研究进展对最新的相关技术进行详细举例和阐述，同时也对合成片段的修复和多位点编辑技术进行简单地说明，作为合成基因组学技术的补充。

2.3　合成片段的转移

对噬菌体等病毒来说，人工合成的基因组可在体外自我组装成有功能的病毒颗粒直接侵染宿主以验证功能，无需转移操作（Cello et al.，2002）。对基因组较大且更复杂的原核及真核生物而言，通常需要借助不同的转移技术和策略来实现彼此间合成大片段及基因组的高效转移。

2.3.1　常见的转移技术

依据转移过程中使用介质的差异，转移技术通常分为物理、化学、生物三大类别（表 2-6）。

表 2-6   大片段 DNA 的转移技术

分类	方法	转移介质	转移大小	优点	缺点	参考文献
物理转移	电穿孔转化	缓冲溶液	Mb 级别	效率较高	需电转仪器，成本高于化转	Yoneji et al.，2021
	基因枪法	—	Mb 级别	直接导入细胞核	效率低，仪器昂贵	Bonnefoy and Fox，2007
	显微注射法	缓冲溶液	Mb 级别	转移尺度大，直接导入细胞核	效率低，操作要求高，对细胞伤害大	de Jong et al.，2001
化学转移	PEG 乙酸锂转化	PEG3350/LiOAc	约 50kb	技术成熟，可兼容多个片段	转移尺度小	Gietz et al.，1995
	PEG 裸 DNA 转化法	PEG	Mb 级别	转移尺度大 转移尺度大	效率低，对 DNA 纯度及完整度要求高	Lartigue et al.，2007
	阳离子聚合物包埋	阳离子聚合物	Mb 级别		效率低，重复性差	Marschall et al.，1999
生物转移	细胞接合	—	Mb 级别	转移尺度大，无需体外操作	局限于部分细菌	Isaacs et al.，2011
	酵母交配	—	Mb 级别		局限于酵母	Zhang et al.，2017b
	原生质体/细胞融合	原生质体	Mb 级别		效率低，易干扰受体基因组	Guo et al.，2022；Karas et al.，2013
	MMCT	微细胞	Mb 级别		操作步骤烦琐	Yamaguchi et al.，2006；Hiratsuka et al.，2015

物理转移主要通过机械的方式增加宿主细胞的通透性，使外源 DNA 片段有效进入受体细胞。目前最常见的物理转移法主要是电穿孔转化法，通过专门的高压脉冲电场进行电击使细胞膜或者细胞壁瞬时产生孔隙来导入外源 DNA，宿主致死率较高。电穿孔转化法目前已被证明可在大肠杆菌中介导 1 Mb 细菌人工染色体（bacterial artificial chromosome，BAC）的转移（Yoneji et al.，2021）。基因枪法最早应用于植物的转基因研究，可将 DNA 直接导入细胞核。该方法效率偏低，同时需要昂贵的精密仪器，目前尚未得到普遍应用（Johnston，1988；Bonnefoy and Fox，2007）。显微注射转移法通常是指在显微镜直视下将外源 DNA 直接注射到靶细胞核。该技术同样被证明可介导 Mb 级别染色体的转移（de Jong et al.，2001；Co et al.，2000；Telenius et al.，1999）。显微注射过程中 DNA 大分子易产生断裂，后续对 DNA 大片段进行琼脂糖包埋可一定程度上避免这种断裂风险；不足之处在于包埋明显降低了传递效率（Fournier and Ruddle，1977；Iida et al.，2010）。除此之外，显微注射转移的整个过程均需较高的技术要求，每次只能注射有限的细胞，难以实现高通量。

化学转移通过使用相关的化学试剂对细胞或 DNA 分子进行修饰，促使外源性 DNA 片段有效进入胞内，主要包括聚乙二醇（PEG）介导的乙酸锂转化法（Gietz et al.，1995）、PEG 介导的裸 DNA 转移法、阳离子聚合物包埋法（Marschall et al.，

1999）等。PEG 介导的乙酸锂转化法多用于酵母中多片段的并行转移，转移尺度较低（Hinnen et al., 1978）。阳离子聚合物包埋法用阳离子材料使带负电荷的 DNA 分子聚集后导入细胞，虽然可包容更长的转移片段，但效率普遍偏低，且包埋的通用性较差。PEG 介导的裸 DNA 转移法也是一种常用的转移技术，该技术对待转移 DNA 的完整度和浓度均有较高要求。虽然效率偏低，但 Gibson 等（2010）利用该技术成功将蕈状支原体长达 1.08 Mb 的人工合成染色体移植到山羊支原体中，获得人类史上首个人工合成的生命体，该项工作是人工合成基因组领域的一次重大突破。

前文提到因存在众多限制因素，大片段 DNA 的组装过程大多难以在目标细胞中直接完成，因此多借助枯草芽孢杆菌、大肠杆菌或酿酒酵母等宿主进行组装，其转移之前需要比较烦琐的基因组分离步骤。同时，大片段 DNA 易受体外操纵的剪切力作用，发生断裂而丧失完整性。为避免这一风险，逐渐发展出以细菌接合、酵母交配（Zhang et al., 2017b）、原生质体/细胞融合等方法为基础的生物法转移技术，目前已可轻易实现数百 kb 到 Mb 级别 DNA 的转移。值得注意的是，由于供体-受体细胞中存在着 DNA 表观遗传修饰的差异，从细菌或酵母中组装完成的 DNA 片段在转移时可能会被受体细胞限制酶切割导致基因序列被破坏，从而影响合成 DNA 的稳定性和功能验证，因此转移过程需要验证和调试。

细菌接合是在接合辅助系统作用下，细胞间紧密接触，通过类似于桥一样的通道实现遗传物质的交换。大肠杆菌全合成基因组的构建过程中，研究人员一方面利用接合将电转无法成功转移的 BAC 转移到受体细胞中，另一方面通过接合实现了半合成菌株基因组不同区域的相互嵌合（Isaacs et al., 2011；Wang et al., 2009）。到目前为止，接合现象仅存在于大肠杆菌、绿脓杆菌、肺炎克雷伯菌等细菌中，仅有少数报道在革兰氏阳性菌如芽孢杆菌中存在接合现象，使用场景严重受限。基于酿酒酵母不同配型菌株共培养可自发产生交配现象，部分或者整条染色体可以通过减数分裂过程进行交叉互换，实现大片段的转移。此外，研究发现，一些核融合基因的突变可造成酵母交配后仅发生胞质融合但核融合中止的现象，这个过程伴随着部分染色体（并非整套染色体）在细胞间进行迁移。虽然有关其背后的机制仍不明晰，但该技术已被证明可介导 YAC 及染色体的转移（Guo et al., 2022）。

细胞融合技术通常通过电刺激或 PEG 等化学物质诱导发生。该技术不仅能跨过受体细胞膜的屏障，绕过烦琐的片段分离步骤，有效避免基因组受到剪切力的损伤，且其效率受转移 DNA 片段大小的影响不大。然而，受体细胞核膜的存在仍是一道较大的阻碍。2017 年，Glass 团队通过添加有丝分裂抑制剂将受体哺乳动物细胞阻滞在细胞周期 M 期（核膜溶解，载体更易转移到哺乳细胞核膜重塑的区域），将长达 1.1 Mb 合成酵母着丝粒质粒（YCps）高效转移到培养的哺乳动物细胞系中，使转移效率提高了近 300 倍（Brown et al.，2017）。

微细胞介导的染色体转移技术（microcell-mediated chromosome transfer，MMCT）是一种通过微细胞融合将染色体从供体细胞转移到受体细胞的技术，是细胞融合技术的进一步细化，在生物学若干领域均得到了广泛应用。相较于 PEG 介导的 MMCT，采用日本包膜血凝病毒进行诱导，其融合效率能提高 3～8 倍（Yamaguchi et al.，2006）。2011 年，研究人员使用麻疹病毒诱导细胞融合使其融合的最大效率可达传统 PEG 融合的 50～100 倍。该方法可免去处理高黏性 PEG 溶液和重复冲洗步骤的繁重任务，更有效、低毒，极大地提高了 MMCT 的重现性（Kazuki and Oshimura，2011）。现阶段通过 MMCT 将 YCP 传到哺乳细胞的效率为 10^{-6}～10^{-5}（Hiratsuka et al.，2015；Kazuki and Oshimura，2011）。虽然看起来这是一项耗时、低效、困难的技术，但 MMCT 的出现为哺乳动物合成基因组学研究开辟了一条新的途径。

综上，对生物类转移技术的改良，尤其是细胞融合相关技术的优化，理论上可实现更大尺度 DNA 的转移。这将有望满足越来越高的合成染色体移植要求，突破不同物种细胞间的差异壁垒，弥合合成生命体与功能研究之间的鸿沟，为后续基因组合成生物学提供关键研究工具。

2.3.2 合成片段的转移策略

迄今为止，基因组合成生物学已正式迈入全基因组合成时期。根据待转移合成片段及基因组的大小，转移策略主要分为两种：一步转移和分步转移。较小的合成片段或基因组，如人工合成的支原体基因组，可通过一步转移策略在不同细胞间实现递送；较大的基因组，需要采用分步转移策略。对于自身拥有高效同源重组能力的生物，如枯草芽孢杆菌、酿酒酵母等人工合成的片段，可直接转入受体进行分步转移。对于自身同源重组能力低的生物，如大肠杆菌等，引入 λ-Red 同源重组系统可实现对其靶基因或片段的分段替换。此外，CRISPR/Cas9 等编辑系统的不断精进，极大地增加了对高等生物细胞的编辑和操纵能力，更有助于实现不同生物体内合成片段的高效转移。

1. 一步转移策略

要实现基因组的一步转移，一方面受限于 DNA 体外合成能力（转移前需拿到完整的全合成基因组），另一方面受限于现有转移技术所能承载的转移尺度上限，这是一项非常有挑战性的工作。目前通过一步转移策略实现全合成基因组移植且存活的细菌最具代表性的是支原体相关研究。Venter 团队花费近 20 年时间逐步解决了支原体基因组"设计-构建-移植-测试"过程中的一系列技术和理论问题，最先掌握了支原体基因组的分离、从头合成和转移技术（Lartigue et al.，2007；

Gibson et al.，2008）。研究人员通过分层组装在酵母中拿到完整的合成基因组，然后对该合成基因组进行提取分离，再转移到其他同源的、生长较快的支原体细胞中验证功能。整个移植过程基于 PEG 介导的裸 DNA 转移技术，首先将携带人工合成基因组的酵母细胞用裂解酶和蛋白酶 K 进行处理，通过低熔点琼脂凝胶（在纯化过程中 DNA 不易被剪切）提取出人工合成的基因组，并采用多重 PCR 技术验证基因组的完整性。后续在 PEG 及 $CaCl_2$ 缓冲溶液的诱导下，供体基因组（红色）可自发进入受体支原体细胞中（频率很低），随后经过不断分裂传代，最终在含抗生素的培养基中筛选出移植成功的细胞（图 2-34）。此外，研究人员刚开始并没有得到任何移植成功的细胞，猜测可能是合成基因组因缺少甲基化修饰被受体细胞中的限制酶系统降解所导致的。后续通过对受体细胞限制酶系统的破坏或对合成基因组进行甲基化酶修饰解决了这一难题。

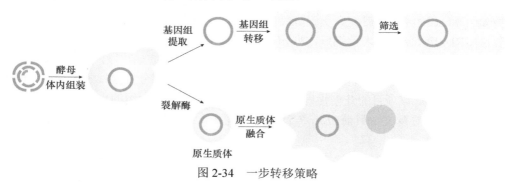

图 2-34　一步转移策略

　　一步转移策略的前提是分离出完整的合成基因组。前面提到大片段 DNA 分子由于体外操纵剪切力易产生断裂，因此提取过程中需要额外的保护基质，使基因组的分离过程变得烦琐费力。为更便捷地实现一步转移，研究者们通过原生质体/细胞融合技术进行不同细胞间合成基因组的转移（图 2-34 下）。基于该策略，Karas 等（2013）首次通过 PEG 诱导的细胞融合技术将长达 1.8 Mb 的支原体基因组成功转移到酵母细胞中。实验通过将酵母球质体-支原体细胞溶液（4∶1）进行室温培养后，在 20% PEG8000 溶液诱导下共培养，筛选获得成功移植的细胞，并且该研究发现去除供体细菌中的限制性内切核酸酶可增强基因组的转移过程（约7.5 倍）。

2. 分步转移策略

　　因体外大片段 DNA 合成及操纵能力仍存在众多技术瓶颈，因此现有基因组合成项目中原核和真核生物 Mb 级别合成片段的转移通常采用分步转移策略，这也是目前的核心转移策略。

1）原核生物分步转移策略

大肠杆菌作为原核模式生物，在基因组合成生物学的发展中功不可没。2016年，美国哈佛大学的 George M. Church 研究团队设计构建了一个全合成的菌株 *rE.coli-57*，将 64 个密码子缩减为 57 个。这个缩减设计将改变成千上万个密码子，这是目前基因组编辑工具无法完成的，因此必须采用基因组合成的方法。研究人员将 4 Mb 的大肠杆菌基因组拆分成 87 个约 50 kb 大小的片段，这些合成片段（BAC 质粒）在酵母中组装并提取。通过电转技术将 BAC 导入受体菌株，利用 λ-Red 同源重组系统，用 *kan* 片段敲除基因组上对应的 50 kb 野生型区段并在 BAC 中引入 attP 片段。随后 λ-整合酶可介导 BAC 上 attP 区域和基因组上的 attB 区域进行断裂重组，从而将合成片段转移到基因组上，获得部分替换的半合成菌株（Isaacs et al.，2011）。转移过程 attP/attB 位点会断裂重组为基因组转移片段两边的 attL 和 attR 区域。研究人员设计特异性靶向序列去识别 BAC 上的 attP 位点，通过 CRISPR/Cas9 技术使细胞内残留的 BAC 线性化，随后被细胞降解。该策略可确保半合成菌株只包含成功转移到基因组上单拷贝的合成型片段，从而精确验证合成片段的功能（图 2-35 上）。虽然研究人员只验证了大部分合成片段的功能，但不可否认的是，该项目的开创性设计思路为后续其他物种基因组的合成构建提供了重要的科学指导意义。目前 *rE.coli-57* 仍在构建中，即将接近尾声（Ostrov et al.，2016）。

2019 年，英国剑桥大学 Jason Chin 团队设计构建了一株全合成菌株 syn61。为进一步提高替换效率，特别是大肠杆菌中长片段（＞100 kb）DNA 的替换效率，该团队开发了一种基于双重选择标记逐步替换的方法——REXER（replicon excision enhanced recombination），可一步将大肠杆菌基因组中约 100 kb 的野生序列替换为对应的合成序列（Wang et al.，2016c），该技术严格依赖 CRISPR/Cas9 及 λ-Red 重组系统。整个大肠杆菌的基因组被切分为 37 个约 100 kb 片段，在酵母中组装成 BAC。不同于 *rE.coli-57*，syn61 的 BAC 设计时在合成片段的两端添加基因组同源区域（HR1/2）、1 对正负筛选标记（–1/+1）、2 个 Cas9 切割位点以及骨架上的一个负筛选标记（–2）。转移初始，需先在基因组的待替换位点提前引入一对与待转 BAC 不同的正负筛选标记（–2/+2），随后将 BAC 电转或接合导入细胞，启动 CRISPR/Cas9 系统切割 BAC 在体内释放合成 dsDNA，再利用 λ-Red 诱导同源区段与野生型基因组发生重组完成合成片段的替换，此时替换成功的菌株基因组位置上的标记变更为（–1/+1），丢失的筛选标记（–2/+2）可作为下轮替换 BAC 的选择标记。该技术理论上可在大肠杆菌中通过选择标记的互换迭代进行（图 2-35 下），整个迭代替换过程被称为基因组迭代交换组装技术（genome stepwise interchange synthesis，GENESIS）。syn61 构建过程中，研究人员通过 GENESIS 技术，共构建了 7 个携带约 0.5 Mb（1/8）合成片段的大肠杆菌，后通过细胞两两接合最终整合为一个全基因组合成菌株（Fredens et al.，2019）。此外，REXER 策略替换过程中野生型基因组和合成型基因组会发生交叉互换，大约只有20% 的菌株可被正确替换，因此需要将每一步替换的菌株进行基因组测序，以确保每轮 REXER 均获得 100kb 区域完全正确替换的菌株。

近日，Jason W. Chin 研究团队又迭代开发了一项基因组替换的新技术——基因组连续合成技术（continuous genome synthesis，CGS），在 10 天内实现了大肠杆菌 0.5 Mb 基因组的替换工作，这在之前需历经 5 轮 REXER，极大地节约了时间成本和经济成本（Zürcher et al.，2023）。与 GENESIS 相比，CGS 主要有以下方面的改进：①在 BAC 上引入通用靶向序列替代之前每个 BAC 所特有的靶向序列，极大地简化了 CRISPR/Cas9 系统构建及设计的工作流程；②将 REXER 与细菌接合相偶联，加速合成 DNA 与基因组的整合（单次整合时间从 4 天缩短到 1天），并且可省略每轮 REXER 后测序的步骤，极大地节约了时间和经济成本。该技术在很大程度上简化了大肠杆菌全基因组范围的重构工作，这将为其他相似物种的构建提供新的方向和思路。

除大肠杆菌基因组之外，研究人员也在伤寒沙门氏菌中完成了一个约 200 kb区域的基因组替换工作。在该工作中，一种被称为滚动圈扩增片段的逐步整合（stepwise integration of rolling circle amplified segment，SIRCAS）的替换方法被开发出来，其通过选择标记的交叉互换来确保替换的正常进行。这些合成 DNA片段在酵母中完成组装后通过滚动循环进行扩增，体外酶切消化可产生足够质量和数量适合转化的 DNA 片段，极大增加替换的成功率，并且每轮 SIRCAS 只需 2 天的时间便可完成（Lau et al.，2017）。从技术的角度来说，以上这些不同物种构建合成基因组的流程均极为相似。合成 DNA 片段在酵母中完成组装后，再通过对其进行高效转移从而取代目标生物中的野生序列。同时，由于原核生物大多缺乏同源重组能力，因此常需要其他的生物学技术辅助完成合成片段的转移。

2）酿酒酵母分步转移策略

酿酒酵母作为第一个被全基因组测序的真核模式生物，针对其完整基因组的设计及合成研究，在对基础科学问题的深入研究和工业生产上都具有重要的指导意义。Boeke 教授主导并发起了世界上第一个真核基因组合成项目——人工合成酿酒酵母基因组计划（the Synthetic Yeast Genome Project，Sc2.0），该项目旨在人工合成酿酒酵母的 16 条染色体（长约 12 Mb）。为获得全合成型酵母染色体，研究团队开发了一种 SwAP-In 的标准化逐步转移策略。该策略的核心原则是利用酵母的同源重组机制，用体外合成的 DNA 片段对野生染色体进行逐段替换。体外合成的 DNA 片段通过 PEG 介导的乙酸锂转移技术引入酿酒酵母中，结合双营养

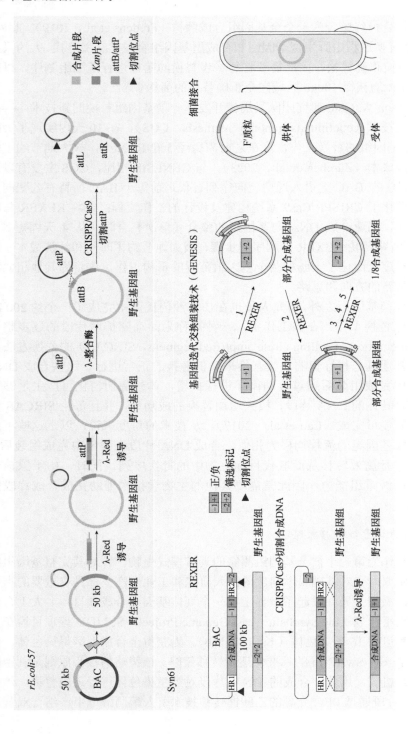

图 2-35 大肠杆菌分步转移策略

缺陷型标签（M1/M2）进行细胞表型筛选，再利用合成型 PCRtags 完成快速鉴定。如图 2-36A 所示，首先在待替换的基因组起始位置引入 M0 标记，转移的合成片段的末端携带 M1，替换成功的基因组会丢失 M0 获得 M1，而下轮合成片段携带 M2，替换成功会丢失 M1 获得 M2。如此可通过 M1/M2 双营养缺陷型标签的交叉使用快速判断转移是否正常发生。酵母 III 号染色体是酿酒酵母中第一个完成测序且长度较小的染色体，历经 11 轮 SwAP-In 完成整条染色体的合成替换（Annaluru et al.，2014；Richardson et al.，2017）。

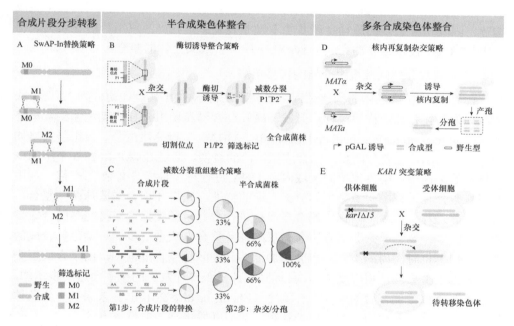

图 2-36　酿酒酵母分步转移策略

A. SwAP-In 替换策略；B. 酶切诱导整合策略；C. 减数分裂重组整合策略；D. 核内再复制杂交策略；
E. *KAR1* 突变策略

对单条染色体而言，替换区域数量较少时，SwAP-In 策略简单高效。但随着替换轮数的增加，替换的工作量逐渐增大且转移效率会随之降低。为提高转移效率，除增加体外合成片段的长度来减少替换轮数外，还可尝试从染色体的多个位置并行替换。

（1）酶切诱导转移策略

在酿酒酵母 II 号染色体（全长约 770 kb）的全合成过程中，研究团队将整条染色体共划分为 25 个合成区段。为加快替换进程，研究人员未从染色体一端进行替换，而是选择在两个配型不同的亲本菌株中并行转移，最终将得到 2 个半合成染色体菌株进行诱导整合，获得 II 号染色体全合成菌株。诱导转移策略原理如图 2-36B 所示，首先在半合成菌株设计时引入 30 kb 的重叠区域及酶切位点（I-*Sce*I），构建获得半合成染色体，然后对其进行杂交配对形成二倍体，随后诱导 I-*Sce*I 蛋白表达，使半合成菌株的酶切位点发生双键断裂，促进彼此间通过同源定向修复机制进行有丝分裂重组，诱导产孢后通过选择标记（P1⁻P2⁻）获得全合成菌株。实验发现，诱导双键断裂可极大地定向修复指定区域，将半合成染色体发生整合的效率提高了 10 倍；同时，并行构建显著提高了长染色体精准构建的效率，有效地将总体集成时间减少了 50%，并在一定程度上降低了染色体替换的难度（Shen et al.，2017）。酵母 VII 号染色体的人工合成同样采用该策略完成构建。因其诱导整合的原理主要基于双键断裂发生定向同源重组，研究人员利用 CRISPR/Cas9 技术也成功完成了 synXI 对应半合成染色体的整合。

（2）减数分裂同源重组介导的转移策略

针对 synXII 染色体的构建过程，研究团队将 synXII 共设计切分为 33 个合成区段。为简化和加快构建流程，开发了减数分裂同源重组介导的染色体整合策略（meiotic recombination-mediated assembly，MRA）进行分级组装。该组装策略如图 2-36C 所示，主要分两步。①合成型区段的替换。通过 SwAP-In 在 6 个不同单倍体起始菌株中对染色体不同区域内源 DNA 进行逐步替换。②杂交/产孢。利用酵母减数分裂过程中同源染色体交叉互换的特性，先将 1/6 合成菌株两两整合，再重复此过程，将多个菌株中的合成序列进行合并，最终筛选获得完整的合成型 XII 染色体。虽然理论上该方法会比双向替换整合方法进一步缩短染色体合成的周期，但单位时间内的工作量也会增加，并且在多轮整合过程中，由于合成型色体和野生型染色体相似度很高，目标区域外重组事件发生的概率会进一步增加，因此需要对每轮整合后的菌株进行测序（Zhang et al.，2017b）。未来关于染色体的转移可尝试将多种构建方法取长补短，从而开发更高效的替换方法。

（3）多条合成染色体整合策略

由于每条合成型染色体分别在不同的菌株中进行构建，Sc2.0 项目最终需要将不同的合成染色体整合至同一个酵母菌株，利用酵母减数分裂过程可以达到该目的。如上所述，酵母减数分裂过程通常伴随染色体的交叉互换，因此合成染色体中通常包含很多野生型片段，导致含有多条完整人工合成染色体子代细胞的筛选工作困难重重。为此，研究人员建立了一种"核内再复制杂交"的方法，目前已成功获得同时包含多条人工合成染色体的酵母菌株（Richardson et al.，2017；Xie et al.，2018）。其工作原理如图 2-36D 所示。以两条不同合成染色体（绿色/蓝色）的整合为例，首先在两个配型不同且分别包含绿色和蓝色合成染色体的细胞中对相应野生型染色体的着丝粒进行改造，使着丝粒的功能既能保持又能被抑制；再将这两个酵母菌株进行杂交，并抑制着丝粒的功能，杂交获得的二倍体酵母分裂

时将获得含有 "$2n-2$" 条染色体的细胞；通过核内再复制，两条人工合成的染色体再次复制，形成同源染色体，酵母染色体数目重新回复到 $2n$ 条，通过孢子制备和分离获得同时包含蓝色/绿色合成染色体的菌株。利用该策略，研究团队已成功将包含 6 条人工合成染色体（synII、synIII、synV、synVI、synX 和 synXII）的酵母整合至同一酵母菌株。该过程可预见的是，随着合成染色体整合数目的增加，杂交分孢过程会更加复杂和巨大。当向现有的含有多条合成染色体的菌株额外添加一条新的合成染色体时，则需要多次核内重复杂交的迭代过程，因此需要一种更加快速方便的方法。

必需基因 KAR1 在酵母杂交中参与核运动过程，它的部分突变已被证明可影响核膜融合过程（Rose and Fink，1987）。正常细胞杂交后，细胞膜融合并立即伴随着核融合过程，从而形成一个双倍体。若杂交细胞中 KAR1 基因突变，杂交细胞会出现核融合中止现象，形成拥有 2 个细胞核的异核体（Yang and Kuang，1996）。杂交子代中会偶发性存在一条或多条染色体从一个细胞核转移到另一个细胞核的现象（图 2-36E）（Dutcher，1981）。此前，KAR1 基因突变菌株已被用于 YAC 转移或构建二体细胞（Tartakoff et al.，2018）。2022 年，研究人员开发了一种基于 KAR1 突变的染色体整合策略，成功将单个合成酵母染色体（synIII、synV、synX、synXII）直接转移到野生型菌株 BY4741 和工业菌株 Y12 中，极大地扩展了合成染色体的应用范围。相较于传统复杂的产孢分孢过程，该技术操作简单且快速，可直接用于转移酵母染色体。与 "核内再复制杂交" 的整合策略相比，KAR1 突变所引起的染色体转移效率明显偏低，容易引起受体细胞产生无法预料的多倍性，存在干扰受体细胞基因组的风险，因此需要结合额外的染色体消除技术来规避这一风险。总体而言，该策略是一个独立于减数分裂的线性过程，为加速 Sc2.0 中 16 条染色体的全整合提供了新的途径（Guo et al.，2022）。目前，Sc2.0 项目组已成功获得包含 7.5 条合成染色体的酵母菌株（Zhao et al.，2023）。

2.3.3　小结与展望

综上所述，一步转移和分步转移策略均已成功应用于合成基因组的构建工作。在最理想的情况下，一步转移策略无需烦琐的替换，可将合成基因组一步移植到目标物种中，具有省时、省力的优势。但由于存在着体外构建技术、转移长度上限等问题，目前该策略仅被成功地用于支原体基因组合成。此外，当遇到合成基因组存在设计缺陷导致细胞无法生存时，一步转移需要大量的调试工作。例如，最小基因组 JCVI-syn1.0 设计过程中，最初版本的最小基因组并不能支持细胞的生存，后续又重构了 8 个半合成菌株，最终发现除一个可正常存活，其余均需要重新调试。针对上述问题，分步转移策略具有明显优势。待转移的基因组无须完整合成，可分段合成后分步转移到目标物种中。该策略的优势在于不但能显著提高转移效率，还可对转移过程出现的适应性缺陷进行及时评估和纠正。针对基因组更大、更复杂物种的合成构建，如植物基因组、哺乳细胞等，一方面，目前在体外无法获得完整组装的合成基因组；另一方面，尚未开发出高效的跨物种转移技术。这些因素的存在严重制约了以上两种转移策略在这些复杂物种中的应用，进而阻碍了复杂物种在基因组合成领域的快速发展。后续关于大片段 DNA 转移操作相关底层技术的开发、迭代和优化仍是基因组合成生物学下一阶段发展的重中之重。

2.4 合成片段的修复

基因组合成生物学的快速发展带来深层次的认知和理解，其研究的最终目标是要制造一个由化学合成基因组控制的、具备正常生理活性的细胞，即"合成细胞"。合成细胞的构建过程由于存在大量人为定制化元素，深度设计与改造后的基因组不可避免地会影响细胞活性。因此，通常需要对合成型基因组上引起细胞生长缺陷的错误位点进行精准定位和修复。如何快速、准确地定位和修复这些缺陷元素，同样也是合成基因组学目前面临的一项重要技术挑战。本节内容将重点阐述现阶段合成基因组学发展中常用的一些缺陷定位手段和修复策略，为后续其他物种合成过程中的纠错提供参考。

2.4.1 缺陷定位

合成细胞的存活性（细胞活力和稳定性）是评价基因组设计与合成的最关键标准。理想条件下，在确保序列精确替换的基础上，合成型菌株与其对应的野生型菌株相比应无明显生长差异。若合成型菌株出现生长适应性缺陷，需采用一系列定位方法对合成型菌株的基因型和表型进行系统性检测以找到造成细胞缺陷的原因。已知基于分步转移的模块化构建策略是目前合成细胞缺陷定位最有效的方法之一。不论在大肠杆菌还是在酿酒酵母构建过程中，对获得的中间菌株进行多条件的表型检测，将基因型和所呈现的表型相互关联，便可轻易将生长缺陷原因定位到特定区段，极大缩小缺陷范围（Fredens et al.，2019；Ostrov et al.，2016）。此外，研究人员还开发出了不同的缺陷定位方法，包括常规的定位技术和新型定位技术，用于快速实现缺陷靶点的确定。

1. 常规定位技术

在合成基因组的过程中，首先要利用各种方法确认合成序列对野生序列的正确替换，这也是后续进行表型检测的前提。通过在合成基因组设计中引入水印标签（PCRtags，一段约 20 bp 的同义替换的 DNA 序列）可以有效区分合成型和野生型基因组，并追踪基因组上的变化。若基因组被替换为合成型，则可在体外扩增出合成型 PCR 条带，而无法扩增出野生型 PCR 条带。此外，利用脉冲场凝胶电泳（PFGE）可以快速分析出基因组的核型变化，发现基因组上较大的结构变异。例如，synX 构建中，PFGE 分析显示，与野生型 10 号染色体相比，synX 比预期的迁移速率要慢，长度明显要长得多，后续结构分析发现 synX 确实存在着多区域、大片段的重复变异（Dutcher，1981）。PFGE 虽然能够比较容易地识别出相对较大的重复变异，但较小的缺陷可能无法检测到，因此需要与全基因组测序等多种定位方法相结合。全基因组测序可直接找出合成菌株和设计菌株的全部序列差异。以上这些检测技术可以对合成菌株的真实替换序列与设计序列之间存在的差异进行快速定位。

合成型菌株与其对应的野生型参考菌株相比常常具有生长缺陷，因此需要对其进行更进一步检测分析，才能更加准确地对引起缺陷的因素进行定位。这个过程需要对合成菌株进行一系列与细胞功能和表型相关的检测。对于简单的病毒，其合成基因组的功能可以在体外进行转录、翻译和验证（Cello et al.，2002）。对于原核生物和真核生物而言，通常需要检验携带合成基因组的细胞能否支撑自身正常的繁殖，并利用多种不同的表型分析方法进行系统性检验测试，主要包括在不同的培养基和生长条件下的生长速度、时间和细胞周期等检测。竞争性生长实验可以直观比较合成型菌株与野生型菌株中的细胞活力。显微镜检测技术可对细胞的分裂增殖过程进行观察。流式细胞仪可通过荧光强度对细胞周期中 DNA 的复制过程进行检测，并可区分细胞的不同核型。除此之外，基因组的三维结构解析可清晰地反映不同染色体与基因之间的相互作用关系。转录组、蛋白质组和代谢组等组学可综合检测合成细胞内全部基因的转录和翻译水平。例如，synVI 合成过程中，研究人员通过蛋白质组学分析发现了一个由于 tRNA 缺失和 loxPsym 位点插入造成的与 *H1S2* 转录开始改变有关的缺陷（Mitchell et al.，2017）。这些组学技术的贯穿融合可识别表型分析所不能检测到的微妙变化，深入揭示一些基因元件的功能，为缺陷定位提供重要支持。

2. 新型定位技术

1）POPM 技术

在酿酒酵母 synX 合成过程中，天津大学团队创建了一种高效且高通量定位生长缺陷靶点的方法——混菌 PCR 标签定位（pooled PCRtags mapping，PoPM）法。PoPM 技术提供了一种表型-基因型关联分析新策略，主要通过使用 PCRtags 分析来评估不同菌落集合中的基因型。如图 2-37A 所示，首先将所有的待筛选细胞按照生长趋势分为两大类：一类是与野生型相似的正常表型菌群，另一类是有生长缺陷的特异性表型菌群。接着，分别以两个混菌库提取的基因组 DNA 作为模版，以合成型和野生型的 PCRtags 作为引物进行 PCR。对 PCR 结果进行分析，找出正常表型菌群中缺少的合成型 DNA 区域，以及特异性表型菌群中缺失的野生型 DNA 片段，两者结合便可快速将生长缺陷靶点有效地定位到目标区域。同时，两个库中缺失的区域信息是互补的，交叉的信息可进一步缩小目标区域（粉色区域）。利用该定位方法，synX 合成过程中发现 *YJR120W* 基因的 3′端 loxPsym 位点的引入会影响邻近基因 *ATP2* 的表达（Wu et al., 2017）。

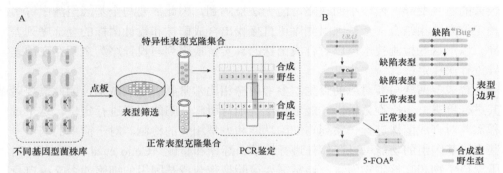

图 2-37　缺陷定位技术原理和流程

A. 混菌 PCRtsgs 定位（PoPM）技术；B. CRISPR D-BUGS 技术

　　PoPM 策略可适用于任何有 PCRtags 的合成型染色体的缺陷定位，甚至用于多条合成型染色体菌株的构建和调试，是一个排除合成型基因组生长缺陷的有力工具，可快速缩小和找到潜在目的基因位点所在区域。此外，PoPM 还可对合成型/野生型菌株回交实验产生的四分子孢子后代进行分析，通过对不同表型的孢子细胞混菌后 PCR 进行分析，定位生长缺陷靶点。与常规的对大量单独的四分子孢子的 PCR 工作相比，该方法极大地提升了效率。

　　2）CRISPR D-BUGS 技术

　　最近，研究人员在整合多条酿酒酵母合成染色体的过程中开发了一种系统且有效定位缺陷的技术——CRISPR D-BUGS。如图 2-37B 所示，该系统基于杂合二倍体菌株，包含一条合成型染色体及一条端粒附近引入选择性标签 *URA3* 的野生型染色体。已知目标染色体的双链断裂可引起对应位置发生高效同源重组。细胞分裂后的子细胞中染色体会出现从重组位点到端粒均为合成型、其他区域为杂合型的细胞。利用 gRNA 识别不同基因的合成型 PCRtags 进行切割诱导发生重组，便可获得一系列具有不同纯合合成区域的酵母菌株。随后对这些菌株进行表型检测，挖掘出正常表型和特异性表型的表型边界，再进行二轮诱导切割进一步缩小范围，找出单个基因切割所对应的表型（图 2-37B）。该技术的关键在于先构建杂合二倍体菌株，再多次诱导切割形成杂合菌株进行基因型和表型采集，找出缺陷靶点。某种程度上，待定位的范围越大，需要诱导构建的菌株越多（Zhao et al.，2023）。

总之，最适缺陷定位策略的选择应结合经济性和时效性。在基因组的合成，尤其是较大基因组的合成过程中，应结合多种缺陷定位方法进行精准定位，应综合多种缺陷区段或靶点，及时修正和补充当前的认知，挖掘出未知的生物学新知识，解决导致细胞失活的难题，给后续基因组设计提供指导和借鉴。

2.4.2　缺陷修复

缺陷修复的本质就是在缺陷定位的基础上完成变异的精准改造，使细胞获得与野生型相似的生理活性。对于缺陷定位已经明晰的菌株，可针对性地移除或优化引起缺陷的合成元素，从而进行定向修复。当面临由多靶点或未知因素共同作用所引起的缺陷时，目前的技术手段仍无法达到精确定位，通常采用基于表型筛选的随机策略来进行修复。

1. 定向修复策略

当缺陷定位完成后，可进一步明晰目标区间内人为设计引入的元素，如同义突变、tRNA 删除及 loxPsym 位点插入等，通过系统的分析和验证，将缺陷靶点逐步缩小甚至精确到碱基水平后进行定向修复。目前最常用的定向修复策略就是尝试将引起缺陷的合成型靶点重新更换为野生型序列，看菌株是否恢复，同时优化原有设计序列，找出更佳的设计序列进行替换。

对于点突变引起的细胞缺陷，若突变位置较为集中，可直接对该段区域进行重新替换。而当突变位置在基因组中分散存在时，重新替换的难度会增大许多，因此可利用一些基因编辑技术进行定向修复。例如，大肠杆菌中的多元自动化基因组工程 MAGE，可同时靶向细胞染色体上的多个基因或位点，是一种强有力的点突变修复策略，能轻易实现目标位置的插入、错配或缺失突变。此外，CRSIPR/Cas9 系统也已经被用来修复酵母基因组上不同位置核苷酸的突变。研究人员结合位点特异性菌落 PCR 技术快速对目标位置上 SNV 的修正情况进行鉴定（Kaboli et al.，2014）。另外，来自瑞士的研究团队通过构建单质粒承载系统，成功利用 Cas12a 和 CRISPR 阵列实现了多达 25 个内源性靶点的编辑（Campa et al.，2019），该技术后续将有望应用于多位点突变修复。有关编辑技术在合成基因组学中的应用将在下一节详细叙述。

除点突变变异外，合成基因组构建中较易出现一些复杂的结构变异，如染色体的大片段缺失、易位、重复等。若结构变异是在替换过程中发现的，通常会在中间菌株的基础上重新替换来进行修复。而对于全合成菌株中出现的结构变异，对其直接进行修复会更加省时、便捷。使用常规的同源重组或编辑技术对这些结构变异进行修复较为困难，为此，研究人员开发了一系列通过诱导染色体定向断裂来增加同源重组修复效率的新策略。首先是深圳华大生命科学研究院建立的一个简易且高效的无标记修复方法。与半合成染色体整合中涉及的酶切诱导策略相似，该方法在待修复的邻近位置引入 I-SceI 位点使其能诱导断裂，进而与携带标记基因的同源整合片段发生高效同源重组，再经过筛选标记与基因组测序验证获得正确的酿酒酵母菌株（Shen et al.，2017）。与此同时，天津大学开发了一套基于 CRISPR/Cas9 介导的整合型多靶点共转化修复方法。该方法首先构建了携带两个筛选标记的表达盒，使用此表达盒来删除错误靶点。这两个筛选标记的双重验证可有效避免假阳性克隆的影响；此外，用 CRISPR/Cas9 对该表达盒进行切割，产生的双链断裂可用来提高修复片段的整合效率。

另外，基于减数分裂过程中的同源重组现象，天津大学继续开发了一种以减数分裂及双营养标签作为筛选手段，修复大片段重复和重排的技术。首先，将 URA3 标记基因插入到待修复菌株中大片段重复区域下游的邻近位置，再构建一株该区域合成型序列正确的菌株，在合成型和野生型区域之间插入另外一个营养标签 LEU2。整个合成区段（约 50 kb）作为两条染色体交叉的同源臂。将这两株菌进行杂交分孢后在 FOA 和缺 LEU2 的培养基上筛选出无法生长的孢子，通过 PCR 和 PFGE 验证大片段重复序列的删除。实验结果发现，约 25%的孢子会发生定向修复。此外，回交修复也是一种重要的结构变异修复策略。起初，synV 的合成菌株存在两个长片段重复区，并在 37℃ YPD+6%乙醇培养基上表现出表型缺陷（Shen et al.，2017）。研究人员将包含重复的合成型菌株与改造过的野生型菌株（野生型 5 号染色体的着丝粒引入 URA3）进行杂交产孢，并在 5-FOA 的平板上反筛，最终得到表型恢复的正确克隆（Xie et al.，2017）。在 synXI 合成过程中，回交修复已被成功应用于线粒体缺陷修复（Blount et al.，2023）。以上这些修复技术对于合成型染色体发挥正常功能都有着非常重要的作用。

2. 随机修复策略

由于对生命活动认知程度的局限性，当某些合成元素引起细胞表型缺陷时，无法精确找出缺陷靶点从而无法精准修复，因此需要一些随机策略进行缺陷菌株的修复。随机修复策略的主要原则是基于表型筛选，暂时忽略缺陷原因，通过一些方法先获得表型恢复的合成菌株，再对其进行基因组测序，通过基因型-表型关联分析，揭示表型恢复背后的机制，为缺陷菌株的修复提供思路。

适应性实验室进化（adaptive laboratory evolution，ALE）是一种在实验室条件下借助人工选择压力观测和实现微生物的定向进化，并从进化群体中筛选优良性状个体的一种方法（Lee and Kim，2020）。ALE 可忽略菌体自身情况，只需控制培养条件持续繁殖一段时间后便有概率筛选出优势群体。随着微生物培养、高通量测序及生物信息学和基因编辑等技术的发展, ALE 已经成为一种强有力的生物学研究手段, 具有微生物普适性及实用性强的优点, 易于实现表型优化, 发掘新的底层机制。美国哈佛大学 George Church 团队构建的第一个全重编程菌株 C321.ΔA 与未重编菌株相比生长明显缓慢, 这将严重制约后续重编程菌株的应用。研究人员通过对 C321.ΔA 在含最小量葡萄糖的培养基中进行持续 1000 多代的实验室进化培养, 最后筛选到生长速率显著优于 C321.ΔA 和未重编菌株的优势菌株。基因组测序可识别出这些进化获得的突变基因, 随后通过 MAGE 在进化前的菌株中重构这些突变位点, 来解析这些突变对缺陷修复的机制, 实现对大肠杆菌缺陷表型的修复 (Wannier et al., 2018)。此外, 酿酒酵母的 synXIV 通过 ALE 获得在 YPG 条件下生长恢复正常的菌株, 解析后找到引起缺陷的原因, 实现了对合成菌株在 YPE 条件下的精准修复 (Williams et al., 2023)。

Sc2.0 项目的一个核心设计是在合成基因组中引入 SCRaMbLE 系统。该系统在酿酒酵母非必需基因的 3′端引入了众多对称型 loxP 重组位点, 这些无方向性的 loxPsym 位点可以在 Cre 酶作用下发生随机加倍、反转、删除、易位等位点特异性重组, 诱导基因组水平的大规模基因重排, 实现基因组的快速进化, 产生遗传多样性, 以供后续理论和应用研究。当合成酵母遇到无法评估的缺陷时, 可诱导缺陷菌株在特定条件下进行 SCRaMbLE, 将重排后的菌株进行表型筛选便可筛选出优势菌株。再结合基因组测序找出目标变异位点, 与表型进行关联分析找出缺陷原因并修复。与 ALE 相比, SCRaMbLE 只需 24 h 便可完成一轮进化, 极大地节约了人工和时间成本。

2.4.3 小结与展望

总的来说, 在合成基因组的整个构建过程中, 无论是初始设计还是实验过程, 都可能发生各种不可预测的变异, 导致合成细胞出现缺陷, 这些缺陷的存在均会影响后续研究人员对合成型基因组功能的判断。因此, 对合成基因组进行缺陷定位和修复的工作至关重要。已有的定位及修复手段基本能有效解决合成基因组项目中遇到的大部分生长缺陷。对于少部分尚未解析的复杂缺陷, 可尝试采用随机修复策略先筛选表型恢复的合成菌株, 从表型出发去解析背后的恢复机制, 再完成相应的缺陷修复。此外, 越来越成熟的多组学技术也能在很大程度上提升合成基因组缺陷定位和修复的概率。目前, 根据在合成基因组构建过程中累积的缺陷定位和修复经验, 将会解析出大量的新知识, 这将补充对生命体已有的理解和认知, 为后续基因组的深度设计和重建提供科学的指导及反馈。

2.5 基于多位点基因组编辑的构建技术

前文详细介绍了基于基因组合成技术的基因组合成生物学构建方法，这种技术对于构建设计较为复杂的基因组序列具有化繁为简的优势，但对于一些分布较为分散的、简单设计的序列构建，使用基因组合成技术进行合成基因组构建又显得成本过高。同时，2.4 节中介绍的基因组合成的修复除错过程中存在一些改变非常小的序列变化（如关键的点突变），若因为一个细微的序列变化而用基因组合成方法重新修复显得"大材小用"。因此，基于多位点基因组编辑的构建/修复技术作为一种补充，在基因组合成生物学中发挥重要的作用。

2.5.1 基因组编辑技术简介

现有的主流基因编辑技术包括锌指核酸酶（zinc finger nuclease，ZFN）（Carroll，2011）和转录激活因子样效应物核酸酶（transcription activator-like effector nucleases，TALEN）（Boch，2011），但最热门的仍然是规律间隔成簇短回文重复序列/规律间隔成簇短回文重复序列相关蛋白（clustered regularly interspaced short palindromic repeats/CRISPR-associated protein，CRISPR/Cas）系统（Cong et al.，2013）。目前，基于 CRISPR 系统开发的基因编辑技术在单个位点编辑上的应用已经十分成熟，但仍少见应用于基因组的并行和连续多位点突变。这其中可能是由于多个双链断裂的存在引起细胞严重的损失而导致细胞死亡，使得编辑效率大大降低（Barbieri et al.，2017）。另外，现有的多位点编辑技术如 CRISPRm（Ryan and Cate，2014）、Csy4-based CRISPR（Ferreira et al.，2018）、CasEMBLR（Jakočiūnas et al.，2015）、GTR-CRISPR（Gong et al.，2021；Zhang et al.，2019）等均是通过不同方式将识别元件串联，而串联的元件数量受到串联的难度限制并不能太多，因而造成单次实现的编辑位点数实际上并不多，若进行大规模的基因组编辑，则需要更多的工作量。

2.5.2 基于 Cas 蛋白-碱基编辑器的多位点基因编辑技术

为了实现在人类细胞中的基因组多位点编辑，Xue Guo 实验室开发了基于 dCas12/dCas9-胞嘧啶变胸腺嘧啶/腺嘌呤变鸟嘌呤碱基编辑器的多位点基因编辑技术。该技术通过将 dCas 蛋白与碱基编辑器蛋白融合，并将 gRNA 通过 tRNA-gRNA 阵列串联表达，实现在人类 HEK293T 细胞系中 31 个胞嘧啶变胸腺嘧啶和 3 个腺嘌呤变鸟嘌呤的编辑（Yuan and Gao，2022）。相似的，Church 实验室开发了基于 dCas9-碱基编辑器的多位点基因编辑技术。该技术将 Cas9 蛋白和胞嘧啶变胸腺嘧啶碱基编辑器蛋白融合,同时将多个 gRNA 串联形成一个 gRNA 表达质粒。该技术通过一次转染,最多能实现人类细胞(HEK293T 细胞系)中 33 个目标位点(TAG 变为 TAA)的编辑(Chen et al.,2022b)。不过,对编辑的细胞进行测序分析发现,同时存在 40 个胞嘧啶变为胸腺嘧啶的脱靶突变。这类多位点编辑技术受到了极大的关注,因其医学应用前景十分广阔,所以该类技术仍有很大的提升空间。

2.5.3　多元自动化基因组工程技术

为避免在基因组中产生多个双键断裂,Church 团队开发了一项可用于大规模基因组编辑的技术——多元自动化基因组工程(multiplex automated genome engineering,MAGE)技术(Wang et al.,2009)。MAGE 可同时靶向细胞染色体上的多个基因或位点,进行设定的插入、错配或缺失突变。该技术不依赖于双链断裂,从而可以高效地产生大量多位点突变。

MAGE 的原理是:促使细胞将 DNA 复制过程中复制叉的后随链单链 DNA(即冈崎片段)错误地替换为含有设定突变的合成单链 DNA,诱导细胞通过 DNA 复制错误引入设定突变。为促进合成单链 DNA 替换冈崎片段的效率,MAGE 引入了 λ 噬菌体的 Red 同源重组系统。该系统由 λ 噬菌体的 *exo*、*beta*、*gam* 三个基因编码的 Exo 蛋白、Beta 蛋白和 Gam 蛋白组成。Gam 蛋白抑制内源性 RecBCD 和 SbcCD 核酸酶作用,从而保护导入的合成单链 DNA 链免于降解;Beta 蛋白与合成单链 DNA 结合并引导其结合在复制叉的后随链上替代冈崎片段(图 2-38)。

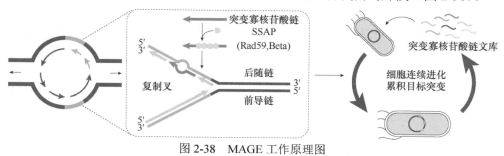

图 2-38　MAGE 工作原理图

MAGE 的自动化基于上述原理进行,其自动化循环首先开始于菌体的 30℃ 培养,达到对数期后温度变换为 42℃,该条件下,CI857 阻遏蛋白被抑制,λ-Red 蛋白(即 Exo、Beta 和 Gam 蛋白)正常表达,接着将菌体冷藏于 4℃,以防止上述生成的蛋白质被降解,同时将人工合成的多个单链 DNA 通过电击的方式转入细胞中,然后复苏培养诱导目标位点突变,再进入下一个循环。研究团队又设计了一个集成的原型设备用以自动化 MAGE 循环,快速、可靠地实现大量的基因组多位点变异。该装置包含生长室（用于维持健康的细胞培养物）和电穿孔模块（将DNA 重复递送到细胞中），从而促进基因组工程和进化。可以将复杂的培养条件编程到设备中，促进多种生物和生态系统的生长，使得上述过程实施起来省时省力，更加快速、有效地生成各种遗传变化（错配、插入、缺失）。

MAGE 提供了一种高效、廉价和自动化的解决方案，可以在从核苷酸到基因组水平的不同长度尺度上同时编辑多个基因组位置（如基因、调控区域），使其可用于基因组大规模编辑。Church 团队基于这个技术将一株大肠杆菌基因组上所有的 TAG 终止密码子全部同义替换为 TAA，删除了相应的释放因子 1，第一次实现了生物体的全基因组密码子解耦（Lajoie et al.，2013）。基于这一技术原理，Isaacs 团队在酿酒酵母中开发了应用于真核生物的 eMAGE 技术（eukaryotic MAGE），不过 eMAGE 技术的效率受目标位点与自我复制起始位点的距离限制，对距离自我复制起始位点较远的目标位点的编辑效率非常低，其作为大规模基因组编辑技术的应用仍需要进一步的技术开发。

2.5.4 小结与展望

由于现有的基因编辑技术并不适合在染色体水平实现大量的序列修改，现阶段只有少数以基因编辑技术为主要方法的基因组合成生物学研究，且这些方法与从头设计合成策略相比具有一定的局限性。首先，基因组合成通过计算机辅助设计，理论上可以进行任意程度的变异，而变异的多少并不影响其构建过程的时间；相反地，基因组编辑的位点数量越多，则需要进行的基因组编辑循环数或串联构建 gRNA 数越多；然后，现有基因组编辑技术对识别位点仍然有所限制，故其能编辑的位点是有限的，而基因组合成则自由度更高；其次，现有基因组编辑技术依赖于其识别元件，识别元件是通过基因组合成的，当需识别的位点数量增多到一定程度，实际上便与基因组合成无异；最后，脱靶效应也是限制多位点基因编辑技术大范围运用的重要因素。因此，后续的基因组合成生物学研究基本上通过基因组合成手段进行。虽然如此，基因组编辑技术仍可作为一种辅助技术或修复技术应用在基因组合成生物学研究中，针对分布较为分散、数量较少的细微序列变化设计进行构建或修复。

第3章　人工合成基因组

合成基因组学是以生物天然的基因组为参考，通过系统地设计和大片段 DNA 组装等技术，在基因组尺度改造或者从头构建不同生物的遗传信息，其包含两个主要的过程：①设计并合成完整的基因组或染色体；②将合成的基因组或染色体转移到目标细胞中以替换天然的基因组，支撑其生长和繁殖等生命过程（Venter et al.，2022）。合成基因组学是合成生物学领域的重要分支，其"自下而上"的策略，为认识和理解生命本质、揭示生命规律提供了新的契机，把人类认识自然从"格物致知"的研究策略推进到了"造物致知"的新高度，其潜在的改变未来的颠覆性技术和广泛的应用前景被称为"造物致用"。

自 1972 年第一个 tRNA 基因被合成以来，核酸合成技术和能力取得了长足的进展，在合成的核酸链长度、核酸稳定性和序列准确性方面都获得了指数级别的提升。同时，核酸合成成本的下降也为基因组合成研究提供了基础。基因组合成的尝试工作始于对病毒基因组的研究，在第一个病毒基因组被合成后，数个病毒基因组相继被合成，这极大地推动了病毒逆转录遗传学的发展，也革命性地开辟了疫苗设计、改造和制造的新模式。具有生物活性的原核生物基因组人工合成是合成生物学的里程碑事件，科学家成功合成的支原体基因组被称为"世界上第一例由人类制造并可以自我复制的新物种"，并随后进一步合成了目前携带最小基因组的细菌。合成生物学技术的发展推进了大肠杆菌全基因组密码子重编和精简的研究，为基因同时编码多种非天然氨基酸和构建抗病毒特性的人工生命体奠定了基础。同期的国际合作团队实现了真核生物——酿酒酵母多条染色体的人工合成，这些技术的创新和积累为动物、植物染色体的人工合成奠定了基础，也使人工定制高级细胞或生命体这一宏伟远大目标的实现向前迈进了一大步。本章将综合回顾病毒、原核细胞和真核细胞基因组人工合成的最新研究进展，阐述在不同物种基因组合成项目中解决问题的关键技术（例如，体内或体外 DNA 片段组装、大片段 DNA 的转移、人为设计基因组生长缺陷位点的快速发现和纠错等），讨论这些研究工作对整个生命科学研究的促进作用及其在农业、工业等领域的巨大潜力和未来的发展方向。

3.1　病毒基因组合成

3.1.1　概述

病毒是非生命单位或者介于生命与非生命之间的形式，其结构简单，遗传物质也很单一，是尝试进行基因组合成的理想对象。随着基因合成与组装技术的不断进步和发展，病毒基因组合成的效率不断提升，从耗时数月缩短到数天，相关技术不断迭代升级。在功能研究方面，对病毒基因组合成的尝试从简单的复刻天然信息到按照预期修改遗传信息以改变病毒的生命活性，病毒合成使人类具有了"上帝视角"和"上帝之手"，在探索生命运行规律的同时，也在疾病诊疗等方面为人类和人类社会的健康发展提供了新的视角及手段（图 3-1）。

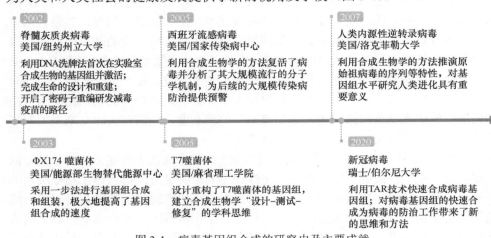

图 3-1　病毒基因组合成的研究史及主要成就

3.1.2　病毒合成及相关技术的发展

1. 脊髓灰质炎病毒合成

通过化学合成短寡核苷酸片段，并将其逐步拼接成更长的基因片段，为病毒的合成提供了可能（Smith et al., 2003）。原始的基因合成方法依赖寡核苷酸作为初始材料，合成难度随着寡核苷酸长度的增加而逐步变大，且需要经过巧妙的设计进行后续连接。例如，Mandecki 等使用限制性内切核酸酶介导的方法合成了一个 pUC 载体的衍生物，长度为 2050 bp，其构造烦琐，需要长度为 82 nt 的寡聚物，在组装前需要对其进行纯化、测序和克隆（Mandecki and Bolling，1988；Dillon and Rosen，1990）。Rosen 等利用 4 个 105 nt 的寡核苷酸作为初始材料，通过 PCR 组装合成了 HIV 病毒的关键调控基因 *REV*，合成长度为 303 bp（Dillon and Rosen，1990）。Prodromou 和 Pearl（1992）则发明了一种名为"递归 PCR"的基因合成技术，从 10 个长度为 54～86 nt 的寡核苷酸开始，在聚丙烯酰胺凝胶上进行纯化，成功地组装了一个 522 bp 的人类溶菌酶基因。这种方法对重叠区给予了特别的考虑，使多个引物的熔解温度能够互相匹配，但是该方法的效率受到多种因素的影响，不具备普适性。1995 年，Willem Stemmer 等利用 DNA 成功合成了长达 3 kb

的 *bla* 基因，这种基于聚合酶链反应（PCR）的组装方法被称为 PCA（polymerase cycling assembly）组装技术，实现了高效且通用的 DNA 片段组装（详细原理请参考本书第 3 章）（Barnes，1994）。利用 PCA 组装技术，科学家从一个反应池中组装获得了脊髓灰质炎病毒的基因组，并且证明了合成的基因组与自然存在的基因组病毒一样具有传染性和致病性（Cello et al.，2002），自此拉开了人类基因组设计合成的序幕，是合成基因组学领域重要的里程碑事件。

脊髓灰质炎病毒基因组较为简单，在当时的技术背景下具有一定的技术可行性。脊髓灰质炎病毒是一种小型肠道病毒，无包膜；基因组是正义单链单拷贝 RNA，长约 7500 bp；采用已知最简单的方式进行增殖，即病毒 RNA 进入细胞后被转录为负链，随后作为模板指导正链 RNA，即病毒 RNA 的合成，合成的正链 RNA 可以作为信使 RNA，指导合成更多的病毒复制所需蛋白质，合成的蛋白质进一步参与正链 RNA 复制（Duggal et al.，1997）；最终，在被感染的细胞内，完成正链 RNA 和衣壳蛋白的组装及释放。其增殖几乎完全是在自身核酸的指导下进行的，遗传信息传递路径清晰，这为合成该病毒提供了理论基础。此外，脊髓灰质炎病毒的复制过程可以在培养的细胞系中重现，在合适的组织培养细胞中（如 HeLa 细胞），整个复制周期只需 6～8 h 就能完成，每个细胞产生 10^4～10^5 个后代病毒，这为人工病毒的合成和测试提供了载体。由于脊髓灰质炎病毒是 RNA 病毒，直接合成 RNA 比较困难，通过体外转录获得其 RNA 是一个相对可行的思路。因此，在进行脊髓灰质炎病毒基因组设计时，研究人员首先合成了其基因组对应的 DNA 序列，并在基因组序列的 5′端加上了噬菌体 T7 RNA 聚合酶启动子，进而通过 T7 RNA 聚合酶转录出病毒 RNA，即有活性的病毒基因组。此外，在脊髓灰质炎病毒基因组的设计过程中，为了区分合成型病毒和野生型病毒，合成型病毒基因组的部分密码子被同义密码子替换（Kitamura et al.，1981），在不改变编码蛋白序列的同时，可以通过 PCR 进行鉴定。

病毒基因组的合成过程中采用了一种被称为寡核苷酸洗牌法的 PCA 组装技术。基因组 DNA 分子被分为三个大的片段进行合成（F1、F2 和 F3），三个大片段之间互有重叠部分：F1 长 3026 bp，F2 长 1895 bp，F3 长 2682 bp，均包含了多个基因，超过了以往合成的基因平均长度。大片段进一步被分割为 400～600 bp 的小片段 DNA（图 3-2）。小片段的 DNA 进一步被分割成平均长度为几十 nt 的寡核苷酸，这些寡核苷酸末端互相重叠。值得指出的是，这种分割基因拆解方法在现代被延续下来并进一步发展，结合了生物信息学等辅助方法，基因序列的拆分变得更为快速、合理、智能化、自动化。在基因组合成时，首先利用 PCA 组装技术将寡核苷酸组装成小片段，将组装产物连接入载体并导入大肠杆菌中进行扩增（图 3-2），每一个转化得到的大肠杆菌涂布在筛选板上。采用上述 PCR 方案，挑取数个克隆进行鉴定、筛选和测序，选取正确的克隆或者突变最少的克隆。对于发生突变的克隆,通过选取正确的酶切片段进行再次组装,或者利用定点突变的方式进行点突变等逐个纠正。对于合成正确的小片段,利用限制性内切核酸酶酶切的方式进行大片段的连接。每一次的连接产物均连接入载体进行转化和鉴定。最后,利用限制性内切核酸酶将三个大片段进行整合,得到含有病毒完整基因组信息的质粒(图 3-2)。由于寡核苷酸合成准确性的限制和方案设计的局限性,每一步都需要挑取克隆进行测序验证,整个基因组的合成过程耗费了数月的时间。

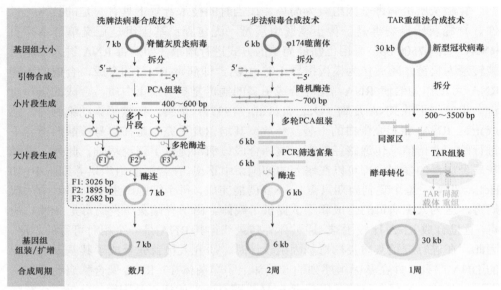

图 3-2 病毒基因组合成的技术迭代

为了在细胞内验证病毒基因组的活性,合成后的 DNA 在体外利用 T7 RNA 聚合酶进行转录,随后将转录产物和 HeLa 细胞质提取物进行混合,得到相同的蛋白表达谱,这表明合成型病毒基因组的基因开放阅读框是完整的,具备正常的蛋白质翻译功能。将孵化混合物加入培养的 HeLa 细胞中,能产生与野生型对照类似的噬菌斑,这说明在合成型基因组中生成了有感染活性的病毒颗粒,特异性抗体的中和阻抑试验也说明了合成型病毒是特异性的 I 型 PV 病毒,这是脊髓灰质炎所属的类别。更直接的证据是,对小鼠的感染试验中,合成型病毒也可以引起与野生型病毒相同的表征,这也说明了合成型基因组指导生成了脊髓灰质炎病毒。但是同时也发现,达到相同程度的病症,合成型病毒所需要的病毒量是野生型病毒的 1000 倍,说明合成型病毒的致病性只有野生型病毒的万分之一,表明该合成的病毒基因组在功能上与自然的病毒基因组存在差距。设计合成基因组时,在编码区对密码子进行了同义替换,因而不会导致病毒编码的蛋白质发生变化,但改变了 DNA 的序列和对应的 mRNA 序列。这些结果暗示密码子的重编对病毒的生命周期具有显著影响，而更深层次的原因可能是密码子偏好性对基因表达的调控：一方面，提示病毒这一简单的生命系统可以为密码子偏好性研究提供平台；另一方面，暗示密码子偏好性可作为潜在的灭活病毒疫苗研发的新思路。

2. φ174 噬菌体的人工合成

PCA 组装技术的开发极大地推动了脊髓灰质炎病毒的合成，但完成其整个基因组的合成需要耗时几个月。此外，受限于当时的合成技术，寡核苷酸合成过程中存在大量的错误，所以中间每一步的组装都需要连入载体进行测序；同时，由于合成方案无法组装出较长的大片段，所需的测序步骤和数量均较大，耗费了大量的时间、资金和人力。上述问题制约了较大的基因组的设计合成，因此，如何快速、准确且经济地进行基因组的合成，是基因组合成必须解决的问题。Smith 等（2003）在 PCA 组装技术的基础上，对寡核苷酸进行纯化过滤后联用连接酶和聚合酶，建立了快速合成基因组的方法。这种方法仅需约 2 周就可准确合成 kb 级别基因组，极大地缩短了合成的周期，且方法具有一定的普适性，基本满足病毒基因组合成的需求。本部分就以噬菌体 φ174 的基因组合成为例，介绍了连接反应与 PCA 组装技术联用的方法。

φ174 噬菌体基因组大小和研究基础为其基因组合成奠定了基础。φ174 噬菌体于 20 世纪 50 年代被鉴定出来。该病毒包含一个环状的单链 DNA 分子，其通过双链复制的形式进行复制。φ174 噬菌体感染细胞的过程包含了三个步骤，依次为附着、隐蔽和 DNA 进入。首先，病毒吸附到细菌的表面；然后，病毒将核酸注入宿主细胞内；最后，DNA 在病毒蛋白的引导下结合到细菌细胞的特异性膜位点。DNA 在特异的膜位点上，在宿主蛋白的帮助下转换成复制型 DNA，随后开始复制过程（Sinsheimer，1959）。值得指出的是，φ174 噬菌体的核酸分子是第一个被纯化的高纯度 DNA。Goulian 等（1967）证明其单独的 DNA 分子具有传染性，并首次在试管中利用聚合酶组装出完整的噬菌体，被称为试管生命。这一工作具有重大的意义，为病毒的人工合成奠定了基础。

φ174 噬菌体基因组合成采用了一步法策略，和脊髓灰质炎病毒相比，极大地缩短了合成周期。具体而言，φ174 噬菌体基因组的合成首先是构建了寡核苷酸池，其核酸分子的正负链被分为互相重叠的寡核苷酸群（图 3-2）。接着，在连接酶存在的情况下，各寡核苷酸之间互相连接。值得强调的是，该连接是随机发生的，即其中既有正确的连接，也有错误的连接。为了解决上述问题，通过后续基于重叠片段的 PCA 组装方法，部分正确的片段在聚合酶的作用下继续生长延伸，错误的片段则失去延长的活性而被淘汰。此外，经过多轮 PCA 后只能得到极少数连接正确的分子，要得到完整的分子，还需要对产物进行进一步筛选和扩增。后续可通过特异性引物对目标组装片段进行 PCR 扩增，实现对于正确 DNA 片段的富集。

合成的噬菌体基因组被转入大肠杆菌中,并在大肠杆菌的培养板上产生了噬菌斑,证明组装后的 DNA 分子具有和野生型的噬菌体类似的生物学活性。最后,对从噬菌斑中提取的 DNA 进行测序发现,大部分分离得到的分子都和参考序列一致,说明整个合成过程是准确的。

在 φ174 噬菌体基因组合成过程中,研究人员开发了一套基于连接酶的 PCA 组装联用方法,建立了一个快速且有效的基因组组装过程。在组装的过程中,仅需要从一个寡核苷酸池中进行一系列连续的反应,即可从寡核苷酸池中组装出一个完整的长片段 DNA 分子,中间不需要进行测序操作等,可以在容器内完成整个合成过程,合成一个 6 kb 左右的基因组的周期约 2 周,大大提高了实验的效率和成本(图 3-2)。在合成的每一个步骤,均存在方法优化的空间,如更准确的寡核苷酸合成、更高效的连接酶等。更为重要的是,该方法可操作性和可重复性高,全程可以实现自动化操作,为长片段基因的自动化、高通量合成奠定了良好的基础,这将极大提高基因组组装的效率,为大基因组的快速、准确组装提供了极高的可能和基础,具有重大的科学历史意义。

3. T7 噬菌体的合成

相对于较小基因组的病毒,一些基因组比较大的病毒(如 T7 噬菌体),其基因组长达几十 kb。因此,从头合成这类基因组在方法上具有一定的挑战,组成过程也更加复杂,体现在以下两个方面:①合成的分子较长,不能一次完成整个合成,需要多个步骤才能组装出完整的核酸分子;②设计的分子可能存在缺陷,且只有通过后续的功能测试才能发现。因此,如何快速定位缺陷的位置并进行快速修复,是病毒基因组合成研究的重要一环,为此建立的"设计-测试-修复"的逻辑环路成为合成生物学核心逻辑(Coradini et al.,2020)。本部分将以 T7 噬菌体基因组的"设计-测试-修复"来阐述合成生物学的核心逻辑。

T7 噬菌体的基因组序列已经被测序确定,全长约 70 kb(Dunn et al.,1983)。其生命周期的研究比较彻底,T7 噬菌体的生命周期相对独立于宿主细胞本身的基因表达过程,这将使人工设计的基因组与其表型间的对应关系更加简单(Zavriev and Shemyakin,1982)。借助计算机的辅助,科学家们重新设计并合成了 T7 噬菌体的基因组,并在设计时预留了限制性内切核酸酶的位点,可用于导致缺陷区域的快速替换和修复,初步建立了用于病毒基因组合成中"设计-测试-修复"的策略(You and Yin,2002)。

(1)基因组的设计原则

借助计算机软件,科学家们对 T7 基因组进行重新设计,生成了合成型基因组,命名为 T7.1 基因组。T7.1 设计主要包括如下的设计原则:①确定每一个功能元件的组成及其编码序列;②各个 DNA 元件之间的序列不重叠;③每个元件只拥有一种特定的功能；④可对每个元件进行精准和独立的操作；⑤新设计的基因组在技术上可以被合成；⑥新合成的基因组可以生成有活性的噬菌体。

（2）基因组重注释

为了设计合成型基因组，研究人员根据以下规则对 T7 噬菌体基因组全长进行重新注释：57 个开放阅读框和 57 个假定的核糖体进入序列（RBS）编码 60 个蛋白质，另有 51 个调控元件调控噬菌体的基因表达、DNA 复制和噬菌体包装等过程。对于基因组的重叠部分，通过复制重叠部分，使两个元素都有对应的拷贝；同时，如果这种序列复制导致其中一个部分编码了另一个部分的特定功能，就对该重复序列进行突变，以消除重复的功能。这使得每个基因或者元件都是独立分开的、互不干扰的部分。在进行沉默突变时，保持了原有 tRNA 的使用频率，必要时，使用一个更高丰度的 tRNA。新设计的基因组内，一共有 1424 bp 序列被重编（Kitamura et al.，1981）。

（3）基因组重分区

整个病毒基因组依据其特有的限制性内切核酸酶位点（*Bcl*I、*Bgl*II、*Bst*EII、*Pac*I、*Apa*LI）被分为 6 个部分：α、β、γ、δ、ε、ζ。进行 T7.1 基因组设计时，在每个基因和调控元件的两端加入限制性内切核酸酶，使每个元素都可以通过限制性内切核酸酶被独立操控，这样将整个基因组分割为 73 个部分。以 α 部分为例：在每个元素的两端加入限制性内切核酸酶，该酶在该片段甚至在整个基因组中不再出现，从而保证了单酶切位点。这种设计方便了后续基因的酶切替换，尤其是在设计之初，以目前的水平很难评估这种基因序列的改变会对病毒的生命周期产生什么影响，以及产生的影响是由于哪个片段的重编引起的。有了这种限制性内切核酸酶独立操作的引入，会使后续的基因组修复变得简单，这种设计具有巨大的合理性和前瞻性。

（4）基因组的从头合成

由于噬菌体生命周期的特殊性，T7.1 基因组采用了从头合成的方法进行，同时采用 DNA 骨架进行基因组的组装：在合成每一段时均采用先合成骨架、再将各小段连接进入骨架的方法。骨架是噬菌体基因组上各片段对应区间上的非编码序列，并在合成时加上设计的所有对应各片段的限制性内切核酸酶位点，方便在组装时可以用限制性内切核酸酶将对应的片段连接进来。各片段用上述方法合成后，再以对应的限制性内切核酸酶连接入骨架，完成基因组大片段的组装。

（5）合成基因组的验证

由于缺乏足够的经验数据，科学家们尚不能确定噬菌体可以耐受基因组多大程度的改变，所以在初始版本的合成型基因组中，仅合成了 α、β 两个片段共

12 179 bp 的合成型 DNA 分子以替代野生型的 11 515 bp 片段。在整个基因组中，这两个区域的基因密度是最高的，包含了 T7 基因组早期表达的基因区域、DNA 复制起始区域、大部分的中期表达基因以及基因表达调控区域。这部分区域的基因对噬菌体生命周期有着关键的影响，从而使其功能的可替代性变得薄弱，任何可能影响其基因功能的改动都会引起噬菌体表征的显著异常，从而使基因组设计和合成的验证变得便捷。为测试设计合成的基因组片段，首先构建了嵌合体基因组（α-wt-wt、α-β-wt，wt-β-w 三种不同的基因组）。研究发现，将三种基因组导入大肠杆菌中，均可以指导生成新的噬菌体，这表明重新设计的 α、β 片段上的基因是有功能的，基本可以发挥相应的功能。提取生成的噬菌体基因组，利用设计的限制性内切核酸酶进行酶切验证，均得到了预期设计的条带，实现了基因组合成的最初设计。

综上所述，合成生物学"设计-建立-测试"的基本研究思路在 T7 噬菌体基因组的构建中得到有效的体现。借助计算机软件系统，对基因组进行系统性修改，将极大地提高基因组设计的效率及可行性，可以在设计之初即最大限度避免设计基因组的缺陷，但同时能够达到设计的目的。此外，由于人类认知的局限，在复杂基因组中尚存在未知的功能区域等，基因组设计可能存在缺陷，对设计缺陷的修复不可避免。得益于基因编辑等技术的不断进步，对设计缺陷的修复变得越来越便捷，T7.1 的设计与合成现在看来依然具有启发性。

4. 新型冠状病毒的人工快速合成

随着 DNA 体外组装技术的不断成熟，病毒基因的合成变得越来越简单和迅速。但是，由于大肠杆菌对外源基因的承载能力有限（Yount et al.，2000），针对拥有更大基因组的病毒（如疱疹病毒、冠状病毒的基因组长达几十至数百 kb），其组装和合成具有一定的挑战。具体而言，较大的基因组在大肠杆菌中的操作比较困难，且其在大肠杆菌细胞中较不稳定、容易丢失，这些因素都限制了拥有较大基因组病毒的组装。利用酿酒酵母细胞高效的同源重组（Gibson et al.，2008）和可承受 Mb 级别的外源 DNA（Lartigue et al.，2009）的能力，研究者开发了 TAR（transformation-associated recombination）方法，实现在酵母细胞内合成较大片段的酵母人工染色体（yeast artificial chromosome，YAC）（Gibson et al.，2008），为快速合成携带较大基因组的病毒提供了方法（Kouprina and Larionov，2008；Jiang et al.，2022）。利用 TAR 技术，来自瑞士的科学家成功在 2 周内迅速组装出具有活性的合成型新冠病毒 SARS-CoV-2，本节将对该工作进行详细介绍。

首先，在 SARS-CoV-2 基因组的设计方面，研究者在病毒的基因组中插入 GFP 荧光蛋白的表达框，从而可以利用荧光对病毒进行监测；同时，在基因组的尾端插入特定的限制性内切核酸酶，用于重组质粒的线性化和转录的终止。设计的基因组被分割为 10 个 500～3500 bp 的 DNA 片段（商业化合成），且相邻的片段间有同源臂区域，用于后续的酵母体内组装（图 3-2）。第一个片段的 5′端和最后一个片段的 3′端分别包含与线性化的 TAR 载体两端同源的重叠区，引导基因组和 TAR 载体的组装。在进行 TAR 组装的过程中，上述 DNA 片段和线性化的酵母 TAR 载体一起被转入酵母细胞中，在酵母细胞同源重组系统的作用下，各片段在同源臂的引导下被依次连接起来并与载体相连，形成携带病毒基因组的 YAC，并随着酵母细胞的增殖被稳定保留（图 3-2）。由于 SARS-CoV-2 是一种 RNA 病毒，而 TAR 组装后得到的仅仅是包含编码冠状病毒基因组序列的 DNA，需要向宿主细胞导入编码病毒的 mRNA 才能指导病毒的包装，产生新的人工冠状病毒。在基因组设计之时，研究者通过在 5′端加入 T7 聚合酶的识别区域，可以用于病毒 mRNA 的体外转录。重组得到的 TAR 质粒在限制性内切核酸酶的作用下被线性化，在 T7 聚合酶的作用下，DNA 被转录为 mRNA，并被转化进入宿主细胞。在 mRNA 的指导下，宿主细胞可以包装出完整的子代 SARS-CoV-2 病毒，这说明设计合成的病毒基因组具有活性。

快速合成新冠病毒的能力为相关的功能研究提供了新的契机。SARS-CoV-2 序列的 5′端携带 3～5 个核苷酸（5′-AU**UAA**AGG；GenBank MN996528.1；不同的核苷酸用粗体字标出），与天然的 SARS-CoV（5′-AU**U**AGG；GenBank AY291315）以及蝙蝠的 CoV 毒株 ZXC21 和 ZC45（5′-AU**U**AGG）有所不同，且该序列的差异是否与病毒的高致病性有关尚未可知。为了回答上述问题，研究在构建时设计了带有三种不同 5′端的基因组（表 3-1），分别测试设计的基因组的活性以观察这种差异的意义。

表 3-1　合成不同的嵌合体病毒

版本	5′端（124nt）	其他序列	不含 GFP 版本	含 GFP 版本
1/4	Bat SARS-related CoV		1	4
2/5	SARS-CoV	SAS-COV-2	2	5
3/6	SARS-CoV-2		5	6

合成型的病毒核酸导入 VERO 细胞后，可以发生自身复制产生噬菌斑和荧光，这说明组装合成的基因组成功指导子代病毒的增殖，具有与参考病毒基因组类似的功能，并且三种不同设计版本的 5′序列均与 SAS-COV-2 基因组相兼容。对合成的病毒滴度的测试显示，版本 3 产生的子代病毒的滴度与分离的病毒基本类似，在统计学上无差异，而版本 1 和版本 2 则有不同程度的削弱，这说明 SAS-COV-2 的 5′端变异具有明显的生物学意义，可能和该病毒的高致病性有密切关系。含有 GFP 版本的病毒毒力均有明显下降，可能和 GFP 插入或 ORF7 的部分删除影响了病毒复制有关。此外，病毒中 *GFP* 基因的引入亦有助于病毒的检测和追踪研究（Ma et al.,2021),为基于细胞模型进行大规模的病毒针对性药物筛选提供了可能,将极大地缩短相应药物的研发周期。例如,对研发中的新冠病毒药物进行初步测试显示,药物 Remdesivir 可以大幅降低实验组 GFP 的表达,这暗示该化合物可以有效抑制病毒在细胞中的复制,为药物的进一步研究奠定基础。另外,由于病毒的荧光标记,使相应抗体的筛选变得便捷,为新冠病毒的抗原检测、中和抗体药物的研究提供了新的策略。

综上所述,TAR 技术为具有较大基因组的病毒的快速合成提供了可能。相较于以往合成较小的基因组(5~10 kb)耗时数周甚至数月,利用 TAR 技术合成几十 kb 的病毒基因组仅耗时不到 2 周,极大地提高了病毒基因组合成的效率,为病毒基因组的研究奠定了基础,也为病毒的诊疗提供了强大的工具(图 3-2)。得益于基因合成和测序技术的进步,合成生物学将成为人类面对这一挑战的利器。新冠病毒的快速合成充分体现了合成生物学在面对这一挑战的优势:疫情暴发的初期阶段就迅速对样本进行了测序,从而迅速确定了致病源及其序列,同时快速合成并激活了该病毒,为后续的诊断和治疗研究奠定了基础。

3.1.3 病毒合成在生命科学研究中的应用

病毒的基因组相对简单,其序列包括了产生子代病毒所需的全部遗传信息,并且在自身和宿主互作的进化中,病毒基因组序列也包含了丰富的信息。对病毒基因组的从头设计合成,为研究基因序列和表型间的对应关系、病毒与宿主细胞互作提供了一个理想的模型和平台,为科学家研究和破解其进化和传播机制等问题提供了重要的材料。另外,病毒是引起人类疾病的重大致病源,合成病毒将加深人类对致病源的认知,为传染性疾病的诊断和防治提供了丰富的方法。本部分将讨论病毒合成在生命科学研究中的应用。

1. 1918 西班牙流感病毒的合成研究

在人类历史上经历了多次由于病毒导致的大规模传染性疾病,如天花、西班牙流感、非典型肺炎等,但是对于这些传染性疾病的传染源未有系统性的保存,限制了对其进行深入研究。通过从头合成已消失病毒,为研究病毒功能和致病性提供了新的思路与契机。例如,1918 年发生的流感大流行是非常罕见的,导致全世界多达 5000 万人死亡(Johnson and Mueller,2002)。病毒严重的致病性和致死性困扰了研究者数十年,驱使科学家搜寻 1918 西班牙流感病毒的基因组,最终从冰冻的患者遗体中搜寻到样本,并于 2005 年完成该病毒的基因组破译(除 5′端和 3′端的非编码区)。随后,在美国疾病控制与预防中心(CDC)的一个高度安全和监管的实验室中重建病毒,对其进行彻底且深入的研究,揭示其大规模流行的根本机制,对类似的传染病防御和治疗有积极意义。

1918 西班牙流感病毒的基因组中包括 8 个编码基因，其中凝集素 HA 蛋白是病毒结合细胞受体，是病毒进入细胞的关键蛋白质；NA 蛋白是神经酰胺酶，是病毒释放的关键蛋白质，对于病毒的增殖有重要影响（Taubenberger et al.，1997）。为探究 1981 病毒的高致病性的原因，病毒重建采用逐步替换的方式构建了一系列嵌合体病毒进行研究（Tumpey et al.，2005）。由于 1981 病毒的非编码区尚未得到准确测序，构建的嵌合体病毒采用了 H1N1 病毒的 5'端和 3'端序列。以同属于甲型流感病毒的 A/Texas/36/91（Tx/91，H1N1）病毒作为参照和嵌合目标，已构建了一系列的嵌合体病毒（表 3-2）。

表 3-2 不同嵌合体病毒的组成

嵌合体名称	源自 Tx91 的基因	源自 1981 病毒的基因	备注
Tx/91 HA：1918	HA	其余 7 个基因	嵌合体
1918 HA/NA：Tx/91	其余 6 个基因	HA/NA	嵌合体
1918 HA/NA/M/NP/NS：Tx/91	其余 3 个基因	HA/NA/M/NP/NS	嵌合体
1918（1）	0	8 个基因	合成
1918（2）	0	8 个基因	合成
Tx/91	8	0	合成

用得到的病毒分别感染小鼠，相较于对照 Tx/91 病毒，合成的 1981 病毒最早在第二天即引起实验小鼠的死亡，同时含有 HA 蛋白的嵌合体病毒 1918 HA/NA/M/NP/NS：Tx/91 也最终引起了小鼠的死亡。实验小鼠同时表现出了体重减轻等 1918 流感症状。对小鼠的肺部组织进行检验，发现感染 1918 病毒的小鼠完美重现了 1918 流感的经典症状，而对照组 Tx/91 则没有明显变化。这说明目前的重构方案是正确的，合成的 1918 病毒成功重现了 1918 年西班牙流感的症状。值得注意的是，嵌合体病毒也引发了类似的症状，但相对较轻，而嵌合体病毒 Tx/91 HA：1918 则完全正常，这说明 1918 病毒的 HA 基因对该病毒的高致病性具有决定性作用，聚合酶基因对 1918 病毒的高致病性具有重要的影响。HA 是流感病毒进入细胞的重要蛋白质，但子代流感病毒的释放依赖胰蛋白酶对 HA 的切割活化。对胰蛋白酶活性的依赖性是流感病毒致病性的重要表现。对合成的病毒进行的测试显示，相对于对照，1918 病毒完全不依赖胰蛋白酶，含有 1918HA/NA 基因的嵌合体毒株也仅仅表现出稍弱的毒性，这说明 1918 病毒的 HA 和 NA 是病毒高致病性的根本所在。同时，仅含有 1918NA 的嵌合体毒株的毒性也只是稍微减弱，很可能是由于 1918NA 的存在促进了来源于 Tx/91HA 的裂解，从而使该嵌合体毒株表现出明显的毒性，且病毒复制的实验也得到了类似的结论。

综上所述，通过从头合成 1918 西班牙流感病毒及其嵌合体，发现该病毒的凝集素（HA）和神经酰胺酶（NA）是其高致病性的根本原因，神经酰胺酶（NA）

很可能是通过促进 HA 的裂解而促进了病毒的毒性，病毒聚合酶则对其高致病性起到了推波助澜的作用。对以往病毒的重建研究可以让科学家从分子机制等方面研究高致病性病原体致病性的根本原因，为研究、预防潜在的高致病性变异提供了珍贵的理论积累，为预防潜在的重大疫情奠定了理论基础。

2. HERV-K 前病毒的合成研究

病毒对人类的进化有着不可或缺的影响，甚至可能在人类演化过程的关键节点上扮演着重要的"推手"。人类基因组中大约 8%的 DNA 是由病毒序列组成（Lander et al.，2001）。由于病毒和人类之间有着漫长的互作，互相在对方的基因组内留下了丰富的信息，对这些病毒的研究将促进人类基因组进化的研究，并促进人类发育和相关疾病的研究。由于终止密码子和移码突变等基因突变的产生，人类基因组中几乎所有的内源性逆转录病毒都已经失活，如何从现有的信息中还原出前病毒序列是相关研究开展的前提。本节将阐述利用合成基因组学手段，对人类基因组中内源性病毒 HERV-K 进行病毒祖先序列的重构及相关功能研究（Lee and Bieniasz，2007）。

虽然人类基因组内残余的内源性病毒是不完整的，但病毒序列在进化过程中留下的痕迹为前病毒的复原提供了可能。病毒在插入细胞基因组时依赖于两端同样的重复序列（LTR），LTR 序列会随着细胞复制的增加而积累不同的变异，并根据其变异的程度推测出 HERV-K 病毒的重组发生在约 100 万年前（Hughes and Coffin，2004）。除了 LTR 序列以外，前病毒自身的序列亦会发生持续的变异，导致病毒基因组的部分缺失和功能失活（Turner et al.，2001）。前病毒的序列是不同内源性病毒基因组突变体的源头，从现有的内源性病毒的序列出发，依照序列同源性及祖先序列重构分析有可能获得接近前病毒的序列信息。具体而言，采用 HERV-K 家族中元件最完整的一个病毒进行同源比对分析，获得同源性最高的前 10 个病毒基因组，并将以它们为基础构建的序列作为推定的前病毒，将其命名为 HERV-CON。为了初步验证 HERV-CON 序列构建的合理性，研究人员用 HERV-CON 序列和上述的 10 个病毒序列构建了分子进化树，发现 HERV-CON 处于一个相对中心的位置。

HERV-CON 序列可以在细胞内指导新的子代病毒产生，具有完整的生物学活性。HERV-K 病毒基因组和逆转录病毒 HIV 比较类似，因此研究者首先借助 HIV 的元件对 HERV-CON 病毒的各蛋白表达框分别进行测试（Magin et al.，2000），发现从头设计合成的 HERV-CON 中各个基因均可指导相应蛋白质的表达。侵入细胞并进行逆转录及基因重组是逆转录病毒的基本特征，合成的 HERV-CON 序列可以指导其生成有活性的子代逆转录病毒。具体而言，将病毒的核心序列导入宿主细胞后，收集细胞培养物的上清并与宿主细胞共同孵化，可以在细胞中观测到子代病毒的产生。同时，利用逆转录试剂盒可在新细胞中检测出明显的逆转录活性，而以特异性引物检测发现子代病毒可以将病毒序列插入到细胞的基因组内。

HERV-CON 是推定的前病毒序列，该序列比现有的残缺序列更接近前病毒，但和真实的前病毒序列仍存在一定的差异。序列分析表明，HERV-CON 包含了较多 G→A、C→T 的突变，该现象可能和宿主细胞的胞苷脱氨酶的选择压力有关。与该假设一致，研发发现 HERV-CON 病毒对胞苷脱氨酶 APOBEC3F 比较敏感，该酶是细胞对抗逆转录病毒的主要基因之一，暗示 HERV-K 病毒基因组的进化可能是在 APOBEC 基因家族的压力下进行的。另外，与 HERV-K 同源的外源复制型病毒均是 α 病毒，其子代病毒的包装成熟发生宿主细胞内，但是新合成的 HERV-CON 病毒成熟于细胞膜，这是一种典型的 β 型病毒的成熟模型。这些结果都暗示 HERV-CON 序列并不是前病毒的真实序列，真实的前病毒序列可能需要在本研究思路的基础之上进行更多的测试和验证。

综上所述，尽管推定的前病毒 HERV-CON 序列可能还不是前病毒的真实序列，但是为确定前病毒的序列提供了一个思路和路径：依据现有的序列推断共同的序列，并进行生物学活性测试，进而验证其序列的真实性。此外，该方法需要对共同序列不断进行迭代，如采纳更广泛来源的序列进行同源性分析，并从进化的视角出发进行推论，进而推导出更接近前病毒的序列并进行合成和测试，最终找到近似的前病毒序列，并逐步还原其重组事件和基因组相互作用的进化历程，这将为人类进化、发育以及疾病的研究和诊疗工作提供新的方法和理论基础。

3. 合成病毒基因组在疫苗中的应用研究

疫苗在人类与传染性疾病的斗争过程中发挥着至关重要的作用，从最初的牛痘疫苗到灭活疫苗，都是人类对抗传染性疾病的有力武器。疫苗研发的基本原理都是通过一系列的处理，获得减活或者灭活后的病毒毒株。具体而言，该毒株可以引起人类的免疫反应，诱导产生抗体和记忆细胞，但是其病毒活性不足以对抗人体的免疫活性，最终被免疫系统清除。制作减毒疫苗的过程包含了热失活、化学失活等各种方法，疫苗建立的过程中需要多种试验验证灭活方式的有效性及疫苗的安全性和有效性，且需要在保留免疫原性和毒力之间寻找平衡点，这导致疫苗的研发周期较长，耗时、耗力且充满了风险。2002 年，人类合成了脊髓灰质炎病毒，并对其基因组进行了修改，对其密码子进行了同一替换，即在保持编码的蛋白序列不变的情况下，重编程其 DNA 序列。改变的核酸成功地指导合成了子代脊髓灰质炎病毒颗粒，但科学家惊奇地发现，合成的子代病毒颗粒的毒性只有原来的万分之一（Cello et al., 2002）。这一科学发现为疫苗的研发提供了新的视角和思路——人工合成减毒疫苗。2006 年，Burns、Mueller 等科学家尝试从该思路出发进行减毒疫苗的构建，通过构建不同的密码子替换毒株，测试其减毒的效果，结果显示，在脊髓灰质炎病毒中，随着修改的密码子越来越多，病毒的毒性确实越来越弱（Mueller et al.，2006），但是对其中的作用机制尚无明确的解析，尤其是密码子被重编后，病毒蛋白的表达并没有明显的变化。2014 年，爱丁堡大学的 Fiona Tulloch 等发现疫苗毒力的下降很可能是密码子重编后改变了病毒核酸核苷酸组成导致的（Tulloch et al.，2014）。但是最近对 HIV 的重编显示，二核苷酸组成的改变和病毒毒力减弱并不总是呈正相关。密码子重编规则的确立对减毒疫苗的研究具有重要的指导意义。

3.1.4　小结与展望

随着基因合成技术的不断发展，基因合成的速度不断提高、成本不断降低，促进了合成基因组学的发展，赋予研究人员在系统层面上深入研究基因组功能的能力，有助于揭示基因组序列和功能的对应关系，为人类探明生命科学的终极奥秘提供了有力的工具。病毒基因组的大小远小于其他物种（在几 kb 至几十 kb 之间），这为便捷合成病毒基因组提供了基础。此外，病毒基因组的结构相对简单，其繁殖和扩增的整体生命周期比较清晰，可以作为一个很好的模式对象来从头构建和设计其核酸序列，进一步研究序列和功能的对应关系。对病毒基因组的合成、修改和表型之间关系的验证，可以极大地促进人类对基因组这一生命天书的理解，尤其是病毒和宿主之间亿万年的相互作用，对其核酸的研究终将促进人类对生命终极奥秘的认知和理解。得益于病毒基因组合成和组装技术的不断进步，目前病毒的合成可以迅速、准确地完成，使得设计的基因组在实验室可以快速实现并针对各个设计进行评测和优化，以更好地理解病毒的致病机理和进化机制，为相关疾病的诊治提供重要的理论基础。尤其是在面对全球气候变暖、人口增加以及由于冰川融化而导致未知病毒释放的当下，病毒基因组的合成能力将为未来病毒疾病的诊断、解析和治疗奠定基础。

3.2　原核生物的基因组合成

3.2.1　概述

21 世纪初，人工合成病毒基因组开启了合成基因组学的新时代，进而推动了更复杂生物的全基因组合成的发展。在原核生物的基因组合成领域，美国 JCVI 研究所（J. Craig Venter Institute）先后完成了生殖支原体（*Mycoplasma genitalium*）（583 kb）（Gibson et al.，2008）和蕈状支原体（*Mycoplasma mycoides*）（1.1 Mb）（Gibson et al.，2010）基因组的化学合成，从而将 DNA 片段的组装规模扩大到 Mb 级别碱基，并改进了体外 DNA 组装策略和基因组移植方法。为了深入研究可维持细胞生命的最小基因集，Venter 团队构建了一个已知最小版本的蕈状支原体基因组（Hutchison III et al.，2016）。2011 年，Church 团队采用寡核苷酸介导的多元自动化基因组工程（multiplex automated genome engineering，MAGE），将大肠杆菌中所有 321 个 TAG 终止密码子改为 TAA，证明了在整个基因组中消除和重新分配密码子的可行性（Isaacs et al.，2011）。随后的研究扩展了基因组改写的能力，研究人员在大肠杆菌中完成了对一组核糖体基因的 13 个有义密码子的重编程（Lajoie et al.，2013a），以及对 123 个精氨酸稀有密码子 AGA 和 AGG 的全基因组重编程（Lajoie et al.，2013b）。DNA 的从头合成已经广泛用于基因组重编程和替换，以研究更复杂的重写方案对细胞的影响。2019 年，英国剑桥大学 Jason Chin 团队使用同义密码子替换了大肠杆菌中所有的终止密码子 TAG，以及编码丝氨酸的密码子 TCG 和 TCA，构建了当时改造规模最大的人工合成基因组，其重编程后的基因组中只拥有 61 个密码子，使得释放的空白密码子可以编码非天然氨基酸（Fredens et al.，2019）。此外，允许编码更多非天然氨基酸的 57 个密码子的大肠杆菌基因组研究项目也在进行中（Ostrov et al.，2016）。在原核生物中，除大肠杆菌，还有很多非模式原核生物，如鼠伤寒沙门氏菌（Lau et al.，2017）、新月柄杆菌（Venetz et al.，2019）、恶臭假单胞菌（Asin-Garcia et al.，2021）、谷氨酸棒状杆菌（Ye et al.，2022）等，在合成基因组领域取得了突破性进展。本节重点关注原核生物合成基因组学领域取得的重大进展（图 3-3）。

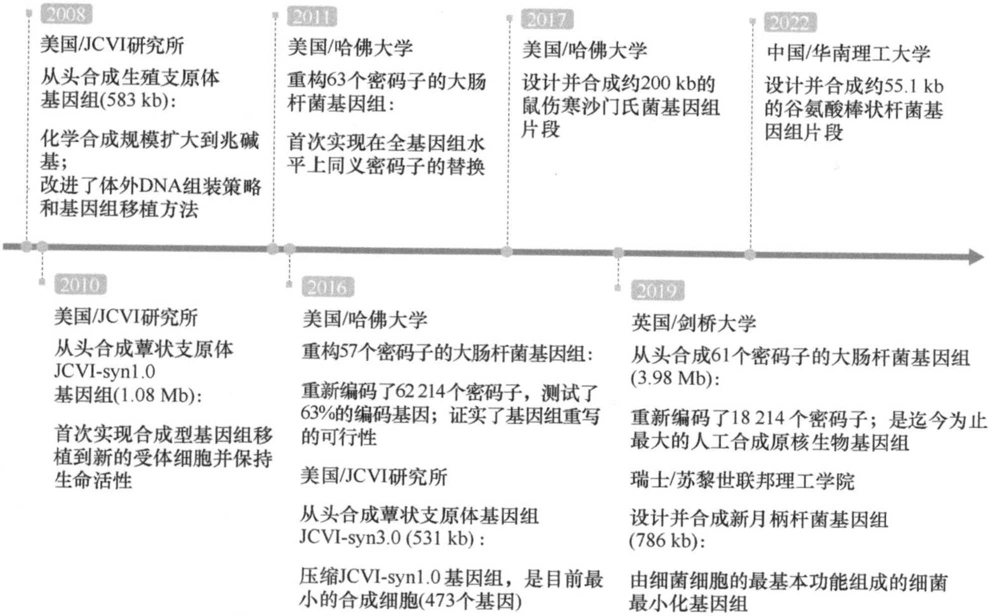

图 3-3　原核生物基因组合成的研究史及主要成就

3.2.2 支原体基因组合成

合成生物学的最终目标是构建具有自我繁殖能力和表型稳定性的独立人工生命体。解决这一挑战的关键策略在于确定维持生命体所需要的最小基因组。最小基因组的确立将有助于细胞模型的建立，从而更好地理解生命的核心功能，并探究最简架构下的生命活动。生殖支原体是从灵长类动物生殖道和呼吸道上皮细胞中分离出来的病原体微生物，具有自主生长的能力。在所有能够独立生长的生物中，生殖支原体的基因组被认为是已知最小的。因此，这类微生物成为合成基因组学中探索维持生命所需最简基因组的理想试验对象。早在 1995 年，Venter 团队就对生殖支原体进行了全基因序列分析。他们鉴定了生殖支原体中的 485 个蛋白质编码基因，然而其中很大一部分基因的功能尚未被揭示（Fraser et al.，1995）。由于在当时对支原体进行遗传操控非常困难，逐步敲除非必需基因将耗费大量的时间和精力，因此，Venter 团队提出以化学合成的方式生成基因组的缩减版本，并将其引入细胞，从而探究其是否能够提供生命所需的基本遗传功能，这是理解生命的最佳途径。要创造出一个完全由合成基因组控制的细胞，必须克服三大技术难题：①化学合成一个完整的基因组；②将化学合成的基因组移植到宿主细胞中；③通过化学合成的基因组启动并控制宿主细胞的生命活动。在构建这样一个合成细胞的过程中，还面临诸多挑战，如单核苷酸多态性的检测与设计、DNA 合成的质量控制以及移植过程中 DNA 甲基化的修饰等问题（张柳燕等，2010）。为了最终实现合成一个最小化基因组的支原体的目标，JCVI 研究所开发改进了 DNA 合成的方法，从头合成了 583 kb 的生殖支原体基因组，随后改进合成了一个有生物学功能的蕈状支原体基因组。

这些支原体基因组合成的尝试在合成基因组学领域具有里程碑式意义，同时也是合成基因组学首次在支原体上的应用。

1. 生殖支原体基因组合成

2008 年，Venter 团队合成了生殖支原体基因组，并命名为 *Mycoplasma genitalium* JCVI-syn1.0（Gibson et al.，2008），解决了如何从核苷酸化学合成细胞基因组的问题（图 3-4）。为了完成 582 970 bp 的 *M.genitalium* JCVI-syn 1.0 基因组的组装，该研究团队建立了方便可靠的方法组装和克隆更大的合成 DNA 分子。原始的生殖支原体基因组（*Mycoplasma genitalium* G37 ATCC 33530）被分成 101 个长度为 5～7 kb 的小 DNA 片段，这些小片段分别由化学合成的寡核苷酸组装而成。DNA 片段边界通常设计在基因之间，以便每个片段包含一个或几个完整的基因；大多数片段与相邻片段存在 80 bp 重叠片段以便连接；也存在一些片段之间重叠多达 360 bp。通过测序验证，这些 DNA 小片段通过体外重组，分四步组装成为完整的基因组：①通过体外重组，组装相邻的 4 个 DNA 片段，并与细菌人工染色体（bacterial artificial chromosome，BAC）载体 DNA 连接，形成具有约 24 kb 插入片段的环化重组质粒（A 系列组件）；②将 3 个 A 组件连接起来以形成 B 系列组件，可将 25 个 A 组件减少到只有 8 个 B 组件，每个组件的大小约为基因组的 1/8（约 72 kb）；③一次取两个 1/8 基因组 B 组件以制造 4 个 C 系列组件，每个 C 组件大小约为 1/4 基因组（约 144 kb）；④前三个组装阶段是通过体外重组完成的，并克隆到大肠杆菌中，然而在大肠杆菌中进行半合成基因组和全合成基因组组装及克隆时遇到了阻碍。因此，最终组装是在酿酒酵母中通过 TAR（transformation-associated recombination）克隆完成的。TAR 克隆是由线性的酵母人工染色体（yeast artificial chromosomes，YAC）和带有同源序列的 DNA 片段共同转化到酵母原生质球中，在酵母中通过同源重组连接，产生环状克隆。线性 YAC 包含一个着丝粒，与天然酵母基因组一起保持染色体单拷贝。

为了区分合成基因组和天然基因组，研究人员在生殖支原体基因组中加入 4 个"水印"序列，"水印"是插入或替换的序列，用于识别或将信息编码到 DNA 中。该信息可以是非编码序列或编码序列。最常见的"水印"用于加密编码序列中的信息，而不改变氨基酸序列。这些"水印"序列位于已知可耐受转座子插入的位置，因此预计的生物效应最小。

生殖支原体 JCVI-syn1.0 是第一个基因组完全化学合成的原核细胞，尽管该细胞的 DNA 序列没有明显变化，但是证实了合成和构建基因组是可行的。该研究是合成基因组学这一新兴领域具有里程碑意义的事件，也是合成基因组技术在原核细胞上的首次应用。细胞的组装方法通常可用于从化学合成的片段，以及天然和合成 DNA 片段的组合构建大 DNA 分子，为后续其他细菌乃至真菌的基因组体外合成提供了思路。

2. 蕈状支原体基因组合成

1）蕈状支原体 syn1.0

Venter 团队继续对支原体细胞的合成基因组学进行深入探索。但是生殖支原体在实验室培养的条件下生长缓慢，形成显微镜下可视菌落需要长达 6 周的时间，促使他们转向生长速率较快的蕈状支原体和山羊支原体。时隔两年，Venter 团队利用蕈状支原体（*Mycoplasma mycoides*）作为基因组供体、山羊支原体（*Mycoplasma capricolum*）作为细胞环境受体（张柳燕等，2010），完成了 1.08 Mb（含有 901 个基因）的蕈状支原体合成基因组的设计、合成和组装，并将其移植到山羊支原体受体细胞中，替换山羊支原体的 985 个基因获得新的蕈状支原体细胞，产生了一种有生命活性的合成细胞，称为 *Mycoplasma mycoides* JCVI-syn1.0（Gibson et al.，2010）（图 3-4）。Venter 团队将这一人造细胞称为"Synthia"（意为"合成体")。

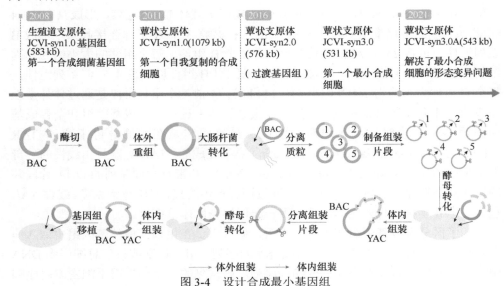

图 3-4 设计合成最小基因组

JCVI-syn1.0 项目不仅成功地合成了支原体基因组,而且完成了细胞间基因组的移植,实现了历史性突破,人工创造了有活性的生命体。该合成细胞的构建经历了以下阶段(孙明伟等,2010)。

(1)合成供体的基因组 DNA

以天然的蕈状支原体基因组为模板,设计了 1078 个长度均为 1080 bp 的 DNA 片段,其中相邻片段之间均含有 80 bp 的重复序列。通过拼接所有的片段,得到了完整的蕈状支原体基因组。值得注意的是,这些合成的片段较天然基因组略有差异,包括删除 14 个无关紧要的基因、插入 2 个用于阻断基因而设计的序列、具有 27 处单核苷酸多态性以及 4 条用来区分于天然序列模本的"水印"标记,这些改动都不影响细胞正常的生命活动。

(2)合成 DNA 片段的拼接

利用酿酒酵母的同源重组系统,将以上 1078 条 DNA 片段分别拼接起来。每次使用 10 个相邻的 DNA 片段构建出 109 个长度约为 10 kb 的 DNA 片段,然后将这些片段从酵母中分离出来,转入大肠杆菌中扩增,用限制性内切核酸酶消化以筛选含有正确序列的 10 kb 插入片段的载体。之后再将阳性克隆质粒中的这 109 条 10 kb 左右的 DNA 片段按同样的方法每组 10 个拼接成 11 个约 100 kb 的片段,这 11 个片段最终拼接成完整的、总共 1 077 947 bp 的基因组(由于携带太大片段的载体而在大肠杆菌中不能稳定传代,因此,后两步拼接中采用多重 PCR 来筛选阳性克隆）。此过程除了两个衔接反应是在体外用酶处理构建，其余片段都是通过酵母体内同源重组过程来拼接完成的。

（3）人工基因组的甲基化修饰

由于供体细胞（蕈状支原体）和受体细胞（山羊支原体）共用同一套限制酶系统，供体基因组在原生类支原体细胞中甲基化，因此，在原生类支原体细胞移植期间不受限制。然而，在酵母细胞中生长的细菌基因组是非甲基化的，不受受体细胞单一限制系统的保护。因此，拼接完成的基因组 DNA 还需在体外用甲基化酶进行修饰，以避免受体细胞限制酶系统的阻碍。

（4）人工基因组移植入受体细胞

将构建好的人工合成基因组移植入山羊支原体内。细胞经过不断分裂传代，将具有人造基因组的细胞从选择性培养基中筛选出来，同时，山羊支原体基因组逐渐丢失，最终只剩下含有山羊支原体细胞质及蕈状支原体合成型基因组的人工嵌合体细胞。这些人工嵌合体细胞完全由合成的基因组所控制，并表现出蕈状支原体的特征（孙明伟等，2010）。新细胞具有预期的表型特性，并且能够连续自我复制。JCVI-syn1.0 细胞的成功合成是合成生物学领域标志性事件，不过 JCVI-syn1.0 生命体合成的工作是对现有生命基因组的重新书写，并没有对其基因组进行重新设计，在科学研究和产业化应用上具有一定的局限性。

2）设计、合成最小细菌基因组：蕈状支原体 syn2.0 和 syn3.0

在成功创建蕈状支原体基因组 syn1.0 之后，Venter 团队开始使用新的"设计-构建-测试"（design-built-test，DBT）循环策略来设计和构建一个显著简化的 syn1.0 版本（Hutchison III et al.，2016）。DBT 循环策略包括设计修改后的基因组，然后对基因组进行合成和组装，最后植入受体细胞进行测试。①设计环节：针对目的基因组设计"假设最小基因组"（hypothetical minimal genome，HMG）；②构建环节基本流程：合成寡核苷酸、寡核苷酸连接成 1.4kb 的片段、校正、7kb 片段的连接、DNA 测序验证、8 个片段的组装、完整基因组的组装；③测试环节：对移植人工基因组的细胞扩增培养，检验生存力并以此判断基因组设计的效果，便于进一步修改和校正。合成一种近似最小基因组的支原体细胞，总共需要 4 个 DBT 循环。

第一个环节涉及基于先前转座子诱变数据和已发表文献的 HMG 设计，新设计的支原体 HMG 包含 432 个蛋白质编码基因和 39 个 RNA 基因。使用模块化策略，基因组被分成 8 个重叠片段，每段都有一个对应的 syn1.0 片段。按照此前建立的方式，Venter 团队分别对这些片段进行独立合成和测试。然而这种基于不充分转座子诱变数据的方法进展有限，在构建过程中仅有一个片段获得了对应的菌落，且细胞生长不良（Sleator，2016）。研究人员在有限成功案例中总结出经验，即确定支原体全基因组中可以被删除的基因。在 DBT 循环的第二步中，研究人员使用了改良的转座子诱变技术以改进 HMG 设计，重新设计了缩减基因组。改良的全域转座子诱变技术（global transposon mutagenesis）可以确定基因组中不同类别的 DNA——含有转座酶基因的 Tn5 转座子系统，这使得转座现象在支原体细胞内发生。利用转座子在基因组上随机插入的特点，打断或者修饰某个表达基因的功能，从而诱导基因发生突变。相比传统的诱变方法（如 X 射线诱变、化学诱变等），这种方法突变率更高、致死率更低（Sleator，2016）。研究人员对 syn1.0 进行大量扩增，进行全域的转座子诱变，使得整个基因组被转座子插入，然后对生成的约 8000 个 syn1.0 克隆进行培养，生成的每个克隆包含一个 Tn5 染色体插入。在初始筛选中标记了大约 30 000 个独特的插入。制备 DNA 并测序后，研究人员确定了蕈状支原体的所有基因并分为必需基因（240 个）、非必需基因（432 个）和准必需基因（229 个）。简化的基因组设计（the reduced genome design，RGD1.0）去除了约 90% 的非必需基因，导致 syn1.0 基因组大小减少了约 50%。使用与之前相同的克隆策略，将 RGD1.0 的 8 个片段分别引入酵母 7/8 基因组的 syn1.0 背景中，然后转进山羊支原体。尽管每个设计的片段都支持细胞在 7/8 的 syn1.0 背景下生长，但将所有 8 个减少的 RGD1.0 片段组合成单个基因组再移植到山羊支原体中时，无法获得活细胞。因此，研究人员将 26 个基因添加到 RGD1.0 以产生 RGD2.0。在第三个 DBT 循环（有 7 个 RGD2.0 片段，加上一个删除了 31 个基因的 syn1.0 片段）中，产生了 JCVI-syn2.0（图 3-4），它是第一个合成的、可存活的最小化细胞，其基因组远小于野生型生殖支原体。在第四个 DBT 循环中，对 syn2.0 进行的第四轮 Tn5 诱变从 RGD2.0 中剥离了另外 42 个非必需基因，得到 RGD3.0。8 个新设计的 RGD3.0 片段在酵母中扩增，然后移植到山羊支原体。这些产生的可移植最小合成细胞命名为 JCVI-syn3.0（图 3-4）。受内在和外在因素的影响，额外的 DBT 循环可能会进一步缩减 syn3.0 基因组，但几乎可以肯定会进一步影响细胞生长速度。此外，周围培养基的营养质量等环境因素，将决定最低遗传需求。因此，虽然 syn3.0 可能不是最小的基因组合成结构，但它在特定的环境条件下是最稳定的。

综上，在基因组水平上，4 个 DBT 循环都成功地从 syn1.0 模板中剥离了 428 个基因。syn3.0 仅保留了由 473 个基因构成的 531 kb 基因组，其大多数已识别的基因可分为 4 个主要类别，即专用于基因表达、基因组保存、膜结构/功能和胞质代谢。几乎一半的基因组致力于基因表达和基因组保存，参与指导细胞结构和新陈代谢的基因数量大致相当。值得注意的是，剩余的 79 个基因暂未能归类到具体的功能类别。在表型上，syn3.0 具有与其原始细胞 syn1.0 相似的菌落形态，尽管菌落较小、生长速度较慢。syn3.0 的生长速率约为 syn1.0 的 1/3（syn3.0 倍增时间约为 180 min，而 syn1.0 约为 60 min）。与在静态液体培养中主要作为浮游细胞生长的 syn1.0 不同，syn3.0 在类似条件下形成无光泽的沉积物。此外，在这些条件下对 syn3.0 的微观分析发现了长的、分段的丝状结构以及大泡体的存在（Sleator，2016）。

3）蕈状支原体 JCVI-syn 3.0A

由于合成型 JCVI-syn3.0 细胞在形态上与野生型支原体存在显著差别，2021 年 3 月，JCVI、美国国家标准与技术研究院（NIST）、麻省理工学院（MIT）比特和原子中心的研究人员进一步揭示了蕈状支原体 syn3.0 最小基因组正常形态和细胞分裂的遗传需求（Pelletier et al.，2021）。在这项研究中，研究人员为了探究 JCVI-syn3.0 细胞中显著的形态变化，提出了一种表征细胞增殖和确定细胞形态的方法——将这些合成细胞装在微流控芯片的腔室中，在微流控恒化器中获取延时图像。微流控技术可以用于单细胞培养，并且有着高度的可设计性和对实验条件的可控性。该平台能够保护这些细胞免受培养基中剪切流的影响，剪切流可以影响支原体形态，并促进原始细胞的断裂。微流控恒化器隔离了细胞固有的繁殖和细胞分裂机制，并直接展示了细胞的各种形态。

实验结果表明，菌株在微流控恒化器中表现出的表型变异，仍然与静态液体培养中表现出相似的形状，其中的一些合成细胞是正常细胞周长的 25 倍，还有其他的细胞看起来像是珍珠串。研究人员通过回补不同的基因组合来确定所产生的细胞是否正常分裂，并将所需的基因数量缩小到 19 个。进一步缩小基因回补数量发现，只需在 JCVI-syn3.0 中加入 7 个基因就可以恢复细胞的正常分裂，这 7 个基因分别是 2 个已知的细胞分裂相关基因（*ftsZ* 和 *sepF*）、1 个作用底物未知的水解酶和 4 个编码功能未知的膜相关蛋白基因。添加这 7 个基因可让 JCVI-syn3.0 合成细胞的表型接近于 JCVI-syn1.0，该菌株称为 JCVI-syn3.0A（图 3-4）。JCVI-syn3.0A 对生物研究所需的液体处理具有机械鲁棒性，并与最小代谢的实际计算建模兼容。这一结果强调了最小基因组细胞在细胞分裂和形态的多基因性质上的潜在研究前景。

在 JCVI-syn3.0A 基因组的基础上引入双 loxP 位点产生了最小基因组的衍生体 JCVI-syn3.0B（Nishiumi et al.，2021；Hossain et al.，2021）。原则上，JCVI-syn3.0B 基因组只保留了其生命活动所必需的最小必需基因集合，其基因组上的突变都有可能致死。然而最新的研究表明，JCVI-syn3.0B 精简基因组的进化速率与未精简的天然基因组很接近，并且选择性进化可以有效地提高精简基因组微生物的鲁棒性，说明生命体在进化上具有高度可塑性和适应能力（Moger-Reischer et al.，2023）。

3.2.3 大肠杆菌基因组合成

1. 大肠杆菌 63 密码子基因组合成

基因组重编生物（genomically recoded organism，GRO）的基因编码规则与自

然生物有所不同，GRO 与自然生物间水平转移的基因会导致错误翻译，产生无功能的蛋白质。此外，GRO 释放的空白密码子可以被重新分配用于编码非天然氨基酸且提高含非天然氨基酸蛋白质的纯度和产量（Lajoie et al.，2013b）。大肠杆菌的遗传密码包含三个终止密码子（UAG、UAA 和 UGA），其翻译终止由释放因子 RF1 和 RF2 介导。RF1 负责识别终止密码子 UAA 和 UAG，而 RF2 负责识别 UAA 和 UGA。如果将基因组中所有的终止密码子 TAG 系统性地替换为终止密码子 TAA，将消除对 RF1 的遗传依赖性。

2011 年，Church 团队完成了在大肠杆菌基因组中系统替换所有 TAG 密码子的工作（Isaacs et al.，2011）。在改良的大肠杆菌 MG1655（Isaacs et al.，2011）基因组注释的基础上，Church 团队鉴定了 314 个含有 TAG 终止密码子的大肠杆菌基因。他们把基因组分为 32 个编码区段，并使用多元自动化基因组工程（multiplex automated genome engineering，MAGE）方法（Wang et al.，2009）并行编辑这些片段。MAGE 是利用噬菌体 λ-Red 重组机制以及携带所需突变的短寡核苷酸，在可重复多次的循环过程中实现累积重组。通过 optMAGE 软件工具计算设计出所有特定突变标签，然后通过两种基于错配突变检测聚合酶链反应（MAMA-PCR）的方法来快速检测目标密码子：多重等位基因特异性菌落定量 PCR（multiplex allele-specific colony quantitative PCR，MASC-qPCR）用于鉴定密码子转换次数最多的克隆；多重等位基因特异性菌落 PCR（multiplex allele-specific colony PCR，MASC-PCR）用于测量每个靶位的等位基因替换频率。在 18 轮 MAGE 循环后，分别分析了 32 个编码片段中的 47 个克隆，共计 1504 个克隆中全部的 314 个从 TAG 到 TAA 突变的等位基因替换频率，并观察了所有个体从 TAG 到 TAA 的变化。筛选鉴定最大修饰的细胞，即在 1504 个克隆中最大限度地减少营养不良、适应度降低等异常表型，经过 18 轮 MAGE 循环后，分别从 32 个群体中分离出顶部克隆。这些克隆体总共积累了 314 个所需突变中的 246 个（78%）。没有包含所有密码子变化的克隆继续进行额外的 6～15 轮 MAGE 循环以转换剩余的 TAG 密码子。所有从 TAG 到 TAA 替换引入 32 株大肠杆菌后，采用层次化的接合组装基因组工程（conjugative assembly genome engineering，CAGE）方法（Isaacs et al.，2011）将所有基因序列正确修改的片段分五个阶段组装成一个完全去除 UAG 密码子的大肠杆菌。

2013 年，Church 团队在现有的基础上构建了大肠杆菌 C321.ΔA，其中所有的终止密码子——UAG 密码子都已被同义密码子替换，删除 RF1 以消除 UAG 密码子处的翻译终止（Isaacs et al.，2011）（图 3-5）。实验证实，完全去除 UAG 密码子的 GRO 允许重新引入 UAG 密码子及正交翻译机制，这使得非天然氨基酸能够有效且位点特异性地嵌入蛋白质中，同时不损害其适应性。在适当的翻译机制存在条件下，释放出来的空白 UAG 密码子可以从无义密码子转化为有义密码子用于编码特定非天然氨基酸。此外，该 GRO 还具有抗病毒性能，由于 T7 噬菌体内的 60 个终止密码子中有 6 个是 UAG 密码子，GRO 全局性删除 TAG 显著增强了其对 T7 噬菌体的抗性。

2013	2016	2019
大肠杆菌C321.ΔA	大肠杆菌 rE. coli-57	大肠杆菌Syn61

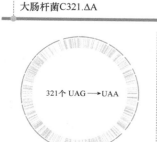
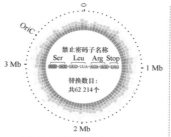

- 蓝色径向线表示所有被替换的 321 个UAG密码子
- 构建方法：编辑野生型基因组
- 应用/功能：
基于终止密码子的非天然氨基酸嵌入增强对噬菌体T7感染的抵抗力

- 彩色直方图表示每个片段中7个被替换的密码子的丰度
- 构建方法：从头合成基因组
- 完成进度：验证了63%的编码基因功能（2016年）
- 应用（预期）：
拓展遗传密码、抗病毒性能、抗水平基因转移、生物防护

- 外环显示所有禁止密码子所在位置。灰色环表示设计的沉默突变及重叠区域所在位置；红色环表示组装基因组的100 kb片段
- 构建方法：从头合成基因组
- 应用/功能：
编码合成非核糖体肽；重新分配密码子后能够防止病毒感染和基因转移

图 3-5　构建重编程大肠杆菌基因组

这项研究完成了在基因组水平上的大规模基因敲除和替换，证明了大肠杆菌基因组中 TAG 终止密码子的所有基因组位点能够成功替换。该研究中运用的 MAGE 技术可大幅度修改细胞基因组，快速得到突变菌株；CAGE 技术可实现大规模组装重编码基因组，为实现更多重编码原核生物基因组的大尺度设计和构建提供思路。

2. 大肠杆菌 57 密码子基因组设计、合成和测试

重新分配 UAG 终止密码子的翻译功能让 GRO 具有广泛的应用前景，然而重新分配单个甚至多个有义密码子更具挑战性，因为在基因组范围内重新分配同义密码子使得调节基因表达更加难以预测。基于此前已有的报道，多个有义密码子可被同义替换（Lajoie et al.，2013a，b）。Church 团队探索了在全基因组范围内替换多个密码子的可行性，旨在构建一种具备工业应用潜力的大肠杆菌，该菌株不仅具有抗病毒性能和生物防逃逸性能，还能在多个位点编码多种非天然氨基酸。他们对大肠杆菌 MDS42（基因组大小为 3.9Mb）进行设计改造，尝试人工从头合成完整的大肠杆菌基因组（图 3-5）。在大肠杆菌全基因组范围内，研究人员进行

了 7 种不同密码子共 62 214 个同义替换，约占大肠杆菌所有密码子的 5.4%。一旦完成整个菌株的构建，目标菌株（称为"*rE.coli-57*"）将仅使用 64 个密码子中的 57 个，这将成为人工构建基因组中 DNA 编辑规模最大的原核生物。尽管之前已有从头合成基因组的相关报道，但尚未探索过在这种规模下实现功能改变的基因组（Ostrov et al.，2016）。

1）重编程基因组的设计策略

在选择被替换密码子时，Church 团队首先选择了 UAG 终止密码子，因为在更早的研究中已对 TAG 进行全基因组替换；其次，AGG 和 AGA（编码精氨酸）是基因组中较为稀有的密码子之一，选择这些密码子可以最大限度地减少所需的密码子变更数量；此外，还选择了编码丝氨酸的 AGC 和 AGU、编码亮氨酸的 UUG 和 UUA，选择这些密码子是因为它们的反密码子环不被内源性氨酰-tRNA 合成酶识别。除此之外，在密码子重新分配时，还考虑了内源性氨酰-tRNA 合成酶对新引入的 tRNA 的错配，最后确认所有选择的密码子都被一个与同义密码子不同的 tRNA 识别。为了最大限度地降低合成成本并提高基因组的稳定性，*rE.coli-57* 以基因组较小的大肠杆菌 MDS42 作为出发菌株。Church 团队设计的计算工具能够自动同义替换蛋白质编码基因中所有被禁止改动的密码子，并考虑了生物学和现有的技术限制：①保留了所有编码基因的氨基酸序列，并调整了 DNA 序列以满足合成要求（例如，去除限制性位点、标准化极端 GC 含量的区域和减少重复序列）；②选择替代密码子时尽量减少对生物基序的破坏，如核糖体结合位点（ribosome binding site，RBS）和 mRNA 二级结构；③如果没有找到合适的同义密码子，则放宽限制直至找到可接受的替代密码子。7 个删减的密码子均匀分布在整个基因组中，使得平均每个基因有约 17 个密码子的变更。成功的密码子替换受到必需基因的严格测试，这些必需基因约占所有被替换密码子的 6.3%（62 214 个中的 3903 个）。重新编码的基因组共涉及 148 955 个位点的改动，包含 7 个密码子的删减和 DNA 序列的调整。

2）重编程基因组的组装和验证策略

前述研究表明，细胞中密码子的改变会以多种方式影响基因表达和细胞的适应性（Lajoie et al.，2013a）。然而，解析每个密码子的改变对细胞的影响仍然非常困难。此外，替换整个基因组中 7 个密码子所需的修改数量远远超出当前单位点基因编辑的能力。虽然可以使用 MAGE 或 Cas9 同时编辑多个基因，但这些策略需要对大量寡核苷酸进行广泛筛选，并且可能会引入脱靶突变。随着 DNA 合成技术的发展以及成本的大幅下降，使用化学法从头合成整个 57 密码子的大肠杆菌基因组成为优先的选项，这允许对基因组进行几乎无限数量的修改（Ostrov et al.，2016）。

Church 团队将重编码的基因组分成 1256 个 2~4 kb 的可化学合成的 DNA 小片段,用于在酵母中组装成 87 个约 50 kb 的 DNA 片段。相较于合成整个重编码的基因组或 3548 个单个基因,这种尺寸的 DNA 片段合成更容易排除故障。每个50 kb 的 DNA 片段平均携带约 40 个基因,其中包含约 3 个必需基因,预计每个片段平均只包含约 1 个潜在致命的重编码异常。研究团队分别对这些片段的重编码基因功能进行测试,每个片段在酿酒酵母中进行组装,然后通过低拷贝质粒电穿孔转化到大肠杆菌中。随后,对应的野生型序列被删除,并对重编码基因的功能提供了严格的测试。

截至 2016 年,已经对 2229 个重编码的基因(55 个重编码 DNA 片段,来源于 55 个大肠杆菌)进行了对应野生型基因片段的删除工作,这些基因分别占基因组的 63%和必需基因的 53%。其中,99.5%的重编码基因可以直接添加到野生型菌株中而无需任何优化。此外,大多数对应的野生型片段缺失的菌株表现出一定的适应性损伤(倍增时间增加<10%)。

3)重编码基因组的设计异常修复策略

在实验过程中,研究团队发现一些菌株出现了严重的生长障碍(Ostrov et al.,2016)。对此,Church 团队以一个设计异常的基因 accD 为例,探索了设计缺陷基因的纠错方案:①通过分析 RBS 强度和 mRNA 折叠情况来确定表达中断的原因;②进一步使用简并寡核苷酸来原型化可行的替代密码子;③基于上述两点,计算生成一个新的重编码序列,并通过 λ-Red 重组系统将其引入重编码的片段。随后,对应的野生型片段被删除,只选择存活的克隆。最后,对所有经过验证的片段进行 DNA 序列分析,以了解在菌株构建过程中发生的体内突变情况。值得注意的是,菌株的平均突变率远低于预期且很少发生逆转,这也从侧面证实了重编码基因组的稳定性。

大肠杆菌 rE.coli-57 全基因组构建工作即将接近尾声,届时 7 个密码子和各自的 tRNA 及释放因子都将被去除。一旦完成,rE.coli-57 将成为一个独特的底盘细胞,具有独立于天然细胞的扩展功能,这将极大地促进相关生物技术的发展并具有广泛的应用前景(Ostrov et al.,2016)。

3. 大肠杆菌 61 密码子(Syn61)的全基因组合成

剑桥大学 Jason Chin 团队在大肠杆菌密码子精简方面也取得了令人瞩目的成果。2019 年,该团队通过高保真收敛全合成的复制子切除增强重组(replicon excision enhanced recombination,REXER)技术,成功合成了一个大小约 3.9 Mb 的大肠杆菌(Syn61)基因组(Fredens et al.,2019)。Chin 团队在大肠杆菌的开放阅读框(ORF)中对丝氨酸密码子 TCG 和 TCA 以及终止密码子 TAG 进行了同义密码子 AGC、AGT 和 TAA 替换。总共重新编码了 18 214 个密码子,创造了一个拥有 61 个密码子基因组的大肠杆菌，这种大肠杆菌使用 59 个密码子来编码 20 个天然氨基酸，并能够删除以前必需的 tRNA，证明了能够利用同义密码子在全基因组范围内替换目标密码子，进而构建出空白的密码子（图 3-5）。

1）重编码基因组的设计

在 Chin 团队设计的基因组中，MDS42 大肠杆菌开放阅读框（ORF）中的丝氨酸密码子 TCG 和 TCA 以及终止密码子 TAG 分别被它们的同义密码子 AGC、AGT 和 TAA 系统地替换。此前，该团队已成功使用此重编码方案替换了大肠杆菌基因组中大小为 20 kb 且富含必需基因的目标密码子，并证实了该方案的可行性。在 ORF 之间存在许多目标密码子的重叠区域，研究人员将这些重叠分为 3′，3′重叠（在相反方向的 ORF 之间）或 5′，3′重叠（在相同方向的 ORF 之间）并制定了编码方案。对于重编码 3′，3′重叠，无需改变编码的蛋白质序列，重叠的结构得以保持，直接对序列重编码。对于含有重编序列的区段，将重叠区域复制拆分，分别分配给两个重编码的 ORF。对于 5′，3′重叠，通过复制 ORF 之间的重叠和重叠上游的 20 bp 序列来分离 ORF，使每个 ORF 能够独立重新编码。根据以上定义的同义密码子压缩和重构规则，Chin 团队设计了一个基因组，其中所有目标密码子都被重新编码为同义密码子。

2）重编码部分的合成

Chin 团队使用逆合成方法重编码的全基因组，类似于通常用于设计化学合成路线的逆合成方法。计算设计的重编码基因组被分成 8 个部分，每个部分的长度约为 0.5 Mb，标记为 A～H；然后将每个部分断开为 4 或 5 个 DNA 片段，共产生了 37 个片段，长度为 91～136 kb。早在 2016 年，他们设计了一个 REXER 系统，通过 CRISPR/Cas9 在体内切除复制子中的双链 DNA，结合 λ-Red 介导的同源重组以及多重阳性和阴性选择，为大肠杆菌提供了一个仅用一步方法、利用合成基因片段替换超过 100 kb 大小的原始基因组的高效、可编程替换基因组 DNA 系统（Wang et al.，2016c），并且也已经证明 REXER 可以通过基因组逐步交换合成（genome stepwise interchange synthesis，GENESIS）进行迭代组装替换（Wang et al.，2016c）。该团队在酿酒酵母中组装包含每个片段的细菌人工染色体（BAC），然后使用 REXER 的方法将这些载体转入大肠杆菌中，以实现不同菌株的基因组替换。每个菌株中 REXER 的起点对应于下一部分的开始，整个组装过程按 A～H 顺时针方向进行。每个菌株中，在第一个 REXER 中引入的阳性和阴性选择标记为下一轮 REXER 提供了模板，通过 GENESIS 进行迭代，最后，原大肠杆菌基因组 DNA 中的 500kb 片段被合成型片段所取代。他们用这种方法生产了 8 株大肠杆菌，每一株都携带有合成的 DNA 片段，涵盖基因组的不同区域；然后用接合法将这些片段接合起来，形成完整的合成基因组（张茜，2019）。研究小组在 REXER

的每个步骤后对细胞的基因组进行了测序，并鉴定了在目的基因组区域上完全重编码的克隆。

3）识别和设计缺陷

在 REXER 之后对若干个克隆进行测序，然后对每个目标密码子的重编频率进行评估，从而为基因组重编制定新的编码规则。由测序结果发现，一些不符合编码规则的关键基因以及未被重新码或存在重构缺陷的基因，使用新 REXER 的 BAC 片段进行替换组装，可实现基因组相关缺陷区域完全重编。在确定并修复所有缺陷序列后，完成了 7 个不同菌株的所有片段的组装。

4）重编码基因组的组装与特征验证

Chin 团队开发了一种基于细菌接合作用的策略，以顺时针方式组装重编码的基因组，通过将包含转移起始位点（oriT）的重编码的"供体"部分缀合到相邻的重编码的"受体"部分中，利用阳性和阴性标记筛选接合正确的细胞。生长表型正确的细胞中包含合成型的重编码片段，该中间菌株可以作为下一个重编码替换体系的受体，并且该过程的迭代使得基因组重编码部分能够不断累积增加。接合组装合成的重编码大肠杆菌基因组被命名为"Syn61"，其中基因组中的 1.8×10^4 个目标密码子都被重新编码。该合成仅引入了 8 个非设计突变，但这些非设计突变均不影响重新编码；其中 4 个突变出现在 100 kb BAC 的制备过程中，4 个突变出现在重编码片段组装替换过程中。

最后，该团队检测了 Syn61 的性状，发现在 LB 培养基中，其倍增时间为原始菌株 MDS42 的 1.6 倍，显微镜下观察其长度略大于 MDS42，定量蛋白组检测没有发现明显的差异。通过删除 Syn61 中编码 tRNA$^{Ser}_{UGA}$ 的 serT、编码 tRNA$^{Ser}_{CGA}$ 的 serU 和编码 RF1 的 prfA 这三个必需基因，实现多个同义密码子的成功压缩（Fredens et al.，2019；Robertson et al.，2021），进而构建了一株只有 61 个密码子的大肠杆菌，从大肠杆菌标准的密码子表中释放出 3 个空白密码子。通过引入 3 套相互正交的非天然氨基酸编码工具，该团队实现了在 Syn61 菌株中同时编码三种不同的非天然氨基酸，将其特异性地引入到生物聚合物中，证明了合成基因组学手段在构建基因编码非天然氨基酸的适配底盘中发挥的巨大潜力和颠覆性作用（Robertson et al.，2021）。

3.2.4　其他原核生物基因组合成

1. 鼠伤寒沙门氏菌基因组合成

2016 年，Liu 等人使用滚动圈扩增片段的逐步整合（stepwise integration of

rolling circle amplified segment，SIRCAS）方法重新编码了 200 kb 的鼠伤寒沙门氏菌 LT2 基因组，以构建减毒和基因分离的细菌底盘（Lau et al.，2017）。

1）重编码亮氨酸的鼠伤寒沙门氏菌基因组的计算设计

完全重编码的鼠伤寒沙门氏菌基因组是通过计算机设计生成的。其开放阅读框中的所有 33 229 个编码亮氨酸的 TTA 和 TTG 密码子均被同义密码子 CTA 和 CTG 替换。选择亮氨酸密码子作为替换目标是因为它们在整个基因组中出现的频率很高，并且可以参考已报道的密码子重编码相关工作。同时，选择这两个特定密码子是因为它们对应的 tRNA 反密码子不参与其余 4 个亮氨酸密码子的解码。该重编码方案还能最大限度地减少碱基数量的改变，其每个密码子只需从一个 T 变更为 C 碱基。

2）鼠伤寒沙门氏菌重组菌株的构建

为了生成稳定的鼠伤寒沙门氏菌重组菌株，研究人员采用了基于 λ-Red 系统的重组方法来提高重组效率。他们设计了一个包含阿拉伯糖诱导控制下的 λ-Red 基因、庆大霉素抗性表达盒和用于替换基因组 *hsd* 区域的同源臂的构建体（天然 *hsd* 限制系统可能阻碍菌株重组）。研究团队利用计算机对基因组进行重新设计，构建了 16 个重编码的片段（A1～A13 和 B1～B3），这些片段构成了重编码基因组的两个独立的任意区域（区域 A 和 B）。每个片段包含 10～25 kb 重编码 DNA 片段，这些片段通过将短的合成 DNA 片段（2～4 kb，由商业公司合成）组装成 YAC，然后滚动循环扩增（rolling circle amplification，RCA）和线性化构建而成。此外，每个片段还包含一个 M1 或 M2 的选择标记（通常为卡那霉素或氯霉素抗性基因），以便后续通过 SIRCAS 方法在两种选择标记之间交替进行表型筛选验证，并且用于整合的 1 kb 侧翼同源区域。为了验证不同 DNA 片段来源的效果，构建片段分别为 156 kb 的 A 区域克隆 DNA 片段和 44 kb 的 B 区域非克隆 DNA 片段混合物。克隆 DNA 是指通过宿主细菌繁殖、经过序列验证的构建体，非克隆 DNA 则是以更高效、更经济的体外合成方式构建。研究人员对所有 16 个重新编码的 DNA 片段进行 SIRCAS 整合，从而在两个独立的鼠伤寒沙门氏菌菌株中分别积累完全重编码 A 和 B 区域。随后，通过接合组装将两个重编码区域合并为一个菌株，从而产生包含 200 kb 重编码基因组 DNA 的最终菌株（命名为 A13-B3）。

3）鼠伤寒沙门氏菌累积重编码的特征

在最终菌株中，通过 NGS 测序确认了跨越 200 kb 基因组的两个目标区域的重编码，成功实现了共计 1557 个亮氨酸密码子的重编码。通过序列验证所构建克隆 DNA 的 156 kb 重编码区域，发现错误率约为 1/20 000；使用非克隆 DNA 构建的 44 kb 重编码区域中错误率约为 1/860，其中大部分错误是单位点替换和单碱基缺失，且在重编码区域内未发现不正确的亮氨酸密码子重编码。经生长速率测定，所获得的重编码菌株没有观察到重大的生长缺陷和适应度累积下降的趋势，测序也未发现基因组非重编码区域中可能导致生长缺陷的明显补偿性突变。在重编码过程中观察到含有 B2 段的细胞沉淀不均匀导致生长曲线异常，而倍增时间经试验验证没有显著差异。可能原因是负责 O-抗原生物合成区域中的非克隆 DNA 错误引起的细胞表面变化。在重编码所有其他片段时，没有观察到生长缺陷的逐步积累。

2. 新月柄杆菌基因组合成

2019 年，来自瑞士苏黎世联邦理工学院的 Venetz 等人合成并组装了经重写后的 *Caulobacter ethensis*（新月柄杆菌）基因组（*C.eth-2.0*）（Venetz et al.，2019）。该基因组经过最小化处理，仅保留细菌细胞的最基本功能。该研究小组运用计算机算法设计了基因组，将 *C.eth-2.0* 的基因数量从原始的 4000 个减少到仅包含 676 个蛋白质编码基因和 54 个 *Caulobacter crescentus* 非编码基因，基因组大小为 786kb（Van Kooten et al.，2021）。该项工作的目标之一是减少可能干扰基因组合成的序列元素，如高 GC 区、直接重复、发卡结构、均聚物和限制性位点。此外，基因组的重编程还移除了三个罕见密码子（TTG、TTA、TAG）。研究人员还设计了一种四层 DNA 组装策略：将 236 个 3～4 kb 短 DNA 片段依次组装成 37 个中等长度的片段，随后组装成 16 个大片段 DNA，最后在酵母中拼接成完整的 *C.eth-2.0* 染色体。虽然该类基因组重编程可能有助于基因合成和维持蛋白质氨基酸序列，但也可能导致潜在的基因表达影响和其他关键遗传因素的丢失。在 *C. crescentus* 的亚二倍体研究中，含有 *C.eth-2.0* 基因组片段的质粒表达后，发现约有 20% 的基因维持能力低于天然基因。这些发现为未来合成基因组的设计提供了宝贵的经验。目前，研究人员正致力于开发一个功能齐全但更为简化的新月柄杆菌基因组版本 *C.eth-3.0*。

3. 恶臭假单胞菌基因组合成

Asin-Garcia 等（2021）开发了一种称为 ReScribe 的方法，用于实现恶臭假单胞菌（*Pseudomonas putida*）的高效多重重组。ReScribe 的关键要素是最小化 PAM CRISPR/ScCas9 系统的建立，该系统分辨率达到单碱基对，允许在引入单核苷酸多态性后针对野生型基因进行反选择。通过验证的最小 PAM 5′-NNG-3′，可以高效地精确靶向特定的基因座，大大提高了重组效率。该研究团队应用 ReScribe 方法，通过将同义的 TAA 终止密码子替换天然 TAG 终止密码子，成功编辑了恶臭假单胞菌的基因组。在单基因组和多重基因组工程中，编辑效率高达 90%～100%。该项目成功构建了基本代谢基因最低限度重编码的恶臭假单胞菌 KT2440 菌株，为恶臭假单胞菌的基因组全局重编迈出了重要一步。

4. 谷氨酸棒状杆菌基因组合成

2022 年，研究人员通过 RecE/RecT 介导的同源重组方法，成功将 53.4 kb 原始菌株基因组替换为 55.1 kb 合成基因组（Ye et al., 2022）。研究人员系统地设计了一段 55.1 kb 的合成序列，用以替换对应的 54.3 kb 的野生型谷氨酸棒杆菌 ATCC13032 序列。合成基因组参考酵母合成基因组计划的三项原则：接近野生型的表现型和适应性；缺乏破坏稳定的因素；具有遗传灵活性，以促进未来的研究。为实现这些目标，研究人员对目的基因进行了重设计：解耦了目标区域内的重叠基因；将所有 TAG 更改为 TAA；在 20 个终止密码子 3 bp 后插入了 loxPsym 位点以提高基因组的灵活性；引入了 80 对 PCRtags 作为 DNA 水印以区分合成型序列和野生型序列。相对于野生型序列，重新设计的基因组序列有 27 个插入点（共 855 bp）和 849 个单核苷酸替换点，合成的序列被分为 4~9 kb 的片段，并在每个片段后添加了卡那霉素或壮观霉素抗性基因和一段长 500 bp 的同源臂序列，最终化学合成的序列长度为 55 141 bp。

为最终获得无抗性的合成基因组，研究者将谷氨酸棒状杆菌 ATCC13032 编码核糖体蛋白 S12 的 *rpsL* 基因突变为 *rpsL K43R*，使其具有链霉素抗性，当存在另一野生型 *rpsL* 基因拷贝时，会丧失链霉素抗性，并在基因组合成最后一个片段上添加 *rpsL*，通过链霉素反筛获得无抗生素筛选标记菌株。

目前，已报道 3 对重组酶可在谷氨酸棒状杆菌中正常行使功能，其中 RecE/RecT 重组效率最高。研究人员通过质粒引入 RecE/RecT 重组酶，并通过每个片段所携带的抗性对正确重组的菌株进行筛选，不断将原始基因组替换为合成的基因组，最后再通过链霉素反筛获得了最终无筛选标记的 55.1 kb 合成型基因组谷氨酸棒状杆菌。经过测试，替换后的谷氨酸棒状杆菌可在无抗培养基稳定传代超 100 代，其表型在所测试的生长条件下（酸、碱、氧胁迫）均无明显差异，只有 1 mol/L NaCl 培养条件下的基因组替换菌株生长状态更优。最后，研究人员通过诱导重组酶的表达，验证了所插入 loxPsym 位点可实现基因组缺失（30kb）、倒位和易位，体现了合成型谷氨酸棒状杆菌基因组的遗传可塑性。

3.2.5 小结与展望

在过去十余年的研究中，原核生物基因组取得了众多里程碑式的重要突破，通过支原体的从头设计合成来研究最小基因组、通过大肠杆菌的全基因组合成来实现密码子的精简，这些工作开启了改写生命基本公式的新篇章，打开了人造生命体的大门，对加深生命过程的理解和开发新型的工业底盘菌起到了巨大的推动作用。随着研究人员对基因组序列功能了解的不断深入，以及基因组合成的成本不断下降及技术不断优化，我们非常期待科学家能开发出更加可预测、可控制和具有重要优良特性的人工生命体，实现合成基因组学的工程化和经济化，最终实现未来合成基因组学走向更多的实际应用场景（罗周卿和戴俊彪，2017）。

3.3 真核生物基因组合成

3.3.1 概述

真核生物的基因组相较于病毒和原核生物的基因组更为复杂。尽管合成生物学近年来取得了长足的进展，但对大部分真核生物而言，合成完整的基因组仍然极具挑战性。大多数真核生物为多细胞生物体，其细胞类型众多，难以确定以何种细胞类型作为人工合成的 DNA 载体。同时，对于大部分真核生物，将人工合成 DNA 转移到真核细胞内难度大、效率低（Ceroni and Ellis，2018），因此，真核生物基因组人工合成的研究进展相对缓慢。目前，真核生物基因组合成的已发表成果主要来自于人工合成酿酒酵母基因组计划（Sc2.0），其作为首个真核生物基因组合成的里程碑事件，开辟了合成基因组学领域新的篇章。

酿酒酵母是一种实验室广泛使用的模式生物，易于培养和进行实验操作，也是第一个完成基因组测序的真核生物，其基因序列信息和注释相对完善，遗传背景清晰，便于开展遗传操作、改造和基因型表型关联分析。此外，作为模式生物，酿酒酵母还具有独特的生活史，在科学研究上具有独到的优势。单倍体酿酒酵母分为 a 配型和 α 配型细胞，两种不同性别的单倍体酿酒酵母细胞接触后可杂交形成二倍体酵母细胞。与单倍体酵母一样，二倍体酵母也通过有丝分裂方式进行出芽生殖。在恶劣环境下，二倍体酵母可以通过减数分裂产生 4 个单倍体孢子的子囊孢子，子囊孢子具有更好的环境耐受性。在适宜的环境条件下，4 个孢子可独立发育成单倍体酵母细胞，酵母细胞再进入下一个生命周期的循环。酿酒酵母除了作为模式生物用于实验室科学研究外，还是工业界应用最广泛的微生物菌种之一，在酿酒、食品、医疗和化工等领域广泛应用。因此，酵母基因组的重头合成与改造，不仅可以推动科学问题的研究，还具有重要的经济价值。酿酒酵母基因组的从头设计与合成，为生物学基本规律的研究开启了"造物致知"的大门，其新的基因组特征和基因组快速进化设计，为合成的酵母基因组保留了多元的潜在应用前景，体现了合成生物学"造物致用"的特点。

目前，酿酒酵母所有的 16 条染色体的合成工作已接近完成，成果已陆续发表。尽管更高等的真核生物基因组尚未被合成，但部分哺乳动物细胞和植物细胞的人工染色体的合成工作已经开始尝试。相信随着合成生物学技术的发展以及合成单价的进一步降低，高等真核生物基因组的合成将会得以实现，并将极大地推动生命科学规律的研究，推进粮食、生物能源和医疗化工等的长足发展。

3.3.2 人工合成酿酒酵母基因组计划（Sc2.0）

Sc2.0 旨在构建第一个合成真核生物基因组。它基于从头合成设计的酿酒酵母基因组，针对基因组稳定性进行了优化，并包括各种设计特征，使其成为未来应用中易于设计的底盘细胞。2006 年，Jef Boeke 教授提出人工合成酿酒酵母基因组计划（Sc2.0）；2011 年，其团队完成了酿酒酵母 IX 号染色体右臂的设计与合成工作，奠定了酿酒酵母基因组设计的若干个原则，阐述了人工合成酿酒酵母基因组的可行性（Dymond et al.，2011）。继 2014 年合成第一条完整的 Sc2.0 染色体之后（Annaluru et al.，2014），Sc2.0 国际合作团队于 2017 年在《科学》杂志上同时发表数篇研究论文描述了完整 Sc2.0 基因组的设计，以及额外 5 条完整染色体的合成和表征，占整个酵母基因组的 1/3 以上。剩余的酵母染色体合成工作于 2023 年相继完成并公开发表（图 3-6）。

1. Sc2.0 的设计原则

在当前对酿酒酵母基因组认知的范围内，Sc2.0 基因组的设计与合成综合考虑了新合成基因组的稳定性、特异性和潜在的可应用性。相较于野生型酿酒酵母基因组，Sc2.0 基因组通过去除各类重复元件和许多内含子来简化基因组，增加了基因组的稳定性；通过一系列同义密码子替换，在各个合成序列中添加水印标签"PCRtags"来区分合成序列和野生型序列；通过将所有终止密码子 TAG 都改写为另一个具有同样终止翻译功能的终止密码子 TAA，使未来全合成的酿酒酵母基因组可以释放出空白的 TAG 密码子，用于在蛋白质中编码嵌入具有不同理化性质的非天然氨基酸；同时，在基因终止密码子后 3 位碱基处引入 loxPsym 位点，以实现人为可控的快速酿酒酵母基因组重排（图 3-7）。

尽管 Sc2.0 各国际合作团队在构建策略上都根据各自实际情况对实验方案进行了微小的调整，但其总体设计都遵循了如下规则：在体外从头合成约 750 bp 的寡核苷酸，逐层组装，最终形成 30～50 kb 的 DNA 长片段，然后将这些 DNA 长片段依次引入酿酒酵母细胞内，并在酿酒酵母体内通过同源重组的机制将原细胞内野生型的序列替换为合成型序列，该过程称为 SwAP-In，需要交替使用两个选择性标记基因来辅助完成，从而实现以单条染色体上设计合成的序列逐级替换酿酒酵母细胞内野生型的序列。在替换过程中，各合作团队使用了相对灵活的策略以加速合成型染色体的替换进度。在各单条合成型染色体完成之际，将利用酿酒酵母的减数分裂和染色体重组来实现将两条合成型的染色体合并在同一酵母细胞内。

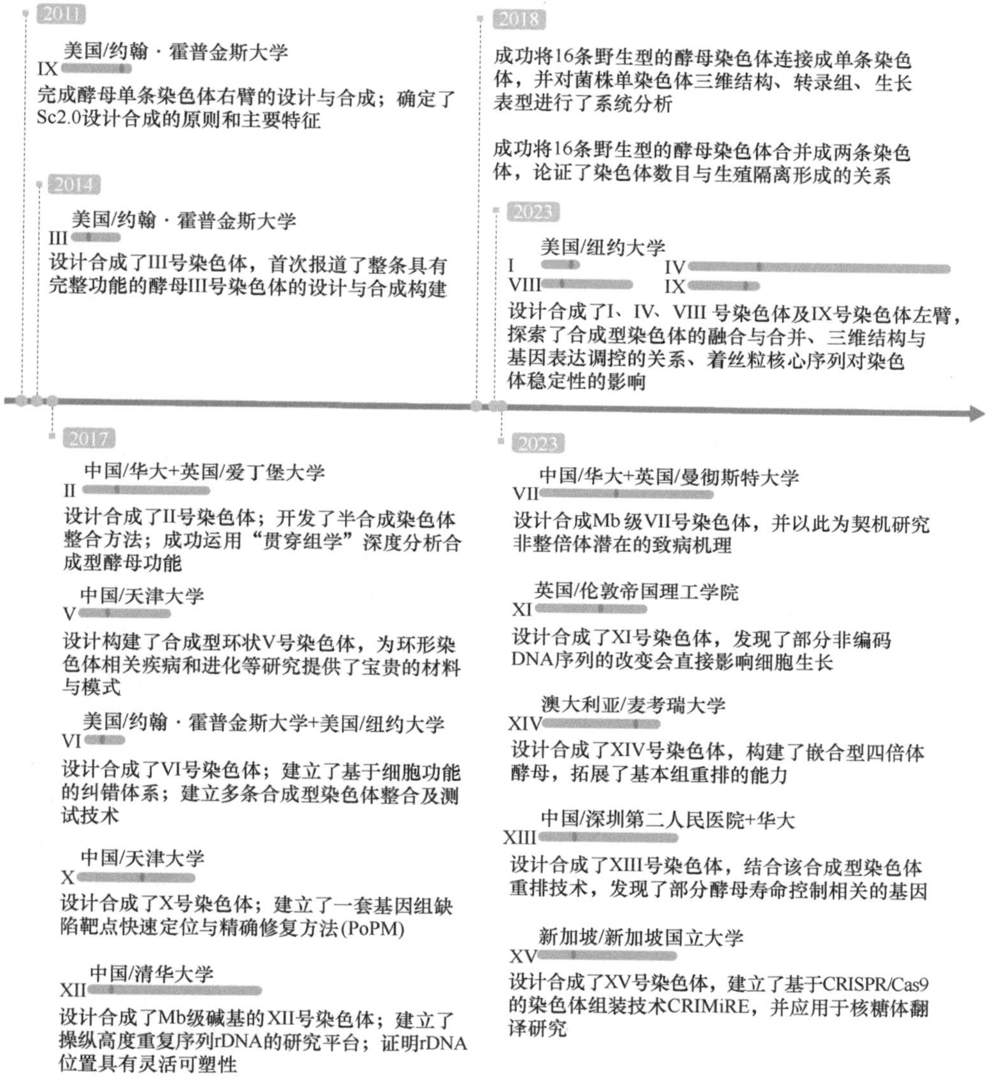

2011

美国/约翰·霍普金斯大学
IX

完成酵母单条染色体右臂的设计与合成；确定了
Sc2.0设计合成的原则和主要特征

2014

美国/约翰·霍普金斯大学
III

设计合成了III号染色体，首次报道了整条具有
完整功能的酵母III号染色体的设计与合成构建

2017

中国/华大+英国/爱丁堡大学
II

设计合成了II号染色体；开发了半合成染色体
整合方法；成功运用"贯穿组学"深度分析合
成型酵母功能

中国/天津大学
V

设计构建了合成型环状V号染色体，为环形染
色体相关疾病和进化等研究提供了宝贵的材料
与模式

美国/约翰·霍普金斯大学+美国/纽约大学
VI

设计合成了VI号染色体；建立了基于细胞功能
的纠错体系；建立多条合成型染色体整合及测
试技术

中国/天津大学
X

设计合成了X号染色体；建立了一套基因组缺
陷靶点快速定位与精确修复方法(PoPM)

中国/清华大学
XII

设计合成了Mb级碱基的XII号染色体；建立了
操纵高度重复序列rDNA的研究平台；证明rDNA
位置具有灵活可塑性

2018

成功将16条野生型的酵母染色体连接成单条染色
体，并对菌株单条染色体三维结构、转录组、生长
表型进行了系统分析

成功将16条野生型的酵母染色体合并成两条染色
体，论证了染色体数目与生殖隔离形成的关系

2023

美国/纽约大学
I　　　　　　　　IV
VIII　　　　　　　IX

设计合成了I、IV、VIII号染色体及IX号染色体左臂，
探索了合成型染色体的融合与合并、三维结构与
基因表达调控的关系、着丝粒核心序列对染色
体稳定性的影响

2023

中国/华大+英国/曼彻斯特大学
VII

设计合成Mb级VII号染色体，并以此为契机研究
非整倍体潜在的致病机理

英国/伦敦帝国理工学院
XI

设计合成了XI号染色体，发现了部分非编码
DNA序列的改变会直接影响细胞生长

澳大利亚/麦考瑞大学
XIV

设计合成了XIV号染色体，构建了嵌合型四倍体
酵母，拓展了基本组重排的能力

中国/深圳第二人民医院+华大
XIII

设计合成了XIII号染色体，结合该合成型染色体
重排技术，发现了部分酵母寿命控制相关的基因

新加坡/新加坡国立大学
XV

设计合成了XV号染色体，建立了基于CRISPR/Cas9
的染色体组装技术CRIMiRE，并应用于核糖体翻
译研究

图 3-6　真核生物酵母基因组合成的研究史及主要成就

　　为顺利推进酿酒酵母基因组的设计与合成，生物学家与计算机专家联合开发
了一套基于一系列 Perl 脚本的统一化生物信息学软件 BioStudio，使得设计团队的
多名研究人员可以在基因组构架内，在碱基水平或基因组尺度上对序列按指定的
要求进行协调修改，为合成基因组的组装提供统一的策略和标准，系统性地跟踪
基因组设计上的修改及调整，实现完整版本规则的统一设定和修改，利于团队合
作的开展（Richardson et al.，2017）。

端粒改造
X-元件 Y'-元件
野生型
Core X STR TG₁₋₃ repeats
合成型
通用型端粒基因组

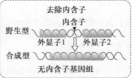
去除内含子
内含子
野生型
外显子1 外显子2
合成型
无内含子基因组

rDNA改造
rDNA重复序列
野生型
合成型
rDNA的移除与重塑

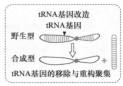
tRNA基因改造
tRNA基因
野生型
合成型
tRNA基因的移除与重聚集

去除逆转录转座子
逆转录转座子
野生型
合成型
无逆转录转座子基因组

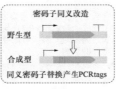
密码子同义改造
野生型
合成型
同义密码子替换产生PCRtags

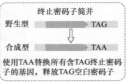
终止密码子简并
野生型 TAG
合成型 TAA
使用TAA替换所有含TAG终止密码子的基因，释放TAG空白密码子

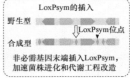
LoxPsym的插入
野生型
LoxPsym位点
合成型
非必需基因末端插入LoxPsym，加速菌株进化和代谢工程改造

图 3-7　Sc2.0 合成型染色体设计原则与要素

2. 模块化设计与分段替换策略

单条酿酒酵母染色体最长可达 1.5 Mb，单次将合成型的序列完全替换原细胞染色体极具挑战。Sc2.0 通过将染色体分段敲入替换巧妙地避开了这一难题，具体来说，将外源合成的 3～6 个约 10 kb 的合成型染色体片段共转化进入酵母细胞中，通过酵母细胞体内的同源重组机制，使合成型的染色体片段逐段替换细胞内野生型的片段（Richardson et al.，2017）。

合成型片段的替换策略为分层级、分段式，通过两种营养缺陷性筛选标记交替转化实现 SwAP-In。一条染色体由计算机分为数十段，每段称为一个 megachunk，一个 megachunk 由数个大小约为 10 kb 的 chunk 组成。合成型的 megachunk 在染色体上依次整合到宿主酿酒酵母基因组上，并将原野生型的片段替换下来（Richardson et al.，2017）。megachunk 通常按从左到右的同源重组方式进行替换。沈玥等人分别在 a 型和 α 型单倍体酿酒酵母细胞的 II 号染色体中间巧妙地引入 I-SceI 位点，将染色体一分为二，使合成型 megachunk 分别从左到右和从右到左替换，并行构建半合成型染色体，将 a 型和 α 型半合成型染色体的菌株接合形成二倍体后，诱导 I-SceI 酶表达启动切割 I-SceI 位点，通过酿酒酵母细胞内同源重组修复机制产生完整的合成型 II 号染色体。该方法有效地提升了合成型染色体构建的效率，将合成型染色体构建的时间整整缩短了 50%（Shen et al.，2017）。

合成型片段替换某一野生型片段后获得半合成型的菌株，经测试影响细胞正常生长或致死的替换，需查找引起生长缺陷的目标位置并纠错，以对设计的序列进行更正（通常的做法是将相应的片段恢复为野生型序列），修复合成型序列对酿酒酵母细胞生长的影响。这种分段式的"设计-建造-组装-测试-学习"的循环有助于及早发现设计上的缺陷并及时介入修复。

3. 移除 DNA 重复序列、内含子

转座子广泛存在于真核生物基因组中，已测序的真核生物基因组几乎都发现了反转座子的存在。反转座子占人类基因组的 30%、玉米基因组的 75%、酿酒酵母基因组的 3%（Reeve，2014）。酿酒酵母基因组中的反转座子由 5 个称为 Ty 元件的反转座子家族（约 50 个拷贝）组成，这些 Ty 元件两端由长末端重复（LTR）序列形成隔离边界，两个 LTR 之间发生同源重组导致其在基因组上形成数百个"LTR 岛"。反转座子被认为是破坏基因组稳定性的主要因素之一，作为诱变剂可使其所在位置成为基因组重排的热点，或在基因组上产生假基因（Lemoine et al.，2005；Moore and Haber，1996；Maxwell et al.，2011），这些因素都会增加酵母基因组的不稳定性。酿酒酵母基因组的从头设计合成，从源头设计上移除反转座子和 LTR 重复序列，使新合成的基因组免受这些可移动元件的影响，从而产生稳定的酵母基因组，使之在基础研究、产业应用方面都更具竞争力。

真核生物基因组的开放阅读框架内存在外显子和内含子，其中外显子是基因中编码蛋白质氨基酸的序列，而内含子是基因中 RNA 剪接形成成熟 RNA 过程中被移除的序列。内含子和选择性剪接现象的存在极大地丰富了真核生物蛋白质组的多样性。然而，相比于人类基因组中高达 95% 的基因都具有内含子，酵母基因组中仅有约 5% 的基因拥有内含子，且仅有 9 个基因中含有 2 个及 2 个以上的内含子（Parenteau et al.，2008；Juneau et al.，2007；Lander et al.，2001），这些保留了内含子的基因通常只有一段小的内含子且大部分没有功能，仅有 5 个基因的内含子敲除会影响二倍体酿酒酵母形成孢子和生长（Parenteau et al.，2008）。已发现的 295 个酵母内含子中仅有 8 个含有小的核仁 RNA（Parenteau et al.，2019），值得注意的是，系统性敲除 5% 的酵母基因内含子的酵母细胞在竞争环境中占有优势。整体而言，酵母内含子对酵母细胞生长具有抑制作用，因此，移除酵母内含子（少数必需内含子除外）是可行和有利的。

鉴于已发表的有关内含子的文献及数据，在 Sc2.0 新设计的酿酒酵母基因组中，除 *HAC1* 必需的内含子和非剪接体内含子外，研究人员在基因组设计的时候就系统性地移除了 tRNA 前体和 mRNA 前体中内含子的序列（图 3-7）。这样做的好处有：①删除酿酒酵母基因组中冗余的序列，减小细胞对底物、能量的需求；②提高合成型酿酒酵母细胞的鲁棒性，提升细胞的适应性和潜在的产业化应用；③降低合成全基因组的工作量及节约成本；④为内含子生物学研究提供广泛的信息来源。

4. 密码子同义替换重编产生 PCR 人工标签（PCRtags）

鉴于酿酒酵母染色体的组装是逐段替换进行的，替换过程中产生的中间菌株数量众多，且存在一定比例错误替换的细胞，因此，对合成型基因组的快速

有效鉴别、验证和量化是项目顺利开展的前提之一。为实现这一目标，Sc2.0 研究团队开发了一套基于同义密码子重编的"PCRtags"水印标签系统，即在开放阅读框内部选定一定数量的小片段（长度约为 20 bp），通过引入轻微的核苷酸序列改变，对选定的小片段进行同义密码子转变，产生一小段新的核苷酸序列（编码的氨基酸序列不变），使之可以被合成型的鉴定引物特异性识别，而原野生型序列仅被野生型的鉴定引物识别，由此实现合成型/野生型模板特异性扩增，通过简单的 PCR 鉴定便可快速判断酿酒酵母细胞内染色体某特定区域是合成型还是野生型（图 3-7）。

PCRtags 设计使用 GeneDesign 中"最大差异化"算法进行（Richardson et al.，2010），产生重新编码的合成型序列，这些重新编码的合成序列约有 60% 与原基因组的野生型序列不同（差异最小的 PCRtags 也有 33% 的不同），足以使之特异性地结合合成型或野生型模板，其解链温度设计在 58～60℃，PCR 产物长度为 200～500 bp。由于基因的前 100 bp 在密码子使用上具有特殊的偏好，这部分区域的密码子重新编码有可能会直接影响酵母细胞的生长（Lajoie et al.，2013a），因此，PCRtags 的设计也设定了每个 ORF 前 100 bp 内不允许重新编码的规则。总体而言，这些设计规则尽量满足相同或相近的 PCR 有效扩增条件，同时 PCRtags 引物可以特异性地区分扩增合成、野生的模板 DNA。

借助这种简单便捷的方法，Sc2.0 研究团队在短时间内完成了多条合成型酿酒酵母染色体的替换与测试。Wu 等（2017）结合酵母生长表型差异 PCRtags 鉴定体系，开发了一套用于合成基因组快速修复纠错的技术，有效纠正了合成型序列中影响生长的错误位点。经全基因组测序验证，合成型的序列基本与设计版本序列一致，并能支撑酵母细胞在多个条件下正常生长，其表型与野生型序列的酵母无明显差异。

5. 简并终止密码子

众所周知，氨基酸是构成蛋白质的基础单元，除极少数生物能编码使用硒代半胱氨酸和吡咯赖氨酸外，自然界的生物体几乎都遵循同一编码翻译规则：生物体存在 64 个密码子，其中使用 61 个密码子编码 20 种常规氨基酸，3 个无义密码子作为终止密码子不编码氨基酸，即一个氨基酸通常由多个三联密码子编码，该现象称为密码子的简并性。

密码子的简并性留给生物学家们诸多的思考：这些密码子都是必须存在的吗？能否在保证翻译的氨基酸序列不改变的前提下，删除基因组中一个甚至是多个密码子？这些密码子的系统性同义替换是否会影响相应蛋白质的表达，进而影响细胞的生长？Isaacs 等人采用多元自动化基因组工程（MAGE）技术将大肠杆菌基因组的所有 UAG 改编为 UAA，无 UAG 基因组允许"释放因子 eRF1"的删除，并给 UAG 分配新翻译功能（Lajoie et al.，2013a）。Church 等人设计并部分完成了仅含 57 个密码子的大肠杆菌基因组构建，Chin 团队完成了大肠杆菌全基因组重编程设计和构建工作（Ostrov et al.，2016），最终获得仅用 59 个密码子编码 20 种非天然氨基酸和 2 个终止密码子的菌株，释放出来的 3 个空白密码子可用于编码多种非天然氨基酸（Fredens et al.，2019）。

为了在真核细胞中探索密码子的简并性，Sc2.0 研究团队从最不可能影响细胞生长的终止密码子着手，将使用频率最低的终止密码子 UAG 系统性删除，用 UAA 密码子取而代之（Dymond et al.，2011；Richardson et al.，2017），在未来完成酿酒酵母全合成基因组替换时，使释放出来的空白密码 UAG 用于编码非天然氨基酸，对真核体系中特殊物理化学性质蛋白质的开发具有重要意义。

6. loxPsym 位点的插入加速基因组重排

loxPsym 序列是具有回文序列的非定向 loxP 位点，能够在任一方向重组，理论上，内源性对称的 loxPsym 序列产生反转或删除的概率相等（Hoess et al.，1986）。在设计合成染色体的时候，Sc2.0 研究团队在每个非必需基因终止密码子下游 3 bp 处插入一个 loxPsym 位点，loxPsym 位点能被 Cre 重组酶识别（图 3-7）。该系统可以通过控制 Cre 的表达与活性，直接启动与关闭携带 loxPsym 位点的基因组重排，称为 SCRaMbLE（synthetic chromosome rearrangement and modification by loxPsym mediated evolution）。发生 SCRaMbLE 的基因组变化类型主要为基因的删除、基因的反转、基因的复制和基因的换位。

SCRaMbLE 系统可以在短时间内产生不同的基因型和表型菌株，使研究人员可以在实验室内研究自然环境下历经漫长进化才能发生的基因组变化，且在微生物定向驯化、开发或增强有益的生物学特性等方面具有广泛的应用前景，如酿酒酵母菌株乙醇耐受性机制探索和耐受能力提升的研究（Luo et al.，2018c）、β-胡萝卜素和紫罗兰素产量提升的研究（Liu et al.，2018）。SCRaMbLE 系统同时可用于探索基因组最小化的科学问题。例如，Luo 等（2021）通过人工诱导快速进化，在保证酵母必需基因存在的情况下，采用基于 SCRaMbLE 的系统，经过多轮定向进化和筛选，将酵母 XII 号染色体左臂 65 个非必需基因中的 39 个成功删除，为简化酵母基因组提供了新的思路。

7. 移除和重构 tRNA 和 rDNA

细胞中转运 RNA（tRNA）基因冗余是一种普遍存在的现象，酿酒酵母细胞中存在 42 种 tRNA，而基因组中编码 tRNA 的 tDNA 多达 275 个（Percudani et al.，1997）。基因组上 tRNA 基因的 5′ 端上游是反转录转座子插入的高频区，严重影响基因组的稳定性（Ji et al.，1993）。在 Sc2.0 设计之初，为了提高全合成酵母基因组的稳定性，Sc2.0 研究团队系统性地删除了分布在基因组各染色体上的 tDNA 序列，并将这些 tDNA 序列集中合成整合在一条称为 Neo-chromosome 的人工染色体上（Schindler et al.，2023），同时将 tDNA 两端的序列改为非酵母来源的序列，以减少 tDNA 同源重组和反转录转座子插入干扰，最大限度地降低 tDNA 对基因组稳定性的影响（图 3-7）。

在酿酒酵母细胞中，基因组上约有 150 个核糖体 RNA 编码序列（rDNA）的重复序列串联排列在 XII 号染色体上，形成长约 1.5 Mb 的 rDNA 重复序列，细胞核中的核仁即是由这些 rDNA 重复序列活跃转录产生核糖体形成的。研究表明，rDNA 的拷贝数、转录活性与基因组稳定性密切相关（Ide et al.，2010）。为了探究基因组上该段高度串联重复序列 rDNA 的功能及其相关调控机理，研究人员在细胞中回补含 rDNA 重复单元（约 9.1 kb）的质粒，或基因组其他染色体不同位置上重构 rDNA 重复序列，并将人工合成 XII 号染色体上的 rDNA 重复序列从基因组上删除，以研究 rDNA 对核仁形态、细胞生长的影响，实现在 XII 号染色体上进行 rDNA 重复序列的精简和形态功能研究。

3.3.3 人工合成酿酒酵母染色体进展

Sc2.0 的研究目标是人工设计合成并构建酿酒酵母基因组，为真核生物染色体的设计与合成奠定基础。在上述 Sc2.0 的设计原则指导下，为加速项目的完成，Sc2.0 以单条染色体为任务单元，染色体合成的工作被分配到全球多个科学研究团队同步进行，研究团队分别来自美国、中国、英国、澳大利亚、新加坡和法国（Richardson et al.，2017）。

1. 酿酒酵母 IX 号染色体右臂的合成

2011 年，Boeke 教授带领团队率先完成酿酒酵母染色体最短的 IX 号右臂的人工设计与合成的工作，确立了 Sc2.0 设计合成的三大准则：①合成型基因组的菌株与野生型基因组的菌株的表型和生长状况应当一致；②新合成的基因组应当去除使酵母基因组不稳定的元素（如 tRNA 基因和转座子等）；③新合成的基因组应当具有一定的遗传修改灵活性，以便后续研究的开展及合成菌株的应用开发（Dymond et al.，2011）。IX 号染色体右臂的成功设计与合成，且能够支撑酵母细胞在 6 种不同的生长条件下正常生长，这部分工作的完成为 Sc2.0 全球项目的正式启动奠定了牢固的基础。

2. 酿酒酵母 III 号染色体的人工设计与合成

2014 年，Boeke 和 Chandrasegaran 团队共同合作在酿酒酵母染色体人工合成方面取得突破性进展，首次报道了一条具有完整功能的人工合成染色体的设计与合成构建（Annaluru et al.，2014），这是真核生物基因组合成领域的里程碑事件，对 Sc2.0 的顺利推进具有标杆性的意义。

Annaluru 等人首先在计算机上对酿酒酵母 III 号染色体进行设计，即在已测序完成的野生型酵母 III 号染色体基础上，加入 Sc2.0 的设计元素，包括：删除非必要序列（如内含子、DNA 重复序列、亚端粒区等），删除不稳定序列（如 tRNA 基因和转座子等），插入水印标签 PCRtags 和 loxPsym，系统性将终止密码子 TAG 替换成 TAA。Annaluru 等人对野生型的酵母 III 号染色体逐级分段设计，向上合并替换，从最初的合成 70 bp 核苷酸开始，核苷酸与核苷酸之间存在约 20 bp 重叠序列，通过 DNA 组装技术将这些核苷酸组合成长度约为 3 kb 的 DNA 片段，然后将单次平均 12 个、每个长约 3 kb、首尾有 750 bp 重叠的片段同时转化酵母细胞，通过酵母细胞体内的同源重组机制将对应的野生型染色体区域替换下来，结合最后一个 3 kb 片段上携带的筛选标记，将细胞涂布在具有对应营养缺陷和抗生素筛选的培养基上。这样一来，只有发生了特定区域替换的细胞才能在选择性培养基上存活形成单克隆。对营养和抗生素表型正确的菌株进行 PCRtags 验证，筛选出与设计序列一致的菌株。经 11 轮连续的替换，研究人员最终成功按预设的准则设计合成了一条功能完整的、长度为 272 871 bp 的人工染色体，相较长度为 316 617 bp 的野生型酵母 III 号染色体，长度缩短了 14%（Annaluru et al.，2014）。

3. 酿酒酵母 II、V、VI、X、XII 号染色体的人工设计与合成

2017 年 3 月 10 日，《科学》杂志以专刊的形式同时刊登发表了 Sc2.0 团队 5 条新合成染色体（II、V、VI、X、XII 号染色体）的最新研究进展，其中 4 条染色体的设计与化学合成由中国科学家主导完成。该系列成果完成了真核生物基因组设计与化学合成方面的重大突破，共完成了 5 条真核生物酿酒酵母染色体的从头设计与化学合成。在合成染色体的过程中，科学家们突破了多项合成生物学领域的关键技术，使真核生物染色体的化学合成及纠错得以顺利推进，这些技术包括长染色体的并行构建和快速组装技术、合成型基因组导致细胞失活的纠错、设计构建染色体成环疾病模型等。

1）synII 的合成

酿酒酵母 II 号染色体的人工设计与化学合成由我国深圳华大生命科学研究院杨焕明院士、沈玥研究员及爱丁堡大学蔡毅之教授等组成的团队共同完成。在该项研究中，研究人员在 807 888 bp 野生型酿酒酵母 II 号染色体序列的基础上，使用 BioStudio 软件，遵循前述 Sc2.0 酵母染色体设计与合成规则（Dymond et al.，2011；Annaluru et al.，2014；Richardson et al.，2017），成功设计并合成了长度为 770 035 bp 的酿酒酵母合成型 II 号染色体 synII，相较原野生型 II 号染色体缩短了 5.3%。与其他 Sc2.0 酵母染色体的组装不同，沈玥等人在 synII 的设计构建过程中，充分利用了酵母配型、同源重组机制，开发了一套高效的组装策略。研究人员使

用合成型的 DNA 片段，分别在两种不同单倍体配型的酵母 II 号染色体的左臂和右臂向中间并行构建，当合成型 DNA 片段替换至 II 号染色体中间且左右臂具有约 30 kb 长的重叠合成型区域时，分别在两条染色体的合成型区域末端设计引入了线粒体内切酶位点 I-SceI，两株半合成型染色体的菌株经接合后形成二倍体，在二倍体内诱导 I-SceI 内切酶表达启动，使得 I-SceI 内切酶可以特异性切割半合成型 II 号染色体，通过添加 5-氟乳清酸（5-FOA）反筛，促进半合成染色体在特定的位点发生同源重组，产生完整的合成型 II 号染色体，从而高效获得全合成色体。同时，全基因组测序分析证实，利用反筛技术获得半合成型染色体在特定位点发生整合的效率提升了 10 倍。该项研究实现了 Mb 级别染色体高效合成组装，较常规的染色体组装方法缩短了 50%的组装时间。基于相同的思路，研究人员同时开发了高效的 I-SceI 介导的变异修复策略，这些开发的染色体构建修复技术可用于大型合成染色体的构建，对合成大型基因组意义重大（Shen et al.，2017）。

对 synII 菌株进行细胞形态学分析、不同培养基条件和压力条件下的点板生长分析以及生长曲线分析表明，synII 菌株与野生型菌株在测试的培养条件下生长几乎一致（部分条件有微小的生长差异），表明合成型的序列足以支撑大部分情况下细胞的正常生长。synII 染色体的元件经过大量的系统性设计，每 500 碱基对中就包含至少一个碱基改动。为保证设计的合理性及在各个水平上合成型菌株 synII 的生物学功能不受影响，研究人员运用了"贯穿组学"方法对 synII 菌株进行深度分析，包括表型组学、转录组学、蛋白质组学、染色体分离和复制分析等，在"构建-测试-纠错-调试"的指导性原则下，对携带有合成型染色体的 synII 酵母细胞进行了系统性的功能分析，发现合成型酵母翻译机制有关的功能显著上调，推测该功能差异可能与染色体上 tRNA 的移除设计有关，将删除的 tRNA 基因回补至合成型酵母基因组后，表型恢复正常，表明这一功能差异主要由 tRNA 基因的删除引起（Shen et al.，2017）。同时，研究人员通过该分析思路，结合细胞的复制分离等生理学角度的分析手段，也证实了合成型酵母的表型与野生型酵母无明显差别，充分表明酵母基因组具有增加元件、删减元件的高度可塑性。

2）synV 的合成

酿酒酵母 V 号染色体的人工设计与化学合成由天津大学元英进教授团队主导完成。与其他合成型染色体构建类似，元英进教授课题组在 Sc2.0 酵母染色体设计与合成规则的框架下，以长度为 576 874 bp 的野生型 V 染色体为基础进行设计，从头化学合成了与设计序列高度一致的 synV 染色体，synV 染色体长 536 024 bp，相比于野生型 V 号染色体缩短了 7.08%。与其他合成型染色体一样，在 synV 染色体合成过程中被动引入了突变位点，通过在酵母细胞中建立模块化合成方法，以及利用 CRISPR/Cas9 基因编辑技术，加速了 synV 染色体突变位点和重复序列的修复。

当前主要的猜测是染色体的线性化可能来源于进化压力——对大型的染色体来说，线性化的染色体更利于复制和转录。然而人们对染色体的线性化和环化的选择认识极其有限。此外，很多人类疾病与染色体环化密切相关，环形染色体与线性染色体在三维结构上有较大的差异，在细胞减数分裂时较容易出现错误，形成双着丝粒染色体（Haber et al.，1984）。因此，深入探索和解析染色体环化带来的影响，对人们认识染色体环化/线性化规律、控制相关疾病至关重要。合成酵母 V 号染色体的研究团队尝试了以 synV 染色体为目标构建环形染色体，通过移除合成型 V 号染色体两端的端粒序列，并导入携带筛选标记和同源臂的供体 DNA，将 synV 染色体首尾连接，形成环状 synV 染色体。环状 synV 染色体的成功构建，为环形染色体的基因组重排、环形染色体相关疾病以及环形染色体的进化等研究提供了宝贵的材料和细胞模式（Xie et al.，2017）。

3）synVI 的合成

酿酒酵母 VI 号染色体的人工设计与化学合成由纽约大学 Boeke 团队主导完成。在 Sc2.0 酵母染色体设计与合成规则的框架下，合成长度为 242 745 bp 的合成型 synVI 染色体，比野生型的 VI 号染色体短 11.3%。其中，已有的报道显示，*HAC1*（*YFL031W*）编码的非剪切型内含子在蛋白质折叠时具有重要作用（Rüegsegger et al.，2001），研究人员保留了 *HAC1* 上的内含子。

与合成型 III 号染色体类似，synVI 在合成过程中部分突变由体外合成组装 DNA 片段时引入，部分在酵母细胞整合过程中引入，体内突变频率约为 $1×10^{-5}$。在这些突变中，有 5 个是非同义突变，即其编码的氨基酸发生了变化。其中，必需基因 *MOB2*（*YFL034C-B*）上两个位点的非同义突变导致严重的酵母细胞生长缺陷，对位点进行修复后生长表型得以恢复。转录组学分析发现，synVI 菌株与野生型菌株在 RNA 水平上非常接近，仅发现两个基因的表达显著下调——编码 Agp3 的 *YFL055W* 和编码 Irc7 的 *YFR055W*。由于这两个基因都靠近端粒，研究人员猜测它们的表达量下调与端粒位置效应（synVI 删除了染色体亚端粒区）有关，证明了亚端粒区的删除不足以影响 *YFL055W* 和 *YFR055W* 的启动子，并提出长段的亚端粒区在基因组中的作用是缓解端粒附近的基因被沉默因子沉默。

在对 synVI 菌株生长表型测试时，研究人员发现某些基因中同义密码子的替换导致其表达量显著改变，如 *PRE4* 基因。*PRE4* 基因 PCRtags 位置上的同义替换让菌株表现为不能利用以甘油为唯一碳源的培养基（称为阴性甘油生长抑制缺陷表型），通过比较不同 *PRE4* 基因（野生型、合成型）组合的二倍体酵母生长情况，研究人员发现野生型杂合的 *pre4 Δ*/*PRE4* 细胞与合成型的 *PRE4*/*PRE4* 细胞具有类似的生长表型，暗示了合成型的 *PRE4* 表达量下调，与只有单拷贝 *PRE4* 的野生

型杂合的 *pre4* Δ/*PRE4* 细胞表达量类似；将合成型 *PRE4* 对应的同义替换区域 PCRtags 转移到野生型的酵母细胞中，被嵌入 *PRE4* 对应的同义替换区域 PCRtags 的细胞表现出相同的阴性甘油生长抑制缺陷，反之，将合成型 *PRE4* 对应的同义替换区域 PCRtags 修改为野生型序列后，细胞阴性甘油生长抑制缺陷消失，证明了阴性甘油生长抑制缺陷是由 PCRtags 的同义替换引起。转录水平上的试验表明，野生型 *PRE4* 与合成型 *PRE4* 的转录水平接近，但翻译水平的检测表明，合成型 *PRE4* 菌株中 Pre4 蛋白的量显著下调，约为野生型 *PRE4* 的一半。mRNA 二级结构分析表明，*PRE4* PCRtags 位置的同义替换导致 mRNA 产生一个新的环状结构，这个新的 mRNA 环很可能直接干扰了 *PRE4* mRNA 的翻译，最终导致 Pre4 蛋白表达量的降低（Mitchell et al.，2017）。

Sc2.0 中各合成型染色体单独并行构建和测试，待所有单一合成的染色体完成构建，这些合成型染色体将会被合并到一个最终的酵母菌株中。为了测试染色体合并的策略是否有效以及多条染色体合并全酵母细胞生长是否受影响，Boeke 团队将前期已经合成的 III 号染色体、IX 号染色体右臂 IXR 与新合成的 VI 号染色体分别整合为双合成型染色体（synIII synVI；synIII synIXR；synVI synIII）、三合成型染色体（synIII synVI synIXR），三合成型染色体菌株中合成型的 DNA 占到整个酵母基因组的 6%，其基因组修改包含 70 kb 长的删除区域（共 20 个 tRNA）以及总长为 12 kb 的重编序列。对双合成型染色体、三合成型染色体菌株的生长倍增时间、菌落大小和形态与野生型菌株进行了系统性测定及比较，结果显示，双合成型染色体与野生型菌株在上述测试范围内无显著差异，三合成型染色体菌株的倍增时间较野生型菌株长 15%，但在各培养基中培养 7 天后，菌落大小无明显区别，三合成型染色体菌株仅在全合成型培养基上菌落偏小，这种个别条件下生长表型缓慢可能是由于三合成型染色体菌株中被删除了 20 个 tRNA（在最终整合的菌株中 tRNA 会被回补到一条独立的新染色体上）。转录组学数据、蛋白质组学数据表明，三合成型染色体菌株大部分基因的转录表达水平和蛋白质表达水平与野生型菌株接近，说明多条合成型染色体可以在酵母细胞内共同存在，Sc2.0 的设计元素和遍布基因组的修改在整体上对细胞生长的影响处于可控范围之内。

4）synX 的合成

酿酒酵母 X 号染色体的人工设计与化学合成同样由天津大学元英进团队领衔完成。在 Sc2.0 酵母染色体设计与合成规则的框架下，在长度为 745 751bp 的野生型 X 染色体的基础上，化学合成了 707 459 bp 的 synX 染色体，相比于野生型 X 号染色体缩短了 5.13%（Wu et al.，2017）。

人工合成染色体的最大挑战不在于化学合成与组装 DNA 片段，而在于当前我们对海量的基因组信息认识和理解的缺乏。这导致在很多我们认为不会干扰细胞信息传递和表达的设计上，如密码子同义替换、非编码区域水印标签和 loxPsym 的插入等，会直接影响细胞的生长，这些问题在当前是不可避免的。带着这些"不完美"设计合成的基因组，在实验室合成和构建过程中，也是 Sc2.0 团队研究人员面临的最大挑战。在人工设计与化学合成染色体后，如何精确修复和纠正引发细胞非正常生长的位点、片段，Sc2.0 团队各成员单位各显神通，其中 synX 染色体的构建团队创建了经典的基因组缺陷靶点快速定位与精确修复方法——混菌标签缺陷序列定位（pooled PCRtags mapping，PoPM），为全化学合成基因组导致细胞失活的纠错工作提供了宝贵的工具。PoPM 方法通过表型归类，分析不同表型细胞群体中合成型与野生型序列构成，进而推断引发表型差异的位置。具体而言，作者将在特定条件下生长缺陷的合成型单倍体菌株与野生型单倍体菌株接合形成二倍体，杂合的二倍体经诱导产生单倍型的四分体孢子，在这个过程中，酵母的姐妹染色单体发生同源替换，使产生的孢子 X 号染色体携带多样性的合成型/野生型相间的嵌合体，这些基因型多样性的孢子经培养后按生长表型分类为：①正常生长的孢子；②生长缺陷的孢子。将同一类的孢子混合在同一样品管中，对特定区域进行 PCRtags 鉴定，经归类分析找出导致合成型生长缺陷的特定区域，并将该区域的片段整合到野生菌株中，观察该区域的片段是否足以引起酵母细胞生长缺陷，从而精确定位并修复引起生长缺陷的合成型 DNA 片段。

所得到的全合成酵母染色体 synX 具备完整的生命活性，能够成功调控酵母的生长，并具备各种环境响应能力。PoPM 在化学合成基因组研究中具有普适性，作为一种新颖的表型和基因组关联性分析的策略，有望显著提升我们对基因组结构和功能的认知。

5）synXII 的合成

酿酒酵母 XII 号染色体的人工设计与化学合成由清华大学戴俊彪教授（现中国科学院深圳先进技术研究院研究员）团队主导完成。基于 Sc2.0 的设计原则，合成了长度为 976 067 bp 的线性 XII 号染色体，该染色体是酵母最长的染色体之一（Zhang et al.，2017b）。同时，野生型染色体上存在长度约为 1.5 Mb 的高度串联重复序列的 rDNA，高度串联重复序列的 rDNA 是细胞核内特殊结构——核仁形成的基础，且 rDNA 的拷贝数和转录活性与酵母基因组稳定性息息相关。为降低染色体合成难度及揭示高度串联重复序列 rDNA 的调控机理，研究人员对 XII 号染色体上的 rDNA 序列进行了一系列工程化改造。研究人员在设计之初首先对 XII 号染色体删除了 rDNA 高度串联重复序列。由于 rDNA 是酵母细胞存活的必要元件，因此，在设计合成的 XII 染色体替换之前，研究人员在酵母细胞中提前回补了一个含 rDNA 重复单元的高拷贝质粒，以维持 rDNA 基本的生物学功能。

在 XII 号染色体组装过程中，编码核糖体 RNA 区域首先被完整地保留下来，通过大片段合成序列,在不同的菌株中分别对染色体不同区域进行逐步替换,同时利用酵母同源重组特性,将多个合成序列进行合并,获得完整的、不含 rDNA 序列的 XII 号合成型染色体。最后在质粒或基因组不同位置上整合新的 rDNA 单元,通过超长片段高度重复 rDNA 基因簇的遗传操纵与编辑,实现了百万碱基级别染色体的合成。研究人员发现不同物种间的内部转录间隔区(ITS)对酵母细胞生长无显著影响,即作为物种鉴定标记的 ITS 分子标签可以转移到另一个物种上,且不明影响该物种本身的遗传属性。

XII 号染色体的人工合成表明现有技术已经实现了百万级碱基的合成染色体设计及构建,同时该研究实现了对高度重复的 rDNA 基因簇进行编辑与操控,奠定了对超大、结构超复杂的基因组进行设计与重编的基础,证明了酵母基因组中高度重复 rDNA 区域的高度灵活性与可塑性。

6)合成型染色体的 3D 结构

染色体的三维结构为细胞存储高密度的遗传信息提供了基础。高度折叠的染色体将基因组区分开来,并且可以将基因距离遥远的功能元件(如启动子和增强子)在空间上紧密相连,解析染色体结构和基因组活动之间的关系将有助于理解基因组内复杂的过程。

借助 Hi-C 技术,Mercy 等(2017)分析了已完成构建测试的 Sc2.0 染色体(II、III、V、VI、X、XII 和 IXR)的 3D 构象,虽然 Sc2.0 对酵母基因组进行了大量的改造,但大部分重编改造对染色体的构象没有影响,染色体内相互作用很大程度上与相应野生型染色体接近。然而,synIII 染色体上长片段的配型相关序列缺失,以及 synXII 染色体上超长 rDNA 重复序列的移位,导致染色体的 3D 结构发生改变,但不影响酵母细胞的正常生长。整体而言,Sc2.0 对冗余序列和不稳定序列的删除,使酵母染色体在空间构象上的相互作用更加容易。

4. 酿酒酵母 I、IV、VII、XI、XIII、XIV 号染色体的人工设计与合成

2023 年,最后一批 Sc2.0 合成型染色体合成工作完成,成果相继发表在《细胞》《细胞基因组》《分子细胞》等杂志上,该系列合成型染色体研究工作的完成将补齐酵母全基因组合成的最后拼图。同时,一条独立承载全部酵母核 tRNA 基因的人工染色体及一株整合了 6.5 条合成型染色体的酵母细胞的构建获得成功,表明该国际合作项目已趋近于完成一个稳定的全合成型基因组的酵母细胞。

该系列研究包括由纽约大学 Jef Boeke 团队主导设计合成的 I 号和 IV 号染色体。其中 synI 的总长度约为野生型酵母 I 号染色体长度的 21.4%。研究人员使用改良的 CRISPR/Cas9,将染色体 I 与长度不同的染色体臂进行了融合,包括 chrIXR(84 kb)、chrIIIR(202 kb)和 chrIVR(1 Mb),所有的融合染色体菌株都像野生型酵母一样生长。通过对融合染色体菌株的三维结构进行研究,研究人员发现融合染色体中形成了意外的环和扭曲结构，与沉默蛋白 Sir3 有关，这表明 HMR 和相邻端粒之间存在先前未被认识的三维相互作用（Luo et al., 2018a）。synIV 是已报道从头合成最大的真核染色体，长 1 454 621 bp，采用了针对该长染色体开发的分层逐级整合策略，显著提高了合成染色体构建的准确性和灵活性并促进染色体纠错测试。研究人员操纵改变 synIV 在酵母细胞核中的三维结构，发现很少有基因的表达受影响，表明细胞核内位置信息在酵母核质基因调控中起次要作用（Zhang et al., 2023, 2022c）。

染色体非整倍体的基因组不稳定，与多种疾病密切相关。通过设计合成 Mb 级酵母染色体 synVII，深圳华大生命科学研究院沈玥研究员等人构建了合成非整倍体酵母（n+synVII），并通过合成型染色体特有的 SCRaMbLEd 系统筛选获得了数百种生长表型恢复的、具有不同染色体重排特点的菌株，对这些菌株进行系统性的多组学分析表明，非整倍体对细胞生长的影响主要通过冗余的染色体遗传物质和部分具有特定功能的染色体区域共同作用导致（Shen et al., 2023）。这些研究为合成型酵母在非整倍体领域的研究开辟了新范例。

英国帝国理工学院 Tom Ellis 设计合成了 660 kb 的 synXI 酵母染色体，在合成构建和修复 synXI 过程中，研究人员发现若干处非编码 DNA 修改导致的酵母细胞生长缺陷，这些非编码 DNA 包括与着丝粒功能或线粒体活性相关的区域，相关非编码 DNA 的修复可以恢复酵母细胞的正常生长。研究人员使用 XI 号染色体上的 *GAP1* 作为研究对象，根据研究需要在特定的位置插入 loxPsym，可以实现靶向生成染色体环状 DNA（Blount et al., 2023）。这些发现为更好地了解基因组 DNA 序列及未来的合成基因组设计提供了有益的信息。

酿酒酵母作为单细胞真核模式生物，对衰老及相关基因的研究具有直接或间接的促进作用。广东省深圳市第二人民医院联合深圳华大生命科学研究院及北京大学，设计合成了 884 kb 的 synXIII，基于合成型的 synXIII 染色体 SCRaMbLEd 筛选出了 135 株寿命延长的菌株及 10 个与衰老相关的基因，发现 *RRN9* 是酵母细胞寿命的主要控制因子（Zhou et al., 2023a）。这些结果为酵母细胞衰老及相关基因的挖掘研究提供了宝贵的思路。

澳大利亚麦考瑞大学的研究人员设计合成了一条长 753 096 bp 的 synXIV，在构建和修复 synXIV 过程中，他们发现某些基因两侧插入 loxPsym 会干扰线粒体相关蛋白的定位，*NOG2* 基因内含子的移除及 *YNL114C* 终止密码子 TAG 的同义替换影响细胞生长。该团队使用合成型的 synXIV 与野生型菌株构建杂合四倍体酵母，由于 XIV 染色体上野生型与合成型的必需基因同时存在，该系统增加了 SCRaMbLE 后细胞的存活率，拓展了 SCRaMbLE 的应用范围（Williams et al., 2023）。

为提高酵母基因组的稳定性，Sc2.0 系统性地删除了原基因组 tRNA 序列，并将 tRNA 序列集中在一条包含全部酵母核 tRNA 基因的人工染色体上。2023 年，英国曼彻斯特大学 Cai Yizhi 课题组完成了这一具有挑战性的工作，报道了 tRNA 新染色体的设计、构建和表征。由于 tRNA 的集合极其不稳定，酵母 tRNA 新染色体的成功构建表明了酵母作为模式生物具有高度的可塑性，并为这些必需的非编码 RNA 及其相应理论研究和验证开辟了新的天地（Schindler et al.，2023）。

5. Sc3.0

在 Sc2.0 即将完成之际，科学家着手筹备开展更具颠覆性和应用性的 Sc3.0。Sc3.0 旨在精简酵母基因组，探讨维持真核生物生长所需的最小基因组，以揭示生命活动的基本规律。这里的精简包括两层含义：一是包含最少的、能支撑酵母细胞生长的所有基因；二是系统性压缩有义密码子，即合成小于 64 个密码子的酵母基因组，使释放出来的密码子可以编码多种非天然氨基酸，使之在医药、成像、生物材料、疫苗和生物防控等领域具有广泛的应用前景。

戴俊彪等人提出了 Sc3.0 的一个方案，即构建一个全部必需基因（约 1000 个）的集合，将必需基因集整合在质粒上，称为 eArray，然后将 eArray 引入 Sc2.0 构建的全基因组合成的菌株，通过多轮深度基因组重排，让菌株不断地丢弃非必要基因，以期获得一个包含最少基因的酵母基因组（Dai et al.，2020），并以酵母 XII 号染色体左臂为例进行了试验验证，将近 40% 的 XII 号染色体左臂可通过重排移除，且在 30℃ 富营养培养基下不影响细胞生长（Luo et al.，2021）。该方案充分利用了 Sc2.0 的资源和成果，在无需投入大量设计与合成工作的前提下，有机会获得包含最小酵母基因组的细胞，这将有助于解密生命体每个基因的功能，从而可能回答真核生物生命运行的工作机制。但该 Sc3.0 的方案仅在基因组大小上进行了缩减，编码缩减基因组的密码子仍为 61 个有义密码子和 3 个无义密码子，在菌株兼容非天然氨基酸、抗病毒等方面具有一定的局限性。

Sc3.0 项目设计规则目前仍处于探索阶段，真核基因组的精简原则不清晰，大规模的基因组改动设计缺乏有效的指导准则，直接设计并大规模合成基因组具有诸多的不确定性和不可控性。为了解决这一问题，在 Sc3.0 项目设计规则确定之前，沈玥、付宪等研究人员根据有义密码子的含量、识别目标有义密码子的 tRNA 数量以及相应的 tRNA 反密码子环是否被氨酰-tRNA 合成酶识别等原则，尝试了对 70 多个酵母必需基因按四种不同的规则进行重编程，简并了其中两个有义密码子。表型测试和转录组分析表明，部分重编程规则下的菌株生长与野生型起始菌株无明显差异，相应基因重编程后转录表达水平无明显变化，说明在该研究设计框架下，酿酒酵母有义密码子的简并是可行的（未发表）。此外，密码子偏好性在不同物种或同一物种的不同基因中普遍存在，其不同丰度的密码子是否对细胞生长产生影响仍未可知，因此，沈玥、付宪等人在酵母 II 号染色体上转换了编码天冬氨酸和谷氨酰胺的 2 个密码子，并研究这种改变对酵母细胞生长的影响，在基因组层面上为密码子偏好性可能对全基因组改写造成的影响进行了探索（未发表）。这些工作为 Sc3.0 酿酒酵母全基因组简并设计奠定了基础。

3.3.4　人工单条融合染色体与人工外源染色体酵母

近年来，随着科技的进步和技术的发展，科学家对超大分子质量 DNA（染色体级别）的遗传操作和分子改造研究也有了长足的进展，如实现病毒、支原体和大肠杆菌基因组的设计与合成，以及 Sc2.0 实现完整的染色体设计与合成。除此之外，科学家还完成了将真核细胞酿酒酵母的染色体整合形成单条融合染色体，这使得科学家可以在一个全新的视角来审视传统的遗传学知识、探讨海量的基因组未知信息，以及为未来超大分子质量 DNA 遗传操作技术奠定基础。合成生物学的快速发展为传统生物工程带来了革命性的新方法、新思路，如利用高通量的 DNA 合成技术，研究人员可以在短时间内合成并组装数十万个核酸序列，使科学家有足够的遗传空间设计并放置其感兴趣的基因、复合体，乃至数十个基因组串联组成的代谢通路。这种几乎没有限制的新方式，让科学家拥有更多解决实际问题的工具，包括尝试在细胞中构建全新的外源染色体，以执行某些有益但极其复杂的生化过程。此外，染色质三维结构的研究也逐渐受到研究人员的关注。生物学上还有很多未知的问题有待揭示，如不同生物间染色体数目与其生物学功能是否具有关联？生物体染色体数目在多大程度上可人为改变？染色质高级结构相互作用的变化会对细胞和生物体的生长有多大的影响？

为了回答这些问题，研究人员在酿酒酵母细胞内尝试了大尺度染色体改造的工作。2018 年 8 月，中国科学院上海生命科学研究院植物生理生态研究所覃重军等人组成的合作团队与纽约大学 Jef Boeke 在《自然》杂志上背靠背发表了酵母染色体合并重塑的研究工作。自然条件下酵母细胞含有 16 条染色体，每条染色体中部含一个着丝粒（在细胞有丝分裂过程中保证姐妹染色单体的正确分离），两端各含一个端粒（由一段高度重复序列与特殊蛋白质紧密结合形成，对线性染色体末端起保护作用）。为了构建单条染色体的酵母细胞，覃重军等人组成的合作团队利用 CRISPR/Cas9 基因编辑技术对染色体的端粒进行切割，借助酵母内源性同源重组机制将两条染色体首尾相连，在此过程中同步切除其中一条染色体的中心粒，使染色体两端依次首尾相连融合成一条染色体，连接起来的融合染色体中设计保留一个着丝粒。经过 15 轮的染色体逐轮合并，研究团队最终构建了只含一条染色体的酵母细胞（Shao et al.，2018）。覃重军团队使用高通量染色体构象捕获技术（Hi-C）对新合成的单条染色体酵母细胞与野生型 16 条染色体的酵母细胞染色体结构进行比较分析，如作者所预期，单条染色体酵母细胞染色体在三维空间结构上发生了巨大的变化，与野生型酵母细胞不同，其 16 条染色体在空间上有序排布，而单条染色体酵母细胞，其超长的染色体在空间上无序折叠，形成类球状染色体。然而两者在多种培养条件下，生长表型接近，说明染色体的空间结构对细胞基因组的整体表达没有关键性的影响，颠覆了传统认识中染色体三维结构决定基因时空表达的理论。该研究建立的染色体融合技术，对全基因组合成生物学，以及基础生物学中端粒、着丝粒、有丝分裂等细胞结构和生物学过程研究具有重要的意义，对真核细胞与原核细胞的界定和进化研究具有重要的参考价值。

Jef Boeke 团队使用了与覃重军团队几乎相同的策略对酵母染色体进行合并重塑，即利用 CRISPR/Cas9 基因编辑技术对需要合并的两条染色体各一端进行切割，并对其中两条染色体中的一个着丝粒进行切除，通过同源重组连接合并在一起。与覃重军团队在组装顺序上随机选择不同的是，Boeke 团队选取了长度最短的 IX 和 III 号染色体开始合并，其次合并的是 I、V、VIII 号染色体等。从短的染色体开始合并的一个优点是，在合并的染色体长度达到某个影响细胞生长的阈值之前，完成尽可能多轮的染色体合并。研究团队最终获得了含两条染色体的酵母细胞（Luo et al.，2018b）。染色体合并的细胞与 16 条染色体的野生型酵母细胞接合后进行产孢分孢测试，当合并后的细胞染色体数目降到 12 条，孢子的存活率小于 10%，当染色体数目下降到 8 的时候，小于 1%的细胞能形成四分体，而从这些少数的四分体拆分出来的孢子皆无法存活。但相同染色体数目的细胞（合并后染色体数目为 8 条、4 条或 2 条）之间的接合却能获得健康的二倍体，其产孢能力和拆分后孢子的存活率都很高。这表明染色体数目下降到 8 及 8 以下的酵母细胞与野生型酵母形成了实际意义上的生殖隔离（Luo et al.，2018b）。覃重军团队和 Jef Boeke 团队的研究对于重新认识真核细胞基因组结构的鲁棒性，以及染色体形态、结构和功能对真核生物进化的影响有极其重要的价值。

合成基因组对未来生物的改造具有极大的灵活性和可能性。2021 年 1 月，荷兰代尔夫特理工大学 Pascale Daran-Lapujade 团队发表了在酵母细胞内快速构建一条全新的外源染色体的研究工作。研究人员首先在计算机上从头设计了一条新外源染色体的序列。通过将多达 44 个首尾相连的重叠片段转化到酵母细胞，使之在细胞内通过同源重组形成新染色体，该染色体与酵母内源序列完全不同，与酵母的生长、复制等正常生理功能无关，但包含着丝粒、自主复制元件、端粒和筛选标记基因，使新染色体在酵母细胞中相对稳定地存在。新染色体可作为载体很好地表达包含 13 个异源基因的糖酵解通路，展示了新染色体作为长路径异源基因表达的理想平台（Postma et al.，2021）。在此基础上，Pascale Daran-Lapujade 团队将生物合成花青素所需的 20 个酵母内源基因和 21 个异源基因整合到酵母新染色体上，成功利用酵母作为细胞工厂来生产花青素（一种植物来源的、具有广泛药用价值的化合物）（Postma et al.，2022）。类似地，Anthony Borneman 团队在实验室菌株 BY4742 中完成了一条全新的泛酿酒酵母基因组基因外源染色体（PGNC）的合成，新染色体包含了 75 个自然界中除 BY4742 所包含基因外已发现的数百株酿酒酵母基因的集合，这些基因在常规培养条件下对酵母生长不是必需的，但在极端环境、营养缺乏或碳源种类受限的条件下，这些基因集能帮助细胞更好地应对环境压力。测试表明，携带 PGNC 的酵母细胞，具有更广的碳源利用范围，对实验室菌株走向工业化具有重大的意义（Kutyna et al., 2022）。

上述研究表明，通过适当整合，可以将染色体级别的多基因、长路径外源通路以染色体的形式在细胞中保留，为细胞生产高价值化合物提供了宝贵的理论和技术。

3.3.5　小结与展望

庞大的真核生物基因组 DNA 蕴藏着海量的信息，我们对 DNA 编码信息规律的研究极其有限，研究人员通过酿酒酵母染色体的合成来解密更多 DNA 编码信息的规律、探索支撑真核生物生命体的基本要素来实现"造物致知"。

酿酒酵母人工染色体设计合成的重要意义在于开启了真核生物基因组设计及合成的研究，回答、解析诸多重要的生物学基本规律，例如，基因与基因之间功能未知的冗余 DNA 能否被删除？真核生物的 64 个遗传密码子都是必需的吗？在不改变其编码产物的前提下，是否可以大规模改变遗传密码子的分配？真核基因组内功能相同或相似的两个同源基因是否可以删除其中一个，仅保留一个？多个非必需基因的敲除可能引起细胞合成致死，酵母细胞能在多大程度上敲除尽可能多的非必需基因且能正常生长？Sc2.0 在设计之初就尝试了回答这些传统的生物学问题，相信在不远的将来，Sc2.0 研究团队将获得完整的全合成酵母基因组，并逐一揭开这些问题的面纱。

真核基因组合成的研究也得到了国家科技部重点专项的大力扶持，从 2018 年至 2023 年，国家科技部连续 6 年发布"合成生物学"重点专项申报指南，拟引导合成生物学领域关键科学问题的解决和基础设施的布局，其中包括：真核微生物酵母基因组人工设计新原则的探索、快速组装的新策略和基因组简化规律的研究；微藻底盘细胞的理性设计、针对微藻基因组合成与编辑的工具和通用技术的开发；高版本工业放线菌和丝状真菌底盘基因组水平设计与重编程；启动植物底盘基因组重构技术的开发、植物人工染色体的设计合成和动物人工染色体的设计与合成。这些充分展示了国家对真核基因组合成研究的重视，为我国合成生物学的稳定发展提供了充足的经费支持，也培养了一支合成生物学研究队伍，为我国在基因组合成领域产生高水平研究成果奠定了基础。

第 4 章　基因组合成生物学的应用与展望

　　通过基因组的设计与从头合成，可以在染色体甚至全基因组的尺度上引入定制化特征，拓展人工合成生命体的功能和特性，助力开发在工业应用方面具有优良特性的底盘细胞，开启合成生物学研究和产业的全新范式。本章首先以基因组人工合成的 Sc2.0 酵母为例，围绕合成酵母独有的基因组可诱导重排的特性，重点介绍基于基因组重排和高通量筛选的酵母菌株底盘进化策略，展现基因组合成生物学在医药、化工、能源、环境、农业等领域助力优良菌株开发的广阔前景。

　　除了在绿色生物制造与工业菌优化等方面的应用，基因组合成生物学还可以改写底盘细胞的密码子表，通过基因组从头合成的策略对目标生物的基因组进行全局重编，把冗余的同义密码子进行压缩，可以释放"空白"密码子，用于遗传编码非天然氨基酸，进而赋予目标蛋白质新的物理化学性质，实现蛋白质结构和功能的创新，在基础科学研究、酶工程、疾病治疗、生物防控等各领域发挥巨大潜力。此外，由于基因组重编的人工生命体采用一套区别于自然界中其他生命常规的"生命语言"，具有抵抗病毒或者噬菌体侵染等特性，亦是基因组合成生物学重要的应用场景。

　　微生物基因组的成功合成也为更高等生物基因组合成积累了经验，由合成基因组学领域众多专家参与的基因组"写"计划（Genome Project-write，GP-write），涉及线虫、果蝇、小鼠、拟南芥等重要非人生物的基因组合成，最终将实现人类基因组合成。GP-write 计划在延续微生物基因组合成思想的基础上，进一步开发基因组合成的相关技术和规范，提升对更高等生物基因组功能元件和生命机理的认知，是对"书写生命密码"的"造物主"更进一步和更大程度地靠近。本章亦将介绍 GP-write 计划及相关应用场景，同时对合成基因组学在更高等生物的应用前景和后续的生物安全与伦理问题进行讨论。

4.1　绿色生物制造与菌株工业性能优化

　　作为合成生物学的新兴领域，合成基因组学的内容是从头设计、合成、构建大片段 DNA 甚至整个生物的基因组，从而在系统层面对目标生物体的基因组进行设计和修改，加速甚至重新定义工业菌株的开发，具有独特性和颠覆性的特征。作为合成生物学的里程碑项目和最具代表性的成果之一，人工合成酿酒酵母基因组计划（Sc2.0）为绿色生物制造中优良底盘的开发和优化开辟了新的方向，通过在合成酵母的基因组中系统地插入 loxPsym 位点建立起新型基因组重排系统，即

SCRaMbLE 系统（synthetic chromosome rearrangement and modification by loxP-mediated evolution），其作为高效的基因组"洗牌器"，能够快速驱动酵母基因组大规模的重排，使酵母菌株进化改良的时间由几个月甚至几年缩短到 1～2 周（Gibson et al.，2008；Blount et al.，2018），成为菌株绿色生物制造和工业性能优化的一大利器，是基因组合成生物学赋能下游应用的典型案例，为生物资源改良领域带来了新的生机。为了展示这个合成基因组学的重要应用方向，本部分将围绕 SCRaMbLE 系统在绿色生物制造和工业耐受性能改良方面上的应用，回顾和讨论该技术在菌株进化上的应用现状，并介绍合成型酵母基因组重排的技术进展与成果（图 4-1），以及目前存在的问题和可行的优化策略，为该领域研究者提供参考。

图 4-1　合成基因组学应用的发展历程

4.1.1　SCRaMbLE 技术的应用

随着合成基因组学中人工合成酿酒酵母基因组计划（Sc2.0）的完成，赋能性基因组设计在合成酵母基因组过程中插入 loxPsym 位点，由此推动了 SCRaMbLE 技术在酵母进化方向的广泛应用。对于工业上常用的酵母菌，研究人员已经利用 SCRaMbLE 系统的"威力"迅速优化了酵母菌的多种产品合成能力或工业条件适应能力。本节将着重介绍 SCRaMbLE 技术在绿色生物制造、工业性能优化、基因组精简等领域的广泛应用，展现其在创新菌株中的重要应用价值和巨大的发展前景。

1. SCRaMbLE 技术优势

在 Sc2.0 合成型酵母中引入的 SCRaMbLE 系统可以介导菌株基因组大规模重排产生丰富的基因组结构变异，为生物性能的提升和优良表型菌株的开发开创了一个新平台，与适应性进化和基因单位点或者多位点编辑等其他定向进化方式相比有其独特之处。

菌株的传统定向进化策略通过反复诱变（如化学、物理或转座子诱变）来产生所需性状，只能将表型与单个基因联系起来，忽略了代谢网络的复杂性和相互关联性。进一步发展的基因组全局协调进化策略，虽然考虑了进化的系统性，但仍存在变异类型或规模较小的问题。如在整个基因组多位置引入小规模变异的多元自动化基因组工程（multiplex automated genome engineering，MAGE）（Wang et al.，2009）、针对酿酒酵母的 eMAGE（eukaryotic MAGE）（Barbieri et al.，2017）、酵母寡核苷酸介导的基因组工程（yeast oligo-mediated genome engineering，YOGE）（DiCarlo et al.，2013a）等。常用的基因编辑技术——成簇规律间隔短回文重复序列及其关联基因（clustered regularly interspaced short palindromic repeats/ CRISPR-associated，CRISPR/Cas）（Reider Apel et al.，2017），也给菌株的定向进化带来了生机，但存在着突变碱基少、需要先验知识以进行特定靶点基因编辑等局限。这时，合成基因组学的 SCRaMbLE 技术作为一种快速引起基因组水平上大片段 DNA 大规模变异的技术，具有系统性、随机性，且在菌株的定向进化速度和程度上表现优异。

SCRaMbLE 系统与现有的定向进化方法相比具有如下优点：①SCRaMbLE 产生 DNA 结构多样性非常快速，伴随菌株传代进行，只需几小时即可完成；②SCRaMbLE 系统无需选择性标记，即可引起单基因或多基因的删除、翻转或重复等，避免了标签的使用限制；③SCRaMbLE 具有在全基因组中所有的重组位点发生结构变异的潜力，有较好的随机性，可以在对基因组位点功能未知的情况下进行，然后采用高通量筛选方法有效进行有利表型的筛选，有助于发现未知潜在靶点；④SCRaMbLE 系统的成本低廉，不需要特殊的设备，除诱导剂外，与菌株培养过程基本一致；⑤区别于少数 DNA 碱基的改变、单个或者少数几个基因的敲除及表达改变，SCRaMbLE 系统可以产生非常复杂的结构变异，引起多个基因拷贝数的变化和顺式因子调节网络的改变，是基因含量和基因排列发生根本性改变的"超进化"（Jovicevic et al.，2014）。此外，合成基因组学的飞速发展使 DNA 合成成本不断下降，大片段 DNA 甚至基因组的合成能力不断提升，这些都为在多物种基因组水平上系统地引入位点特异性重组系统提供了条件，有机会促进 SCRaMbLE 技术在更多物种定向进化上的应用，以及对更高层次生物进化的深入研究。

2. SCRaMbLE 技术流程

根据 SCRaMbLE 过程的关键步骤，应用 SCRaMbLE 技术筛选进化菌株的工作流程如下（图 4-2）：首先，引入 loxPsym 位点和 Cre 重组酶，将 loxPsym 位点和 Cre 重组酶构建到游离质粒或整合到基因组上；其次，进行 Cre 重组酶活性诱导，在暴露于诱导剂或诱导条件下，Cre 重组酶与 loxPsym 位点结合发挥切割重组活性，触发 SCRaMbLE，SCRaMbLE 过程随之产生基因组结构多样性（SCRaMbLE 介导合成型酵母基因组重排，引发大量的基因组结构变异，产生遗传背景改变的重排菌株库），进行表型筛选[联合不同表型高通量筛选策略，如产品产量（菌株颜色）或适应性生长（菌体大小）等表型挑选目标菌株，进行目标表型的验证]；再次，进行基因型测序，即通过高通量二代测序及长读长三代测序对目标菌株全基因组测序，获得基因型变异；最后，解析表型关联靶点，根据目标菌株基因型与表型关联（genotype-to-phenotype relationship），推测引起表型变化的关键结构变异，并将结构变异在对照菌株中重构，确定与表型相对应的重要基因靶点。

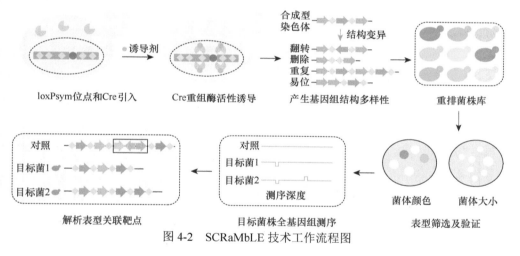

图 4-2　SCRaMbLE 技术工作流程图

3. SCRaMbLE 技术在绿色生物制造上的应用

绿色生物制造是指以微生物作为"底盘"，在这个底盘之上通过理性设计组装化合物异源合成途径，获得制造天然化合物的微生物细胞工厂。然而，新途径的异源引入往往伴随着目标化合物的低产量，或者宿主菌株生长受损甚至对宿主产生毒性（Pitera et al.，2007）。传统的代谢工程中，代谢分析、底物优化和基因改造的策略在以往几十年间成功解决了许多关键问题，但途径优化和底盘改造往往需要反复试错，仍然是劳动密集型的。基于酵母合成基因组学创建的 SCRaMbLE 技术的介入和发展，以更快速、更高效的方式为生物学改造提供了机会，利用 SCRaMbLE 技术筛选进化菌株的工作流程，提升了酵母菌株多种化合物的产量（表 4-1）。

表 4-1 SCRaMbLE 技术在绿色生物制造上的应用

化合物	合成染色体菌株	loxPsym 位点数	SCRaMbLE 类型	SCRaMbLE 诱导时间	高通量筛选策略	产量提升	验证的相关结构变异	参考文献
类胡萝卜素	synV 单倍体	176	体内 SCRaMbLE "与门"控制	8h	菌体颜色	1.5 倍	YEL013W 删除	Jia et al., 2018
类胡萝卜素	synIII 和 synV 二倍体	274	MuSIC	8h	菌体颜色	38.8 倍	类胡萝卜素途径重复	Jia et al., 2018
番茄红素	synII 二倍体	267	体内 SCRaMbLE	24h	菌体颜色	15.8 倍	PEX32 删除	Zhang et al., 2021
β-胡萝卜素	质粒和 synII 单倍体	基因启动子两侧 2 个 loxP/Vlox/rox, 途径两侧 2 个 loxPsym, 合成染色体上 267 个 loxPsym	体外+体内的 SCRaMbLE-in	体外诱导 16h, 体内诱导 24h	菌体颜色	2 倍	未知	Liu et al., 2018
β-胡萝卜素	质粒	10 个 loxPsym (自上而下策略), 转录单元两侧 2 个 loxPsym (自下而上策略)	体外 SCRaMbLE	1h	菌体颜色	5.1 倍	CrtI 重复或翻转	Wu et al., 2018
虾青素	synV 和 synX 的单倍体	421	体内迭代 SCRaMbLE	6h	菌体颜色	2.1 倍	YJL052C-A-YJR071C 翻转和 YJR30C-YER164W 易位	Jia et al., 2022
紫色杆菌素	synV	174	体内 SCRaMbLE	4h	菌体颜色	2.1 倍	未知	Blount et al., 2018
紫色杆菌素	质粒和 synII 单倍体	基因启动子两侧 2 个 loxP/Vlox/rox, 途径两侧 2 个 loxPsym, 合成染色体上 267 个 loxPsym	体外+体内的 SCRaMbLE-in+多轮 SCRaMbLE	体外诱导 16h, 体内诱导 24h	菌体颜色	17 倍	未知	Liu et al., 2018
脱氧紫色杆菌素 (紫色杆菌素前体)	环形 synV	170	体内多轮 SCRaMbLE	24h	菌体颜色	7 倍	头对头新结构 (YER170W 和 YER171W) 及 YER182W 删除	Wang et al., 2018b
青霉素	synV	174	紫色杆菌素底盘 SCRaMbLE	—	LC-MS	2.5 倍	未知	Blount et al., 2018
白桦酸	synV	176	体内 SCRaMbLE	4h	Ultra-fast LC-MS	3 倍	TIR 3'UTR 删除	Gowers et al., 2020

　　类胡萝卜素（carotenoid）是一类重要的天然色素的总称，普遍存在于番茄、胡萝卜、虾、雨生红球藻等生物体中，使其呈现红色、黄色、橙色等颜色。由于类胡萝卜素含有多重不饱和键，因此具有显著的抗氧化、免疫调节、抗癌、延缓衰老等活性。目前常见的类胡萝卜素有番茄红素、β-胡萝卜素、虾青素、叶黄素等，是化妆品、保健品等的常用成分，具有重要的医用和经济价值。研究人员以含有人工合成型 5 号染色体（synV）的单倍体菌株作为研究对象，开发了精确控制 SCRaMbLE 开关的技术，使类胡萝卜素的产量增加了 1.5 倍，并发现产量增加的原因为 *YEL013W* 基因的删除。通过在含 synIII 和 synV 的二倍体酵母中联合使用"与门"精确控制开关及"MuSIC"策略，在 5 个循环的 SCRaMbLE、拆孢、交配后，类胡萝卜素产量最终增加 38.8 倍，显现出 SCRaMbLE 对于提升产物产量的巨大潜力（Jia et al.，2018）。此外，在含 synII 的二倍体番茄红素生产菌株中，SCRaMbLE 成功使产量提升了 15.8 倍，揭示了删除 *PEX32* 对提升菌体内番茄红素的产量具有一定贡献（Zhang et al.，2021）。通过联合体外 SCRaMbLE 策略，β-胡萝卜素合成途径质粒的启动子体外重排可以产生大量不同表达水平的质粒库，导入 synII 单倍体菌株中再进行体内 SCRaMbLE，使 β-胡萝卜素产量提升了 2 倍（Liu et al.，2018）。同样，采用体外 SCRaMbLE 方式来增加 β-胡萝卜素的产量，基于酵母中表达的 β-胡萝卜素合成途径质粒，采用"自上而下（top-down）"的方式对合成通路结构重排，获得了 17 种新 β-胡萝卜素合成途径结构；采用"自下而上（bottom-up）"方式，通过放置 loxPsym 位点实现对途径中转录单元的精确重排，最终使 β-胡萝卜素产量提升 5.1 倍，并发现 *CrtI* 是合成途径中的关键基因，该基因的重复和翻转与产量提升密切相关（Wu et al.，2018）。对于抗氧化活性最强的虾青素，在含有 synV 和 synX 两条合成染色体菌株中经历两轮迭代 SCRaMbLE，揭示 *YJL052C-A-YJR071C* 翻转和 *YJR130C-YER164W* 易位的联合作用可以使虾青素的产量提升 2.1 倍（Jia et al.，2022）。

　　紫色杆菌素（violacein）是来自微生物的一种吲哚衍生物类代谢产物，可以作为潜在的抗肿瘤、抗病毒药物及生物燃料，有广阔的应用前景。研究人员利用 SCRaMbLE 技术在含 synV 菌株中获得了紫色杆菌素产量提升 2.1 倍的高产菌株（Blount et al.，2018）。使用体内和体外的 SCRaMbLE-in 策略，实现了高效的紫色杆菌素质粒文库构建，结合 synII 菌株体内 SCRaMbLE，与对照菌株相比，紫色杆菌素产量共提升了 17 倍（Liu et al.，2018）。此外，针对紫色杆菌素的前体脱氧紫色杆菌素（PDV），研究人员通过对环形 synV 进行 SCRaMbLE，发现 29 种新结构变异中有 11 种促进了脱氧紫色杆菌素的生物合成。与对照菌株相比，PDV 的产量增加了 7 倍，*YER170W* 和 *YER171W* 的头对头新结构，以及 *YER182W* 的删除均对 PDV 产量的增加有促进作用（Wang et al.，2018b）。

　　类胡萝卜素和紫色杆菌素天然产物都是具有颜色表型的产物，很容易通过基于颜色深浅的高通量筛选策略，从 SCRaMbLE 后的合成酵母菌株库中筛选到具有目标表型的突变体菌株。然而，实际上，大多数高附加值天然产物没有颜色的表型，针对此难点，研究者尝试开发了多种针对性的策略。以在酵母中较难表达的青霉素合成途径为例，研究人员借助表型易筛选产物的 SCRaMbLE 实验为这类难筛选产物提供优化的底盘菌株（Blount et al., 2018）。首先在 synV 菌株 SCRaMbLE 提升紫色杆菌素产量的过程中，发现一株增强 2 μ 质粒拷贝数的变异菌株，继而将编码青霉素合成途径的 2 μ 质粒载体加入该菌株中，与对照菌株相比，优化的底盘菌株使青霉素产量提升了 2.1 倍，达到 14.9 ng/mL，显著高于目前已有产量（5～6 ng/mL）。另外一个筛选策略则是借助高通量设备，例如，白桦脂酸（betulinic acid，BA）主要从白桦树皮中提取，可以选择性地杀死黑色素瘤而不杀伤健康细胞，且对 HIV 感染有抑制作用，是一类重要的抗癌天然药物，但该化合物无颜色，因此很难表征菌株的合成水平。为此，帝国理工学院 Ellis 实验室借助自动化和高通量的超快速液相色谱-质谱联用技术（ultra-fast LC-MS），针对 synV 染色体 SCRaMbLE 后的菌株扩大筛选能力，鉴定到白桦脂酸产量提升 2～7 倍的菌株，并发现了 *TIR* 的 3′UTR 的删除使产量增加约 3 倍（Gowers et al., 2020）。

综上，SCRaMbLE 技术在绿色生物制造中的应用表明其在工业生产菌种产量提升方面的潜力，短短几天就可以获得大量性状不同的菌种，同时发现一些关键靶点基因，且这些基因或结构变异方式都是通过传统基因改造技术中不太可能被理性推测或发现的，加深了对基因型与高产表型间关系的理解。因此，SCRaMbLE 技术的拓展应用将成为获得工业生产优良菌株一种非常有前景的方法。

4. SCRaMbLE 技术在工业性能优化上的应用

在实际工业生产中，菌株往往面临许多环境胁迫（如高温、高压、酸碱性、非优势碳源等）、抗生素（如雷帕霉素、潮霉素）或生长影响因子（咖啡因）等的胁迫。SCRaMbLE 技术在工业性能菌株优化方面的应用，可以使菌株快速进化出特定环境或药物耐受性等工业优良性状，从而增加菌株在工业应用中的潜力，这方面的研究目前已经取得了阶段性进展（表 4-2）。

具体来说，工业应用过程中会涉及较宽的温度变化范围，较高的温度将导致发酵菌株生长抑制甚至死亡，因此产生耐热性的酵母是生物技术的一个重要目标。近期研究表明，在 synXII 菌株中通过 SCRaMbLE 技术及基于生长标记翻转的报告系统（reporter of SCRaMbLEd cells using efficient selection，ReSCuES），研究人员筛选获得 3 株能够在 39.5℃生长的酵母菌株（Luo et al., 2018c）。通过对 synX 菌株与一株 Y12 清酒酵母菌株杂交的杂合二倍体菌株 SCRaMbLE，获得了更高温度（42℃）条件下生长的菌株，全基因组测序分析表明，跨 *YJL154C-YJL140W* 区域的删除是耐热性提高的关键（Shen et al., 2018）。此外，耐酸性或耐碱性增强的菌株在工业上也有着广泛应用，尤其是在生物修复、生物降解、生物控制和生物

表 4-2　SCRaMbLE 技术在工业性能优化上的应用

工业性能	合成体菌株/染色体	loxPsym 位点数	SCRaMbLE 类型	SCRaMbLE 诱导时间	高通量筛选策略	性能提升	相关结构变异	参考文献
温度耐受	synXII	299	体内 SCRaMbLE	24 h	ReSCuES+菌体大小	39.5℃	未知	Luo et al., 2018c
温度耐受	synX 杂合二倍体	245	体内 SCRaMbLE	6 h	菌体大小	42℃	跨 YJL154C-YJL140W 删除	Shen et al., 2018
醋酸耐受	synXII	299	体内 SCRaMbLE	24 h	ReSCuES+菌体大小	0.6%乙酸下 OD 提升 21 倍	未知	Luo et al., 2018c
碱耐受	synV	176	体内 SCRaMbLE	8 h	菌体大小	pH 8.0	SPT2 删除	Ma et al., 2019a
乙醇耐受	synXII	299	体内 SCRaMbLE	24 h	ReSCuES+菌体大小	8%乙醇	ACE2 3'UTR 删除	Luo et al., 2018c
雷帕霉素耐受	synV 和 synX 种间杂合二倍体	421	体内 SCRaMbLE	6 h	菌体大小	1μg/mL	GLN3 删除或全 synX 杂合性缺失	Li et al., 2019
潮霉素耐受	synII	267	体内 SCRaMbLE	24 h	菌体大小	耐受浓度提升到 250μg/mL	YBR219C 删除或 YBR220C 删除	Ong et al., 2021
咖啡因耐受	synX 中间杂合二倍体	245	体内 SCRaMbLE	6 h	含咖啡因培养基	7mg/mL	POL32 重复	Shen et al., 2018
纤维素水解	质粒	6	体外 SCRaMbLE	1 h	体外酶活反应	水解 BPNPG5	CEL3A 和 CEL5A 的拷贝数比率为 1.6:1	Wightman et al., 2020b
木糖利用	synV	174	体内 SCRaMbLE	4 h	生长曲线	5.85 倍	MXR1 删除	Blount et al., 2018

基化学品生产等方面。在耐酸性提高方面，对 synXII 菌株 SCRaMbLE，可使菌株在 0.6%乙酸条件下 OD_{600} 值提升 21 倍（Luo et al.，2018c）；在耐碱性提高方面，通过对含有一条（synV）或两条（synV 和 synX）合成染色体的酵母菌株 SCRaMbLE，获得了可以耐受 pH 8.0 的耐碱性增强菌株，全基因组测序分析确定 *SPT2* 的删除是酵母耐碱性提高的原因（Ma et al.，2019a）。

除了耐热性和耐酸碱性，其他发酵过程中的药物或生长抑制因子的耐受性也可以通过 SCRaMbLE 技术来增强。例如，在 synXII 菌株中，通过 SCRaMbLE 技术及 ReSCuES 筛选策略，获得了能够在 8%乙醇浓度下生长的乙醇耐受菌株（Luo et al.，2018c）。进一步探究发现 *ACE2* 区的翻转导致的 3′UTR 删除和 *ACE2* 活性缺失是产生乙醇耐受的原因。SCRaMbLE 技术有潜力被用来解决当前病原体耐药性对人类健康的威胁，SCRaMbLE 的加速进化能力可以模仿病原体世代自然选择中抗药性的获得过程，解析未来可能导致病原体耐药性产生的新基因型和机制，从而尽早预测并做好准备。例如，雷帕霉素是一种大环内酯类抗生素，酵母细胞由于含有雷帕霉素靶向的受体蛋白而对其敏感。通过对 synV 和 synX 种间杂合二倍体进行 SCRaMbLE，获得了 1 µg/mL 雷帕霉素的耐药性菌株，并确认 *GLN3* 基因缺失会导致酵母对雷帕霉素抗性增强（Li et al.，2019）。有趣的是，研究人员还发现一种 synX 染色体杂合性丢失（loss of heterozygosity，LOH）的现象，即二倍体中合成染色体部分或全染色体消除而被复制的野生型染色体取代，揭示了不同 LOH 水平可以增强合成酵母对雷帕霉素的抗性。另一种常用抗生素——潮霉素 B，是一种氨基糖苷类抗生素，可以抑制原核生物和真核生物的蛋白质合成，从而起到杀菌作用。利用 SCRaMbLE 技术，synIII 单倍体酵母菌株在 250 µg/mL 潮霉素下生长，并确认 *YBR219C* 和 *YBR220C* 的缺失有助于潮霉素抗性增强（Ong et al.，2021）。这些引起菌株抗生素抗性提高的关键基因靶点，未来都有可能应用于真菌感染的预防或治疗。咖啡因是一种黄嘌呤生物碱化合物，能够暂时驱走睡意并恢复精力，临床上用于治疗神经衰弱和昏迷复苏，是世界上最普遍被使用的精神药品。但咖啡因与大环内酯类抗生素雷帕霉素一样，是酵母 TOR 激酶级联反应的抑制剂，导致酵母寿命延长（Wanke et al.，2008）。通过 SCRaMbLE 对 synX 种间杂合二倍体菌株定向进化，最终获得耐受 7 mg/mL 咖啡因的菌株，并进一步揭示出 *POL32* 的重复是咖啡因耐受性增强的原因（Shen et al.，2018）。

随着粮食危机的加剧，开发以木质纤维素等"非粮生物质"为原料的工业过程，对推动生物技术工业生产可持续发展具有重要意义。酿酒酵母从木质纤维素废料中经济地生产生物燃料和其他有价值的产品，必须通过生产水解纤维素生物质的酶来有效水解纤维素底物。为此，前期研究通过对分别含 β-葡萄糖苷酶基因（*CEL3A*）和内切葡聚糖酶基因（*CEL5A*）的质粒进行体外 SCRaMbLE，获得两种酶比例不同的质粒文库，在酵母中表现出一系列单独的酶活性和协同能力，最终确定具有底物 4,6-*O*-（3-酮丁烯）-4-硝基苯基-β-d-纤维五糖苷（BPNPG5）最高水解活性的菌株，其体内 *CEL3A* 和 *CEL5A* 拷贝数比率为 1.6∶1（Wightman et al.，2020b）。另外，木质纤维素生物材料（如玉米的穗轴、秸秆）中含量较高的糖为木糖，是一种有前景的替代碳源，如何使微生物利用木糖进行生长成为研究热点。酵母通常情况下不能以木糖为唯一碳源进行生长，利用木糖的合成途径引入酵母 synV 菌株中，通过 SCRaMbLE 成功获得了一株在以木糖为唯一碳源的培养基上生长能力提升 5.85 倍的菌株，变异结构分析发现 *MXR1* 删除是酵母利用木糖的关键，为在工业领域环境友好地应用酵母提供了可能（Blount et al.，2018）。

除上述案例外，未来借助 SCRaMbLE 技术可以提升更多的工业菌株所需优良性状。对于无 loxPsym 位点的工业野生型菌株，一方面，可以将具有工业性状的单倍体菌株与合成单倍体菌株杂交，得到同时具有合成酵母和工业酵母综合特性的半合成杂合二倍体菌株，例如，将工业来源单倍体酵母 HK01～HK04 菌株与含有合成染色体 synIII、synVI、synIXR 的 yZY175 菌株杂交，这些异源二倍体不仅表现出对渗透压迫（1.5 mol/L 山梨醇）、还原条件（25 mmol/L DTT）和 12%乙醇（*V*/*V*）的耐受性，而且因合成染色体含大量 loxPsym 位点，还具有快速基因组进化的能力（Wightman et al.，2020a）；另一方面，可以在合成型菌株的 SCRaMbLE 实验中获得与优良性状相关的变异位点，将该位点转移到工业野生型菌株中，加大 SCRaMbLE 技术优化菌株关键工业性能的适用性。

5. SCRaMbLE 技术在基因组精简上的应用

冗余是基因组的一个共同特征，用于确保生物体在不同环境和不断变化的条件下稳健生长。合成基因组学的发展为设计和构建"最小基因组"提供了契机，即在没有环境压力的情况下，构建出维持生命所需的最小基因组，进而深入了解细胞中每个必需基因的功能。目前，科学家已经进行了一系列尝试来预测和构建最小基因组。1996 年，科学家通过比较生殖支原体和流感嗜血杆菌基因组，得出了细胞生命的最小基因集（Mushegian and Koonin，1996）。自此开始，Venter 等在 20 年的创造性研究中解决了基因必需性评估和人工基因组合成中的一系列理论及技术问题，于 2016 年设计并合成了自然界中能够自主复制的最小基因组——蕈状支原体 JCVI-syn3.0（序列长度 531 kb，473 个基因）（Hutchison III et al.，2016）。然而，与原核生物相比，人们对真核生物的最小基因组却知之甚少。由于真核生物如酵母的基因间相互作用的复杂性，几乎不可能为最小基因组的设计挑选非必需基因集，因此创建真核生物的最小基因组非常困难。来自合成基因组学的 SCRaMbLE 技术为真核生物基因组最小化提供了一条有效途径，通过诱导 loxPsym-侧翼片段的随机删除来消除非必需基因组区域，经过筛选可获得生长正常的基因组减小菌株，因此，SCRaMbLE 系统被认为是基因组精简的有效工具，并且已经取得了初步进展（表 4-3）。

表 4-3 SCRaMbLE 技术在基因组精简上的应用

含合成染色体菌株	loxPsym 位点数	SCRaMbLE 类型	SCRaMbLE 诱导时间	高通量筛选策略	删减	生长适应性规律	参考文献
Semi-synVIL 单倍体	5	体内 SCRaMbLE	12d	—	全 semi-synVIL 删除		Dymond and Boeke, 2012
synXIII 单倍体	47	体内 SGC+迭代SGC+eArray	2h	5-FOA	65 个非必需基因删除 39 个，170 kb 长染色体大小删除 100 kb，删除 58%	PML1 为高温耐受必需，SDH2 为 YPG 上生长必需	Luo et al., 2021
synIII 单倍体	98	体内 SCRaMbLE+必需基因集质粒	8h	—	删除 97kb，占 synIII 长度的 35.7%	82～88kb 区域合成致死的相互作用	Wang et al., 2020

首先，2012 年在含半合成型染色体菌株中通过 SCRaMbLE 发现合成型的 6号染色体左臂（semi-synVIL）可以完全丢失，展示了 SCRaMbLE 作为基因组最小化工具的潜力（Dymond and Boeke，2012）。在后续研究中，戴俊彪课题组（Luo et al.，2021）于 2021 年开发了一种基于 SCRaMbLE 的基因组精简方法（SCRaMbLE-based genome compaction，SGC），用于探究 synXIIL 染色体片段如何逐步精简。他们首先将酵母 synXIII 染色体的所有必需基因组装在一个质粒（eArray）上，在含补充必需基因质粒的 synXIII 菌株中，SCRaMbLE 使染色体区域的大范围缺失成为可能。通过实施多轮 SCG 逐渐删减基因组，最后完成 100 kb 的删除，65个非必需基因删除 39 个，删除长度为全长的 58%，基因组精简后的菌株在 30℃丰富培养基中的细胞活力不受影响。同时确定了在特定条件下发挥功能的一些基因，如 PML1 为高温耐受所必需、SDH2 为 YPG 上生长所必需。同样地，天津大学元英进课题组（Wang et al.，2020）也利用 SCRaMbLE 技术对酵母的 synIII 染色体进行了大片段的删除，并展示了如何使用 SCRaMbLE 来探索基因相互作用，即几个基因单独的缺失不会影响细胞生存能力，但同时缺失会致死。他们将酵母synIII 染色体的所有必需基因组装在一个质粒上，在含补充必需基因质粒的 synIII菌株中，SCRaMbLE 使 synIII 中的总缺失量为 97 kb，占 synIII 长度的 35.7%，并在 synIII 的不能删除区域发现 synIII 的 82～88 kb 区域存在合成致死的相互作用，为揭示复杂基因相互作用提供了新方法。同时，该研究表明将必需基因整合在同一质粒上，也增加了 SCRaMbLE 的可塑性，尤其是删除能力，这也可以帮助SCRaMbLE 在绿色生物制造或者菌株工业性能的优化方面获得更理想的表型。

基因组的精简提供了一种表征核心生物网络的方法以理解生命规律和起源的关键，精简后的生物体由于消除了不必要的代谢过程，因而可能是绿色生物制造或者菌株工业性能优化方面更好的底盘细胞。但是，基因组的精简目前还存在一些问题，例如，loxPsym 间不仅包含单个基因，一些非必需基因与必需基因可能存在于两个同样的 loxPsym 间，导致对其中非必需基因可缺失性产生错误判断。成功发生删除的菌株是否存在其他的结构变异，如翻转或重复等，也可能对菌株的代谢产生影响，从而导致对缺失基因功能的误判。另外，SCRaMbLE 后发生精简和发生最大精简菌株很难准确筛选，往往采用随机挑选的方式，可能加大工作量或者影响有效性。以上都是未来 SCRaMbLE 在基因组精简过程中需要思考解决的问题。

4.1.2　SCRaMbLE 的重排结果及影响因素分析

SCRaMbLE 系统引起的基因组重排是菌株进化的重要驱动力，因此，通过该技术赋能工业的菌株筛选与改造取决于其产生的基因组重排多样性，对于合成型酵母基因组重排的特点和规律的探索是本领域的研究热点。本节通过已有的研究结果，归纳总结合成型酵母基因组重排的多样性和影响因素，指导该领域研究者了解增加菌株基因组多样性的策略，从而调控菌株进化速度和进化程度，帮助合理应用于绿色生物制造或工业性能优化。

1. 合成基因组重排多样性

由于合成型染色体的酵母菌株拥有多个用于重组的 loxPsym 位点，SCRaMbLE 发生后的菌株将产生多样性非常庞大的基因组结构变异。利用合成型酵母 9 号染色体的右臂（synIXR）作为对象，研究发现在一次 SCRaMbLE 后的菌株中平均发生 6.2±4.9 次重排事件，甚至在一个菌株中最多可观察到 18 个重排事件（Shen et al.，2016）。另外，这些重排涉及的基因组结构变异类型多种多样，包括但不限于改变染色体数量、结构和组织方式等。例如，环状 synIXR 染色体的 SCRaMbLE 对 64 株重排菌株进行深度测序，除发现 156 个删除、94 个翻转外，还发现了高频率的重复事件，包括串联重复（tandem duplication）、翻转重复（inverted duplication）和易位重复（translocated duplication）等（Shen et al.，2016）。同样，对含环状 synV 染色体酵母进行 SCRaMbLE，发现染色体上大范围的串联重复和易位重复，还检测到染色体 I、III、VI、XII、XIII 和环形 synV 的非整倍体染色体的出现（Wang et al.，2018b）。此外，通过 synV 和 synX 染色体种间杂合二倍体菌株的 SCRaMbLE，共检测到了 37 种不同水平的 synX 染色体杂合性丢失的事件，进而将结构变异从基因扩展到整个染色体（Li et al.，2019）。此外，根据 SCRaMbLE 发生位置不同，不仅体内 SCRaMbLE 可以引起基因组的重排，体外 SCRaMbLE 也可以产生多样化的质粒文库。将合成途径基因两端加入 loxPsym 位点，体外 SCRaMbLE 可以产生不同拷贝数基因组合（Wightman et al.，2020b）。进一步联合体内和体外方式开发了一种正交的 SCRaMbLE 系统，称为 SCRaMbLE-in，该系统使用相互正交的 VCre/VloxP、Cre/loxP 或 Dre/rox 组合，将其应用于合成途径基因的启动子调控元件上，体外 SCRaMbLE 后生成了多种启动子调控基因表达的文库（Liu et al.，2018）。该文库通过 SCRaMbLE-in 系统导入酵母合成染色体上，可再次在底盘细胞中引起大规模基因组重排。结合体外和体内 SCRaMbLE 的方式，分别或协同地优化合成途径和底盘细胞，实现了结构变异多样性的进一步扩大化。

2. 基因组重排多样性影响因素

研究 SCRaMbLE 后基因组结构变异的影响因素，有助于深入理解不同实验设计与基因组重排结果的关系，从而采取适当提升多样性的策略以扩大菌株表型进化的范围和规模，为菌株基因组改造和绿色生物制造等领域的应用提供指导。

1）loxPsym 位点的数量

基因组中任意两个 loxPsym 位点之间的 DNA 均可以发生重排，插入的 loxPsym 位点数量对重排发生的多样性有直接影响。为了探究体外 SCRaMbLE 效率与底物 DNA 的 loxPsym 位点数量的关系，研究人员比较了含有 43 个 loxPsym 位点的 synIXR BAC 和含 10 个 loxPsym 位点的质粒体外 SCRaMbLE 产生的删除频率，结果 synIXR BAC 的删除频率大于 70%，远高于质粒，因此认为重排事件发生的数量与 loxPsym 位点数呈正相关（Wu et al.，2018）。另外，决定 loxPsym 位点数量的还有合成染色体的数量。含有单条合成染色体的菌株 SCRaMbLE 可以产生删除、翻转、复制等重排事件，将合成染色体与"内复制交叉"技术结合产生多条合成染色体菌株，携带 synIII 和 synIXR 两条合成染色体的菌株通过 SCRaMbLE 后检测到了在单条染色体不存在的易位事件（Mercy et al.，2017；Richardson et al.，2017）。前期研究发现在一个 SCRaMbLE 周期中含有 3 条合成染色体（synX+synIII+synV）的菌株重排后类胡萝卜素产量高于含有 2 条合成染色体（synIII+synV）的菌株，表明更多的 loxPsym 位点参与将增加潜在靶点基因的重排概率（Jia et al.，2018）。基于 Vika/vox 方法，研究人员将 6 条合成染色体（synII、synIII、synV、synVI、synIXR 和 synX）整合在一个菌株中，共含有 894 个 loxPsym 位点，对一次 SCRaMbLE 反应后的菌株混合文库进行深度测序（约 600 000×），共检测到 260 000 个重排事件，包括 124 499 个染色体内重排事件和 139 021 个染色体间重排事件，表明随着合成染色体数的增长，重排事件发生数将大幅增加。未来，全部 16 条合成染色体将整合在一个酵母中，大量的 loxPsym 位点将产生大规模的基因组结构变异多样性，这些海量重排事件将为菌株的基因组定向进化提供巨大动力。

2）loxPsym 位点的邻近性

SCRaMbLE 介导的重排需要结合在两个 loxPsym 位点上的四个 Cre 重组酶形成聚集结构，触发 DNA 链重组。如果两个 loxPsym 位点位于 3D 空间结构中的邻近位置，则结合它们的 Cre 重组酶更有可能相互接触以形成四聚体，因此染色体的 3D 结构通过影响两个 loxPsym 位点间的接触概率而影响重排发生。实验发现重排事件发生频率随着 loxPsym 位点之间的距离增加而衰减，重排事件更可能发生在两个短距离 loxPsym 位点间（Shen et al.，2016）。通过引用染色体作用结构域（chromosomal interacting domain，CID）的概念，统计出 synXIIL 菌株缺失片段的平均值为 10 kb，中位值为 7 kb，与酵母中的 CID 长度通常为 2～10 kb 一致，因此认为位于同一 CID 中的 loxPsym 位点由于其空间邻近性更有利于介导重组（Luo et al.，2021）。天津大学元英进团队通过研究 26 万个重排事件发现了重排分布，在与染色体结构和三维结构比较后，揭示重排频率与 loxPsym 位点的空间邻近性相关，重排倾向发生于 3D 空间近端（Zhou et al.，2023b）。同时，该团队通过高通量染色体构象捕获（genome-wide high-throughput chromosome conformation capture，Hi-C）技术分析了虾青素产量提升菌株的 synV 和 synX 染色体，易位菌株由于 synV 右臂 *YJR130C* 与 synX 的空间距离更近，具有更强的交互作用，从而导致了染色体间的易位（Jia et al.，2022）。此外，由于染色体着丝粒聚集在纺锤体周围，端粒与核膜聚集，因而着丝粒和端粒区域的染色体间接触概率明显高于其他区域。研究也发现，与其他区域相比，着丝粒及端粒周围区域表现出更高的染色体间重排频率，进一步表明重排事件更容易发生在具有空间邻近性的 loxPsym 位点之间。因此，染色体的 3D 空间结构中 loxPsym 位点的邻近对于增加基因组重排多样性也起着重要作用。

3）合成型染色体的构象

不同的染色体构象（如线性或者环状的染色体）可能影响重排发生的类型，进而影响结构变异的多样性。研究结果发现，与线性合成染色体相比，环状合成染色体在 SCRaMbLE 过程中产生更为复杂的基因组重排事件，尽管线性的合成染色体更长、含有的 loxPsym 位点更多且采用更长的诱导时间（Luo et al.，2018c；Jia et al.，2018）。含环状 synV 的单倍体酵母进行 SCRaMbLE，发现与线性合成染色体相比产生了更多 DNA 大片段重复，从而导致 DNA 拷贝数变异，以及染色体大范围的串联重复和易位重复，在第一、三、五轮迭代 SCRaMbLE 后，增加的重复区域占比分别达到 29.21%、70.05%和 101.02%（Wang et al.，2018b）。同样，在仅含有 43 个 loxPsym 位点的环状 synIXR 上进行 SCRaMbLE，深度测序 56 株菌株发现了 156 个删除、89 个翻转、94 个重复和 55 个复杂重排事件，且有高频率的重复事件（Shen et al.，2016）。通过直接对比环形和线性 synII 的重排菌株，发现含有环形合成染色体的单倍体和二倍体菌株均产生更多的重排事件（Zhang et al.，2022a）。这些研究结果均表明，染色体的拓扑结构对染色体重排有功能性影响，环形染色体结构的遗传背景能够促进更多的基因组重排多样性，目前这一现象潜在的机制还不清楚。有人猜测，对于线性合成染色体，任何改变染色体功能的重排都是有害的，因此更易发生菌株致死（Luo et al.，2018c）。也有人猜测环形染色体构象显著降低了 loxPsym 位点间的空间位阻，甚至是直线距离较远的 loxPsym 位点间的空间位阻，且具有持续产生复杂重排的能力（Wang et al.，2018b）。更进一步，研究结果表明主要是环形染色体的亚端粒区域与其他染色体部位的近距离接触和强互作导致重排事件增加（Zhang et al.，2022a）。此外，该复杂重排的机制还可能与 DNA 重组、复制和修复等过程相关，双滚环复制机制可能解释存在广泛重复的现象，当 loxPsym 位点在 DNA 复制泡中通过复制叉重组时可能发生双滚环复制，从而形成一种拓扑结构，其中复制叉沿着复制泡的同一方向移动，直到被第二次重排所逆转，由此产生重复片段（Shen et al.，2016）。环形染色体与线性染色体相比，能同时发生更多的断裂融合桥事件，也可形成巨大的结构变异。另外，环形染色体形成双着丝粒染色体的比率相对较高，有丝分裂期间新染色体的断裂可能导致不对称分离和染色体大小的改变等，这些都可能是环状染色体构象增加结构变异多样性的原因。

4）合成型染色体开放程度

SCRaMbLE 的发生需要 Cre 重组酶和 loxPsym 位点之间的物理相互作用，染色体开放程度越高，loxPsym 位点更容易暴露，Cre 重组酶结合 loxPsym 位点的概率越高，因此染色体的开放程度即染色质可及性在决定菌株重排频率中具有重要作用。通过 ATAC-seq（assay for transposase-accessible chromatin with high throughput sequencing）技术表征基因组处于开放状态的染色质区域，揭示了重排频率高的热点区域 ATAC-seq 信号更强、核小体占有率更低，而重排频率低的冷点区域 ATAC-seq 信号更弱、核小体占有率更高，揭示了 SCRaMbLE 重排倾向于发生在染色质可及区域（Zhou et al.，2023b）。因此，染色体区域可及性通过影响 Cre 重组酶与 loxPsym 位点的接触概率而影响重排发生的频率和多样性。

5）Cre 重组酶的表达量及活性

SCRaMbLE 依赖于 Cre 重组酶，Cre 重组酶的活性越高，菌株发生重排的能力越强，重排事件发生的次数也越多，因此，控制 Cre 重组酶的活性对基因组结构变异多样性也至关重要。Cre 重组酶与雌激素结构域（EBD）的融合被证明可以配体依赖性地通过 β-雌二醇的暴露控制重组酶的活性（Picard，1994），即在无雌二醇条件下，Cre 重组酶的重组活性非常弱，此时发生的重排事件非常少，有利于菌株基因组结构的稳定，而当添加雌二醇后，Cre 重组酶的活性急剧上升，在整个基因组范围内发挥重排功能。此外，研究表明可以通过改变 Cre 重组酶的启动子来调控其活性的发挥，Cre-EBD 使用子代特异性启动子 pSCW11，该启动子仅在新生（子）细胞中被激活发挥 Cre 重组酶活性，产生不同于未发生重排的亲本表型的菌株。除 pSCW11 外，细胞周期特异性启动子 pCLB2 也被用于在转录水平上进行调节，pCLB2 在每个细胞周期的 G_2/M 期被激活发挥 Cre 重组酶活性，因此相比于 pSCW11 启动子，不仅仅是新生细胞，群体中每个细胞都可以发生重排且可重复发生重排，理论上可以产生更多的重组事件（Shen et al.，2018）。在表达量控制方面，研究开发出了基于遗传密码子拓展技术的重排系统 GCE-SCRaMbLE（genetic code expansion-SCRaMbLE），首次采用非天然氨基酸添加浓度控制 Cre 重组酶的表达量，证明了重排事件的发生频率与 Cre 重组酶的表达水平呈正相关（Zhang et al.，2022a）。综上说明，Cre 重组酶的表达量及活性水平越高，发挥活性的时效性越长，越有利于菌株中的重排事件发生和基因组结构变异多样性的产生。

6）SCRaMbLE 诱导时间

长时间的诱导可以增加细胞分裂或菌株传代次数，使细胞周期特异性启动子 pCLB2 或子代特异性启动子 pSCW11 控制的重排，在每个细胞周期或传代过程中多次触发基因组重排，且已经重排的子代可以通过传代持续在菌株中累积重排事件，从而增加了菌株基因组结构变异的多样性。但在长时间的 SCRaMbLE 诱导中，必需基因的丢失概率增加、细胞代谢被过度破坏，导致细胞活力丧失，重排较少的细胞将比基因组大量重排的细胞具有竞争优势，因此长时间的诱导可能降低群体内的基因组结构变异多样性。为了评估 SCRaMbLE 系统的最佳诱导时间，研究人员创立了一种快速、有效的检测方法——快速比色检测（rapid colorimetric detection，RED），该方法以菌株变红来指示基因组重排程度，通过比较不同 SCRaMbLE 诱导时间，发现红色菌株频率随着诱导时间延长而逐渐增加（Wightman et al.，2020a）。对 synV 菌株评估 SCRaMbLE 诱导时间的差异，当诱导时间为 2 h、4 h、8 h、24 h 时，随着诱导时间的延长，菌株存活率先降低（从诱导 2 h 的 17.3% 到诱导 8 h 的 5.5%），可能是重排导致更多的必需基因丢失或失活；之后存活率会上升，到诱导 24 h 时存活率为 8%，可能与 SCRaMbLE 诱导剂随时间的降解以及前期存活细胞的繁殖有关（Blount et al.，2018）。同时观察到，表型改善细胞的比率在 8 h 内随着诱导时间延长而上升，但是到诱导 24 h 时减少，研究人员认为诱导 8 h 产生的表型改善细胞比率最高。此外，迭代 SCRaMbLE 也有与延长诱导时间相似的作用，在一个累积优势重排的细胞中再次进行 SCRaMbLE，从而持续地产生大量基因组多样性。例如，多次 SCRaMbLE 迭代循环策略（multiplex SCRaMbLE iterative cycling，MuSIC）筛选后的高产类胡萝卜素的二倍体菌株通过减数分裂产生孢子，高产类胡萝卜素的孢子再与新合成染色体单倍体菌株交配形成二倍体，随后进行下一轮 SCRaMbLE 与筛选（Jia et al.，2018）。该策略可通过多次迭代 SCRaMbLE 循环提高菌株结构变异多样性并不断累积优势重排事件，使菌株的类胡萝卜素产量不断增加。该策略对其他产物的绿色生物制造也有重要的借鉴意义。

4.1.3 SCRaMbLE 技术存在的问题与优化策略

随着对 SCRaMbLE 技术的应用研究逐渐深入，除了证实其表现出快速、高效等优势，研究人员还发现该系统存在一些问题，针对这些问题正不断开发新的解决方法。本节围绕 SCRaMbLE 技术目前的主要缺陷，提出了现有的优化策略，方便研究人员充分认识 SCRaMbLE 的适用场景，科学地选择合适的技术策略并规避可能存在的问题，更好地发挥出 SCRaMbLE 系统在工业应用菌株上的潜力。

1. Cre 重组酶活性泄漏

非预期的 Cre 重组酶活性泄漏将导致基因组的不稳定,是 SCRaMbLE 系统面临的关键问题。由前期的设计得知,Cre 重组酶在细胞核中发挥功能需要 β-雌二醇与 Cre-EBD 结合,然而,来自 Sc2.0 联盟成员的多篇文献表明即使在没有 β-雌二醇的情况下,也能观察到 Cre 重组酶的活性泄漏,导致了 SCRaMbLE 失控及基因组的不稳定,从而对目标表型菌株的获得造成影响(Dymond et al.,2011;Jia et al.,2018)。前期研究通过比较不同启动子表达 Cre 重组酶的活性泄漏行为,发现非预期的 SCRaMbLE 启动可能是 Cre-EBD 浓度依赖性的,当 Cre 重组酶强表达时,可能超过了 EBD 对 Cre 重组酶的细胞质隔离能力,导致少量的 Cre-EBD 从 Hsp90 结合中逃逸并进入细胞核(Wightman et al.,2020a)。为解决这一问题,目前普遍采用的方式是在 SCRaMbLE 发生后丢弃 Cre 表达质粒,以确保有利变异的保留,但代价是实验操作步骤增加,且由于难以进行迭代的 SCRaMbLE,可能降低重排菌株的多样性。为此,研究者开发了几种 SCRaMbLE 的精确调控系统,例如,构建了一个 SCRaMbLE 的遗传"与门"开关(图 4-3),该开关使用 pGAL1 启动子对 Cre-EBD 进行转录控制,使 Cre 重组酶活性仅在半乳糖和 β-雌二醇同时存在时开启,实现了转录和细胞定位共同控制下的 SCRaMbLE 精确调控(Jia et al.,2018)。但实验结果显示,与对照相比,未加入 β-雌二醇时菌株倍增时间仍增加 8.3%,推测是由于半乳糖对 pGAL1 启动子的高度诱导产生大量的 Cre-EBD 蛋白,造成仍有少量的 Cre-EBD 逃逸进入细胞核。尽管如此,该方法仍为 SCRaMbLE 的精确调控提供了思路,可以尝试新的酵母诱导型启动子。另一种精确调控系统——GCE-SCRaMbLE,通过在 Cre 酶中终止密码子对应的位点引入非天然氨基酸,实现对于 Cre 重组酶表达完整性的控制,进而调控 SCRaMbLE 过程的开启与关闭。该方法在无非天然氨基酸添加时表现出明显的低泄漏,具有高度可控性的优势(Zhang et al.,2022a)(图 4-3),有效解决了 β-雌二醇作为诱导剂的泄漏问题,可应用于基因组迭代重排。另外,一种光控系统(L-SCRaMbLE)也被开发(图 4-3),其中,Cre 重组酶的 N 端和 C 端分别与光感受器光敏色素 B(PhyB)和光敏色素相互作用因子 3(PIF3)融合。当暴露在红光下时,PhyB 和 PIF3 两部分相结合来重建 Cre 酶活性。在这个系统中,光诱导时间、光剂量和传感器浓度都成为调节 Cre 重组酶活性的手段(Hochrein et al.,2018)。因此,该系统不仅有效克服了泄漏问题,而且还允许短时间内诱导高水平的 Cre 重组酶活性。

2. 重排菌株致死

虽然 SCRaMbLE 系统中 loxPsym 位点引入在非必需基因的 3′UTR 处,但 SCRaMbLE 过程可能会产生非必需基因间的必需基因删除,使得单倍体的合成型菌株在 SCRaMbLE 后死亡,进而影响群体中基因组的多样性。前期研究发现含有

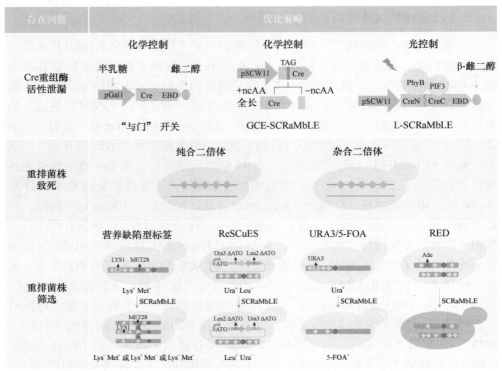

图 4-3　SCRaMbLE 技术存在问题与优化策略（修改自 Zhou et al.，2023b）

染色体 synIII 的单倍体菌株经过 SCRaMbLE，会由于必需基因的丢失而致死（Annaluru et al.，2014）。进一步测试发现，在携带更强启动子表达 Cre 重组酶质粒的菌株中检测到90%的致死率，而弱启动子的菌株中致死率为70%（Ma et al.，2019a）。此外，含有两条合成染色体（synV&X）菌株的致死率略高于仅含 synV 的菌株，可能是两条合成染色体含有更多的 loxPsym 位点所致。针对必需基因的缺失导致单倍体合成酵母的 SCRaMbLE 高致死率问题，科研人员普遍利用二倍体酵母为必需基因缺失提供"备份"从而减少细胞死亡（图 4-3）。例如，在添加 β-雌二醇诱导基因组重排后，含 synIXR 的单倍体菌株的活力下降为原来的 1%，而含合成染色体的二倍体酵母的生存能力不受影响（Dymond et al.，2011）。又如，将 synX 酿酒酵母与含野生染色体的 Y12 清酒酿酒酵母或奇异酵母 CBS5829 交配成杂合二倍体或种间杂合二倍体酵母，在相同处理条件下，SCRaMbLE 后二倍体的存活率超过 70%，显著高于单倍体存活率（低于 30%），证明使用杂合或种间二倍体有效降低了 SCRaMbLE 产生的必需基因缺失对细胞的致死影响（Shen et al.，2018），同时也证明了 SCRaMbLE 技术可以成功应用于杂交背景或工业菌株的优化。前期研究也在评估中发现，当单倍体菌株中平均丢失 7~8 个基因时，将会由于必需基因丢失而导致 90%的细胞致死率，而在杂合二倍体菌株中平均每个发生 SCRaMbLE 的菌株可产生 33 个基因缺失，甚至一些菌株可以有多达 60 个基因缺失，因此（杂合）二倍体菌株具有更高的生存能力，可以成为产生目标表型的有力工具（Wightman et al.，2020a）。然而，尽管二倍体细胞克服了 SCRaMbLE 在单倍体细胞致死方面的限制，但它也损失了将生存能力作为衡量群体中基因组重排程度的表征；同时，由于合成型染色体区域与野生型染色体之间具有高度序列相似性，也增加了基因组生物信息学分析的复杂性。

除存在 SCRaMbLE 致死的缺点外，SCRaMbLE 产生的其他非致命的有害影响也可能掩盖理想表型。生长受损的突变细胞很容易被更健康的、重排程度更低的细胞所超越，因此必须在基因组重排程度和细胞活力之间保持平衡，以便最大限度地获得优良表型菌株。

3. 重排菌株筛选需要配套高通量筛选方法

基于 SCRaMbLE 系统的菌株开发策略会产生基因组结构多样性和庞大的菌株表型多样性，需要大量的人力和时间对优良菌株进行筛选。配套高效的表型高通量筛选方法是推动 SCRaMbLE 等基因组定向进化技术发展的关键环节，研究表明，在有筛选条件和随机挑选情况下，目标菌株的获取效率有显著差异。例如，SCRaMbLE 诱导 8 h 后，有选择性筛选条件下荧光强度增加的菌株比例为 96.7%，而随机选择的目标菌株比例仅为 23.5%，表明配套筛选方法对菌株改良效率提升的重要性（Blount et al.，2018）。

现有研究主要以菌株颜色、生长限制因素、耐药性等为筛选条件，基于有色产物（如番茄红素、β-胡萝卜素、紫色杆菌素等）产量高低导致的菌体颜色深浅或对环境（如高温、高盐/酸/碱培养基、含药或特殊碳源培养基等）适应程度高低导致的菌体大小等差异，实现目的表型的筛选。然而，仍存在大量不容易筛选的表型，尤其是在绿色生物制造应用中，大部分产物都不具备颜色，严重制约着 SCRaMbLE 的应用，因此必须考虑如何配套高通量筛选方法。发展高通量筛选设备是解决这类问题的新策略，如利用半自动化超快速液相色谱-质谱联用（LC-MS）技术可以自动采集菌落和提取样本，并进行超快速 LC-MS 检测，对大多数工业相关代谢物具有广泛的适应性，成为菌株基因组定向进化后产量表型高通量筛选的重要工具（Gowers et al.，2020）。除此之外，还可以利用代谢物细胞传感器。作为一类重要的合成生物学工具，生物传感器能够通过特定的转录因子、核糖体开关等识别元件响应细胞内特定代谢物的浓度，并将其转化为抗逆生长、荧光等特定的输出信号。例如，研究人员在酵母菌体内发现了特异性响应 1-丁醇且具有剂量依赖的两个启动子，启动子启动红色荧光蛋白表达，通过酶标仪输出值可以区分不同 1-丁醇合成菌株之间的生产水平差异（Shi et al.，2017）。生物传感器通过与荧光激活细胞分选（FACS）技术联用，可以大幅度增加筛选通量，同时实现高产菌株的分选。通过与液滴微流控联用，可实现以液滴为单位的胞外代谢物高产菌株的高通量筛选。此外，体外酶活检测方法也适用于菌株胞外代谢物水平或胞外蛋白活性的检测与筛选，通过胞外代谢物涉及的特定反应或荧光反应，以特殊吸收波长或荧光信号为输出值，可以对产量表型进行高通量表征与筛选。例如，根据 SCRaMbLE 后菌株代谢物与不同木质纤维素底物体外酶促反应产物在 540 nm、400 nm、405 nm 处的吸光值变化，可以判断重排菌株表达的纤维素水解酶对纤维素分解能力的差异（Wightman et al.，2020b）。

综上，上述高通量筛选策略都可以有效检测 SCRaMbLE 的菌株表型优化程度，但高通量筛选技术的发展及其与 SCRaMbLE 技术的联合使用仍处在初始阶段，未来必须大力发展与 SCRaMbLE 配套的高通量筛选策略，才能将基因组定向进化技术的应用和发展推向高潮。

4.1.4 小结与展望

合成基因组学的快速发展赋予了"人工生命体"更强大的功能和特殊的性质，加速了底盘细胞的定向进化，为绿色生物制造中优良底盘的开发和优化开辟了新的路径。SCRaMbLE 系统作为人工合成酿酒酵母基因组计划（Sc2.0）中最重要的设计之一，使得在基因组水平发生序列的可控重排成为可能，用于构建基因组具有显著多样性的突变体菌株库。随着 SCRaMbLE 技术被逐步完善，影响基因组结构变异多样性因素的研究越来越精细，并伴随开发出精确控制重排发生以及指示表型优化程度的多种工具和方法，为 SCRaMbLE 在绿色生物制造、工业性能菌株优化、基因组精简以及生命核心规律的应用和探索奠定了重要基础，并取得了重要进展和成果，有望继续在更多领域发挥重大作用。

然而，目前 SCRaMbLE 的研究仍具有一些局限性。首先，SCRaMbLE 技术的应用需要构建相应的底盘细胞，在基因组中插入大量 loxPsym 位点，尤其针对工业菌株，具有较大的挑战性。解决的方法主要有两种：一种是通过与合成染色体酿酒酵母杂交形成杂合二倍体，使工业菌株性能得到进一步提升；另一种是基于合成酵母 SCRaMbLE 后解析的基因组结构与功能的联系，通过 CRISPR/Cas9 或同源重组等方式将关键代谢靶点转移到野生型菌株或工业菌株中，从而传递结构变异相关的优良性状。以上两种方法都可以扩大 SCRaMbLE 可应用底盘菌株的范围。另外，研究人员也正在考虑将 SCRaMbLE 技术扩展到更多的高等生物中。在 Sc2.0 项目中，loxPsym 位点通过合成基因组被插入到所有非必需基因的 3′UTR 下游，大多数的插入对酵母生长无影响，且目前已经在多种生物体中证明了 Cre/loxP 系统能够发挥作用（Smith et al.，1995；Gu et al.，1993；Yu et al.，2002），因此研究人员正在发展果蝇、线虫、拟南芥、小鼠等多细胞生物和模式生物的基因组"写"计划（Genome Project-write，GP-write），未来在这些动植物中通过SCRaMbLE 实现性能的改良将成为可能。

在产生结构变异的能力和潜力方面，SCRaMbLE 是重组酶介导的 DNA 结构变异方法，与传统定向进化技术和策略相比，其以更高的频率诱发更多的重排事件，发生的位置更随机、涉及的结构变异规模更大。但 SCRaMbLE 不能引入点突变，因此可以与已有的传统随机突变方法，如高通量全基因组定点突变 MAGE 或RAGE（RNAi-assisted genome evolution）（Si et al.，2015）等相结合，从而探索一个更大的基因组变异空间。另外，前期结果表明基因组结构变异多样性随着loxPsym 位点增加而提升，整合 6 条合成染色体的酿酒酵母在短时间内诱导SCRaMbLE，可产生多达 10^5 个重排事件。随着 Sc2.0 项目的完成，未来酵母的全部 16 条合成染色体将整合在一株酵母中，从而大大增加基因组结构变异的多样性，为绿色生物制造能力和工业重要性能的提升提供巨大动力。

在解析基因型与表型关系方面，现有的性能提升菌株存在许多复杂结构变异，如翻转、倒位甚至易位等，然而到目前为止，评估这些复杂结构变异对表型的影响仍然具有挑战性，因为复杂结构变异的重构比较困难。为此，前期研究开发了一种利用双标签（URA3 和 Hyp）的开关工具，能够精确重构染色体片段翻转和合成染色体间跨染色体易位，初步揭示了复杂结构变异对基因表达及表型的影响规律。后续还应进一步借助快速发展的大片段组装和整合技术，以实现多种复杂结构变异功能的准确解析。

除此之外，目前 SCRaMbLE 的研究仍具有两个难以攻破的难题：一是配套高通量表型筛选方法的扩展，拥有简便、高效的表型高通量筛选技术才能真正发挥出 SCRaMbLE 在物种定向进化方面的潜力，未来需要注重与高通量自动化设备的联合运用，在保证准确性的同时持续扩大菌株筛选通量；二是对于与表型相关靶点的机制解析，目前通过 SCRaMbLE 获得了与优良性状相关的靶点，但仍不能很好地解释影响性状提升的原理或机制。未来希望通过借用高通量染色体构象捕获（Hi-C）、染色质免疫沉淀（chromatin immunoprecipitation，ChIP）、酵母双杂交、免疫共沉淀（co-immunoprecipitation，Co-IP）等技术深入研究基因-基因、基因-蛋白质、蛋白质-蛋白质的相互作用，逐步解释靶点所作用的基因或者蛋白质，以及参与调控的代谢路径等，进一步为关联基因型和表型创建可行性，以期在生物资源、工业生产、基础研究等更多领域发挥巨大的应用价值。

4.2　基于遗传密码子拓展技术的蛋白质功能创新

遗传密码子拓展技术（genetic code expansion，GCE）是合成生物学领域的前沿颠覆性技术，通过在细胞中引入正交的翻译工具，实现在目标蛋白质中的指定位点特异性地引入非天然氨基酸,从而突破 20 种天然氨基酸作为蛋白质构筑单元的种类限制,推进蛋白质的功能创新。高效的遗传密码子拓展技术需要正交的密码子,也要求翻译工具与底盘细胞之间具有高度的适配性。合成基因组学的快速发展为开发适配遗传密码子拓展技术的底盘细胞提供了契机,通过基因组的改造甚至全局重编,可使得非天然氨基酸的掺入效率更高或对于细胞的毒性更小,从而促进遗传密码子拓展技术在蛋白质功能创新中的应用,在科学研究、生物技术、蛋白质工程、疾病预防与治疗等方面具有独特的潜力(图 4-4)。

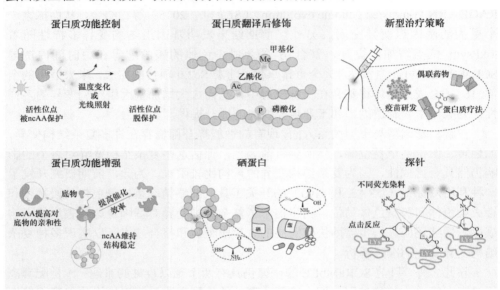

图 4-4　基于遗传密码子拓展技术的蛋白质创新应用

4.2.1　遗传密码子拓展技术基本原理

遗传密码子拓展技术的开发和优化主要围绕翻译工具和适配底盘细胞两个部分。正交的翻译工具包括能特异性地识别非天然氨基酸的氨酰-tRNA 合成酶,以及与其配对的、能识别空白密码子的 tRNA。同时,该工具配对不能与宿主细胞中的内源性氨酰-tRNA 合成酶或 tRNA 发生交叉反应,从而保证目标蛋白质合成过程的正交性。与常规的蛋白质翻译过程类似,正交的氨酰-tRNA 合成酶特异性地把非天然氨基酸连接到与之对应的 tRNA 上,携带非天然氨基酸的 tRNA 在延伸因子的辅助作用下进入核糖体用于多肽链的延伸,实现由空白密码子(通常为终止密码子 TAG)介导的遗传编码非天然氨基酸(Furter,1998)。除了氨酰-tRNA 合成酶/tRNA 外,其他核心的翻译元件(如延伸因子和核糖体等)对于非天然氨基酸的编码效率也发挥着重要的作用。例如,延伸因子负责协助氨酰-tRNA 进入核糖体 A 位点,释放因子识别终止密码子并释放合成的肽链(Petry et al.,2005)。为了使得这些元件更好地适配非天然氨基酸的翻译过程,对这些元件进行定向改造也具有明显的效果。例如,可以通过延伸因子的改造使得其接纳带有负电荷或体积过大的非天然氨基酸(Park et al.,2011),或者通过删除释放因子来消除无义阻抑过程引起的翻译提前终止现象(Schmied et al.,2014)。

　　构建适配的底盘细胞需要改造细胞的基因组,使其具有能被翻译工具特异性识别的空白密码子,从而保证遗传信息传递和解读过程的正交性。以 TAG 终止密码子介导的遗传密码子拓展系统为例,该过程一方面受到翻译终止的竞争,导致目标蛋白得率较低;另一方面造成其他蛋白质翻译终止,从而引起细胞毒性。虽然敲除大肠杆菌中的释放因子 RF1 能提高基因编码非天然氨基酸过程的效率(Johnson et al.,2011;Hong et al.,2014),但仍然无法从根本上解决蛋白质错误延伸的问题。随着基因组多位点编辑和合成技术的快速发展,基因组重编的大肠杆菌被从头设计合成,实现了密码子表的简并,从而释放空白密码子来特异性地编码非天然氨基酸(Fredens et al.,2019;Lajoie et al.,2013b;Robertson et al.,2021)。更令人兴奋的是,通过基因组从头设计与合成,具有 3 个空白密码子的大肠杆菌 syn61 被成功构建,在多个相互正交的氨酰-tRNA 合成酶/tRNA 配对工具的作用下,实现了基因同时编码 3 种不同的非天然氨基酸,为开发和可持续生产新型生物多聚物打开了新的大门。除了对于细菌的基因组重编来释放空白密码子,TAG 密码子的全基因组替换是"人工合成酿酒酵母基因组计划(Sc2.0)"的核心设计元素之一,为基于合成型酵母的遗传密码子拓展下游应用提供了适配的底盘(Dymond et al.,2011;Mitchell et al.,2017;Zhang et al.,2017b;Xie et al.,2017;Wu et al.,2017;Annaluru et al.,2014;Shen et al.,2017)。通过设计和构建与正交翻译工具适配的底盘细胞,可以极大地提高非天然氨基酸的掺入效率,并通过迭代的升级与适配优化,为新型蛋白质的批量生产及相关的下游应用奠定基础(Jin et al.,2019)。

4.2.2　基于遗传密码子拓展技术的蛋白质功能创新应用进展

　　遗传密码子拓展技术可以将具有不同官能团的非天然氨基酸引入到目标蛋白质中,赋予其新的物理化学性质,为众多的应用场景开辟新的可能性。多年来,遗传密码子拓展技术已经能够生产用于学术研究的蛋白质并应用在细菌(Smolskaya and Andreev,2019)、真菌(Sanders et al.,2022)、哺乳动物(Brown et al.,2018a)等多种细胞中。在细胞中引入非天然氨基酸可以在翻译水平或者翻译后修饰水平上调节目标蛋白质的功能,增强其特定的功能和特性,作为新型探针用于细胞内生命活动的追踪、改造医药用途的蛋白质,进而优化已有的生物治疗策略。此外，本节还将讨论通过遗传密码子拓展技术来编码硒代半胱氨酸（第21种氨基酸）的相关原理和应用。随着学术研究的深入和生物技术的不断进步，遗传密码子拓展技术有望在疾病治疗、新型药物研发、工业生产等方面大放异彩，在未来很长一段时间内仍将是一个令人向往的领域。本节将从以上几个重要方面介绍遗传密码子拓展技术的各种应用场景。

1. 蛋白质功能控制

人工控制蛋白质功能的方法包括表达控制与活性控制。基于遗传密码子拓展技术能够在含目标蛋白质的指定位点特异性地引入非天然氨基酸，通过非天然氨基酸中存在的特殊官能团来控制该蛋白质的完整表达或活性的开关，从而有望在更高的时间和空间分辨率上实现对目标蛋白质的控制。

1）具有活性的全长蛋白质的表达调控

由终止密码子介导的基因编码非天然氨基酸过程，本质上是在翻译水平上控制全长蛋白质的表达，在非天然氨基酸不存在的情况下，即使相应的 mRNA 在细胞内获得表达，由于其携带基因内部的终止密码子，mRNA 会提前终止翻译，使得目标蛋白质无法完整表达。当非天然氨基酸存在时，该终止密码子在正交的翻译工具作用下被读通，mRNA 被快速翻译，产生全长、有活性的蛋白质，最快可以实现分钟级别的控制（Wang et al.，2010）。

CRISPR/Cas9 是目前最常用的基因编辑工具，但是，如何在不同的时间和空间下精确地控制其功能、避免功能泄漏造成的毒性是该领域的重大挑战。Suzuki 等人开发了一种 N^{ε}-叔丁氧羰基-L-赖氨酸（Boc-L-赖氨酸）替换的 Cas9 蛋白变体（Cas9^{Boc}），Boc-L-赖氨酸是一种价格低廉的非天然氨基酸，它在 Cas9 突变体中引入的位置不影响 Cas9 的内切酶活性，在正交的吡咯赖氨酰-tRNA 合成酶/tRNA^{Pyl}（PylRS / tRNA^{Pyl}）作用下实现由终止密码子 TAG 介导的无义阻抑过程，从而实现蛋白质的完整表达（Suzuki et al.，2018）。巴斯大学 Suzuki 证明只有小鼠在 Boc-L-赖氨酸喂食的条件下，Cas9^{Boc} 才能够在培养的体细胞中以全长的形式表达，进而发挥其编辑功能。此外，该系统也可用于核酸内切酶失活的 Cas9（dCas9）衍生物融合蛋白中，例如，将其与 DNA 甲基转移酶、组蛋白乙酰转移酶、转录因子激活域等转录修饰物融合，能够实现可逆的、生理时间尺度上的动态转录基因控制及表观遗传编辑。全长蛋白表达控制策略还有望应用在疾病治疗领域，例如，将能够合成带有非天然氨基酸 OMeY 的胰岛素的细胞导入到小鼠体内，当需要降血糖时，仅需服用含 OMeY 的药物即可使该细胞产生胰岛素，使血糖降低；在不需要时，由于无 OMeY 补充，该种胰岛素无法合成，从而实现了对胰岛素合成的控制（Chen et al.，2022a）。

2）分子开关

一些非天然氨基酸的侧链基团在一定条件下可以被特异性地去除，该特性给予了人工控制蛋白质功能开关的可能。遗传密码子拓展技术允许将这些功能性被保护的非天然氨基酸定点安装到蛋白质（如酶和酶底物）中，使它们呈现惰性，直到暴露于光或小分子而快速激活，恢复原有蛋白质功能。通过化学小分子控制的非天然氨基酸包括邻叠氮苄氧羧基赖氨酸（*ortho*-azido benzyl carbamate-caged lysine，OABK）（Wesalo et al.，2020；Luo et al.，2016；Ge et al.，2016）、反式环辛烯基赖氨酸（*trans*-cyclooctene caged lysine，TCOK）（Li et al.，2014a）、炔丙基碳酸酯赖氨酸（propargyloxycarbonyl lysine，Proc-Lys）（Li et al.，2014b）、丙二烯基酪氨酸（1,2-allenyl ether tyrosine，AlleY）（Wang et al.，2016b）等，这些非天然氨基酸被引入蛋白质后，在小分子激活剂如三苯基膦及其衍生物、四嗪类化合物或钯（II）络合物等作用下脱去保护基团，暴露活性位点，实现对蛋白质功能的控制。例如，研究将邻叠氮苄氧羧基赖氨酸定点插入到萤光素酶中，由于邻叠氮苄氧羧基团阻断了 ATP 进入该酶的活性位点，从而阻止萤光的产生，在添加磷化合物后，保护基团脱离活性位点，使得萤光恢复（Luo et al.，2016）。

光笼分子是一种含有光敏基团的分子，这种光敏基团可以在一定波长光照条件下被移除，使得将光照作为蛋白质功能开关成为可能。目前，利用遗传密码子拓展技术可以将蛋白质活性位点上的关键氨基酸用带光笼保护的氨基酸衍生物替代，从而使蛋白质功能暂时丧失，在需要的时刻，通过一定波长的光照射，将活性位点暴露，实现蛋白质功能在时间和空间分辨率上的调控，即"光开关"。目前，常用的光笼化氨基酸包括邻硝基苄基赖氨酸（Gautier et al.，2010；Chen et al.，2009）、香豆素赖氨酸（Luo et al.，2014）、邻硝基苄基酪氨酸（Arbely et al.，2012；Luo et al.，2017a）、邻硝基苄基半胱氨酸（Nguyen et al.，2014；Uprety et al.，2014；Kang et al.，2013）、邻硝基苄基同型半胱氨酸（Uprety et al.，2014）、邻硝基苄基硒代半胱氨酸（Rakauskaitė et al.，2015）等。这些光笼化氨基酸可以在一定激光照射下被快速去除，相比化学小分子控制方案具有更加方便操作的优势。例如，一种基于非天然氨基酸的光激活绿色荧光蛋白策略已被成功开发出来（Groff et al.，2010b），该蛋白质使用一种酪氨酸衍生物邻硝基苄基酪氨酸（*o*-nitrobenzyl-*O*-tyrosine，ONBY）替换 GFP 中的第 66 位酪氨酸，替换后的分子会阻止 GFP 中一段三肽 Ser（65）-Tyr（66）-Gly（67）的序列折叠形成五元环的咪唑酮的生色团结构，从而无荧光产生。在 365 nm 的紫外光照射下，ONBY 中起"光笼"作用的邻硝基苯甲醛基团被移除，使酪氨酸位点恢复，三肽的荧光团口袋能够重新折叠产生绿色荧光。

基于光笼作用的非天然氨基酸可以实现基因重组和基因编辑等过程中常用分子工具的精确调控。Cre/loxP 系统是一种重组酶系统，能在不同宿主的 DNA 特定位点进行删除、插入、易位及倒位，是一种广泛应用的基因编辑工具，对其功能进行精确调控是备受关注的研究领域。在以前的研究中，Cre 重组酶常用小分子（如雌二醇及其类似物）作为效应剂进行激活，但由于小分子易于扩散至细胞外部而造成严重的脱靶重组，或者由于泄漏造成靶细胞的低重组活性。将携带光保护基团的非天然氨基酸应用在 Cre 重组酶功能的调控上，可以使 DNA 重组更加精确，极大地方便了使用者对该酶在时间和空间上的控制。Edwards 等（2009）通过遗传密码子拓展技术将 Cre 重组酶中第 324 位酪氨酸替换为携带光笼分子的非天然氨基酸 ONBY，实现了对 Cre 酶活性位点的封闭，后续在 UVA 的照射下去除光保护基团使 Cre 酶功能恢复，并引发 DNA 重组。Brown 等（2018b）在斑马鱼胚胎中通过遗传密码子拓展技术，将 Cre 重组酶活性位点第 201 位赖氨酸替换为光笼保护的赖氨酸衍生物——7-羟基香豆素赖氨酸（hydroxycoumarin lysine，HCK），产生一个具有光控功能的 Cre 重组酶，用于斑马鱼胚胎发育过程中细胞谱系的追踪研究。此外，一种光激活的 CRISPR/ Cas9 基因编码系统被开发出来，这种方法通过将 Cas9 蛋白关键位点第 866 位赖氨酸替换为光笼保护的赖氨酸（photocaged lysine，PCK），实现对 CRISPR/Cas9 系统的光学控制（Hemphill et al.，2015）。PCK 替换后的酶在紫外光照射下完全失活，在 365 nm 波长下暴露 120 s后可恢复到野生型水平。CRISPR/Cas9 的光激活为基因功能的高精度研究提供了可能，且能够通过将 Cas9 的功能限制在特定的位置或时间点来减少脱靶突变带来的毒性。

2. 翻译后修饰

翻译后修饰是指蛋白质在翻译后，氨基酸侧链残基、氮端或者碳端进行共价修饰的过程，其可影响调节蛋白质的功能，或作为识别标记参与调控细胞内众多关键的生命活动调控过程，对细胞维持正常生理状态起到重要作用。因此，研究翻译后修饰对于蛋白质结构和功能的影响是生命科学领域中一个重要的方向。得益于质谱技术的发展，许多翻译后修饰的种类和位点被不断发掘，常见的翻译后修饰包括磷酸化、乙酰化、甲基化、泛素化、糖基化等。由于在体内和体外精确地合成带有修饰的功能蛋白仍然挑战巨大，严重制约了对其进行分子和生化原理的深度研究。此外，翻译后修饰通常是一个体内高度动态变化的瞬时过程，单个蛋白质中存在众多潜在的修饰位点，且作用相关的酶通常未知，进一步加大了体内和体外合成携带特定修饰蛋白的难度。传统的化学连接方法由于位阻效应的影响，阻碍亲核试剂进攻蛋白质内部，因此该方法仅限于蛋白质末端的修饰，而且，由于该方法反应条件的限制，多用于体外合成。目前，利用遗传密码子拓展技术能够将多种带有特定修饰的氨基酸直接掺入到目标蛋白质的指定位点，为单一或者多种翻译后修饰的功能研究提供了强有力的技术支持。到目前为止，遗传密码子拓展技术已分别在蛋白质磷酸化、乙酰化、甲基化及泛素化等修饰上成功应用（Zhou and Deiters，2021），且在基因编码多种不同修饰基团方面展现出巨大的潜力。

1）磷酸化修饰

磷酸化是生物体内最为广泛存在的蛋白质翻译后修饰类型之一，与众多的生物过程密切相关，包括 DNA 损伤修复、转录调节、信号转导、细胞凋亡的调节等。磷酸化丝氨酸（phosphoserine，Sep）作为真核生物中丰度最高的磷酸化氨基酸，绕过 Sep 在细胞内基于酶促的修饰过程，对于目标蛋白质翻译过程中精确地引入 Sep 具有重大的意义。为了实现这一目标，耶鲁大学 Dieter Söll 团队开发了一套正交的翻译系统，利用古菌中磷酸化丝氨酸合成酶 SepRS 和改造的 tRNA^{Sep}，并对延伸因子 EF-Tu 进行定向进化，在大肠杆菌中实现了由终止密码子 UAG 介导的磷酸化丝氨酸合成（Park et al.，2011）。但是，上述系统仍然面临与释放因子 RF1 竞争的问题，影响了重组蛋白的产量和纯度。为了克服上述问题，研究人员将大肠杆菌 7 个必需基因中的 TAG 终止位点突变为 TAA，进而将 RF1 删除，实现了 Sep 更高效的掺入（Mukai et al.，2010）。为了避免由 UAG 介导的 Sep 引入导致的翻译终止过程非特异性延伸及细胞毒性，Lajoie 等（2013b）使用了基因组中 TAG 密码子被全部重编的大肠杆菌 C321.ΔA，发现携带空白密码子的基因组重编生物在基因编码非天然氨基酸方面具有的巨大优势。除了通过遗传密码子拓展技术来编码 Sep，其他的磷酸化氨基酸也被成功地引入到目标蛋白质中。通过构建磷酸化苏氨酸生物合成通路，并对 SepRS/tRNA^{Sep} 工具配对开展连续的定向进化，辅以深度测序分析介导的并行正向筛选策略，高效基因编码磷酸化苏氨酸的方法亦被开发出来（Zhang et al.，2017a）。此外，利用基于非天然氨基酸的脱保护和前肽策略，不同的团队成功开发了提高大肠杆菌体内磷酸化酪氨酸和类似物浓度的方法，并合成了指定位点上携带磷酸化酪氨酸及其类似物的蛋白质（Luo et al.，2017b）。

2）乙酰化、甲基化与泛素化修饰

近些年，蛋白质乙酰化的相关研究不断深入，不仅揭示了组蛋白乙酰化修饰对于基因表达控制的重要作用，也发现众多的非组蛋白乙酰化参与了几乎所有生命活动过程，如基因转录调节、细胞信号转导等。针对这些乙酰化位点的保守性特点，表达携带特定乙酰化修饰的蛋白质将有利于进一步对蛋白质乙酰化功能进行研究（Narita et al.，2019）。在乙酰化的体内功能分析中，通常用谷氨酰胺或精氨酸替代赖氨酸残基来分别模拟乙酰化赖氨酸或未乙酰化赖氨酸，但这种模拟物不能在功能上完全替代乙酰化和未乙酰化的赖氨酸残基（Albaugh et al.，2011）。目前，利用正交的 *Mb*PylRS/tRNA^{Pyl} 或 *Mm*PylRS/tRNA^{Pyl} 配对工具的衍生物，研究团队实现了在大肠杆菌体内表达携带特定乙酰赖氨酸修饰的目标蛋白质（Hancock et al.，2010）。该系统也进一步拓展到酵母菌、哺乳动物细胞等真核生物中，用于特定蛋白质中乙酰化功能的研究，例如，利用位点特异性乙酰化方法证明了乳酸脱氢酶A 在第五位赖氨酸的乙酰化会抑制该酶的活性，并阐明乳酸脱氢酶A 在胰腺癌中的上调表达机制（Zhao et al.，2013）。此外，位点特异性乙酰化蛋白质还可以辅助对去乙酰化相关蛋白的动力学研究，帮助理解蛋白质乙酰化调节其功能的作用机制（Knyphausen et al.，2016）。

蛋白质甲基化包括单甲基化、二甲基化及三甲基化。近年来，甲基化研究的重点大多集中在组蛋白甲基化上，而非组蛋白的甲基化研究较少。由于赖氨酸甲基化是动态且复杂的修饰之一，因此生产具有均质和位点特异性甲基化的重组蛋白对于甲基化依赖性过程的系统研究至关重要。甲基赖氨酸与赖氨酸具有化学结构的相似性，且尚无有效方法将甲基赖氨酸直接掺入到目标蛋白质中，因此对于蛋白质甲基化的研究具有一定的挑战性。Nguyen 等（2009）通过遗传密码子拓展技术将 N^ε-叔丁氧羰基-N^ε-甲基-L-赖氨酸掺入到蛋白质中，在翻译后将叔丁氧羰基团去除来实现位点特异的单甲基化。Groff 等（2010a）成功在细菌和哺乳动物细胞中掺入光笼保护的甲基赖氨酸，后续通过一定波长光照去除保护基团，产生均一的单甲基化蛋白质。现有的非天然氨基酸配对工具暂时无法接受二甲基化赖氨酸作为底物，于是 Nguyen 改变思路，结合化学中"保护-脱保护"和遗传密码子拓展技术的思想，首先将需要二甲基化位点的赖氨酸替换为 N^ε-叔丁氧羰基-L-赖氨酸（Boc-L-赖氨酸），带有 Boc-L-赖氨酸的蛋白质再与 N-苄氧羰基氧基琥珀酰亚胺（Cbz-OSu）反应，使得该蛋白质中其他赖氨酸的 ε-氨基全部被 Cbz 基团保护起来；之后去除 Boc 基团，将需要二甲基化的赖氨酸 ε-氨基暴露并与二甲胺基甲硼烷反应，以此实现二甲基的转移；最后去除其他氨基酸上的 Cbz 保护基团，得到位点特异性二甲基化蛋白质。简单来说，Nguyen 等（2010）利用遗传密码子拓展技术以及 Boc 基团与 Cbz 基团的脱保护反应条件的差异，通过多步反应实现了对位点特异性二甲基蛋白质的合成。虽然目前尚无有效方法直接引入三甲基化赖氨酸，但可通过先将苯硒代半胱氨酸（phenylselenocysteine，PheSec）掺入目标蛋白质，再使用过氧化氢将其生成为脱氢丙氨酸（dehydroalanine，Dha），最后与不同硫醇亲核试剂进行迈克尔加成反应产生乙酰化、三甲基化、磷酸化赖氨酸类似物（Wang et al.，2012）。

泛素化是一种细胞中重要的翻译后修饰类型，其作用包括引导蛋白质的降解、引导蛋白质间的相互作用、促进受体吞噬、调节基因转录等，参与了细胞周期、细胞分化、基因表达、转录调节、信号传递等几乎一切的生命活动过程。通过遗传密码子拓展技术实现特定位点的泛素化，有助于深入理解许多泛素化修饰的生理功能。Fottner 等（2019）将赖氨酸 ε-氨基与叠氮甘氨酸二肽连接的化合物（azide masked glycylglycine dipeptide，AzGGK）编码到目标蛋白质中的指定位点。AzGGK 在体内经过 Staudinger 还原反应将叠氮还原为双苷肽赖氨酸 GGK。带有 GGK 修饰的底物蛋白可与稍加修饰的泛素蛋白共同参与到分选酶介导的转肽作用中，使之形成异肽键连接的缀合物，从而实现在体外和活的哺乳动物细胞中合成泛素蛋白偶联物。该系统保留了相关蛋白生理结构的完整性，且独立于高度复杂的内源酶泛素化机制并与之正交，有助于揭示泛素化依赖性细胞途径。此外，该方案也适用于类泛素蛋白 SUMO 的研究中，为泛素/SUMO 化靶向分析提供了新的研究方法。

3. 蛋白质功能增强

蛋白质中某些氨基酸的替换有可能改变该蛋白质的某些特性，如使得酶催化效率提高、热稳定性提高及亲和性增强等。遗传密码子拓展技术允许将多种带有特殊功能侧链基团的氨基酸掺入蛋白质中，通过对蛋白质底物特点的分析，寻找与底物相适配的基团，从而引入相应的蛋白质中以提高其催化效率或亲和性。另外，蛋白质热稳定性通常由内部化学键的作用维持，因此可以通过引入相应的基团来增加其相互作用力、提高热稳定性。蛋白质功能的改造可以增强酶的性能，进而拓展其工业应用的场景。

1）酶催化效率增强

近些年的研究表明，非天然氨基酸的引入在酶工程方面起到重要作用，既能提高酶的催化活性或稳定性，又可以作为新的工具用于探索复杂的酶催化机制。例如，一些金属酶需要钙离子、锌离子等金属离子作为辅助因子促进催化作用。为了更高效且位点正确地结合金属离子，利用遗传密码子拓展技术可以在目标金属酶中引入能结合金属离子的非天然氨基酸，通过其侧链基团与金属离子形成不同强度的化学键，为直接调节金属活性位点的电子和空间特性提供了可能，进而提高酶的催化作用。N^δ-甲基组氨酸（Me-His）通过调整关键铁氧中间体的结构和电子特性提高了对酚类底物非生物氧化的催化性能（Green et al.，2016；Pott et al.，2018）。Hayashi 等（2018）使用这种非天然氨基酸 Me-His 取代肌红蛋白中靠近血红素的组氨酸配体，使得 Fe（III）中心的亲电性提高，且拓宽了反应底物结合口袋入口，使其活性位点被暴露出来，因此该蛋白质即使在有氧而没有还原剂的情况下也能实现有效的苯乙烯环丙烷化。非天然氨基酸为改变金属活性位点中的电子特性提供了无限可能，有望增强更多金属酶的催化能力。

一些蛋白质需要招募辅助因子才能激发催化活性。通过将具有独特反应性侧链的非天然氨基酸嵌入到催化结合口袋中，可用于提高催化的效率。例如，将对叠氮基苯丙氨酸（p-azidophenylalanine，pAzF）引入转录调节蛋白 LmrR 中，pAzF 再经过还原得到对氨基苯丙氨酸（p-aminophenylalanine，pAF），带有 pAF 的 LmrR

可用于提高腈和肟的合成效率（Drienovská et al.，2018）。随后，通过定向目标进化的多轮次优化，获得了具有更高酶活性的突变体，与亲本相比，其催化效率提高了 26 500 倍（Mayer et al.，2019）。这种经过非天然氨基酸修饰的酶拓宽了酶催化非天然反应的范围，在酶催化高效合成高附加值化合物方面具有重要的科学意义和应用前景。

非天然氨基酸引起的酶构象变化是提高催化作用的关键。Xiao 等（2015）通过建立 TEM-1 型 β-内酰胺酶突变库发现，该 β-内酰胺酶第 216 位缬氨酸替换为对丙烯酰胺基苯丙氨酸（p-acrylamido-phenylalanine，AcrF）时，可通过增加 k_{cat} 来提高催化效率。X 射线晶体衍射表明第 216 位上 AcrF 突变可引起游离酶和酰基酶中间体关键活性位点残基的构象变化，从而降低了底物转酰化反应的激活自由能。

2）热稳定性提高

蛋白质的稳定性一般与范德瓦尔斯键、氢键、静电相互作用和二硫键等相关，二硫键以共价键的形式为维持蛋白质的结构提供较大能量，而前者相互作用能量较弱，但其共同作用也能够导致显著增强的折叠自由能。因此，要提高蛋白质稳定性，可以构建多重突变叠加以维持蛋白质构型的相互作用力。

通过在丝氨酸侧链引入不同官能团可以形成其他天然氨基酸无法比拟的共价相互作用，提供额外的能量来维持蛋白质的稳定。例如，将对苯二甲酰基丙氨酸（p-benzoylphenylalanine，pBzF）引入大肠杆菌 O-琥珀酰高丝氨酸转移酶中，其热变性中点温度提高了 21℃（Li et al.，2018b）。进一步研究表明，pBzF 侧链可与相邻的残基形成范德瓦尔斯键、氢键或共价键。具体而言，本研究证明了该蛋白质的 T_m 增加是由于第 21 位 pBzF 与第 90 位半胱氨酸之间的共价交联作用增强了该蛋白质的热稳定性。

谷氨酰胺转氨酶能够催化蛋白质中谷氨酰胺残基的 γ-酰胺基和赖氨酸的 ε-氨基之间进行酰胺基转移反应，从而在多肽之间形成共价键。Ohtake 等（2018）将非天然氨基酸 3-氯-L-酪氨酸掺入微生物的谷氨酰胺转氨酶中，其中第 20 位和第 62 位的 2 个非天然氨基酸取代均提高了酶的热稳定性，且第 20 位氨基酸的卤化取代对稳定性的提高起到主要作用。究其原因，是由于第 20 位酪氨酸酚环深埋于 N 端核心区域且恰好可容纳一个氯原子空间，3-氯-L-酪氨酸中氯原子卤化作用恰好填补了这一空缺，使得该蛋白质 N 端结构域稳定性增强，进而使得酶整体稳定（Buettner et al.，2012；Kashiwagi et al.，2002）。

3）亲和性提高

非天然氨基酸能够被引入到蛋白质中从而提高与底物的亲和性，例如，可以通过将卤代酪氨酸掺入多个选择性位点以改善抗体的抗原结合能力。Hayashi 等

（2021）通过将抗 EGF 受体抗体（anti-EGF-receptor antibody）中的 Fab 片段的酪氨酸系统地替换为 3-溴和 3-氯酪氨酸，发现 4 个特定位点的同时替换导致对抗原的亲和力增加 10 倍。结构建模表明，这种效应是由于增强了抗原和抗体分子之间的形状互补性形成范德瓦尔斯键，加强了卤素化残基与邻近残基之间的相互作用。但并非所有卤代氨基酸都能够提高与底物的亲和力，例如，3-碘酪氨酸中碘与蛋白质分子内邻近的残基产生位阻效应而抵消其有利影响，使得碘酪氨酸对蛋白质亲和性提升效果不佳。此外，亲和性的提高还可通过互补决定区中的氯原子与非决定区域结合的氯原子相互作用，维持抗原结合形式的互补决定区来改善其与抗原的结合。远离抗体结合界面的恒定域中酪氨酸残基的卤化也有提高亲和性的作用，其原因尚不明确。

4. 探针

遗传密码子拓展技术能够将带有选择标记的非天然氨基酸结合到目标蛋白中，这些非天然氨基酸的加入能够通过高度特异性的化学反应（生物正交反应或点击反应）与化学修饰的染料之间形成共价键来进行标记，或掺入光笼保护的非天然氨基酸使蛋白质能够在特殊条件下维持稳定并与探针交联而鉴定。这些方法不仅允许在活体细胞中成像，而且能够使目标蛋白质的指定位点被探针快速、高效、特异性标记，通过生物大分子与目标蛋白之间形成的共价键来捕捉瞬时或者较弱的生物分子互作事件，研究活细胞中的蛋白质间的相互作用。

1）荧光显影探针

荧光蛋白可以用于荧光标记和示踪，是目前细胞生物学研究的重要手段。然而，荧光蛋白（如 GFP）由于其大小和光物理特性而存在一些限制。目前，采用遗传密码子拓展技术可以将共价结合荧光染料的非天然氨基酸直接引入蛋白质，并与活细胞和超分辨率成像应用兼容。因此，目标蛋白质在细胞内被特异性荧光标记，从而避免了对蛋白质或肽标记标签的需要（Elia，2021）。

一种最直接的荧光标记方法是将具有荧光特性的非天然氨基酸加入到目标蛋白的氨基酸序列中。该方法成功地用于观察细菌和哺乳动物细胞内的蛋白质，而不影响其功能。然而，现有的带有荧光基团的非天然氨基酸体积庞大，掺入效率低，荧光性能差，阻碍了其在细胞成像中的应用。此时，将一些对目标分子具有特异反应性的基团掺入荧光蛋白中就可实现对特殊分子的检测，例如，一种基于甲醛反应的荧光探针被用于在水溶液和活的哺乳动物细胞中检测甲醛（Zhang et al.，2020c）。具体来说，它们将能与甲醛反应的赖氨酸类似物 PrAK 特异性地结合到增强型绿色荧光蛋白（EGFP）和萤火虫荧光素酶（fLuc）的必需赖氨酸位点分别作为荧光和发光探针，甲醛通过 2-aza-Cope 重排选择性地与 EGFP 和 fLuc 上的 PrAK 残基反应，分别导致这两种蛋白质对甲醛的荧光开启响应。Thyer 团队开发了一种新的正交翻译 aaRS/tRNA 配对工具，可将具有多种反应活性的非天然氨基酸 3,4-二羟基苯丙氨酸（3,4-dihydroxyphenylalanine，L-DOPA）整合到绿色荧光蛋白中（Thyer et al.，2021）。基于荧光蛋白生色团与周围残基的共价交联可能改变其光谱特征的原理，Xiang 等（2013）将 GFP 中的生色团酪氨酸替换为 L-DOPA，再将靠近生色团侧链的几个残基突变为半胱氨酸，最终使得 GFP 发生明显红移并提高亮度，以此开发了一种新的荧光生物传感器来选择性地监测体内 L-DOPA 整合。此外，利用 L-DOPA 中儿茶酚基团的高亲核反应活性可高效合成偶联物，并在探索蛋白质-蛋白质相互作用过程中具有重要意义（Ayyadurai et al.，2011；Montanari et al.，2018）。

另一种有效且常用的方法是掺入一种能够通过快速和高度特异性的点击反应并在细胞内共价结合的非天然氨基酸。在这种方法中最常使用的非天然氨基酸是反式环辛烯（TCO）-赖氨酸和双环[6.1.0]壬炔（BCN）-赖氨酸，可将它们掺入到哺乳动物细胞的蛋白质中（Lang et al.，2012b）。这两种非天然氨基酸中的每一种在结合荧光染料 Fl-Dye 时都有其自身独特的优点，例如，BCN 赖氨酸表现出相对较高的标记效率（特别是在低表达水平下），而 TCO 赖氨酸反应更快且更稳定，但由于其疏水性，往往会产生更高的背景水平（Elia，2021）。Elliott 等（2014）使用一种可以被四嗪探针特异性快速标记的环丙烯赖氨酸，实现了对动物特定组织和特定发育阶段进行蛋白质组标记和蛋白质鉴定。这种非天然氨基酸侧链基团比 TCO 赖氨酸、BCN 赖氨酸等更小，降低了过大的非天然氨基酸侧链基团对蛋白质结构和功能的影响。

荧光蛋白标签是目前使用广泛的一种蛋白质标记技术，但荧光蛋白因其过大的尺寸（约 27 kDa）使得其附着的蛋白表达、细胞定位、活性或功能受到干扰，尤其是当目标蛋白很小且需要锚定时，这种荧光蛋白的影响会更大。有机小分子荧光团大小为 0.5 kDa 左右，相比荧光蛋白尺寸小得多，使用遗传密码子拓展技术可以直接将其插入到蛋白质指定位点而不必限制在 N 端或 C 端（Peng and Hang，2016）。此外，基于该技术的荧光显影探针仅需改变一个氨基酸即可无需额外标签，减少对目标蛋白定位和功能的影响，在活细胞成像中有着非同一般的优势。

2）蛋白质光交联探针

了解蛋白质如何相互作用是生物过程中最常见的问题之一。然而，当这些相互作用是微弱的、短暂的、pH 依赖的或者在特定的亚细胞位置（如膜结构）时，这些蛋白质的鉴定可能十分困难。光交联的共价性质能够检测低亲和力相互作用；此外，它还可以在活细胞中鉴定特定的、直接的蛋白质-蛋白质相互作用。

酸性伴侣是肠道病原体在极酸性哺乳动物胃中（pH 1～3）维持蛋白质稳态的必要因素。由于在低 pH 条件下确定蛋白质-蛋白质相互作用非常困难，这些伴侣的客户蛋白在很大程度上仍不为人所知。目前，有一种由基因编码的、高效的蛋白质光交联探针被开发出来，使其能够在大肠杆菌的周质空间中描绘主要的酸保护伴侣 HdeA 的底物（Zhang et al.，2011）。研究人员用一种高效光交联氨基酸 DiZPK 鉴定活的原核和真核细胞中蛋白质之间的直接相互作用。这种方法允许在特定生理条件下（如低 pH、氧化环境等）揭示与目标蛋白质相互作用的多肽、蛋白质等分子，从而揭示它们在正常和应激条件下的功能（Nguyen et al.，2022；Li et al.，2021）。

一种基于四嗪化合物的探针在与降冰片烯快速反应时能够显示荧光的策略被开发出来。Lang 等（2012a）将一种含有降冰片烯的非天然氨基酸掺入目标蛋白中，使得该蛋白质被基于四嗪化合物的探针快速、高效地选择。这种方法可以在体外、复杂的混合物中和哺乳动物细胞表面进行特异性标记，相较传统方法，在快速、高效的位点特异性蛋白质标记方面具有优势。

Gan 等（2016）分别将叠氮基苯氨酸、苯甲酰-L-苯丙氨酸、乙酰基赖氨酸和磷酸丝氨酸等多种非天然氨基酸掺入人类病原体沙门氏菌中，拓展了遗传密码子拓展技术的应用范围。其中，苯甲酰-L-苯丙氨酸（benzoyl-phenylalanine，Bpa）是一种由 365 nm 波长的紫外线激发的光交联剂，Gan 等人将 Bpa 整合到沙门氏菌的蛋白质中进而继续光交联实验，以检测更低亲和力的相互作用，也可用于在活细胞中识别特定的蛋白质-蛋白质相互作用。这项工作可以应用到多种病原体中，如志贺菌和分枝杆菌等，为遗传密码子拓展技术应用到病原体研究中提供了有力证据。

短开放阅读框编码肽（SEP）在许多生命活动中起着重要的调节作用。这些 SEP 尺寸很小且无法通过传统方法识别其细胞结合伴侣。为了验证这些 SEP 伴侣蛋白，Koh 等（2021）将能够产生高反应性的卡宾类物质的非天然氨基酸 AbK 基因整合到 SEP 基因中，使 SEP 的亲和性增强，更加容易识别与这些 SEP 相互作用的分子，开启了 SEP 鉴定和表征的新篇章。

5. 新型治疗策略

非天然氨基酸的引入可以赋予细胞因子、抗体、受体蛋白等药用蛋白质更多的特性，如增强药物靶向性、减少药物对非靶细胞的伤害，或是优化嵌合抗原受体 T 细胞免疫疗法，有效控制 CAR-T 细胞的开启或关闭，有助于降低该治疗方法的毒性。此外，遗传密码子拓展技术引入非天然氨基酸，在疫苗研发的过程中也能够发挥作用，使疫苗的研发时间缩短，且提高疫苗安全性。新一代蛋白质疗法通过将"量身定制"需要的蛋白质输送到特定部位提高了安全性。同时，通过改造的蛋白质也具有合适的半衰期，且可减少用药次数等。总之，通过遗传密码子拓展技术实现了对蛋白质类药物的改造，加快了药品研发的进程，优化或改进了传统的治疗策略。

1）疫苗研发

遗传密码子拓展技术应用在病毒基因组上具有产生可引起强免疫和广泛免疫的活病毒疫苗的潜力。Si 等（2016）扩展了甲型流感病毒基因组的遗传密码，将提前终止密码子引入其中，使这些病毒具有充分的传染性，但在常规细胞中无法复制（图 4-5A）。该种疫苗相比传统灭活疫苗能够使接种体产生强大的免疫力，这种病毒只能在特定细胞及特定条件下复制，为疫苗的安全性提供了保证。由于无需额外寻找毒性减弱但仍保留其免疫原性的毒株，这种方法可以更快地响应突发性传染病事件，具有灭活和减毒疫苗的多种优点。

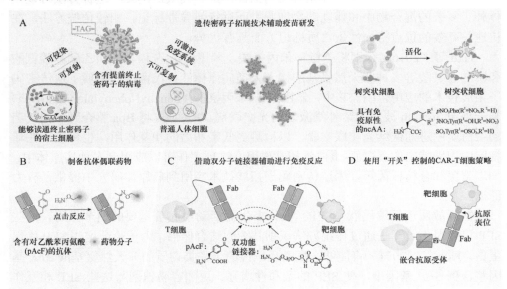

图 4-5　新型治疗策略

A. 遗传密码子拓展技术辅助疫苗研发；B. 制备抗体偶联药物；C. 借助双分子链接器辅助进行免疫反应；
D. 使用"开关"控制的 CAR-T 细胞策略

硝基被用作高度免疫原性的半抗原分子，当其附着在蛋白质上时会引起强烈的免疫反应（图 4-5A）（Palm and Medzhitov，2009）。非天然氨基酸中的对硝基-L-苯丙氨酸（pNO$_2$Phe）、3-硝基-酪氨酸（3NO$_2$Tyr）和对磺基-L-苯丙氨酸（SO$_3$Tyr）可以被认为是免疫原性氨基酸，注射这些具有免疫原性非天然氨基酸的蛋白质，可以在较长时间里产生较高抗体滴度水平（Li et al.，2018a；Fok and Mayer，2020）。此外，由于免疫系统对自身抗原的免疫反应能力不足，使得生产针对癌症或慢性退行性疾病的治疗性疫苗变得更加困难，将这些免疫原性非天然氨基酸位点特异性地掺入到自体蛋白中即可增强其对自身抗原的免疫性，从而克服自身耐受性

（Grünewald et al.，2009，2008）。此外，3NO_2Tyr 和 SO_3Tyr 也是天然存在的翻译后修饰，与许多炎症性疾病、自身免疫性疾病的发病有关，并被认为有助于致癌信号转导。因此，使用遗传密码子拓展策略来产生具有这些翻译后修饰的蛋白质，对破译这些翻译后修饰在生物体内的作用具有重要意义。

2）抗体偶联药物

抗体偶联药物（antibody-drug conjugate，ADC）是一类由单克隆抗体与细胞毒性载荷通过链接体偶联组成的新型药物，结合了单克隆抗体的靶向选择性和化疗药物的高效细胞杀伤性的优劣，在癌症治疗方面备受青睐。非天然氨基酸提供了一种位点特异性偶联的途径，也赋予了抗体偶联药物良好的药代动力学、效价和抗原结合特性（图 4-5B）（Hallam et al.，2015）。目前，最广泛用于生产生物偶联物的是对乙酰苯丙氨酸（*p*-acetophenylalanine，pAcF）和对叠氮苯丙氨酸（*p*-azidophenylalanine，pAzF）。这些非天然氨基酸的侧链提供了新的反应性，使得能够在维持蛋白质完整性所需的相对温和条件下创造稳定的偶联物。与含有这些非天然氨基酸的蛋白质结合有关的两个主要化学反应是肟连接和无铜点击反应。通过将氨基酸位点特异性地结合到蛋白质中，pAcF 中酮部分作为生物正交的亲电试剂在酸性条件下与带有氨氧基团的分子反应，生成稳定的肟键。该反应在苯胺催化剂的存在下于缓冲水溶液中进行，产率高，被用于合成大量的 ADC 和其他蛋白质偶联物（Hutchins et al.，2011）。pAzF 具有点击反应所需的叠氮化物，这种环张力较大且高能的物质使反应可在没有铜的催化下进行，从而使该反应在活细胞生物环境中的应用得到扩展（Jewett et al.，2010）。

3）嵌合抗原受体 T 细胞免疫疗法

工程化 T 细胞表达的嵌合抗原受体（chimeric antigen receptor，CAR）的过继转移已经成为一种有前途的癌症治疗方法。目前，由于 CAR-T 细胞的同步激活和快速增殖导致了不可控的细胞因子释放，能够引起致命的、失控的全身炎症反应，是 CAR-T 细胞疗法过程中严重的不良反应。为了降低这种治疗过程的毒性，一种使用"开关"控制的 CAR-T 细胞策略避免了其在治疗过程中的失控（Ma et al.，2016；Cao et al.，2016）。这种方法使用一种人体内不存在的分子——异硫氰酸荧光素（fluorescein isothiocyanate，FITC）作为"开关"，能够与可调节型嵌合抗原受体形成唯一配对，带有非天然氨基酸 pAzF 的 FITC 片段可通过点击反应与抗Her2 抗体片段 Fab 快速结合，之后 CAR-T 细胞识别该结合体并形成免疫突触，进而清除表达 Her2 的乳腺癌细胞（图 4-5D）。当"开关"分子被清除后可暂时关闭 CAR-T 细胞反应，这些 CAR-T 细胞亦可保留在患者体内为后续治疗提供帮助。这种方法可精确控制 CD19 或 CD22 表达的癌细胞与抗 FITC 的 CAR-T 细胞之间复合物的形成，这种 CAR 开关组合可在异种移植模型中产生有效的、剂量依赖性的体内抗肿瘤活性，有望减轻过继细胞治疗过程的副作用。

4）蛋白质疗法

蛋白质疗法是一种新型的、具有潜力的治疗手段，目前大多数处于研究阶段。这种治疗方法能够以定量的方式向身体的特定部位输送蛋白质，帮助修复疾病等。

第一代蛋白质疗法是位点特异性聚乙二醇化，聚乙二醇化能够通过减少肾脏消除效应、降低免疫原性、防止蛋白水解降解以及增加溶解度等来有效优化蛋白质治疗活性，是蛋白质疗法研究中的一大热点（Ivens et al., 2015）。聚乙二醇化的传统标准化方法限制了可用于连接的位点，或需要引入突变，而这种突变通常使表达复杂化、降低活性或导致不稳定缀合物产生。因此，遗传密码子拓展技术商业化的最初努力集中在位点特异性聚乙二醇化上。对乙酰苯丙氨酸 pAcF 被广泛用于与聚乙二醇进行偶联，包括用于治疗儿童生长缓慢的聚乙二醇重组人生长激素（Cho et al., 2011）、治疗肥胖相关疾病的瘦素（Müller et al., 2012）、治疗 2 型糖尿病的纤维细胞生长因子 21（Mu et al., 2012）、治疗中性粒细胞减少症的粒细胞集落刺激因子（Arvedson et al., 2015）等。这些蛋白质药物中的一些关键氨基酸位点被非天然氨基酸 pAcF 所代替，并用于与聚乙二醇偶联。聚乙二醇化的蛋白质药物有更长的半衰期，减少了因频繁给药带给患者的不便及痛苦。

第二代方法集中在抗体片段（如 Fab 片段）和细胞因子的优化上。T 细胞接合剂是通常使用的一种抗体成分，该抗体将识别 T 细胞受体的成分与另一种可识别肿瘤相关抗原的基因融合。然而，蛋白质融合表达导致原本的蛋白质结构受到影响，功能出现异常。利用遗传密码子拓展技术将非天然氨基酸 pAcF 分别表达于与 T 细胞识别的 Fab 抗体片段和肿瘤相关的 Fab 抗体片段中，具有 pAcF 的两个 Fab 片段分别与两种双功能链接器进行连接反应，然后通过点击反应实现定点偶联（图 4-5C）。以这种方式创建的"BiFab"T 细胞接合剂实现了对 T 细胞肿瘤相关抗原的招募，包括 Her2（乳腺癌细胞）（Cao et al., 2015）、CLL1/CD33（急性髓系白血病细胞）（Lu et al., 2014）和 BCMA/CA1（多发性骨髓瘤细胞）（Ramadoss et al., 2015）。T 细胞也可通过抗 αCD3 Fab 位点定向到肿瘤细胞，这种 Fab 可被设计用于特异性地偶联与肿瘤相关的蛋白小分子。例如，采用类似于上文的方法，将 αCD3 Fab 的重链分别与前列腺特异性膜抗原配体 2-[3-（1,3-二羧丙基）-脲基]戊二酸（DUPA）结合，相比未结合的 Fab，延长了半衰期（Kim et al., 2013）。此外，这种方式也可用于同时连接两种不同的配体，如 Fab 上两条重链分别与 DUPA 和叶酸结合的双特异性 Fab（Kang et al., 2018）。

总之，随着技术的不断优化和对生物学的深入理解，人们已经不再局限于以天然氨基酸为基础的酶或蛋白质药物，数量众多的非天然氨基酸侧链基团赋予了蛋白质独特的物理或化学性质，为疾病的治疗提供了无限可能。今后，人们很可能将研究重点转向赋予蛋白质多样性方面，可能包括同时使用多个不同的非天然氨基酸，从而助力医学领域的创新发展。

6. 硒蛋白合成与应用

硒是一种重要的微量元素，在生物体中参与调节机体氧化应激和细胞凋亡、维持细胞生长与增殖等（Avery and Hoffmann，2018），主要以硒蛋白的形式出现并发挥功能。硒具有两面性，它既是必需的，也是有毒的，过高或过低的硒摄入量均会导致某些疾病的风险增加（Duntas and Benvenga，2015）。最近研究表明不同种类的硒，如无机硒、有机硒和纳米硒均具有抗癌活性（Pang and Chin，2019）。硒可以通过不同的致癌途径调控和抑制肿瘤生长，如丝氨酸/苏氨酸蛋白激酶、丝裂原活化蛋白激酶、血管内皮细胞生长因子等（Short and Williams，2017）。补充一定的硒对人体健康有积极作用，我国含硒农副产品丰富，如富硒大米、富硒鸡蛋，以及含有有机硒的保健品等。这些硒产品普遍以有机硒的形式出现，相较于无机硒更有利于人体的吸收，可提高人体对硒元素的利用（Combs，2015）。

硒代半胱氨酸又被称为第 21 种氨基酸，人体中至少含有 25 种硒蛋白（表 4-4），硒蛋白含有至少一个硒代半胱氨酸残基。硒代半胱氨酸中的硒具有独特的氧化还原活性，能够提高相关蛋白质抗不可逆氧化的能力，提高蛋白质的稳定性。基于硒代半胱氨酸的这种特性可以研发具有长半衰期、强稳定性的蛋白质类药物，或具有独特反应活性的特殊功能蛋白。

表 4-4　自然界中存在的硒蛋白

名称	数量	简称	功能
谷胱甘肽过氧化物酶系	5	GPx1 GPx2 GPx3 GPx4 GPx6	在体内分布广泛，使过氧化物还原为无毒的羟基化合物，保护细胞和酶免受氧化损伤
碘化甲状腺原氨酸脱碘酶系	3	DIO1 DIO2 DIO3	催化调节甲状腺激素的活性，活化或钝化甲状腺素，实现微量元素硒的代谢调节能力
硫氧还蛋白还原酶系	3	TXNRD1 TXNRD2 TXNRD3（或TrxR1 TrxR2 TrxR3）	催化烟酰胺腺嘌呤二核苷酸磷酸（NADPH）还原为硫氧还蛋白酶（Trx），间接实现微量元素硒的抗氧化能力
硒磷酸合成酶	1	SEPHS2（SPS2）	以硒化物和 ATP 为底物，催化合成单硒磷酸，是合成硒蛋白的硒供体
甲硫氨酸硫氧化物还原酶	1	MsrB1（或 SelR）	催化 Trx 还原氧化态甲硫氨酸
15 kDa 硒蛋白（亦称硒蛋白 F）	1	Sel15（或 SelF）	-
硒蛋白 H/I/K/M/N/O/P/S/T/V/W	11	SelH SelI SelK SelM SelN SelO SelP SelS SelT SeLV SelW	-

天然的硒蛋白合成过程十分复杂，且真核生物与原核生物的机制并不完全相同，其主要体现在硒代半胱氨酸的合成路径和硒代半胱氨酸插入序列元件（selenocysteine insertion sequence element，SECIS element）的位置及结构上。硒代半胱氨酸并没有相对应的 tRNA，也并不能直接插入多肽链中。硒代半胱氨酸由于化学性质活泼、游离状态难以保持稳定，因此其需要通过丝氨酸的羟基氧原子的取代进一步合成（图 4-6）（Low and Berry，1996）。在原核生物中，tRNA^{Sec}在丝氨酰-tRNA 合成酶（seryl-tRNA synthetase，SerRS）作用下结合丝氨酸形成Ser-tRNA^{Sec}，然后在硒代半胱氨酸合成酶（selenocysteine synthase，SelA）作用下合成 Sec-tRNA^{Sec}，最终在 SelB 作用下将其带入核糖体相应位点上（Forchhammer and Böck，1991）。此外，原核生物 SECIS 元件位于 UGA 密码子的下游，这将限制该硒代半胱氨酸残基下游氨基酸的多样性（Donovan and Copeland，2010）。真核生物中的合成路径更为复杂，其 tRNA^{Sec} 在 SerRS 的作用下结合丝氨酸，然后通过磷酸丝氨酰-tRNA 激酶（PSTK）将其丝氨酰部分形成磷酸化中间体 pSer-tRNA^{Sec}，最后 pSer-tRNA^{Sec} 与由硒磷酸合成酶（SPS）合成的硒磷酸在 SecS（SEPSECS）的作用下反应合成 Sec-tRNA^{Sec}（Xu et al.，2007）。与原核生物不同的是，真核生物 SECIS 元件出现在 mRNA 的 3′UTR 中，其 SECIS 元件不会被翻译；而原核生物 SECIS 元件位于编码区，会被翻译，因此，在对硒蛋白进行人工改造时，真核生物 Sec 位点下游可选择的 DNA 碱基序列更为丰富，无需考虑像原核生物中 Sec位点，下游需要满足 SECIS 元件结构的问题（Donovan and Copeland，2010）。

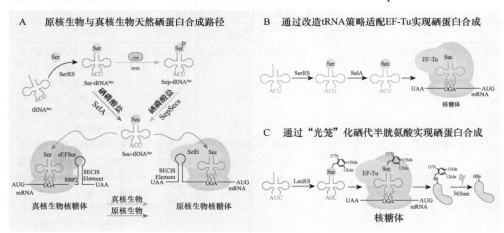

图 4-6　多种硒蛋白合成路径

A. 原核生物与真核生物天然硒蛋白合成路径；B. 通过改造 tRNA 策略适配 EF-Tu 实现硒蛋白合成；C. 通过光笼化硒代半胱氨酸实现硒蛋白合成

硒蛋白的合成过程中，硒代半胱氨酸被分配给终止密码子 UGA，在特殊延伸因子 SelB 和一个 RNA 结构信号 SECIS 元件的共同作用下进行蛋白质翻译，这种复杂的合成方式为其工业应用带来了挑战。此外，由于蛋白质翻译的关键延伸因子 EF-Tu 排斥 Sec-tRNA^{Sec}，使 Sec 的掺入更加困难。以 Dieter Söll 为代表的科学家通过改造硒蛋白核心元件 tRNA^{Sec} 结构，使得 EF-Tu 兼容该 tRNA^{Sec}，更重要的是，这种方法摆脱了对 SelB 和 SECIS 元件的依赖，使 Sec 插入位点更加灵活方便（Aldag et al.，2013；Miller et al.，2015）。

底盘基因组的设计和构建是提高工程细菌产量的关键。硒是有毒的，硒酸盐或亚硒酸盐的代谢过程中会引起 DNA 的损伤、蛋白质氧化失活以及细胞内氧化还原缓冲环境的破坏等（Herrero and Wellinger，2015），游离形式的硒代半胱氨酸累积会引起细胞胁迫表型和蛋白质聚集（Plateau et al.，2017）。与其他依赖终止密码插入的非天然氨基酸一样，终止密码介导的 Sec 插入与终止信号发生竞争，使翻译提前终止，过多表达的外源翻译工具使非目标蛋白读通终止密码，并错误延伸。这些原因都会使硒蛋白合成效率降低，一些底盘细菌甚至无法在高浓度硒培养基上生存。因此，针对硒蛋白所需重新设计新的底盘细胞，这种"底盘（chassis）"需要在高效产生硒蛋白的同时高度耐受硒的存在。TAG 终止密码的全局重编并删除释放因子 1（RF1）的大肠杆菌使得 TAG 位点被释放出来，翻译不再在此处停止，且能够在该位点接受 Sec（Cheng and Arnér，2017），之后通过硒蛋白合成与细胞生长相偶联的连续适应性进化策略，最终获得高度耐受 Sec 的大肠杆菌底盘（Thyer et al.，2018）。

半胱氨酸残基中的硫被硒取代后，酶活性大大增加；另外，硒具有抵抗不可逆氧化和失活的能力，其稳定性更强（Hondal and Ruggles，2011；Snider et al.，2013）。硒胰岛素具有与牛胰岛素相当的生物活性（Arai et al.，2017），通过将其中的二硫键替换为二硒键，从而提高了蛋白质的稳定性（Thyer et al.，2018）。二硒键引起的微小结构变化同时也抵抗了对胰岛素降解酶的降解能力。因此，硒胰岛素具有更长的半衰期，作用效果更长。

那西肽（nosiheptide，NOS）是一种含硫的多肽类抗生素。将大肠杆菌硒蛋白合成机制与链霉菌宿主中的那西肽生物合成基因簇合理耦合，可使其在 NOS 的三噻唑基吡啶结构中形成硒唑环。由于硒与硫相比具有较低的氧化还原电位和较高的亲核性，用硒唑代替噻唑可能会产生新的功能，或使翻译后修饰肽的理化性质和活性发生显著变化（Tan et al.，2022）。

硫氧还蛋白还原酶（TrxR，一种天然存在的硒蛋白）的 C 端含硒半胱氨酸的四肽基序为生物探针提供了一种独特的标签——"Sel-tag"（Johansson et al.，2004）。基于硒代半胱氨酸的低 pK_a 以及与许多亲电试剂的高反应性，允许对硒代半胱氨酸残基进行特异性标记反应。在非硒蛋白的 C 端添加这种标签，可以在特定的条件下被荧光化合物快速地靶向标记，或用亲电试剂 $^{11}CH_3I$ 进行快速放射性标记，以应用到正电子发射断层扫描（PET）成像中。同时，Sel-tag 也可用于一步纯化蛋白质或以放射性同位素 ^{75}Se 进行示踪。Sel-tag 因其尺寸较小，减小了对目标蛋白质本身生物学特性的干扰，有望推进更多复杂且未知蛋白质的研究。

通过遗传密码子拓展技术将硒代半胱氨酸以光笼化硒代半胱氨酸的方式进行掺入，可实现硒蛋白的便捷合成，且硒蛋白的活性可以在时间和空间上得到控制（Peeler and Weerapana，2019；Anttila et al.，2021；Rakauskaitė et al.，2020）。Rakauskaitė 等（2015）报道了第一个通过基因编码结合合成的光笼硒代半胱氨酸 DMNB（4,5-dimethoxy-2-nitrobenzyl）在酵母菌系统中的表达，封闭基团保护了高反应性的 Sec 基团在细胞内部发生不良反应，同时这种"保护-脱保护"策略也避免了在后续人工操作过程中对这些蛋白质的影响。Peeler 等（2020）拓展了 DMNB 在哺乳动物中的应用，为哺乳动物硒蛋白功能的表征提供了辅助方法。这种 DMNB 保护基团可在 365 nm 光照下被轻松除去，从而暴露出高反应活性的硒醇基团，并能够通过化学方法再次将硒醇基团封闭。借助这一特点，利用 DMNB 高亲和力单克隆抗体可轻松在复杂组分中分离目标产物或进行免疫沉淀实验（Rakauskaitė et al.，2020）。

遗传密码子拓展技术使含硒氨基酸摆脱了 SECIS 等元件的束缚，从而更加容易地掺入蛋白质中，借助硒代半胱氨酸之间形成的特殊二硒键增强了蛋白质的稳定性。同时，该技术也使更多含硒的非天然氨基酸掺入目标蛋白质中并拓展了它们的功能，例如，添加"硒标签"有利于目标蛋白质的分离纯化、"保护-脱保护"策略实现了蛋白质在时间与空间尺度的控制。引入硒耐受底盘细胞，使其克服因额外添加硒培养基而生长受限的不良影响进而提高了目标硒蛋白的产量，在工业生产硒蛋白方面有着重要作用。总之，硒蛋白具有独特的理化特性，未来有望在治疗多种疾病方面实现突破，含硒氨基酸在遗传密码子拓展技术的帮助下赋予了蛋白质更多新功能，为拓展蛋白质功能提供了便捷的蛋白质合成工具。

4.2.3 小结与展望

蛋白质作为细胞内生物活动的承担者，其结构和功能在一定程度上受限于构筑单元蛋白质的种类。虽然细胞可以通过翻译后修饰过程来拓展蛋白质的功能，但可控的、高效的蛋白质功能创新和调控仍然面临挑战，在一定程度上限制了其在生物技术、工业用途或治疗过程中的作用。遗传密码子拓展技术的使用将具有不同功能的侧链基团引入到蛋白质中，从而实现了对蛋白质的功能创新，这些新型蛋白质或增强了稳定性，或实现了对其时间或空间上的控制。新型蛋白质还将在未来治疗策略上提供新的方向，同时在这些新型蛋白质的作用下加快了新型药物的研发。硒的独特理化性质增强了蛋白质的稳定性，使其拥有了更多应用空间，遗传密码子拓展技术使含硒氨基酸的插入更加便捷并允许更多具有特殊功能的含硒非天然氨基酸掺入到目标蛋白质中，从而扩展出更多新功能。随着对蛋白质合成机制的进一步理解，结合基因组学，有更多高效、正交的翻译工具及适配的底盘细胞被开发出来以适应含非天然氨基酸蛋白质的生产，人类有望利用遗传密码子拓展技术，更加定制化地赋予目标蛋白质不同的有益特性，推动其在人类生命科学基础研究、疾病治疗、生物制造等多个领域的快速发展。

4.3　生物安全防控

基因改造生物（genetically modified organism，GMO）给生命科学领域的飞速发展注入活力的同时，也带来了 GMO 的遗传信息泄露或者非受控繁殖等问题，这些潜在的安全风险有可能对自然环境及人类健康等产生负面影响。尤其是新冠疫情的发生，更加凸显了生物安全防控的重要性，强化了公众对于生物安全防控的意识。实际上，科学界就 GMO 的安全防控已投入了大量精力，并在过去的二十年中取得了一系列的研究成果，开发了基于营养缺陷型、目的基因诱导表达和基因屏障等一系列生物防逃逸方法（图 4-7）。另外，随着合成生物学技术的快速发展，构建依赖于非天然物质（如非天然氨基酸）生长的生命体成为可能，为生物

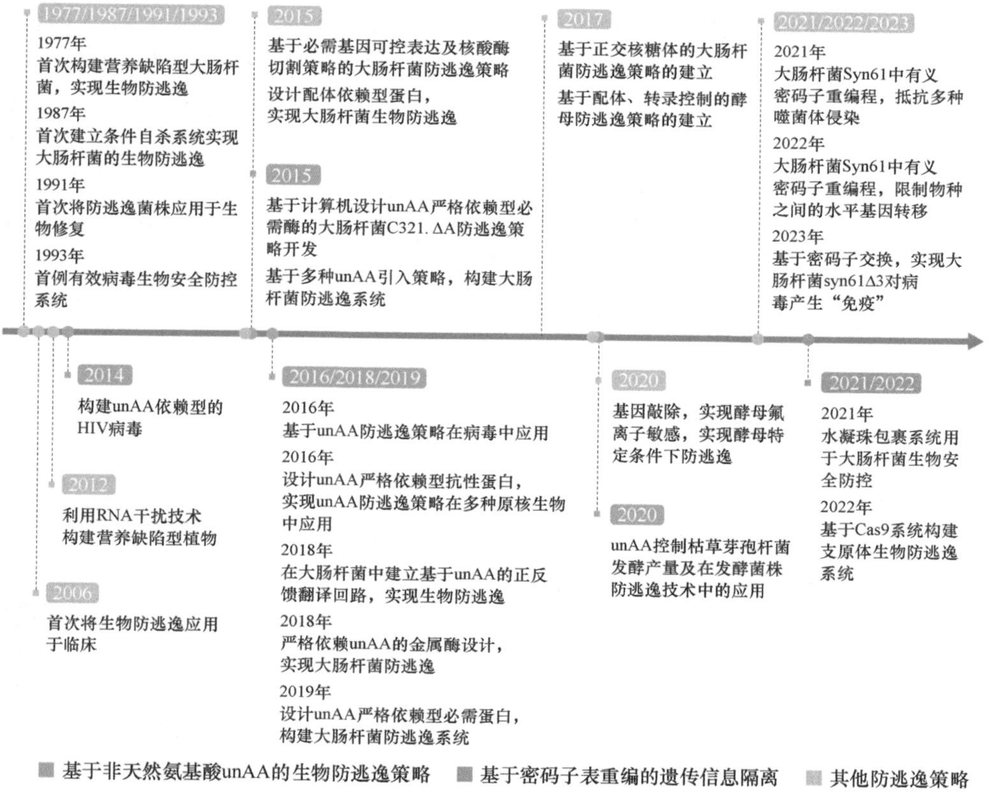

图 4-7　生物安全防控研究相关发展历程

安全防控提供了新思路。其中，通过基因组的设计与合成对目标生物的基因组进行全局重编，有效地利用和发挥了基因组合成生物学的优势，通过细胞中特定的空白密码子来准确地遗传编码非天然氨基酸，有助于开发更加高效和正交的生物安全防控策略，在生物安全防控的应用场景中展现出巨大的潜力。本节将结合目前国内外最新的相关进展，着重讲述基于非天然氨基酸的生物安全防控策略。

4.3.1 评估生物安全防控方法有效性的要求

自然环境中存在着各种微生物生长所必需的营养物质，经过人工设计或改造的 GMO 从实验室逃逸到外界环境中后将具有自我复制和繁殖的潜力，带来生物安全的风险。随着 GMO 在各个领域的广泛运用，其可能导致的生物安全问题也引起了广泛关注。例如，2019 年，位于美国马里兰州德特里克堡的美国陆军传染病医学研究所曾发生致病微生物泄漏，由此美国疾控中心要求暂停该研究所对高致病菌的研究工作。为了建立生物安全防控的相关措施及评价标准，美国国立卫生研究院最早提出了判定生物安全防控措施有效性的认定标准，即在 10^8 个 GMO 细胞中发生逃逸的数量小于 1 个（$<10^{-8}$）被认为是可接受的安全范围（Pawlowski，2014）。虽然目前已有判断生物安全防控有效性的明确依据，但是，随着 GMO 应用规模的逐渐扩大，现存的生物安全防控办法还需要不断改进，以确保策略在放大条件下以及在较长的时间尺度中依然有效和稳定。除了上述因素之外，设计和构建细胞内高效的生物防控策略还需要考虑：①生物体内通过遗传信息的改变（DNA 重组和基因突变）使得防逃逸策略失效的潜在沉默机制；②植入到 GMO 中的生物安全防控系统不能对细胞的生长繁殖产生较大的负担和压力，以保证转基因生物的良好运用；③针对潜在的大规模生产发酵的应用场景，植入生物安全防控系统的 GMO 的培养条件应廉价和易得。

4.3.2 传统生物安全防控

通过对目标生物的遗传改造，科学家提出了一系列的生物安全防控策略。其中，传统的生物防逃逸策略主要分为三种：基于营养缺陷型防逃逸策略、基于目的基因诱导表达的防逃逸策略和基因屏障策略。对于营养缺陷型防逃逸策略，通常采用敲除工程生物的必需基因或者是抑制该基因的表达等方式，使工程生物的生长依赖于外源提供的营养物，导致其在实验室以外的环境中无法生长和繁殖（Steidler et al.，2003）。基于目的基因诱导表达的策略是通过诱导型的开关实现特定基因的可控表达，主要分成两类：一类是构建诱导型启动子控制毒性蛋白的表达，当工程生物逃逸到外界环境中时，该启动子启动毒性基因表达，从而使该生物死亡（Contreras et al.，1991）；另一类是诱导型启动子控制必需基因的表达，外界环境中缺乏启动该基因表达的物质，使其无法正常繁殖（Ronchel and Ramos，2001）。基因屏障的构建通常是对菌株进行工程化改造来引入具有毒性和抗毒性的基因。由于宿主菌本身表达抗毒性蛋白，其可以在毒性基因存在的情况下正常生长，但是当其他宿主吸收了重组 DNA，会因为失去抗毒性蛋白而造成新宿主的死亡（Torres et al.，2003）。虽然上述策略均能实现对目标生物的可控繁殖，但在细胞内的稳定性、鲁棒性方面仍然面临众多挑战。例如，由于密码子表在绝大部分生物中的通用性，不同生物体之间可以发生水平基因转移的现象，通过相关功能元件的交互增加了工程菌株发生逃逸的概率。此外，由于上述生物防逃逸策略大多是通过杀死或抑制菌株生长，可能引起细胞毒性，从而降低菌株的生长速度和适应度。菌株还可以通过基因组突变来改变自身的代谢通路，或从自然环境中获得营养物补充（Wright et al.，2015），导致基于营养缺陷型策略的生物安全防控方法失效（Lee et al.，2018）。随着合成基因组生物学原理和技术的不断发展以及对生命过程理解的不断加深，研究人员对生物体的改造不再仅仅局限于几个基因或者 DNA 短片段，这也为基于基因组合成的生物安全防控策略提供了启发。

4.3.3　基于非天然氨基酸的生物安全防控

使目标生物的生长依赖于外源提供的营养物质是最早提出的生物安全防控策略之一，但是该方法面临的主要挑战是环境中通常会含有一定浓度的生物所需营养物。氨基酸作为蛋白质最基本的构筑单元，是细胞生长所必需的营养物质。利用遗传密码子拓展技术，在正交的 tRNA 和正交氨酰-tRNA 合成酶作用下，把非天然氨基酸特定地引入到必需蛋白质中的指定位点。当非天然氨基酸存在时，全长必需蛋白得以表达，细胞能正常生长；当非天然氨基酸不存在时，必需蛋白表达受阻，细胞死亡，从而达到生物安全防控的目的（图 4-8），且能有效地避免传统策略中外源物质补充导致方法失效的问题，加强生物防控强度和有效性（Mandell et al.，2015）。

非天然氨基酸的种类、正交的非天然氨基酸编码工具和被改造的底盘细胞是构建基于非天然氨基酸生物防控策略的三大关键要素，在其开发过程中需要对其逐个分析考量并系统设计。选择非天然氨基酸的主要考量如下：①能够被跨膜运输进入细胞中且较稳定地存在；②与核糖体等翻译工具相兼容；③对生物体不产生毒副作用；④成本较低，可实现大规模工程应用。在翻译工具的选择方面，非天然氨基酸编码工具的高正交性和高编码效率是最关键的考量因素，能保障携带非天然氨基酸蛋白质的高效和准确合成，保证目标蛋白质的产量能支持底盘细胞的良好生长。最后，基于非天然氨基酸的生物防控策略需要考虑目标底盘细胞的特性，利用非天然氨基酸引入技术相适配的底盘细胞，尽量避免细胞通过基因组突变使策略失效而产生菌株的逃逸。

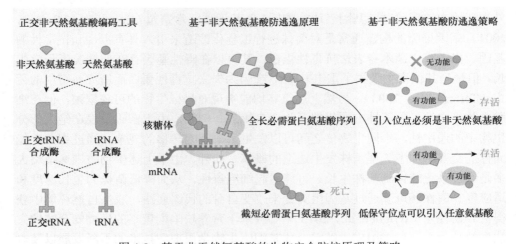

正交非天然氨基酸编码工具　　　基于非天然氨基酸防逃逸原理　　基于非天然氨基酸防逃逸策略

图 4-8　基于非天然氨基酸的生物安全防控原理及策略

非天然氨基酸依赖型菌株可通过 ncAA 的有无控制菌株必需蛋白的全长表达，从而实现该菌株的可控繁殖

本节将重点介绍近些年基于非天然氨基酸的生物安全防控策略的具体实例，描述并讨论研究人员在以大肠杆菌为代表的生物中设计和构建生物防控系统及效果，充分展示该防控策略的重要应用价值和广阔的发展前景。

1. 基于非天然氨基酸的微生物安全策略应用

构建基于非天然氨基酸的生物安全防控策略，本质上是通过非天然氨基酸的添加与否，在翻译水平实现目标蛋白质的表达控制，进而调控目标生物的生长。因为选择的目标蛋白是生物体生长繁殖所必需的，当培养基中非天然氨基酸缺失时，细胞只能表达出截断的、丧失功能的蛋白质，使得细胞无法生长。当非天然氨基酸存在时，在正交的翻译工具的介导下，非天然氨基酸被定点引入到目标蛋白质中由空白密码子（通常是终止密码子 TAG）指定的特定位点，表达具有活性的全长蛋白质，使得生物可以正常生长（图 4-8）。该策略可以进一步分为两种情况。第一种情况中，非天然氨基酸在目标蛋白质中不具有特殊的功能，而只是单纯地作为翻译过程中的构筑单元，读通携带终止密码子的 mRNA，使得全长的蛋白质得以表达。在这种情况下，选择引入非天然氨基酸位点对氨基酸种类无选择性，即该位点氨基酸容忍性较高，是一种较为简单的非天然氨基酸引入位点选择方法。在第二种情况中，引入的非天然氨基酸携带特定的官能团，其在指定位点的特异性引入是维持目标蛋白质功能所必需的，即构建非天然氨基酸依赖型的蛋白质。第二种情况对于实验的设计更加有挑战性，但是能建立更加严格的生物安全防控系统，进而有效地避免逃逸事件的发生（图 4-8）。

针对第一种情况，Farren 等利用终止密码子 UAG 被全局重编的大肠杆菌 C321.ΔA 为对象，构建出一系列依赖非天然氨基酸 pAcF 的大肠杆菌，并通过控制插入非天然氨基酸的数量，进一步降低菌株逃逸率，结果发现当插入非天然氨基酸数量为 3 个时，菌株逃逸率可降低至 10^{-9}（Rovner et al.，2015）。研究人员对单位点引入非天然氨基酸的逃逸菌株进行测序分析，发现终止密码子 TAG 突变产生有义密码子 TGG 和 CAG，是造成菌株逃逸的其中一个原因。此外，核糖体 *rpsD* 基因中的 Q54D 错义突变导致核糖体的保真度下降也是造成菌株逃逸的原因之一。为了探究非天然氨基酸依赖型大肠杆菌是否会通过代谢交叉喂养导致菌株逃逸，Farren 等还在血液培养基和土壤提取物培养基中分别培养 pAcF 依赖型大肠杆菌，实验数据表明，相比其他营养缺陷型菌株，pAcF 依赖型大肠杆菌表现出更加可行的生物遏制现象。近期，深圳华大生命科学研究院付宪、沈玥团队首次在真核生物酿酒酵母中建立了基于非天然氨基酸的生物防逃逸方法，该方法具有简单、有效且适用于不同基因的优势（Chang et al.，2023）。通过对逃逸机制的深入解析，将设计的"免疫系统"引入琥珀抑制子 tRNA 的生成过程并开发基于转录和翻译的生物遏制开关，显著提升了方法的有效性。值得指出的是，研究最后通过真实发酵过程中目标工程菌丰度分析，证明该方法亦能起到核心工业菌株防窃取的作用。

　　针对第二种情况，Church 团队在重编的大肠杆菌 C321.ΔA 中引入能够特异性编码 bipA 的翻译工具，实现由 UAG 介导的基因编码 bipA。随后利用计算机辅助设计，以 bipA 分别替换大肠杆菌 6 种必需蛋白一级结构中容忍性较高位点的氨基酸，最终构建出一系列的 bipA 非天然氨基酸依赖型菌株（Mandell et al.，2015）。通过测定该系列菌株的逃逸率和菌株生长表型，发现 4 株 bipA 依赖型菌株在 bipA 存在的培养基中生长强劲，且在不含 bipA 的培养基中展现出较低的逃逸率（单位点引入 bipA 菌株逃逸率为 $10^{-8} \sim 10^{-5}$）。实验结果表明，将必需蛋白 bipA 位点替换成天然氨基酸，必需蛋白依然保持活性。为避免 UAG 单碱基突变为有义密码子造成的菌株逃逸，研究人员构建了含有多个 bipA 的依赖型必需蛋白菌株，双位点或者三位点引入 bipA 使菌株逃逸率低至 10^{-11}。此外，该研究还探究了基于 bipA 的生物安全防控在抗水平基因转移方面的能力，通过与含有复制起始位点 oriT 质粒的大肠杆菌 MG1655 共培养，在不含 bipA 的培养基中发现逃逸菌株的缺陷基因都为野生型供体序列，表明非天然氨基酸的生物安全防控策略可有效降低水平基因转移所导致的菌株逃逸。

　　设计非天然氨基酸严格依赖型的必需蛋白可有效地避免终止密码子单碱基回复突变成有义密码子导致的菌株逃逸现象。这些非天然氨基酸严格依赖型的必需蛋白的活性位点或者催化、结合等关键位点的氨基酸应至少有一个为非天然氨基酸，且该位点只能是非天然氨基酸或者个别天然氨基酸，该必需蛋白才具有活性。例如，Andrew 团队以 β-内酰胺酶（可赋予许多革兰氏阴性菌对抗生素 β-内酰胺产生抗性）为研究对象，通过在非天然氨基酸序列周围建立随机突变体库，成功实现了非天然氨基酸严格依赖型必需酶的设计筛选。首先，研究利用非天然氨基酸 3nY 或者 3iY 替换 β-内酰胺酶中的关键氨基酸位点，导致 β-内酰胺酶失活；随后通过建立非天然氨基酸替换位点的支链空间邻近氨基酸的随机密码子库，成功筛选到 β-内酰胺酶活性恢复的菌株，且改造后的 β-内酰胺酶的活性严格依赖非天然氨基酸 3nY 或者 3iY。携带改造后的 β-内酰胺酶的菌株在高浓度的羧苄西林和含有非天然氨基酸的培养基中可以正常生长存活，在不含非天然氨基酸的培养基中无法生长，且该菌株的逃逸率低于实验室可检测标准（$<10^{-11}$），该 β-内酰胺酶系统也可以应用在其他肠杆菌科菌株中（Tack et al., 2016）。此外，为了避免单碱基回复突变导致的菌株逃逸现象，研究团队设计了另外一种非天然氨基酸依赖性的酶。甘露糖-6-磷酸异构酶（ManA）是一种需要 Zn^{2+} 配体激活的金属酶，其中，ManA 蛋白结构包含 2 个与 Zn^{2+} 配体相互作用的组氨酸残基（H99 和 H264）。研究人员利用结构与组氨酸类似的非天然氨基酸 MeH 和 PyA 分别替换 ManA 中的 H99 或者 H264，酶活实验表明，只有 ManA 中关键的组氨酸位点（H264）被 MeH 替换时，Zn^{2+} 配体可以激活 ManA 的活性。将改造后的 ManA 酶系统转移到敲除 ManA 的大肠杆菌中，在缺乏 MeH 的培养条件下，测得该菌株的逃逸率小于 10^{-11}（Gan et al., 2018）。

2. 非天然氨基酸在预防自我复制型病毒疫苗生产中的应用

传统的灭活或减毒病毒疫苗往往存在繁殖能力和效价降低甚至丧失的问题。因此，开发既安全又具备良好的免疫原性的病毒疫苗是一项巨大的挑战。随着合成生物学技术的快速发展和遗传密码子拓展技术的广泛应用，通过设计合成特定的病毒基因组，可保持病毒活力、引起机体广泛的免疫反应，同时减少其非受控繁殖。2016 年，研究人员将含非天然氨基酸编码系统的转基因细胞系扩展到甲型流感病毒基因组的遗传密码中，通过定点突变将琥珀密码子替换到流感病毒 NP 蛋白的 Asp101 处，获得 PTC（premature termination codon）病毒（Si et al., 2016）。对该病毒的生长表型及感染性进行实验测定，表明该病毒只能在含有非天然氨基酸编码系统的细胞中扩增，且保持完整的感染能力。利用遗传密码子拓展构建灭活病毒，为更安全、可控地生产病毒疫苗提供了新的技术。在未来，通过对病毒基因组的修改，可实现更多种类病毒的生物安全防控。

3. 非天然氨基酸依赖型生物逃逸原因及优化方案

基于非天然氨基酸的生物防控策略也存在一定的局限性，从而导致菌株发生逃逸。随着研究的逐步深入，揭示了多种非天然氨基酸依赖型菌株发生逃逸的原因，为进一步优化生物防控策略提供了基础和方向，具体如下。

（1）空白密码子（如终止密码子 TAG）突变引起的逃逸现象

由于非天然氨基酸的引入需要在必需基因中引入空白密码子，细胞在快速繁殖过程中，很容易因环境压力积累而突变，当引入的空白密码子发生单碱基突变而成为有义密码子时，该生物防控方法便会失效，但该问题可以通过引入多个空白密码子或者构建严格依赖非天然氨基酸的菌株得到较为有效的解决。

（2）非天然氨基酸编码工具的正交性问题

编码工具的不正交或者低正交性可能会导致氨酰-tRNA 合成酶非特异性地识别细胞内天然的氨基酸，加载到正交的 tRNA 上用于翻译过程。此外，外源引入的 tRNA 被生物体中内源性的氨酰-tRNA 合成酶识别，使得天然的氨基酸被引入到 UAG 终止密码子对应的位置上，从而导致生物安全防控失效。

（3）抑制 tRNA（suppressor tRNA）的产生

细胞中编码天然氨基酸的 tRNA 中反义密码子环发生突变，进而具有识别空白密码子的能力，替代了外源引入的 tRNA 的作用。例如，赖氨酸 tRNA 的反义密码子（3'-UUU-5'或者 3'-AUU-5'）发生点突变，通过利用从 U 到 G 摆动或者突变，将蛋白质原本引入终止密码子的位置翻译成赖氨酸，该突变也会导致在没有非天然氨基酸的条件下，菌株可以存活（Xuan and Schultz，2017）；Lsaacs 研究团队发现大肠杆菌中酪氨酸 tRNA 的反义密码子发生单碱基突变，使得蛋白质原本引入非天然氨基酸的位置翻译成酪氨酸，导致防逃逸策略失效。为了克服这一逃逸机制，可通过删除大肠杆菌中 3 个酪氨酸 tRNA 中的 2 个，仅剩 1 个酪氨酸 tRNA 用于大肠杆菌内源性酪氨酸转运，从而有效防止酪氨酸抑制 tRNA 的产生（Rovner et al.，2015）。

（4）mRNA 降解相关蛋白酶失活

这类逃逸通常是 mRNA 降解相关基因发生移码突变，或者是有义密码子发生非引入空白密码子的碱基突变（Wang and Wang，2008）。在没有非天然氨基酸的条件下，菌株仍可以翻译产生错误蛋白，mRNA 降解基因失活会导致发生错误翻译的蛋白质无法正常降解，从而使得错误蛋白积累，缓解菌株生长压力，使得菌株发生逃逸。

（5）蛋白质质量控制的降解通路失活

例如，Lon 蛋白酶是一种依赖 ATP 的丝氨酸蛋白酶，介导突变蛋白、异常蛋白及某些短寿命调控蛋白的选择性降解，当 Lon 蛋白基因出现因突变或者转座子介导等原因导致的失活时，将导致缺乏非天然氨基酸引入的错误蛋白无法及时降解，从而继续发挥有限的功能，进而造成菌株逃逸（Mandell et al.，2015）。

如上所述，虽然对于生物逃逸原理研究的不断深入能进一步优化基于非天然氨基酸的生物安全防控策略,但避免或者彻底解决所有的逃逸路径仍然面临巨大的挑战。将其他多种生物防控方法与基于非天然氨基酸的策略联用,可能在协同降低转基因生物的逃逸率方面具有重要的应用前景。例如,通过对密码子的重新定义,即用四个碱基对应一个密码子,可极大地拓展非天然氨基酸同时引入的种类(DeBenedictis et al.,2021),也可以消除细胞内源编码工具对四联密码子读通引起的逃逸现象。人工合成碱基也有望通过 DNA 复制过程控制菌株生长繁殖,实现生物安全防控。相关研究人员利用适应性进化,成功获得一株胸腺嘧啶生物合成缺陷型大肠杆菌,其胸腺嘧啶可以用人工合成的氯尿嘧啶代替(Marlière et al.,2011)。在另一项研究中,含有糖分子骨架的"异源核酸"可以在功能上分别代替脱氧核糖和核糖,实现遗传信息的储存(Pinheiro et al.,2012)。此外,"非天然碱基对"可通过 DNA 聚合酶进行复制和扩增,并且相关研究表明该碱基对不能通过天然 DNA 修复机制去除(Malyshev et al.,2014)。这些新型的科学研究的成功为使用正交生物系统进行生物安全防控提供了可能。

4.3.4　基于基因组重编程菌株的生物安全防控

遗传密码(决定 DNA 中三个核苷酸为一组的密码子转译为蛋白质中氨基酸序列的规则)以密码子表的形式表现,地球上几乎所有的生物共用一套密码子表。由于密码子表具有通用性,遗传信息在自然条件下的扩散(如基因水平转移)没有遗传物质水平的屏障,为物种之间的遗传信息交流提供了便利。但是,该特征恰恰使得实验室工程改造微生物与自然界其他生物之间具有发生遗传交流的可能性,使得 GMO 逃逸到实验室以外的环境中。利用基因组合成生物学的手段,通过对目标生物的基因组进行从头设计和全局重编,可创造人工的密码子表,从根本上改变遗传密码的解码规则,为生物安全防控提供新的途径,在构建具有抗病毒特性和具有遗传信息隔离特征的人工生命体方面打开新的大门。

通过对大肠杆菌终止密码子 UAG 的全局重编,Church 团队在 2013 年构建出具有抵抗 T4 和 T7 噬菌体侵染能力的重编码菌株(Lajoie et al.,2013b)。具体而言,通过连续的多位点基因编辑技术可将大肠杆菌的 UAG 密码子全部删除,进而允许删除特异性识别 UAG 的释放因子 1(RF1)。在缺失 RF1 的重编大肠杆菌中,使用 UAG 终止密码子的噬菌体,其基因表达终止受到影响,无法在宿主中正常扩增和繁殖,进而实现了重编菌株抵抗噬菌体的目标。实验结果表明,在缺乏 RF1 的宿主中产生的 T7 噬菌体斑块明显较小,与宿主倍增时间无关;在缺乏 RF1 的菌株中,T7 噬菌体适应度(每小时增加倍数)显著受损;动力学裂解曲线证实,在缺乏 RF1 的情况下细菌裂解显著延迟;一步生长曲线表明,缺乏 RF1 大肠杆菌裂解后产生的噬菌体的平均数量也显著减少,噬菌体包装延迟。

2021 年，Chin 团队进一步构建出更多密码子被全局简并的人造大肠杆菌 syn61。该菌株的基因组中两个有义密码子（丝氨酸密码子 UCG 和 UCA）及终止密码子 UAG 被其同义密码子全局替换，并实现了对必需翻译元件 tRNA 和 RF1 的成功删除，构建出相应的人工改造菌株 syn61Δ3（Robertson et al.，2021）。由于 syn61Δ3 菌株中缺失更多常规密码子表对应的翻译元件，由此产生的菌株对病毒混合物具有完全抵抗力。研究发现，用 T6 噬菌体感染 syn61Δ3 时，总噬菌体滴度稳定下降，其减少与蛋白质合成以及细胞中噬菌体产生被庆大霉素完全抑制时观察到的情况相当。此外，T6 噬菌体感染对 syn61Δ3 的生长影响很小。因此，syn61Δ3 在感染 T6 噬菌体后不会产生新的噬菌体颗粒，并且 T6 噬菌体不会裂解这些细胞。用 T7 噬菌体获得了类似的结果，其 40kb 基因组中具有 57 个 TCG 密码子、114 个 TCA 密码子和 6 个 TAG 密码子。研究人员用含有 λ、P1vir、T4、T6 和 T7 的噬菌体混合物处理细胞，它们的 TCA 或 TCG 有义密码子比琥珀终止密码子的丰度高 10～58 倍，用这种噬菌体混合物处理对 syn61Δ3 的生长几乎没有影响，这表明 syn61Δ3 中 tRNA 的缺失导致对多种噬菌体产生抗性。

Church 团队对 syn61Δ3 菌株进行了进一步地设计和修改，使其能够免疫自然病毒的感染，同时最大限度地减少该细菌或其遗传物质逃逸到野外（Nyerges et al.，2023）。具体而言，研究团队首先发现在大肠杆菌流行的地方采样获得的噬菌体仍然可以感染 syn61Δ3，这些噬菌体可以通过自身携带特定的翻译元件（如 tRNA）来绕过 syn61Δ3 菌株中缺失特定 tRNA 带来的"遗传隔离"。通过在 syn61Δ3 中引入新的诱骗 tRNA，打乱这些入侵的噬菌体的指令，插入错误的氨基酸导致噬菌体蛋白的功能失活，进而使得这些噬菌体无法在改造后的 syn61Δ3 中正常地复制和扩增。在防止水平基因转移的基础之上，该团队进一步引入了基于 ncAA 的防逃逸策略，使大肠杆菌依赖于实验室制造的 ncAA 而无法在野外生存，极大地降低了其他生物被这个"超级细菌"感染的风险。综上所述，通过基因组合成生物学中的重要手段，对基因密码子表进行全局编程和进一步修改优化可以构建出改良的菌株，它能抵抗自然病毒感染，且逃逸到环境中的风险也极低，这些人工生命体的使用有望降低药物和其他物质（如生物燃料）生产中病毒污染的风险，推动生物制造方面的可持续发展。

4.3.5 小结与展望

合成生物学的快速发展极大地推动了转基因生物的广泛使用，同时也带来了生物安全等问题。合成生物所引发的安全风险主要由其"不确定"的特性所决定。不确定性主要体现为人类对于设计的功能认知有限；另外，人工合成的生物体有可能与周围环境进行不可预知的互动，进而导致合成生物的不可控扩散。由于科学研究的复杂性、随机性、不可预测性会引起更多的变量，导致后果更加难以预测，使结果超出已有的经验判断。值得庆幸的是，合成生物学安全已得到普遍关注，各国政府、科学家、企业家不断地加强国际合作和交流，并在技术规范和安全风险等方面逐步达成共识，从而有效抑制个别国家在技术应用上的冲动，确保合成生物学能在造福人类的正确轨道上发展。随着科学技术的快速发展，科学家也逐步地开发出不同的生物安全防控策略，其中基于非天然氨基酸的方法在有效性、稳定性和正交性方面具有显著的优势，并展现出巨大的前景。令人兴奋的是，利用基因组合成生物学的手段，通过对目标生物的基因组进行从头设计合成，可以从根本上改变遗传密码的解码规则，为生物安全防控提供新的思路。另外，科学研究成果最终要运用在实际生产生活中，工业生产中通常需要培养的菌株数目远大于实验室的菌株培养量，而现有的生物安全防控检测办法在菌株逃逸率低于 10^{-11} 时就无法检测出逃逸的菌株个体（Mandell et al., 2015），所以我们仍需要重新定义菌株逃逸标准并优化逃逸菌株监测方法。外界环境通常比实验室菌株培养环境复杂，现有的生物安全防控是否可以保证菌株在不同环境中的生长繁殖可控仍有待考量，故我们仍需要开发新的生物安全系统，以实现转基因生物在更多开放式环境中的应用。

4.4　基因组"写"计划（GP-write）

4.4.1　GP-write 简介

基因组"写"计划（Genome Project-write，GP-write）是对应于人类基因组计划（Human Genome Project，HGP）的意义——对人类基因组进行测序（即读取人类基因组序列信息）而言的。测序相当于对人类基因组序列的"读"，合成人类基因组相当于"写"。"基因组'写'计划"是一项由多个领域专家参与的、旨在实现人类和重要生物基因组人工合成的国际合作项目。从计划发布的路线图及现有项目内容来看，人类基因组是计划的主要目的基因组。"基因组'写'计划"路线图描述的"对农业及公共健康具有重要影响的生物"并没有明确的定义，而目前明确涉及的非人类生物只有小鼠与果蝇。"基因组'写'计划"的项目内容不只涵盖有目标生物的基因组合成内容，还包括了实现基因组合成的相关技术开发及基因组元件功能的理论探索。

"基因组'写'计划"项目的提出是现阶段分子生物学和合成生物学发展累积的结果，该计划发展时间线如图 4-9 所示。2015 年 10 月，受人类基因组计划模式的启发，George Church 和 Jef Boeke 等合成生物学家提出了"人类基因组'写'计划（HGP-write）"的概念，并初步描述了项目的目标、讨论了项目的可行性。

在这些科学家的推动下，第一届"基因组'写'计划"年会于 2016 年 5 月召开。参考了当年"人类基因组计划"正式开展前的准备经验（即对模式生物的测序项目），会议提出将"人类基因组'写'计划"进一步拓展为囊括了其他模式生物在内的"基因组'写'计划"，并对计划的设计、技术、伦理、法律和产业转化方面进行了研究讨论。基于第一次年会的讨论，"基因组'写'计划"于同年 6 月在《科学》杂志上发表了纲领性文章"The Genome Project-write"（Boeke et al.，2016），正式宣告了"基因组'写'计划"的开展。同年 11 月，《基因组"写"计划白皮书》发布。2017 年 5 月，"基因组'写'计划"第二次年会的召开受到了热烈的反响，有来自 10 个国家和地区 250 多名科学家参加此次会议，会议上宣布该计划首个探索性项目获得了美国国防高级研究计划局（Defense Advanced Research Projects Agency，DARPA）的资助。2018 年 5 月，"基因组'写'计划"第三次年会正式宣布了首个大型项目"Ultra-Safe Cell Line"的开展以及各个工作组的成立。各工作组也发布了各自的工作路线图，涵盖了技术、伦理法律及社会影响、公关关系、产业化和标准化、教育等方面的规划，使得整个计划变得更加完备。随着第四和第五次年会召开，"基因组'写'计划"也不断公布新的研究课题，相信不久的将来将会有实质性的成果发表。

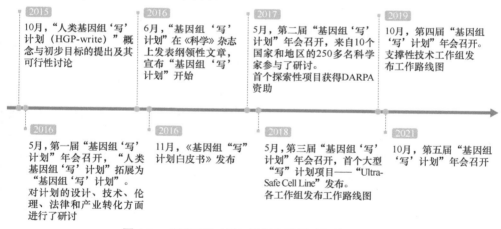

图 4-9 "基因组'写'计划"发展时间线示意图

"基因组'写'计划"的最终目的并不是只为了实现人类及重要生物的基因组人工合成，而是希望通过对目标生物基因组的合成来促进生物学家对生物基因组序列功能及生命机理的认知，即基因组合成生物学"造物致知"的理念，并推动相应技术的发展。受到"人类基因组测序计划"促进测序技术发展及成本下降的启发，Boeke 等（2016）在"基因组'写'计划"中期望通过这种资源整合的手段促进基因组合成技术的发展，突破现有技术瓶颈、降低 DNA 合成成本，并从合成生物学的角度进一步了解生命机理。该项目在设计之初就对 DNA 合成成本、规模化合成与组装能力、伦理法规均提出了明确的目标和对应的时间节点。首先，"基因组'写'计划"明确提出计划的首要目标是用十年时间将在细胞系中改造和测试大型基因组（1～1000 亿 bp）的成本降低为原来的千分之一；其次，计划希望通过人类基因组合成，更好地理解人类基因组序列的功能，探究 DNA 序列如何与生理功能相关联；此外，该计划还重点关注 DNA 合成与组装技术的自动化、智能化、标准化、数据管理规范化和系统化，希望借此机会建立与项目相关的互联网公共数据库，方便项目理论知识成果的研究应用；最后，计划期望通过研究项目中出现的伦理、法律和社会问题，为后续的项目提供一个指导标准。

随着基因组合成技术和研究方法的不断发展，理论上目前已具备了推进"基因组'写'计划"的基础。如本书第 3 章中所述，在非常成熟的寡核苷酸链合成技术基础之上，利用硅芯片与微流控技术具有小型化与高集成的特性，能够提供超高通量与超高灵敏度，加速推动 DNA 合成的成本。随着"酶法 DNA 合成"等新策略的不断涌现，DNA 合成在寡核苷酸链的合成长度与产量方面亦具有突破传统化学方法合成限制的潜力。此外，体外组装技术和体内组装技术实现的片段组装长度不断突破，使大片段和基因组的组装效率不断提高，相应的大片段转移技术也被不断地开发出来，为更大的基因组合成提供了关键基础。

另外，合成基因组学研究成果的不断涌现，让研究人员看到了在基因组层面上进行大规模的改造不但有利于更好地对生物体进行操纵，也有利于对生物体进一步的了解（Boeke et al.，2016）。从脊髓灰质炎病毒基因组合成的一系列基因组合成生物学研究，到原核生物基因组（支原体、大肠杆菌等）合成、重构和精简，再到人工酵母染色体合成，人工合成的基因组大小逐步变大，对基因组的改造程度也逐渐加深（详细见第 4 章）。在这一过程中开发了一系列基础性的技术方法，成为后续基因组合成生物学研究的根基。通过这种方法产生了新的认知，如通过对新月柄杆菌进行大规模基因组重构，发现和纠正了许多基因元件。

4.4.2 GP-write 规划

1. 总体规划

目前，"基因组'写'计划"大体上分为几个阶段来执行（表 4-5）。在起始阶段，计划以小部分基因组（约 1%人类基因组大小）为对象进行能产出一定价值成果的探索性研究，用 3～5 年的时间来研究开发所需的技术方法，同时深入研讨人类基因组全合成的必要性与价值。中期阶段，计划将继续开发更多提高合成、组装与转移效率和通量的技术方法，将成本大大降低，并基于第一阶段的研究成果进行更高程度的基因组合成与改造的探索性研究，将研究尺度扩展至新的层级。

长期而言，计划将把所有的项目产出转化为在医药、农业和科研应用方面有价值的成果。"基因组'写'计划"初步估计将得到约 1 亿美元的项目资助。

表 4-5　"基因组'写'计划"阶段性规划

阶段	规划内容
第一阶段（1～5 年）	• 组建国际合作研究组进行探索性研究并产出一定价值的成果 • 针对性的合成、转移和修复技术开发 • 与多方公众代表讨论并切实考虑和解决计划可能出现的问题 • 安全与监管技术开发
第二阶段（5～10 年）	• 进行更高阶技术开发 • 进行更多探索性研究、进行更高阶和更多物种的完整基因组合成项目 • 降低成本与吸引更多资源投入 • 研究尺度向表观遗传学甚至生态学扩展
第三阶段（长期）	• 成果转化

2. 支撑性工作组规划

"基因组'写'计划"是一项考虑较为全面的科研大项目，提出并不断完善了计划相关的研究内容和路线图。考虑到计划本身的争议性与复杂性，项目组成立了技术、伦理、标准制定、计算机程序开发、公关策略、知识产权和公众教育等多个方面的支撑性工作组来细化及推进支持计划进行的基础性工作。

1）支撑性技术工作组

技术上，项目组计划解决在基因组设计、DNA 合成技术、基因组编辑技术、染色体组装技术这四个方面存在的技术瓶颈（Ostrov et al.，2019）。为此，"基因组'写'计划"组建了支撑性技术工作组来推进这方面的工作。

首先，在基因组设计上，现阶段亟须开发适合于基因组尺度的计算机辅助设计软件（CAD）。对于"基因组'写'计划"而言，需要 CAD 软件能够进行基因组尺度上的设计、可视化以及对设计变化的表型预测；除了包含基因组的序列信息（一级结构信息），还需要包含基因组的二级和三级结构信息。显然，目前拥有的基因组设计软件并不能满足这些需求。项目组计划在 3 年时间内开发能在基因组尺度上进行设计、可视化和序列质量控制的 CAD 软件；5 年内将二级和三级结构信息预测功能整合到软件中，并利用机械学习算法结合公共数据库和同步开展的"写"计划项目数据；用 10 年时间开发软件的序列变化表型预测功能。另外，委员会期望通过"写"计划的实施，促成基因组设计流程和数据格式的标准化，进而实现标准流程的自动化和智能化。

其次，在 DNA 合成技术上，目前 DNA 合成技术和组装技术需要在合成长度、精确度、合成效率和合成速度上进行提升。"基因组'写'计划"技术路线图指出，提升体外 DNA 合成与组装的长度及精确度是减少 DNA 组装所需的步骤与时间、提升 DNA 合成效率与速度的根源。为此，其规划短期内先用 3 年时间提升化学合成 DNA 的长度与精度，实现 500bp 单链 DNA 的合成，并用 4 年时间提升 20kb DNA 片段的组装效率至 50%；规划在中长期内，用 7 年时间开发酶法 DNA 合成技术，实现体外 10kb DNA 片段的直接合成，不需额外组装；在 10 年内，实现 DNA 合成成本下降为原来的千分之一，使人类基因组合成成本降至每个单倍体基因组 1000 美元。

在基因组编辑技术上，"基因组'写'计划"认为解决基因组编辑在多位点基因组编辑上的技术难点，将会使其成为 DNA 合成技术很好的补充。计划提出用 2 年时间在细菌、哺乳动物和植物细胞中实现 1000 个位点的基因编辑，并将脱靶效应降低至 1 万个基因组发生 1 次；用 3 年时间，在哺乳动物和植物细胞中，提高同源重组修复介导的基因组编辑效率至 90%；用 5 年时间，在人类细胞中实现更精准、高效的基因组编辑，并且能对任何序列进行编辑。

在染色体组装技术上，"基因组'写'计划"提出了 4 个需要解决的技术瓶颈：染色体级别大片段及复杂序列体内组装技术、染色体级别大片段转移技术、染色体级别大片段修饰与稳定技术、染色体级别大片段 DNA 功能快速验证方法，对应的，其计划使用 2 年时间构建一个能稳定受控的人类人工染色体（HAC）；在 5 年时间内建立一个新的、针对组装困难序列的体内组装系统；在 3 年时间内开发一套高效、快速且低廉的自动化染色体转移设备；在 10 年时间内开发出 Mb 级别的染色体组装技术并实现人类 21 号染色体的人工合成组装和重编程。

2）伦理、法律与社会影响顾问委员会

"基因组'写'计划"涉及人类基因组的合成和人类细胞的遗传操作，显然需要在伦理、法律和社会影响上严格遵守相应的规范、法律及道德准则。为了提前识别、规避及监控计划内项目的伦理、法律和社会影响风险，"基因组'写'计划"成立了一个伦理、法律及社会影响顾问委员会，该顾问委员会由富有经验的伦理学家和科学家组成。

顾问委员会申明，对"基因组'写'计划"的项目内容将采用"最高级别"伦理标准，并确保及时的信息公开以避免公众的忧虑。顾问委员会采用一种"基于实验室的伦理工作方法"，通过伦理学专家和一线科学家对项目计划书进行共同梳理，及时识别可能存在的伦理、法律及社会影响风险。同时，"基因组'写'计划"申报的项目必须经过顾问委员会的审查批准才能立项。

顾问委员会在现阶段的主要任务包括：①评估所有提交的预研项目中的伦理、法律和社会影响风险，并作为项目立项的一部分交由科学执行委员会参考；②对在研项目进行深入一线的、主动的风险甄别；③制定相应的工作指南；④及时了解并总结伦理、法律相关的政策和工作方法的变化；⑤主办伦理、法律和社会影响工作会；⑥寻求相关的经费支持。

顾问委员会的长期任务是基于"基因组'写'计划"，建立一套广泛适用的工作方法流程，工作内容包括：对相关政策、法规和文献进行持续调查分析，为潜在风险提供解决方案；持续对伦理、法律和社会影响的规范、概念和实际操作进行研究；计划组织更广泛的周期性伦理、法律和社会影响会议；为相关政策提供建议，参与政策制定；建立与各方关系人的沟通渠道，确保相关问题的畅通交流；对公众进行相关的科普教育；开发相关的课程。显然，这些工作需要顾问委员会与其他工作组进行密切的合作，如公共沟通策略小组和公共教育小组。

3）标准化工作组

对于基因组合成生物学的研究，虽然短期内仍然以基于现有基因组进行的改造和重构为重点，但通过完全人工设计的基因组控制产生全新的表型是该研究领域一个非常长远的目标。显然，为实现这个目标，跨学科领域的合作是必需的，这就要求各学科领域的专家之间能在项目推进过程中进行顺畅的信息交流。因此，"基因组'写'计划"认为对项目相关的信息和流程进行标准化是必要的。

为此，"基因组'写'计划"成立了标准化工作小组并提出了相关的建议：①为高效地实现"基因组'写'计划"的目标，需要将项目组内的材料与方法进行统一和标准化，使得结果可被更容易地复现；②"基因组'写'计划"所涉及的工作量需要数量庞大的团队之间进行分级合作，这其中就涉及各团队之间的数据交换，因此，数据格式（如基因组序列文件格式、测序文件格式、组装切分文件格式等）必需统一标准化；③"基因组'写'计划"显然会产生大量的数据信息，这些数据信息的管理模式需要按照 FAIR 模式（findable，可寻找；accessible，可获取；interoperable，可交换；reproducible，可复现）进行标准化；④"基因组'写'计划"可预见地会产出大量实验材料，这些材料也同样需要遵循 FAIR 模式进行标准化管理。

"基因组'写'计划"的标准化工作组的职责就是持续地协助项目组内成员有效地执行 FAIR 模式，包括构建相应的组织和技术流程架构、不断了解和满足项目中出现的标准化需求、对团队进行相应工作的监督以及对成员进行相关的培训。

4）计算与信息技术工作组

"基因组'写'计划"的计算与信息技术工作组的主要目标是通过开发相关的计算和信息技术、方法及流程，从技术和信息技术层面支持与帮助项目组实现其目标。针对"基因组'写'计划"的需求，该小组在计算与信息方面制定了如下几项原则：①对数据和信息执行高度的安全性和保密性；②只开发与"写"计划目标密切相关的基础技术，避免不良的扩大使用；③使用开源的工具和数据格式，使开发的工具和数据可被免费、公开使用；④保持技术的革新；⑤保持技术和数据格式的灵活性，以便后续阶段的升级；⑥将计算和信息技术同生命科学有机结合。

计算与信息工作组目前的职责是开发相关的身份识别与权限管理机制，保证项目数据资料的安全性和保密性；开发适合于"基因组'写'计划"数据传输的区块链技术；制定信息安全与保密政策并进行相关培训；设计数据存储架构；设计自动化流程。

5）公众沟通工作组

公众沟通工作组主要负责为"基因组'写'计划"制作面向公众和媒体的沟通材料。工作组计划：制作将基因组合成高度可视化的沟通材料，用以向公众科普相关知识并让公众意识到基因组合成能够解决许多人道主义问题；搭建与多种利益关系人的多个沟通渠道；通过增加媒体和公众的参与及对话，消除他们对于基因组合成在伦理上的担忧和对整个组织及其目标的质疑；使可靠、透明和严谨成为"基因组'写'计划"的组织形象。

公众沟通工作组对"基因组'写'计划"的公众沟通目标群体进行了分析。工作组将科技类的新媒体及其受众，即对科技信息接受较为积极的群体，定位为初始的受众。工作组认为初始受众是极为重要的，初始受众将会对接受的信息进行处理后传播给更广泛的第二级受众，包括普通民众、科学界其他成员、资助机构及商业机构等。与初始受众的良好沟通将会使项目组更好地树立其正面形象。

工作组基于此制定了如下公众沟通的原则：①要符合科学同行评议级别出版物的规则，对"基因组'写'计划"的工作保持高度的透明度；②材料中的叙述要保持科学的严谨性；③表达要做到对多种受众都具有清晰和简洁性；④要认同受众所代表的价值。

工作组认为"基因组'写'计划"的公众沟通应传递以下核心内容：①"基因组'写'计划"是理解基因组乃至生命活动基础的重大行动，并有利于人类的健康和福祉；②"基因组'写'计划"是极度透明与负责的项目，愿意就伦理问题进行可持续的、有意义的长期对话；③"基因组'写'计划"是公开的、面向全球的，是由学者、国家资助机构和产业合作者共同组成的合作组织。

公众沟通工作组的工作内容包括：对信息传送内容的把关和任何对外材料的外观设计；协调媒体活动；与公共教育工作组合作设计对公众科普教育的内容与外观；寻找和接触"写"计划的支持者群体；辨别潜在的外部合作；开发与更新对外资源渠道；培养潜在的志愿者人力资源；网站更新与升级；社交媒体管理；媒体管理；与其他工作组接触；公关危机管理；与外部传媒协作；与疾病和患者组织协作。

6）知识产权

"基因组'写'计划"涉及大量的技术开发、软件开发和方法研究等具有产生潜在知识产权的活动，因此，如何保护知识产权并向公众和利益方合理地公开其使用权限是十分重要的问题。为此，"基因组'写'计划"成立了专门的知识产权工作组来处理这些问题。

知识产权工作组的宗旨是促进那些由"基因组'写'计划"产生的知识产权（如技术、材料、数据、发明等）能公平、公开和容易地被分享。工作组寻求创造一个平等的环境，让"写"计划的参与者，如学者、非营利性机构、营利性公司和平民科学家等，在进行科学研究与技术研发合作的同时，也能刺激产业发展及下游商用产品和服务的开发。目前，工作组制定了短期、中期和长期的工作目标。短期内，项目希望制定能被最广泛的计划参与者所接受的知识产权处理原则和政策，与科学执行委员会、其他工作组和项目参与者一同为起始的探索性研究项目制定知识产权框架，参与撰写"基因组'写'计划"白皮书；中期内，工作组将制定高效的知识和材料传运机制，促进在计划的参与者内部的数据、材料和知识的公平和快速传运，与各工作组协同预估和解决出现的知识产权问题；长期内，为"基因组'写'计划"制定一个全面的知识产权指南和模板。

7）公共教育

"基因组'写'计划"公共教育工作组主要负责为"基因组'写'计划"制定面向基础教育和公众教育的方案，旨在让公众了解学习"基因组'写'计划"背后的科学原理。工作组的愿景是希望更多人意识到 DNA 科技的广泛应用是如何让人的生活变得更好，而"基因组'写'计划"将会使人类的美好生活更进一步。工作组将会为此制定有利于相关知识传播的课程与教育工具，并使其适应于各种学校的课程要求。这些课程将包含关于 DNA 技术的严谨科学知识和伦理方面的讨论。

4.4.3　GP-write 现有成果

"基因组'写'计划"是一项面向国际开放的长期的合成基因组学研究计划。目前，已有来自 17 个国家的超过 100 个研究机构与公司的将近 300 位科学家表达了参与"基因组'写'计划"的兴趣，并递交了先导项目申请。在已获批的先导项目中，涉及的研究对象主要包含人类基因组，以及其他在农业及医学研究和应用中具有重要地位的生物基因组（表 4-6）。目前还有不少先导性项目申请被递交审核（表 4-7）。

表 4-6　已获批的"基因组'写'计划"前导性项目表

研究项目	研究内容简介
Ultra-Safe Cell Line	通过对人类基因组中约占 1% 的研究较为清晰的功能序列进行改造，构建一种具有多种抗性（如病毒、朊病毒和癌变抗性）与特性（如低免疫性、高基因组稳定性和可塑性）的人类细胞系作为医学与生物技术应用研究的平台

续表

研究项目	研究内容简介
High-throughput HAC Design to Test Connections Between Gene Expression，Location and Conformation	构建两个人类基因组中与癌症和基因调控相关的 1Mb 区域,并开发超大基因组转移技术使其能从酵母转移至人类细胞中,以研究相关区域大片段删除突变与癌症的关系,以及调控元件长距离调控基因表达的机理
The Seven Signals Toolbox：Leveraging Synthetic Biology to Define the Logic of Stem-Cell Programming	构建控制人类干细胞分化的七大信号通路组合库及其快速报告体系,研究干细胞分化相关信号通路的精确调控机制以应用于基于干细胞的治疗开发
Precision Human Genome Engineering of Disease-associated Noncoding Variants	开发新的筛选方法以便更高效地通过基于 CRISPR 编辑技术获得精准编辑的人类细胞系,并使用新的生信工具用于甄别最优的 CRISPR 编辑系统
Synthesizing a Prototrophic Human Genome	通过在人类细胞系基因组中引入外源的必需氨基酸（即人体无法合成的氨基酸）合成通路,获得原养型人类细胞系
Synthetic Screening for Essential Introns and Retroelements in Human Cell and Animals	针对特定基因构建其无内含子及反转录单元版本同位基因,并开发在人类细胞系、小鼠和果蝇中通用的无痕式标记基因替换系统,将目的基因替换为合成的同位基因,检验相应内含子及反转录单元的作用
The Dark Matter Project	通过合成基因组学手段研究人类基因组的非编码区域作用

表 4-7 尚在审批的"基因组'写'计划"前导性项目表

序号	研究项目
1	Installing "Mini-Symplastomes" in Crops
2	Rational and Combinatorial Refactoring of Recombining Human Chromosomal Clusters
3	Genomic-Scale Design Representation with SBOL
4	Stable Haploid Human Pluripotent Stem Cells
5	Development of a Pipeline for Precision Cloning and Effective Storage of Large Synthetic or Natural Human DNA Fragments
6	Long and Precise Genomic DNA Construction Using Bacillus Subtilis
7	Re-writing Regulation? A Comparative Policy Study of "Natural" vs "Synthetic" Cells，Organoids and Human Genomes
8	Winning the Fight Against Diabetes：Singapore to GP-write
9	An *In-Situ* Digital Annotation System to Document and Safeguard GP-write Applications
10	DNA Fountain
11	Utilization of Recombinases（Serine Integrases）to Regulate Gene Expression

　　截至目前,"基因组'写'计划"已经取得了一些阶段性的研究成果。例如,研究人员在《科学》杂志上发表了"The Dark Matter Project"项目中的一项最新研究（Pinglay et al.，2022）,他们以小鼠 *HoxA* 基因簇区域为研究对象（长度 130~170kb）,通过酵母体内同源重组介导的基因组合成技术合成了多种版本的调控区域突变组合,研究其各种非编码调控元件对于 *HoxA* 基因簇正确表达的贡献程度

（图 4-10）。*HoxA* 基因簇是小鼠胚胎发育过程中决定小鼠胚胎前后轴位置形态的关键基因簇。前人研究表明，该基因簇受到簇内转录因子结合位点、远端增强子和染色质拓扑形态共同调控，但由于庞大的基因簇内有非常多的调控元件，难以同时进行大量的突变组合研究，因此每种调控因素对基因簇表达的贡献程度仍不清晰。而基因组合成生物学研究方法为理清这一问题提供了更好的技术方法。研究人员通过 PCR 获取野生型片段，通过人工合成获取各调控因素突变片段，利用酵母体内同源重组技术组装了各种突变组合，然后定点插入到小鼠基因组的一个异位位点，排除基因组原位位点上的染色质拓扑结构影响，观察小鼠胚胎发育的变化。通过比较同一异位位点各种突变组合，以及含有和不含远端增强子的小鼠突变体胚胎发育情况，研究人员发现，增强子并不是 *HoxA* 基因簇正确表达并调控小鼠胚胎发育所必需的，但能有效地提高基因簇的表达水平。无论是否含有增强子，异位位点上的基因簇在细胞分化时均能正确地激活及失活相应的染色质拓扑形态，表明该基因簇拓扑结构的调控并不依赖于原位位点的染色质结构。最后，研究人员证明只需突变基因簇内 4 个视黄酸响应元件，就能使基因簇的基因表达水平及染色质结构不再响应细胞分化过程的变化。因此，研究人员通过基因组合成生物学的方法解决了 *HoxA* 基因簇各调控因子贡献程度的问题，证明 *HoxA* 基因簇本身的序列就具备所有调控基因簇正确表达的信息。

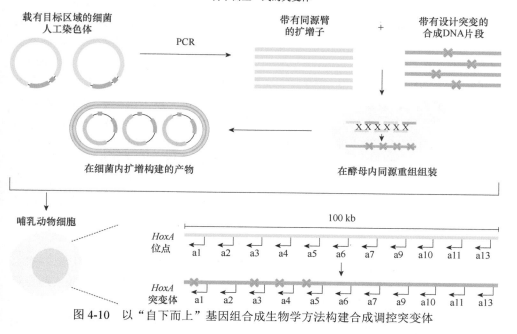

图 4-10　以"自下而上"基因组合成生物学方法构建合成调控突变体

4.5 合成生物安全与伦理

合成生物学赋予科学家改造生命遗传物质极大的操纵权限和空间,在理解生命本质("造物致知")的同时,萌生新的经济和社会效益("造物致用")。随着DNA合成技术的商业化推广,基因组合成及应用已从单细胞生物(病毒、细菌、酿酒酵母)扩展到复杂多细胞生物(GP-write计划),相关重大标志性科研成果一经公布,便激起公众对科学家拥有"上帝之手"创造生命的遐想。作为一项"两用"(dual-use)技术,合成生物学可以助推和谐社会可持续健康发展,但仍有可能被用作不良用途(Garfinkel et al.,2007)。因此,本部分将围绕合成生物学领域可能存在的生物安全、安保风险和生物伦理问题进行讨论。目前,在国家层面,虽然仍未有专门针对合成生物学的风险监管机制和法律法规,但现有生物安全与伦理监管政策和法律法规很大程度上适用于合成生物技术潜在风险评估,因此本节将介绍现行生物安全与伦理风险防控和治理体系,以呼吁科学家遵从监管,开展负责的创新活动,增强公众对科学的信任度。

4.5.1 生物安全/安保

合成生物学是生命科学研究新兴的前沿焦点和国际战略高地,随着研究的深入与应用范围的扩大,公众对其可能产生的生物安全和安保风险的担忧与日俱增。在世界卫生组织(WHO)2006年给出的生物安全和安保定义的基础上来理解合成生物学潜在的风险,其主要表现为意外接触或其无意释放合成生物材料而引发的生物危害(生物安全,biosafety),或是利用合成技术生产的生物制剂、毒素、生物等由于丢失、被盗、误用、转移、未经授权的访问或故意释放而导致的危机(生物安保,biosecurity)。由释义可知,生物安全是对生物安保的补充,二者是国际卫生和国家安全的重要支柱(Bakanidze et al.,2010)。生命的复杂构造使"人造生命/系统"充满了不确定性,需要谨慎评估合成生物对人类和生态环境是否依然保持安全性(彭耀进,2020)。《合成生物学时代的生物防御》报告中提出,如果使用不当,合成生物学可能会扩大制造新武器的可能性,包括使现有的细菌和病毒更具威胁、重新制造已知致病病毒(National Academies of Sciences,Engineering,and Medcine et al.,2018)等。

合成生物技术的进步与科学文献和基因数据的开放共享机制,使得合成病毒、药物制剂变得更加容易。如果缺乏必要的管控,当合成生物被无意扩散或恶意释放到自然环境,将为自然界增添新的遗传物质从而影响生物多样性,更强的进化和适应环境能力促使其迅速填充新的生态圈,破坏原有生态平衡,可能会危害人类群体和生态环境,对公共卫生系统和国家安全提出挑战,例如,在合成病毒方面，合成具有感染能力的脊髓灰质炎病毒（Cello et al.，2002）、重建致病性 1918 西班牙流感病毒（Tumpey et al.，2005）、在哺乳动物雪貂中合成具有传染能力的禽流感病毒 H5N1 突变体（Imai et al.，2012）。2020 年，肆虐全球的新冠病毒 SARS-CoV-2[严重急性呼吸系统综合征冠状病毒 2（severe acute respiratory syndrome coronavirus 2），又称 2019 新型冠状病毒（2019-nCoV）]，不断挑战各国公共卫生和健康医疗系统。为控制疫情持续恶化，科学家纷纷启动病毒致病机理研究和疫苗开发。2020 年 5 月，Xie 等（2020）在实验室利用反向遗传技术成功实现了 SARS-CoV-2 cDNA 克隆，获得的毒株表现出与临床分离株相似的生物学功能，包括遗传复制、感染细胞。*Nature* 杂志报道科学家建立了一种酵母合成基因组学平台，可快速批量化生产 SARS-CoV-2、黄病毒科和肺炎病毒科 RNA 病毒，特别提到能够在一周内完成设计与化学合成大量 SARS-CoV-2 活体新冠病毒。在合成生物制剂方面，科学家实现了利用酵母生产吗啡等止痛药关键前体物质蒂巴因（thebaine）和止痛药氢可酮（Galanie et al.，2015）。该文章一经发表，引起了学术界极大的关注，人们普遍认为这是合成生物学发展史上的一项重大里程碑事件，但也担忧生物黑客或不法分子通过文章中公开描述的方法，利用酵母制造毒品海洛因（Oye et al.，2015）。

利用合成生物技术对病毒、致病菌等微生物、动植物基因或基因组的重编程研究已十分普遍。为防止重组生物从特定培养基中逃脱并限制野外生存，需随着技术进步持续开发防逃逸措施。美国国立卫生研究院（NIH）指出，最佳的防逃逸系统是重组微生物逃逸率低于 10^{-8} CFU（colony-forming unit）（NIH，1997）。依此标准，科研人员开发了多种遗传生物遏制系统（genetic biocontainment system），防止转基因生物和遗传材料未经授权传播到生态系统中（Kim and Lee，2020）。目前常用的系统策略包括：①建立必需化合物/生长必要条件的营养缺陷型；②毒素/抗毒素质粒保护系统；③CRISPR/Cas9 基因编辑；④异源生物学（xenobiology）等。

4.5.2 生物伦理

合成生物学伦理是一种规范合成生物学研究和生产的学科，以防止损害、降低风险和控制利益冲突，利益冲突范围从经济、政治和社会到文化、意识形态、道德和宗教（Häyry，2017）。合成生物学是在挑战自然进化，特别是对可能被设计为存在于实验室之外的基因编辑生物，更应重视伦理评估。合成生物技术应用自然发展过程中每一个里程碑式的节点，均伴随着不同程度的伦理讨论，包括从重编程原核生物到真核生物基因组，从基因编辑农产品到创造基因驱动以改变野生种群和恢复灭绝的物种，再到颇具争议的基因编辑人基因组。

2010 年，第一个支原体细胞"辛西娅"（Synthia）合成（Gibson et al.，2010），被称为是人类历史上首例"人造生命"。在"辛西娅"问世之后，美国总统生物伦理问题研究委员会针对合成生物学伦理风险听取了伦理学家、科学家、商人、宗教人士等的观点，调研评估了合成生物学发展带来的益处与伦理风险，出版了《新方向：合成生物学和新兴技术的伦理》报告，认为现阶段伦理风险小于研究成果所带来的收益，但需随着领域发展，加强监督审查并公开结果，建议在任何场所释放合成生物之前进行合理的风险评估（Presidential Commission for the Study of Bioethical Issues，2010）。其后，随着技术发展与 DNA 合成成本的降低，人工合成生命体已由原核生物逐步跳跃至真核生物领域。例如，诞生在理想环境下维持生命的最小基因组（Hutchison III et al.，2016），人工合成酿酒酵母基因组计划（Sc2.0 Project）全部染色体的设计与合成，以及人造单染色体和双染色体酵母细胞的创建，均实现了复杂生命向简约化跨越（Luo et al.，2018b；Shao et al.，2018）。"基因组'写'计划"（Genome Project-write，GP-write）意在构建"超级安全细胞"，其中，人类基因组写计划（HGP-write）致力于整体或部分合成人类基因组，项目研究过程中将引入伦理、法律和社会影响的监督检查（GP-write，2021）。

"人造生命"引出了人类是否可以扮演"上帝"的伦理问题。生命伦理四原则之一是"尊重生命"，有观点认为实验室合成、批量生产生命的行为，在一定程度上降低了对自然生命的尊重，将生命等同于"产品"。其实这种认识是片面的，尊重生命并不意味着禁止理解、控制、重塑和改造生命；否则，此类研究成果，包括微生物细胞工厂、微生物传感器监测和修复环境、病原微生物的消除等，将无法应用于实际生产生活中。因此，从道德伦理的角度客观判断，合成生物技术是改善人类生存环境、提高生活质量的工具。至于新的合成生命是否会影响现有的自然有机体生命，应该在实验规则、安全措施、审查标准和监管规定的背景下进行评估（Chen et al.，2015），而不应因噎废食，限制了科学技术的创新发展和商业化推广。

4.5.3 生物安全与伦理监管措施

1. 欧美等国家生物安全与伦理监管措施

合成生物学安全和伦理监管在国际上得到普遍关注（图 4-11），主要是从政府、公众及团体三个方面出发，依托"后果主义"、"义务论"的伦理思想，将"美德伦理"的主观意愿和生物安全的法律法规相结合（郭思敏等，2022），保证科技人员开展负责任的创新，促使合成生物学安全稳步地可持续性发展。需要指出的是，当前生物安全管控措施是基于 1975 年举办的阿西洛马会议（Asilomar conference）所制定的《重组 DNA 技术生物安全和技术监管准则》，该会议使公众开始关注科学研究并参与科学政策的讨论（Berg et al.，1975a，b）。

　　贯彻落实合成生物学生物安全与伦理监管措施，需要国家从战略层面制定法规框架，鼓励产业界积极参与，调动科学家安全创新的主动性和自觉性，争取公众的理解与支持。联合国《生物多样性公约》公开《2020 年后全球生物多样性框架预案》草案，提出到 2030 年所有国家制定和执行措施以防止包括合成生物学和其他新兴技术对生物多样性、人类健康的潜在不利影响（生物多样性公约，2020）。欧美等国的权威部门组织，在不同阶段发表了适应本国技术发展程度的合成生物学安全与伦理审查研究报告。

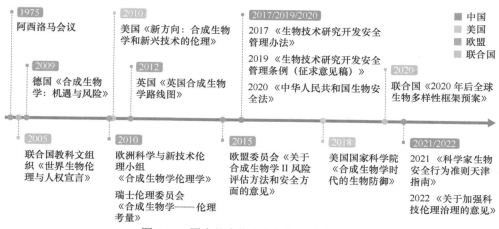

图 4-11　国内外生物安全与伦理监管措施

　　美国针对安全与伦理问题发布的监管办法是坚持"审慎警惕原则"，在自我监管和外部监督双重保障下，鼓励开展创新活动。美国总统生命伦理问题研究委员会在 2010 年发布的《新方向：合成生物学和新兴技术的伦理》报告（Presidential Commission for the Study of Bioethical Issues，2010）提出 5 项道德原则及 18 项建议，在不影响创新发展、不强加新法规的情况下，监管并解决生物安全与伦理问题。2018 年，美国国家科学院（NSF）评估了合成生物学可能引发的生物安全威胁，发布《合成生物学时代的生物防御》报告，建议美国军方及其他机构建立合成生物学技术和能力的评估框架，探索更为灵活的生物防御策略，加强军民基础设施建设，以应对潜在的生物攻击（National Academies of Sciences，Engineering，and Medicine et al.，2018）。

　　欧盟各国针对合成生物学安全与伦理问题提出了不同制约策略，重在"防大于治"的"预防原则"，要求合成生物应用前必须证明其安全性，谨慎开展创新活动。2009 年，德国研究基金会发布了《合成生物学：机遇与风险》报告，提出"自我监管"确保生物安全，消除潜在威胁和防止滥用[Deutsche Forschungsgemeinschaft（DFG），2009]。2010 年，瑞士伦理委员会发布报告《合成生物学——伦理考量》，提出目前的伦理担忧不能否决开展合成生物学项目，但必须对其从正义的各个维度进行衡量与评估，尤其是要关注道德风险（Eidgenössische ethikkommission für die biotechnologie im ausserhumanbereich，2010）。同年，欧洲科学与新技术伦理小组发表了《合成生物学伦理学》报告，确定了与合成生物学相关的具体伦理问题，主要集中在生物安全、生物安保、司法和知识产权[European Group on Ethics in Science and New Technologies（European Commission），2010]，提出"预防原则"的概念。2015 年，欧盟委员会发布了《关于合成生物学 II 风险评估方法和安全方面的意见》，重点讨论 SynBio 的发展可能对人类和动物健康和环境的影响，以及确定现有的欧盟转基因生物（GMO）健康和环境风险评估实践是否也适用于合成生物，就修订的风险评估方法和风险缓解程序（包括安全锁）提供建议（SCCS et al.，2015）。

合成生物学安全与伦理问题也引起了国际组织的重视，实现从供应链端规避风险。2021 年世界卫生组织发布《人类基因组编辑管治框架》和《人类基因组编辑建议》，为人类基因编辑提供伦理监管框架。国际干细胞研究学会（ISSCR）于 2021 年更新的《干细胞研究和临床转化指南》，为科学监管干细胞临床转化提出了切实可行的建议。国际基因合成联盟（International Gene Synthesis Consortium，IGSC）是以行业为主导，旨在加强生物安全国际性、协作性的基因合成企业团体，成员公司的基因合成能力约占全球的 80%。IGSC 发布了联盟统一筛查用户订单中危险病原体编码序列的方案，从商业化的角度尽可能地杜绝威胁人类和生态的病毒 DNA 序列的生产交付。

在监管方式上，欧美等国家均由政府设立伦理委员会，定期发布研究报告，内容包括：伦理审查组织机构、工作机制、公众关注且有争议的问题分析建议，以及适用于合成生物学监管的法律法规，以期形成前瞻性预警，过程中实施风险防控法规约束，实现国家层面的战略性引导学科发展。

2. 我国生物安全与伦理监管措施

我国对生物安全与伦理问题亦十分重视，建立了规范科学研究与工业应用的安全行为准则，最大限度地杜绝"基因编辑婴儿"的再次出现。2017 年，国家科技部印发《生物技术研究开发安全管理办法》，提出按照生物技术研究开发活动潜在风险程度，实行分级（高风险、较高风险和一般风险）安全管理（中华人民共和国科学技术部，2017）。2019 年 3 月，国家科技部发布了《生物技术研究开发安全管理条例（征求意见稿）》，意在规范生物技术研究开发安全管理，促进和保障我国生物技术研究开发活动健康有序开展，维护国家生物安全。2020 年 10 月，《中华人民共和国生物安全法》出台，旨在防范和应对生物安全风险，保障人民生命健康，维护国家安全。为配合《生物安全法》的实施，2021 年 3 月，《中华人民共和国刑法修正案（十一）》中增加了三类与生物安全相关的犯罪行为，包括：

①严重危害国家人类遗传资源安全的犯罪；②非法从事人体基因编辑、克隆胚胎的犯罪；③非法处置外来入侵物种的犯罪。

通过立法防范生物安全风险，为生物制造发展构建更好的法律环境并指引前沿生物技术创新，标志着我国生物安全治理进入有法可依的新征程。2021 年 9 月，习近平总书记在中共中央政治局第三十三次集体学习时强调"加强国家生物安全风险防控和治理体系建设，提高国家生物安全治理能力"。2021 年 8 月，天津大学牵头达成《科学家生物安全行为准则天津指南》，包含 10 项指导原则和行为标准，从科研责任、成果传播、科技普及、国际交流等多个环节倡议提高科研人员生物安全意识①，2022 年，该指南成为《负责任地使用生命科学的全球指导框架》的高级别原则②。2022 年，中共中央办公厅、国务院办公厅印发《关于加强科技伦理治理的意见》，确立科技活动伦理治理指导思想，明确科技伦理原则，提出治理基本要求，健全科技伦理治理机制，加强科技伦理治理制度保障，强化审查与监管，深入开展教育与宣传等，首次对中国科技伦理治理做出系统部署。2023 年 9 月，科技部联合教育部等十部门印发《科技伦理审查办法（试行）》（国科发监〔2023〕167 号）文件，规范科技活动伦理审核程序，促进负责任的创新研究。

3. 平衡监管措施与技术发展

合成生物学发展至今的数十年间，机遇、风险和挑战并存。在不同的技术发展阶段，监管的政策、范围和程度的差异，决定了合成生物科研和产业的增长速度。纵观全球，得益于科研先发和"审慎警惕原则"下鼓励技术创新的伦理监管政策，美国已成为合成生物学科研和产业化的"领头羊"。而欧洲主要采取的是"预防原则"下审慎对待技术发展的保守监管机制，成为其合成生物商业发展的限制性因素之一。我国与欧洲的监管思路基本一致，要求对研究、开发及应用活动进行充分的风险评估和论证，只有在证明技术成果无害且有风险预防和应急预案的情况下，才可深入研究或推广产业化应用，这必然会导致同样风险等级的新款生物产品在中国的审查时间远长于美国，一定程度上阻碍了我国合成生物学的产业发展速度和空间。

面对科学发展的不确定性，在科学认知局限下的法律法规可能会造成过高的立法成本和更多的规范风险。合成生物学作为仍在快速发展的领域，其发展规律尚未定型，赋能边界仍在不断拓展。某些无法预知的潜在风险，往往出现在研究与应用的过程之中。当前，合成生物监管体系的重点在于"终产品"或者"应用

---

①关于《科学家生物安全行为准则天津指南》的工作文件 https://www.mfa.gov.cn/web/wjb_673085/zzjg_673183/jks_674633/fywj_674643/202109/t20210922_9584953.shtml

②全球指导框架：负责任地使用生命科学：减轻生物风险，治理双重用途研究 https://www.who.int/china/zh/publications-detail/9789240056107

场景"。合成生物技术的部分赋能应用在一定情况下受法律规范的限制。仅基于风险评估的新兴技术监管体系存在过于狭隘的缺陷,在确保安全的前提下仍需兼顾回应社会经济发展,平衡发展与安全,法律规范的研究制定需与合成生物学发展相伴而行。

4.5.4 小结与展望

公众期望科技人员开展负责任的创新活动,推动社会经济发展,同时保持其工作和实验材料的安全(生物安全和生物安保),并遵循道德行为准则(生物伦理),使社会面临的潜在安全和伦理风险最小化。事物往往存在着两面性,生物安全、生物安保和伦理风险是合成生物学发展过程中不可避免的,且变得愈加复杂和难以预测。在国家层面上,对合成生物学的监管主要是执行评估、监督和检查的预防策略,遵守不妨碍科技创新的原则,维护开放共享、知识自由的科学探索环境。现有的生物安全/安保和伦理评估策略及法律法规,适用于合成生物学的应用示范和面临的挑战,但仍处于宏观框架指导的层面,不够系统完善,需随着合成生物技术的迭代更新,探索适应各国国情的、更具创新和拓展性的生物安全和伦理风险监管规范和法律法规。风险监管规范是前瞻性预警,法律法规是行为约束底线,二者相辅相成,最终实现人与自然的和谐相处。从科研人员的角度来讲,自由并不意味着无所顾忌,应从自身思想道德出发,做到"心有所畏、行有所止",遵循安全规范条例,通过有益科学创新行为,为建设美好家园、携手共建人类命运共同体贡献力量。

4.6 总 结

合成基因组学是一门迅速成长的新兴学科,随着碱基合成价格的持续下降及相关技术的不断发展,病毒基因组、大肠杆菌基因组、酿酒酵母基因组已实现高效合成,并将飞速拓展到更高等生物领域,最终实现人类基因组的合成。"基因组'写'计划"(GP-write)的推进也会带来基因组设计、DNA合成、基因组编辑、染色体组装等更多合成技术的开发和基因组元件功能的探索,将人类对生命的认知带入更高的水平。

在应用方面,本章介绍了3个合成基因组主要应用场景,包括基于人工基因组重排技术和遗传密码子拓展技术的菌株改造、蛋白质改造、生物安全防控等,都是最近快速发展的应用方向。人工基因组重排技术利用合成基因组上的重组位点,可以帮助生物体快速进化,且基因组DNA的变异具有随机性、全局性、大规模性,在绿色生物制造、工业性能菌株优化、基因组精简等多方面取得了广泛的发展。遗传密码子拓展技术在蛋白质中引入功能多样的非天然氨基酸,实现了蛋白质性能增强、功能创新或更精确可控。利用合成基因组重编程后 TAG 终止密码子或其他同义密码子空余的底盘细胞，使得重编程菌株对于外源病毒蛋白的抵抗能力更强，同时非天然氨基酸的掺入更加高效且毒性更小，在医学应用中更具优势。此外，在必需蛋白中引入非天然氨基酸作为开关，也为生物安全防控提供了新的途径，同时提高了生物防控强度。

目前我们还期待 Sc2.0 和其他基因组合成的完成，以及更多新技术的突破和应用能够在各领域发挥巨大潜能。随之而来，对组学得到的数据进行综合、系统的解析，并进行对应生物学解释，对于生物基因组的研究来说尽管具有挑战性，但意义重大。基因组的大幅度改造以及人类基因组的合成与操作，使生物安全风险不可避免且愈加复杂，如何更安全、更合理地利用合成基因组学的相关技术，遵循道德行为准则，使社会面临的潜在安全和伦理风险最小化，也是未来重要考虑的方向。总之，合成基因组学将是未来生物学发展的重要分支，势必对人类健康和可持续发展产生重大影响。

参 考 文 献

陈耀祖, 涂亚平. 2001. 有机质谱原理及应用. 北京: 科学出版社.

付宪, 林涛, 张帆, 等. 2020. 基因密码子拓展技术的方法原理和前沿应用研究进展. 合成生物学, 1(1): 103-119.

郭思敏, 叶斌, 徐飞. 2022. 美德伦理视角下的合成生物学技术伦理治理. 合成生物学, 3(1): 224-237.

李春. 2020. 合成生物学. 北京: 化学工业出版社.

林继伟, 戴俊彪. 2014. 一种基于双向等温延伸的核酸合成方法. ZL201310219029.4

卢俊南, 罗周卿, 姜双英, 等. 2018. DNA 的合成、组装及转移技术. 中国科学院院刊, 33(11): 1174-1183.

罗周卿, 戴俊彪. 2017. 合成基因组学: 设计与合成的艺术. 生物工程学报, 33(3): 331-342.

彭耀进. 2020. 合成生物学时代: 生物安全、生物安保与治理. 国际安全研究, 38(5): 29-57, 157.

生物多样性公约. 2020. 2020 年后全球生物多样性框架. https://www.cbd.int/doc/recommendations/wg2020-02/wg2020-02-rec-01-zh.pdf.

苏会娟. 2018. 诱导型酵母转化重组系统的构建及其应用. 南京: 南京理工大学硕士学位论文.

孙明伟, 李寅, 高福. 2010. 从人类基因组到人造生命: 克雷格·文特尔领路生命科学. 生物工程学报, 26(6): 697-706.

童瑞年, 吴旭日, 陈依革. 2018. TAR 克隆技术及其在微生物次级代谢产物研究中的应用. 中国药科大学学报, 49(2): 129-135.

张柳燕, 常素华, 王晶. 2010. 从首个合成细胞看合成生物学的现状与发展. 科学通报, 55(36): 3477-3488.

张茜. 2019. Syn61: 合成生物学的里程碑. 世界科学, (7): 4, 5.

中共中央办公厅 国务院办公厅. 2022. 关于加强科技伦理治理的意见. http: //www.gov.cn/zhengce/2022-03/20/content_5680105.htm.

中华人民共和国科学技术部. 2017. 生物技术研究开发安全管理办法. http: //www.most.gov.cn/xxgk/xinxifenlei/fdzdgknr/fgzc/gfxwj/gfxwj2017/201707/t20170725_134231.html.

Admire A, Shanks L, Danzl N, et al. 2006. Cycles of chromosome instability are associated with a fragile site and are increased by defects in DNA replication and checkpoint controls in yeast. Genes & Development, 20(2): 159-173.

Agarwal P, Kudirka R, Albers A E, et al. 2013. Hydrazino-Pictet-Spengler ligation as a biocompatible method for the generation of stable protein conjugates. Bioconjugate Chemistry, 24(6): 846-851.

Agbavwe C, Kim C, Hong D, et al. 2011. Efficiency, error and yield in light-directed maskless synthesis of DNA microarrays. Journal of Nanobiotechnology, 9(1): 57.

Albaugh B N, Arnold K M, Lee S, et al. 2011. Autoacetylation of the histone acetyltransferase Rtt109. The Journal of Biological Chemistry, 286(28): 24694-24701.

Aldag C, Bröcker M J, Hohn M J, et al. 2013. Rewiring translation for elongation factor Tu-dependent selenocysteine incorporation. Angewandte Chemie (International Ed in English), 52(5): 1441-1445.

Anderson J C, Dueber J E, Leguia M, et al. 2010. BglBricks: A flexible standard for biological part assembly. Journal of Biological Engineering, 4(1): 1.

Andrianantoandro E, Basu S, Karig D K, et al. 2006. Synthetic biology: New engineering rules for an emerging discipline. Molecular Systems Biology, 2: 2006.0028.

Andrus A , Kuimelis R G. 2000. Analysis and purification of synthetic nucleic acids using HPLC. Current Protocols In Nucleic Acid Chemistry, 1: 10.15.11-10.15.13.

Annaluru N, Muller H, Mitchell L A, et al. 2014. Total synthesis of a functional designer eukaryotic chromosome. Science, 344(6179): 55-58.

Antonarakis S E. 2017. Down syndrome and the complexity of genome dosage imbalance. Nature Reviews Genetics, 18(3): 147-163.

Anttila M M, Vickerman B M, Wang Q Z, et al. 2021. Photoactivatable reporter to perform multiplexed and temporally controlled measurements of kinase and protease activity in single cells. Analytical Chemistry, 93(49): 16664-16672.

Arai K, Takei T, Okumura M, et al. 2017. Preparation of selenoinsulin as a long-lasting insulin analogue. Angewandte Chemie (International Ed in English), 56(20): 5522-5526.

Arbely E, Torres-Kolbus J, Deiters A, et al. 2012. Photocontrol of tyrosine phosphorylation in mammalian cells via genetic encoding of photocaged tyrosine. Journal of the American Chemical Society, 134(29): 11912-11915.

Arvedson T, O'Kelly J, Yang B B. 2015. Design rationale and development approach for pegfilgrastim as a long-acting granulocyte colony-stimulating factor. BioDrugs, 29(3): 185-198.

Asin-Garcia E, Martin-Pascual M, Garcia-Morales L, et al. 2021. ReScribe: an unrestrained tool combining multiplex recombineering and minimal-PAM ScCas9 for genome recoding *Pseudomonas putida*. ACS Synthetic Biology, 10(10): 2672-2688.

Au L C, Yang F Y, Yang W J, et al. 1998. Gene synthesis by a LCR-based approach: High-level production of leptin-L54 using synthetic gene in *Escherichia coli*. Biochemical and Biophysical Research Communications, 248(1): 200-203.

Avery J C, Hoffmann P R. 2018. Selenium, selenoproteins, and immunity. Nutrients, 10(9): 1203.

Ayyadurai N, Prabhu N S, Deepankumar K, et al. 2011. Bioconjugation of L-3, 4-dihydroxyphenylalanine containing protein with a polysaccharide. Bioconjugate Chemistry, 22(4): 551-555.

Bakanidze L, Imnadze P, Perkins D. 2010. Biosafety and biosecurity as essential pillars of international health security and cross-cutting elements of biological nonproliferation. BMC Public Health, 10(Suppl 1): S12.

Bang D, Church G M. 2008. Gene synthesis by circular assembly amplification. Nature Methods, 5(1): 37-39.

Barbieri E M, Muir P, Akhuetie-Oni B O, et al. 2017. Precise editing at DNA replication forks enables multiplex genome engineering in eukaryotes. Cell, 171(6): 1453-1467. e13.

Barnes W M. 1994. PCR amplification of up to 35-kb DNA with high fidelity and high yield from lambda bacteriophage templates. Proceedings of the National Academy of Sciences of the United States of America, 91(6): 2216-2220.

Barthel S, Palluk S, Hillson N J, et al. 2020. Enhancing terminal deoxynucleotidyl transferase activity on substrates with 3′ terminal structures for enzymatic *de novo* DNA synthesis. Genes, 11(1): 102.

Baum M, Bielau S, Rittner N, et al. 2003. Validation of a novel, fully integrated and flexible microarray benchtop facility for gene expression profiling. Nucleic Acids Research, 31(23): e151.

Beaucage S L, Caruthers M H. 1981. Deoxynucleoside phosphoramidites—a new class of key intermediates for deoxypolynucleotide synthesis. Tetrahedron Letters, 22(20): 1859-1862.

Beaucage S L, Caruthers M H. 2001. Synthetic strategies and parameters involved in the synthesis of oligodeoxyribonucleotides according to the phosphoramidite method. Current Protocols in Nucleic Acid Chemistry, Chapter 3: Unit3.3.

Becker M M, Graham R L, Donaldson E F, et al. 2008. Synthetic recombinant bat SARS-like coronavirus is infectious in cultured cells and in mice. Proceedings of the National Academy of Sciences of the United States of America, 105(50): 19944-19949.

Berg P, Baltimore D, Brenner S, et al. 1975a. Asilomar conference on recombinant DNA molecules. Science, 188(4192): 991-994.

Berg P, Baltimore D, Brenner S, et al. 1975b. Summary statement of the Asilomar conference on recombinant DNA molecules. Proceedings of the National Academy of Sciences of the United States of America, 72(6): 1981-1984.

Binkowski B F, Richmond K E, Kaysen J , et al. 2005. Correcting errors in synthetic DNA through consensus shuffling. Nucleic Acids Research, 33(6): e55.

Blazejewski T, Ho H I, Wang H H. 2019. Synthetic sequence entanglement augments stability and containment of genetic information in cells. Science, 365(6453): 595-598.

Blount B A, Gowers G O F, Ho J C H, et al. 2018. Rapid host strain improvement by in vivo rearrangement of a synthetic yeast chromosome. Nature Communications, 9: 1932.

Blount B A, Lu X Y, Driessen M R M, et al. 2023. Synthetic yeast chromosome XI design provides a testbed for the study of extrachromosomal circular DNA dynamics. Cell Genomics, 3(11): 100418.

Boch J. 2011. TALEs of genome targeting. Nature Biotechnology, 29(2): 135-136.

Böck A, Stadtman T C. 1988. Selenocysteine, a highly specific component of certain enzymes, is incorporated by a UGA-directed co-translational mechanism. BioFactors, 1(3): 245-250.

Bode M, Khor S, Ye H Y, et al. 2009. TmPrime: fast, flexible oligonucleotide design software for gene synthesis. Nucleic Acids Research, 37(suppl_2): W214-W221.

Boeke J D, Church G, Hessel A, et al. 2016. The genome project-write. Science, 353(6295): 126-127.

Boël G, Letso R, Neely H, et al. 2016. Codon influence on protein expression in E. coli correlates with mRNA levels. Nature, 529(7586): 358-363.

Bollum F J. 1959. Thermal conversion of nonpriming deoxyribonucleic acid to primer. The Journal of Biological Chemistry, 234: 2733-2734.

Bollum F J. 1962. Oligodeoxyribonucleotide-primed reactions catalyzed by calf thymus polymerase. The Journal of Biological Chemistry, 237: 1945-1949.

Bonnefoy N, Fox T D. 2007. Directed alteration of Saccharomyces cerevisiae mitochondrial DNA by biolistic transformation and homologous recombination. Methods in Molecular Biology, 372: 153-166.

Britten R J. 2010. Transposable element insertions have strongly affected human evolution. Proceedings of the National Academy of Sciences of the United States of America, 107(46): 19945-19948.

Brown D M, Chan Y A, Desai P J, et al. 2017. Efficient size-independent chromosome delivery from yeast to cultured cell lines. Nucleic Acids Research, 45(7): e50.

Brown W, Liu J H, Deiters A. 2018a. Genetic code expansion in animals. ACS Chemical Biology, 13(9): 2375-2386.

Brown W, Liu J H, Tsang M, et al. 2018b. Cell-lineage tracing in zebrafish embryos with an expanded genetic code. Chembiochem: a European Journal of Chemical Biology, 19(12): 1244-1249.

Bryksin A V, Matsumura I. 2010. Overlap extension PCR cloning: a simple and reliable way to create recombinant plasmids. BioTechniques, 48(6): 463-465.

Buettner K, Hertel T C, Pietzsch M. 2012. Increased thermostability of microbial transglutaminase by combination of several hot spots evolved by random and saturation mutagenesis. Amino Acids, 42(2): 987-996.

Buhr F, Jha S, Thommen M, et al. 2016. Synonymous codons direct cotranslational folding toward different protein conformations. Molecular Cell, 61(3): 341-351.

Burns C C, Shaw J, Campagnoli R, et al. 2006. Modulation of poliovirus replicative fitness in HeLa cells by deoptimization of synonymous codon usage in the capsid region. Journal of Virology, 80(7): 3259-3272.

Campa C C, Weisbach N R, Santinha A J, et al. 2019. Multiplexed genome engineering by Cas12a and CRISPR arrays encoded on single transcripts. Nature Methods, 16(9): 887-893.

Cao Y, Axup J Y, Ma J S Y, et al. 2015. Multiformat T-cell-engaging bispecific antibodies targeting human breast cancers. Angewandte Chemie (International Ed in English), 54(24): 7022-7027.

Cao Y, Rodgers D T, Du J J, et al. 2016. Design of switchable chimeric antigen receptor T cells targeting breast cancer. Angewandte Chemie (International Ed in English), 55(26): 7520-7524.

Carr P A, Park J S, Lee Y J, et al. 2004. Protein-mediated error correction for de novo DNA synthesis. Nucleic Acids Research, 32(20): e162.

Carroll D. 2011. Genome engineering with zinc-finger nucleases. Genetics, 188(4): 773-782.

Carter D M, Radding C M. 1971. The role of exonuclease and β protein of phage λ in genetic recombination. II. Substrate specificity and the mode of action of λ exonuclease. The Journal of Biological Chemistry, 246(8): 2502-2512.

Casini A, MacDonald J T De, Jonghe J, et al. 2014. One-pot DNA construction for synthetic biology: the Modular Overlap-Directed Assembly with Linkers (MODAL) strategy. Nucleic Acids Research, 42(1): e7.

Cello J, Paul A V, Wimmer E. 2002. Chemical synthesis of poliovirus cDNA: Generation of infectious virus in the absence of natural template. Science, 297(5583): 1016-1018.

Cermak T, Doyle E L, Christian M, et al. 2011. Efficient design and assembly of custom TALEN and other TAL effector-based constructs for DNA targeting. Nucleic Acids Research, 39(12): e82.

Ceroni F, Ellis T. 2018. The challenges facing synthetic biology in eukaryotes. Nature Reviews Molecular Cell Biology, 19(8): 481-482.

Chan L Y, Kosuri S, Endy D. 2005. Refactoring bacteriophage T7. Molecular Systems Biology, 1: 2005.0018.

Chaney J L, Clark P L. 2015. Roles for synonymous Codon usage in protein biogenesis. Annual Review of Biophysics, 44: 143-166.

Chang T, Ding W C, Yan S R, et al. 2023. A robust yeast biocontainment system with two-layered regulation switch dependent on unnatural amino acid. Nature Communications, 14: 6487.

Chao L, Vargas C, Spear B B, et al. 1983. Transposable elements as mutator genes in evolution. Nature, 303(5918): 633-635.

Chaudhary S, Khokhar W, Jabre I, et al. 2019. Alternative splicing and protein diversity: Plants versus animals. Frontiers in Plant Science, 10: 708.

Chen C, Yu G L, Huang Y, et al. 2022a. Genetic-code-expanded cell-based therapy for treating diabetes in mice. Nature Chemical Biology, 18(1): 47-55.

Chen P R, Groff D, Guo J T, et al. 2009. A facile system for encoding unnatural amino acids in mammalian cells. Angewandte Chemie (International Ed in English), 48(22): 4052-4055.

Chen S Y, Li K, Cao W Q, et al. 2017. Codon-resolution analysis reveals a direct and context-dependent impact of individual synonymous mutations on mRNA level. Molecular Biology and Evolution, 34(11): 2944-2958.

Chen Y T, Hysolli E, Chen A L, et al. 2022b. Multiplex base editing to convert TAG into TAA codons in the human genome. Nature Communications, 13: 4482.

Chen Y Y, Yin Z, Shao Z X, et al. 2015. The defence of artificial life by synthetic biology from ethical and social aspects. Journal of the College of Physicians and Surgeons--Pakistan: JCPSP, 25(7): 519-524.

Cheng Q, Arnér E S J. 2017. Selenocysteine insertion at a predefined UAG Codon in a release factor 1 (RF$_1$)-depleted *Escherichia coli* host strain bypasses species barriers in recombinant selenoprotein translation. The Journal of Biological Chemistry, 292(13): 5476-5487.

Cheng Y Q, Du Q, Wang L Y, et al. 2012. Fluorescently cationic conjugated polymer as an indicator of ligase chain reaction for sensitive and homogeneous detection of single nucleotide polymorphism. Analytical Chemistry, 84(8): 3739-3744.

Cherry J M, Hong E L, Amundsen C, et al. 2012. *Saccharomyces* Genome Database: The genomics resource of budding yeast. Nucleic Acids Research, 40(Database issue): D700-D705.

Chin J W. 2017. Expanding and reprogramming the genetic code. Nature, 550(7674): 53-60.

Chin J X, Chung B K S, Lee D Y. 2014. Codon Optimization OnLine (COOL): A web-based multi-objective optimization platform for synthetic gene design. Bioinformatics, 30(15): 2210-2212.

Cho H, Daniel T, Buechler Y J, et al. 2011. Optimized clinical performance of growth hormone with an expanded genetic code. Proceedings of the National Academy of Sciences of the United States of America, 108(22): 9060-9065.

Christen B, Abeliuk E, Collier J M, et al. 2011. The essential genome of a bacterium. Molecular Systems Biology, 7: 528.

Christen M, Del Medico L, Christen H, et al. 2017. Genome Partitioner: A web tool for multi-level partitioning of large-scale DNA constructs for synthetic biology applications. PLoS One, 12(5): e0177234.

Christen M, Deutsch S, Christen B. 2015. Genome calligrapher: A web tool for refactoring bacterial genome sequences for *de novo* DNA synthesis. ACS Synthetic Biology, 4(8): 927-934.

Co D O, Borowski A H, Leung J D, et al. 2000. Generation of transgenic mice and germline transmission of a mammalian artificial chromosome introduced into embryos by pronuclear microinjection. Chromosome Research, 8(3): 183-191.

Cobb R E, Zhao H M. 2012. Direct cloning of large genomic sequences. Nature Biotechnology, 30(5): 405-406.

Comai L, Henikoff S. 2006. TILLING: Practical single-nucleotide mutation discovery. The Plant Journal, 45(4): 684-694.

Comai L, Maheshwari S, Marimuthu M P A. 2017. Plant centromeres. Current Opinion in Plant Biology, 36: 158-167.

Combs G F Jr. 2015. Biomarkers of selenium status. Nutrients, 7(4): 2209-2236.

Cong L, Ran F A, Cox D, et al. 2013. Multiplex genome engineering using CRISPR/Cas systems. Science, 339(6121): 819-823.

Contreras A, Molin S, Ramos J L. 1991. Conditional-suicide containment system for bacteria which mineralize aromatics. Applied and Environmental Microbiology, 57(5): 1504-1508.

Cooper J, Yazvenko N, Peyvan K, et al. 2010. Targeted deposition of antibodies on a multiplex CMOS microarray and optimization of a sensitive immunoassay using electrochemical detection. PLoS One, 5(3): e9781.

Coradini A L V, Hull C B, Ehrenreich I M. 2020. Building genomes to understand biology. Nature Communications, 11(1): 6177.

Cormen T H, Leiserson C E, Rivest R L, et al. 2009. Introduction to Algorithms. 3rd ed. London: The MIT Press.

Costanzo M, VanderSluis B, Koch E N, et al. 2016. A global genetic interaction network maps a wiring diagram of cellular function. Science, 353(6306): aaf1420.

Dai J, Boeke J D, Luo Z Q, et al. 2020. Sc$_{3.0}$: revamping and minimizing the yeast genome. Genome Biology, 21(1): 1-4.

David K. 2019. Building DNA on a chip: A novel approach to gene synthesis. [2019-07-08]. https://www. Synbiobeta.com/read/building-dna-on-a-chip-a-novel-approach-to-gene-synthesis.

Davis M W, Jorgensen E M. 2022. ApE, A plasmid editor: A freely available DNA manipulation and visualization program. Frontiers in Bioinformatics, 2: 818619.

de Jong G, Telenius A, Vanderbyl S, et al. 2001. Efficient in-vitro transfer of a 60-Mb mammalian artificial chromosome into murine and hamster cells using cationic lipids and dendrimers. Chromosome Research, 9(6): 475-485.

DeBenedictis E A, Carver G D, Chung C Z, et al. 2021. Multiplex suppression of four quadruplet codons via tRNA directed evolution. Nature Communications, 12: 5706.

Demarre G, Guérout A M, Matsumoto-Mashimo C, et al. 2005. A new family of mobilizable suicide plasmids based on broad host range R388 plasmid (IncW) and RP4 plasmid (IncPalpha) conjugative machineries and their cognate *Escherichia coli* host strains. Research in Microbiology, 156(2): 245-255.

DiCarlo J E, Conley A J, Penttilä M, et al. 2013a. Yeast oligo-mediated genome engineering (YOGE). ACS Synthetic Biology, 2(12): 741-749.

DiCarlo J E, Norville J E, Mali P, et al. 2013b. Genome engineering in *Saccharomyces cerevisiae* using CRISPR-Cas systems. Nucleic Acids Research, 41(7): 4336-4343.

Dien V T, Holcomb M, Feldman A W, et al. 2018. Progress toward a semi-synthetic organism with an unrestricted expanded genetic alphabet. Journal of the American Chemical Society, 140(47): 16115-16123.

Dillon P J, Rosen C A. 1990. A rapid method for the construction of synthetic genes using the polymerase chain reaction. BioTechniques, 9(3): 298, 300.

Donovan J, Copeland P R. 2010. Threading the needle: getting selenocysteine into proteins. Antioxidants and Redox Signaling, 12(7): 881-892.

Drienovská I, Mayer C, Dulson C, et al. 2018. A designer enzyme for hydrazone and oxime formation featuring an unnatural catalytic aniline residue. Nature Chemistry, 10(9): 946-952.

Duggal R, Cuconati A, Gromeier M, et al. 1997. Genetic recombination of poliovirus in a cell-free system. Proceedings of the National Academy of Sciences of the United States of America, 94(25): 13786-13791.

Dunkelmann D L, Oehm S B, Beattie A T, et al. 2021. A 68-codon genetic code to incorporate four distinct non-canonical amino acids enabled by automated orthogonal mRNA design. Nature Chemistry, 13(11): 1110-1117.

Dunn J J, Studier F W, Gottesman M. 1983. Complete nucleotide sequence of bacteriophage T7 DNA and the locations of T7 genetic elements. Journal of Molecular Biology, 166(4): 477-535.

Duntas L H, Benvenga S. 2015. Selenium: An element for life. Endocrine, 48(3): 756-775.

Dutcher S K. 1981. Internuclear transfer of genetic information in kar1-1/KAR1 heterokaryons in *Saccharomyces cerevisiae*. Molecular and Cellular Biology, 1(3): 245-253.

Dymond J, Boeke J. 2012. The *Saccharomyces cerevisiae* SCRaMbLE system and genome minimization. Bioengineered Bugs, 3(3): 168-171.

Dymond J S, Richardson S M, Coombes C E, et al. 2011. Synthetic chromosome arms function in yeast and generate phenotypic diversity by design. Nature, 477(7365): 471-476.

Edwards W F, Young D D, Deiters A. 2009. Light-activated Cre recombinase as a tool for the spatial and temporal control of gene function in mammalian cells. ACS Chemical Biology, 4(6):

441-445.

Efcavitch W J, Suhaib S. 2015. Methods and apparatus for synthesizing nucleic acids. US20160168611A1

Egeland R D, Southern E M. 2005. Electrochemically directed synthesis of oligonucleotides for DNA microarray fabrication. Nucleic Acids Research, 33(14): e125.

Elia N. 2021. Using unnatural amino acids to selectively label proteins for cellular imaging: A cell biologist viewpoint. The FEBS Journal, 288(4): 1107-1117.

Ellington A, Jr Pollard J D. 2001. Introduction to the synthesis and purification of oligonucleotides. Current Protocols in Nucleic Acid Chemistry, Appendix 3: Appendix3C.

Elliott T S, Townsley F M, Bianco A, et al. 2014. Proteome labeling and protein identification in specific tissues and at specific developmental stages in an animal. Nature Biotechnology, 32(5): 465-472.

Endy D. 2005. Foundations for engineering biology. Nature, 438(7067): 449-453.

Engler C, Gruetzner R, Kandzia R, et al. 2009. Golden gate shuffling: a one-pot DNA huffling method based on type IIs restriction enzymes. PLoS One, 4(5): e5553.

Engler C, Marillonnet S. 2011. Generation of families of construct variants using golden gate shuffling. Methods in Molecular Biology, 729: 167-181.

Eroshenko N, Kosuri S, Marblestone A H, et al. 2012. Gene assembly from chip-synthesized oligonucleotides. Current Protocols in Chemical Biology, 4: 1-17.

Fang G, Liang H J. 2022. An integrated algorithm for designing oligodeoxynucleotides for gene synthesis. Frontiers in Genetics, 13: 836108.

Ferreira R, Skrekas C, Nielsen J, et al. 2018. Multiplexed CRISPR/Cas9 genome editing and gene regulation using Csy4 in *Saccharomyces cerevisiae*. ACS Synthetic Biology, 7(1): 10-15.

Feuk L, Carson A R, Scherer S W. 2006. Structural variation in the human genome. Nature Reviews Genetics, 7(2): 85-97.

Fok J A, Mayer C. 2020. Genetic-code-expansion strategies for vaccine development. Chembiochem: a European Journal of Chemical Biology, 21(23): 3291-3300.

Forchhammer K, Böck A. 1991. Selenocysteine synthase from *Escherichia coli*. Analysis of the reaction sequence. The Journal of Biological Chemistry, 266(10): 6324-6328.

Forster A C, Church G M. 2006. Towards synthesis of a minimal cell. Molecular Systems Biology, 2: 45.

Fottner M, Brunner A D, Bittl V, et al. 2019. Site-specific ubiquitylation and SUMOylation using genetic-code expansion and sortase. Nature Chemical Biology, 15(3): 276-284.

Fournier R E, Ruddle F H. 1977. Microcell-mediated transfer of murine chromosomes into mouse, Chinese hamster, and human somatic cells. Proceedings of the National Academy of Sciences of the United States of America, 74(1): 319-323.

Fraser C M, Gocayne J D, White O, et al. 1995. The minimal gene complement of *Mycoplasma genitalium*. Science, 270(5235): 397-403.

Fredens J, Wang K H, de la Torre D, et al. 2019. Total synthesis of *Escherichia coli* with a recoded genome. Nature, 569(7757): 514-518.

Froehler B C, Ng P G, Matteucci M D. 1986. Synthesis of DNA via deoxynucleoside H-phosphonate intermediates. Nucleic Acids Research, 14(13): 5399-5407.

Fu J, Bian X Y, Hu S, et al. 2012. Full-length RecE enhances linear-linear homologous recombination and facilitates direct cloning for bioprospecting. Nature Biotechnology, 30(5): 440-446.

Fuhrmann M, Oertel W, Berthold P, et al. 2005. Removal of mismatched bases from synthetic genes by enzymatic mismatch cleavage. Nucleic Acids Research, 33(6): e58.

Furter R. 1998. Expansion of the genetic code: site-directed p-fluoro-phenylalanine incorporation in

Escherichia coli. Protein Science: a Publication of the Protein Society, 7(2): 419-426.

Galanie S, Thodey K, Trenchard I J, et al. 2015. Complete biosynthesis of opioids in yeast. Science, 349(6252): 1095-1100.

Gan F, Liu R H, Wang F, et al. 2018. Functional replacement of histidine in proteins to generate noncanonical amino acid dependent organisms. Journal of the American Chemical Society, 140(11): 3829-3832.

Gan Q, Lehman B P, Bobik T A, et al. 2016. Expanding the genetic code of *Salmonella* with non-canonical amino acids. Sci Rep, 6: 39920.

Gao X L, Yu P L, LeProust E, et al. 1998. Oligonucleotide synthesis using solution photogenerated acids. Journal of the American Chemical Society, 120(48): 12698-12699.

García L R, Molineux I J. 1995. Rate of translocation of bacteriophage T7 DNA across the membranes of *Escherichia coli*. Journal of Bacteriology, 177(14): 4066-4076.

Garegg P J, Lindh I, Regberg T, et al. 1986. Nucleoside H-phosphonates. III. Chemical synthesis of oligodeoxyribonucleotides by the hydrogenphosphonate approach. Tetrahedron Letters, 27(34): 4051-4054.

Garfinkel M S, Endy D, Epstein G L, et al. 2007. Synthetic genomics | options for governance. Biosecurity and Bioterrorism: Biodefense Strategy, Practice, and Science, 5(4): 359-362.

Garner K L. 2021. Principles of synthetic biology. Essays in Biochemistry, 65(5): 791-811.

Gautier A, Nguyen D P, Lusic H, et al. 2010. Genetically encoded photocontrol of protein localization in mammalian cells. Journal of the American Chemical Society, 132(12): 4086-4088.

Ge Y, Fan X Y, Chen P R. 2016. A genetically encoded multifunctional unnatural amino acid for versatile protein manipulations in living cells. Chemical Science, 7(12): 7055-7060.

Ghindilis A L, Smith M W, Schwarzkopf K R, et al. 2007. CombiMatrix oligonucleotide arrays: Genotyping and gene expression assays employing electrochemical detection. Biosens and Bioelectron, 22(9/10): 1853-1860.

Ghosh D, Kohli A G, Moser F, et al. 2012. Refactored M13 bacteriophage as a platform for tumor cell imaging and drug delivery. ACS Synthetic Biology, 1(12): 576-582.

Gibson D G. 2011. Enzymatic assembly of overlapping DNA fragments. //Methods in Enzymology. Amsterdam: Elsevier: 349-361.

Gibson D G, Benders G A, Andrews-Pfannkoch C, et al. 2008. Complete chemical synthesis, assembly, and cloning of a *Mycoplasma genitalium* genome. Science, 319(5867): 1215-1220.

Gibson D G, Glass J I, Lartigue C, et al. 2010. Creation of a bacterial cell controlled by a chemically synthesized genome. Science, 329(5987): 52-56.

Gibson D G, Young L, Chuang RY, et al. 2009. Enzymatic assembly of DNA molecules up to several hundred kilobases. Nature Methods, 6(5): 343-345.

Gietz R D, Schiestl R H, Willems A R, et al. 1995. Studies on the transformation of intact yeast cells by the LiAc/SS-DNA/PEG procedure. Yeast, 11(4): 355-360.

Glass J I, Assad-Garcia N, Alperovich N, et al. 2006. Essential genes of a minimal bacterium. Proc Natl Acad Sci USA Proceedings of the National Academy of Sciences of the United States of America, 103(2): 425-430.

Goldman E R, Broussard A, Anderson G P, et al. 2017. Bglbrick strategy for the construction of single domain antibody fusions. Heliyon, 3(12): e00474.

Gong G P, Zhang Y P, Wang Z B, et al. 2021. GTR 2.0: gRNA-tRNA array and Cas9-NG based genome disruption and single-nucleotide conversion in *Saccharomyces cerevisiae*. ACS Synthetic Biology, 10(6): 1328-1337.

Goodman D B, Church G M, Kosuri S. 2013. Causes and effects of N-terminal codon bias in bacterial genes. Science, 342(6157): 475-479.

Goulian M, Kornberg A, Sinsheimer R L. 1967. Enzymatic synthesis of DNA, XXIV. Synthesis of infectious phage phi-X174 DNA. Proceedings of the National Academy of Sciences of the United States of America, 58(6): 2321-2328.

Gowers G O F, Chee S M, Bell D, et al. 2020. Improved betulinic acid biosynthesis using synthetic yeast chromosome recombination and semi-automated rapid LC-MS screening. Nature Communications, 11: 868.

Green A P, Hayashi T, Mittl P R E, et al. 2016. A chemically programmed proximal ligand enhances the catalytic properties of a heme enzyme. Journal of the American Chemical Society, 138(35): 11344-11352.

Groff D, Chen P R, Peters F B, et al. 2010a. A genetically encoded epsilon-N-methyl lysine in mammalian cells. Chembiochem: a European Journal of Chemical Biology, 11(8): 1066-1068.

Groff D, Wang F, Jockusch S, et al. 2010b. A new strategy to photoactivate green fluorescent protein. Angewandte Chemie (International Ed in English), 49(42): 7677-7679.

Grünberg R, Arndt K, Müller K. 2009. Fusion Protein (Freiburg) Biobrick assembly standard. [2010-02-08]. https://dspace.mit.edu/handle/1721.1/45140.

Grünewald J, Hunt G S, Dong L Q, et al. 2009. Mechanistic studies of the immunochemical termination of self-tolerance with unnatural amino acids. Proc Natl Acad Sci USA Proceedings of the National Academy of Sciences of the United States of America, 106(11): 4337-4342.

Grünewald J, Tsao M L, Perera R, et al. 2008. Immunochemical termination of self-tolerance. Proceedings of the National Academy of Sciences of the United States of America, 105(32): 11276-11280.

Gu H, Zou Y R, Rajewsky K. 1993. Independent control of immunoglobulin switch recombination at individual switch regions evidenced through Cre-loxP-mediated gene targeting. Cell, 73(6): 1155-1164.

Guo F, Gopaul D N. Van Duyne G D. 1997. Structure of cre recombinase complexed with DNA in a site-specific recombination synapse. Nature, 389(6646): 40-46.

Guo Z, Yin H Y, Ma L, et al. 2022. Direct transfer and consolidation of synthetic yeast chromosomes by abortive mating and chromosome elimination. ACS Synthetic Biology, 11(10): 3264-3272.

Gupta N K, Ohtsuka E, Sgaramella V, et al. 1968. Studies on polynucleotides, 88. Enzymatic joining of chemically synthesized segments corresponding to the gene for alanine-tRNA. Proceedings of the National Academy of Sciences of the United States of America, 60(4): 1338-1344.

Haber J E, Thorburn P C, Rogers D. 1984. Meiotic and mitotic behavior of dicentric chromosomes in *Saccharomyces cerevisiae*. Genetics, 106(2): 185-205.

Hallam T J, Wold E, Wahl A, et al. 2015. Antibody conjugates with unnatural amino acids. Mol Pharm Molecular Pharmaceutics, 12(6): 1848-1862.

HamediRad M, Weisberg S, Chao R, et al. 2019. Highly efficient single-pot scarless golden gate assembly. ACS Synth BiolSynthetic Biology, 8(5): 1047-1054.

Hancock S M, Uprety R, Deiters A, et al. 2010. Expanding the genetic code of yeast for incorporation of diverse unnatural amino acids via a pyrrolysyl-tRNA synthetase/tRNA pair. Journal of the American Chemical Society, 132(42): 14819-14824.

Hayashi A, Haruna K I, Sato H, et al. 2021. Incorporation of halogenated amino acids into antibody fragments at multiple specific sites enhances antigen binding. Chembiochem: a European Journal of Chemical Biology, 22(1): 120-123.

Hayashi T, Tinzl M, Mori T, et al. 2018. Capture and characterization of a reactive haem-carbenoid complex in an artificial metalloenzyme. Nature Catalysis, 1(8): 578-584.

Häyry M. 2017. Synthetic biology and ethics: past, present, and future. Cambridge Quarterly of Healthcare Ethics: CQ: the International Journal of Healthcare Ethics Committees, 26(2): 186-205.

Hemphill J, Borchardt E K, Brown K, et al. 2015. Optical control of CRISPR/Cas9 gene editing. Journal of the American Chemical Society, 137(17): 5642-5645.

Herrero E, Wellinger R E. 2015. Yeast as a model system to study metabolic impact of selenium compounds. Microbial Cell, 2(5): 139-149.

Hill M. 2022. Methods and compositions for cell-free cloning: US20230399636A1.

Hillson N J, Rosengarten R D, Keasling J D. 2012. j5 DNA assembly design automation software. ACS Synthetic Biology, 1(1): 14-21.

Hinnen A, Hicks J B, Fink G R. 1978. Transformation of yeast. Proceedings of the National Academy of Sciences of the United States of America, 75(4): 1929-1933.

Hiratsuka M, Ueda K, Uno N, et al. 2015. Retargeting of microcell fusion towards recipient cell-oriented transfer of human artificial chromosome. BMC Biotechnology, 15: 58.

Hochrein L, Mitchell L A, Schulz K, et al. 2018. L-SCRaMbLE as a tool for light-controlled Cre-mediated recombination in yeast. Nature Communications, 9: 1931.

Hoess R H, Wierzbicki A, Abremski K. 1986. The role of the loxP spacer region in P1 site-specific recombination. Nucleic Acids Research, 14(5): 2287-2300.

Hondal R J, Ruggles E L. 2011. Differing views of the role of selenium in thioredoxin reductase. Amino Acids, 41(1): 73-89.

Hong S H, Ntai I, Haimovich A D, et al. 2014. Cell-free protein synthesis from a release factor 1 deficient *Escherichia coli* activates efficient and multiple site-specific nonstandard amino acid incorporation. ACS Synthetic Biology, 3(6): 398-409.

Hoover D M, Lubkowski J. 2002. DNAWorks: An automated method for designing oligonucleotides for PCR-based gene synthesis. Nucleic Acids Research, 30(10): e43.

Horton R M, Hunt H D, Ho S N, et al. 1989. Engineering hybrid genes without the use of restriction enzymes: Gene splicing by overlap extension. Gene, 77(1): 61-68.

Hoshika S, Leal N A, Kim M J, et al. 2019. Hachimoji DNA and RNA: A genetic system with eight building blocks. Science, 363(6429): 884-887.

Hossain T, Deter H S, Peters E J, et al. 2021. Antibiotic tolerance, persistence, and resistance of the evolved minimal cell, *Mycoplasma mycoides* JCVI-Syn3B. iScience, 24(5): 102391.

Hufton A L, Panopoulou G. 2009. Polyploidy and genome restructuring: a variety of outcomes. Current Opinion in Genetics & Development, 19(6): 600-606.

Hughes J F, Coffin J M. 2004. Human endogenous retrovirus K solo-LTR formation and insertional polymorphisms: implications for human and viral evolution. Proceedings of the National Academy of Sciences of the United States of America, 101(6): 1668-1672.

Hutchins B M, Kazane S A, Staflin K, et al. 2011. Selective formation of covalent protein heterodimers with an unnatural amino acid. Chemistry & Biology, 18(3): 299-303.

Hutchison III C A, Chuang R Y, Noskov V N, et al. 2016. Design and synthesis of a minimal bacterial genome. Science, 351(6280): aad6253.

Hutchison III C A, Peterson S N, Gill S R, et al. 1999. Global transposon mutagenesis and a minimal *Mycoplasma* genome. Science, 286(5447): 2165-2169.

Ide S, Miyazaki T, Maki H, et al. 2010. Abundance of ribosomal RNA gene copies maintains genome integrity. Science, 327(5966): 693-696.

Iida Y, Kim J H, Kazuki Y, et al. 2010. Human artificial chromosome with a conditional centromere for gene delivery and gene expression. DNA Research, 17(5): 293-301.

Imai M, Watanabe T, Hatta M, et al. 2012. Experimental adaptation of an influenza H5 HA confers respiratory droplet transmission to a reassortant H5 HA/H1N1 virus in ferrets. Nature, 486(7403): 420-428.

Isaacs F J, Carr P A, Wang H H, et al. 2011. Precise manipulation of chromosomes *in vivo* enables genome-wide codon replacement. Science, 333(6040): 348-353.

Itaya M, Fujita K, Kuroki A, et al. 2008. Bottom-up genome assembly using the *Bacillus subtilis* genome vector. Nature Methods, 5(1): 41-43.

Ivens I A, Achanzar W, Baumann A, et al. 2015. PEGylated biopharmaceuticals: current experience and considerations for nonclinical development. Toxicologic Pathology, 43(7): 959-983.

Iwata T, Kaneko S, Shiwa Y, et al. 2013. *Bacillus subtilis* genome vector-based complete manipulation and reconstruction of genomic DNA for mouse transgenesis. BMC Genomics, 14: 300.

Jakočiūnas T, Bonde I, Herrgård M, et al. 2015a. Multiplex metabolic pathway engineering using CRISPR/Cas9 in *Saccharomyces cerevisiae*. Metabolic Engineering, 28: 213-222.

Jakočiūnas T, Rajkumar A S, Zhang J, et al. 2015b. CasEMBLR: Cas9-facilitated multiloci genomic integration of *in vivo* assembled DNA parts in *Saccharomyces cerevisiae*. ACS Synthetic Biology, 4(11): 1226-1234.

James M, HayesRaquel, Sanches-Kuiper M, et al. 2019. Error detection during hybridisation of target double-stranded nucleic acid. WO2019064006A1

Jayaraman K, Fingar S A, Shah J, et al. 1991. Polymerase chain reaction-mediated gene synthesis: synthesis of a gene coding for isozyme c of horseradish peroxidase. Proceedings of the National Academy of Sciences of the United States of America, 88(10): 4084-4088.

Jensen M A, Davis R W. 2018. Template-independent enzymatic oligonucleotide synthesis (TiEOS): its history, prospects, and challenges. Biochemistry, 57(12): 1821-1832.

Jewett J C, Sletten E M, Bertozzi C R. 2010. Rapid Cu-free click chemistry with readily synthesized biarylazacyclooctynones. Journal of the American Chemical Society, 132(11): 3688-3690.

Ji H, Moore D P, Blomberg M A, et al. 1993. Hotspots for unselected Ty1 transposition events on yeast chromosome III are near tRNA genes and LTR sequences. Cell, 73(5): 1007-1018.

Jia B, Jin J, Han M Z, et al. 2022. Directed yeast genome evolution by controlled introduction of trans-chromosomic structural variations. Science China Life Sciences, 65(9): 1703-1717.

Jia B, Wu Y, Li B Z, et al. 2018. Precise control of SCRaMbLE in synthetic haploid and diploid yeast. Nature Communications, 9: 1933.

Jiang S Y, Tang Y W, Xiang L, et al. 2022. Efficient *de novo* assembly and modification of large DNA fragments. Science China Life Sciences, 65(7): 1445-1455.

Jin X, Park O J, Hong S H. 2019. Incorporation of non-standard amino acids into proteins: Challenges, recent achievements, and emerging applications. Applied Microbiology and Biotechnology, 103(7): 2947-2958.

Johansson L, Chen C Y, Thorell J O, et al. 2004. Exploiting the 21st amino acid—purifying and labeling proteins by selenolate targeting. Nature Methods, 1(1): 61-66.

Johnson D B F, Xu J F, Shen Z X, et al. 2011. RF1 knockout allows ribosomal incorporation of unnatural amino acids at multiple sites. Nature Chemical Biology, 7(11): 779-786.

Johnson N P A S, Mueller J. 2002. Updating the accounts: global mortality of the 1918-1920 Spanish influenza pandemic. Bulletin of the History of Medicine, 76(1): 105-115.

Johnston S A, Anziano P Q, Shark K, et al. 1988. Mitochondrial transformation in yeast by bombardment with microprojectiles. Science, 240(4858): 1538-1541.

Jovicevic D, Blount B A, Ellis T. 2014. Total synthesis of a eukaryotic chromosome: Redesigning and SCRaMbLEing yeast. BioEssays: News and Reviews in Molecular, Cellular and Developmental

Biology, 36(9): 855-860.

Juhas M, Ajioka J W. 2017. High molecular weight DNA assembly *in vivo* for synthetic biology applications. Critical Reviews in Biotechnology, 37(3): 277-286.

Juneau K, Palm C, Miranda M, et al. 2007. High-density yeast-tiling array reveals previously undiscovered introns and extensive regulation of meiotic splicing. Proceedings of the National Academy of Sciences of the United States of America, 104(5): 1522-1527.

Kaboli S, Yamakawa T, Sunada K, et al. 2014. Genome-wide mapping of unexplored essential regions in the *Saccharomyces cerevisiae* genome: Evidence for hidden synthetic lethal combinations in a genetic interaction network. Nucleic Acids Research, 42(15): 9838-9853.

Kálmán M, Cserpán I, Bajszár G, et al. 1990. Synthesis of a gene for human serum albumin and its expression in *Saccharomyces cerevisiae*. Nucleic Acids Research, 18(20): 6075-6081.

Kalva S, Boeke J D, Mita P. 2018. Gibson Deletion: A novel application of isothermal *in vitro* recombination. Biological Procedures Online, 20: 2.

Kang J Y, Kawaguchi D, Coin I, et al. 2013. In vivo expression of a light-activatable potassium channel using unnatural amino acids. Neuron, 80(2): 358-370.

Kang M C, Lu Y C, Chen S G, et al. 2018. Harnessing the power of an expanded genetic code toward next-generation biopharmaceuticals. Current Opinion in Chemical Biology, 46: 123-129.

Karas B J, Jablanovic J, Sun L J, et al. 2013. Direct transfer of whole genomes from bacteria to yeast. Nature Methods, 10(5): 410-412.

Karas B J, Moreau N G, Deerinck T J, et al. 2019. Direct transfer of a *Mycoplasma mycoides* genome to yeast is enhanced by removal of the mycoides glycerol uptake factor gene glpF. ACS Synthetic Biology, 8(2): 239-244.

Kashiwagi T, Yokoyama K I, Ishikawa K, et al. 2002. Crystal structure of microbial transglutaminase from *Streptoverticillium mobaraense*. The Journal of Biological Chemistry, 277(46): 44252-44260.

Kazazian H H Jr. 2004. Mobile elements: drivers of genome evolution. Science, 303(5664): 1626-1632.

Kazuki Y, Oshimura M. 2011. Human artificial chromosomes for gene delivery and the development of animal models. Molecular Therapy: the Journal of the American Society of Gene Therapy, 19(9): 1591-1601.

Keseler I M, Gama-Castro S, Mackie A, et al. 2021. The EcoCyc database in 2021. Frontiers in Microbiology, 12: 711077.

Khorana H G. 1965. Polynucleotide synthesis and the genetic code. Federation Proceedings, 24(6): 1473-1487.

Khorana H G. 1971. Total synthesis of the gene for an alanine transfer ribonucleic acid from yeast. Pure Appl Chem, 25(1): 91-118.

Kim C H, Axup J Y, Lawson B R, et al. 2013. Bispecific small molecule-antibody conjugate targeting prostate cancer. Proceedings of the National Academy of Sciences of the United States of America, 110(44): 17796-17801.

Kim D, Lee J W. 2020. Genetic biocontainment systems for the safe use of engineered microorganisms. Biotechnology and Bioprocess Engineering, 25(6): 974-984.

Kim J H, Feng Z Y, Bauer J D, et al. 2010. Cloning large natural product gene clusters from the environment: Piecing environmental DNA gene clusters back together with TAR. Biopolymers, 93(9): 833-844.

Kitamura N, Semler B L, Rothberg P G, et al. 1981. Primary structure, gene organization and polypeptide expression of poliovirus RNA. Nature, 291(5816): 547-553.

Knight T. 2003. Idempotent vector design for standard assembly of biobricks. MIT Artificial Intelligence Laboratory; MIT Synthetic Biology Working Group. [2021-01-03]. http://dspace.mit. edu/handle/1721.1/21168.

Knyphausen P, de Boor S, Kuhlmann N, et al. 2016. Insights into lysine deacetylation of natively folded substrate proteins by sirtuins. The Journal of Biological Chemistry, 291(28): 14677-14694.

Koh M, Ahmad I, Ko Y, et al. 2021. A short ORF-encoded transcriptional regulator. Proceedings of the National Academy of Sciences of the United States of America, 118(4): e2021943118.

Kolb H C, Finn M G, Sharpless K B. 2001. Click chemistry: diverse chemical function from a few good reactions. Angewandte Chemie (International Ed in English), 40(11): 2004-2021.

Kolisnychenko V, Plunkett G, 3rd, Herring C D, et al. 2002. Engineering a reduced Escherichia coli genome. Genome Research, 12(4): 640-647.

Kopertekh L, Jüttner G, Schiemann J. 2004. Site-specific recombination induced in transgenic plants by PVX virus vector expressing bacteriophage P1 recombinase. Plant Science, 166(2): 485-492.

Kosuri S, Eroshenko N, LeProust E M, et al. 2010. Scalable gene synthesis by selective amplification of DNA pools from high-fidelity microchips. Nature Biotechnology, 28(12): 1295-1299.

Kouprina N, Larionov V. 2006. TAR cloning: insights into gene function, long-range haplotypes and genome structure and evolution. Nature Reviews Genetics, 7(10): 805-812.

Kouprina N, Larionov V. 2008. Selective isolation of genomic loci from complex genomes by transformation-associated recombination cloning in the yeast Saccharomyces cerevisiae. Nature Protocols, 3(3): 371-377.

Kudla G, Murray A W, Tollervey D, et al. 2009. Coding-sequence determinants of gene expression in Escherichia coli. Science, 324(5924): 255-258.

Kumar G, Poonian M S. 1984. Improvements in oligodeoxyribonucleotide synthesis: Methyl N, N-dialkylphosphoramidite dimer units for solid support hosphite methodology. The Journal of Organic Chemistry, 49(25): 4905-4912.

Kunes S, Botstein D, Fox M S. 1985. Transformation of yeast with linearized plasmid DNA. Formation of inverted dimers and recombinant plasmid products. Journal of Molecular Biology, 184(3): 375-387.

Kutyna D R, Onetto C A, Williams T C, et al. 2022. Construction of a synthetic Saccharomyces cerevisiae pan-genome neo-chromosome. Nature Communications, 13: 3628.

Lajoie M J, Kosuri S, Mosberg J A, et al. 2013a. Probing the limits of genetic recoding in essential genes. Science, 342(6156): 361-363.

Lajoie M J, Rovner A J, Goodman D B, et al. 2013b. Genomically recoded organisms expand biological functions. Science, 342(6156): 357-360.

Lander E S, Linton L M, Birren B, et al. 2001. Initial sequencing and analysis of the human genome. Nature, 409(6822): 860-921.

Lang K, Davis L, Torres-Kolbus J, et al. 2012a. Genetically encoded norbornene directs site-specific cellular protein labelling via a rapid bioorthogonal reaction. Nature Chemistry, 4(4): 298-304.

Lang K, Davis L, Wallace S, et al. 2012b. Genetic encoding of bicyclononynes and trans-cyclooctenes for site-specific protein labeling in vitro and in live mammalian cells via rapid fluorogenic Diels-Alder reactions. Journal of the American Chemical Society, 134(25): 10317-10320.

Lartigue C, Glass J I, Alperovich N, et al. 2007. Genome transplantation in bacteria: Changing one species to another. Science, 317(5838): 632-638.

Lartigue C, Vashee S, Algire M A, et al. 2009. Creating bacterial strains from genomes that have been cloned and engineered in yeast. Science, 325(5948): 1693-1696.

Lau Y H, Stirling F, Kuo J, et al. 2017. Large-scale recoding of a bacterial genome by iterative recombineering of synthetic DNA. Nucleic Acids Research, 45(11): 6971-6980.

Lausted C G, Warren C B, Hood L E, et al. 2006. Printing your own inkjet microarrays.//Methods in Enzymology. Amsterdam: Elsevier: 168-189.

Lee H, Wiegand D J, Griswold K, et al. 2020. Photon-directed multiplexed enzymatic DNA synthesis for molecular digital data storage. Nature Communications, 11: 5246.

Lee H H, Kalhor R, Goela N, et al. 2019. *Terminator*-free template-independent enzymatic DNA synthesis for digital information storage. Nature Communications, 10: 2383.

Lee J W, Chan C T Y, Slomovic S, et al. 2018. Next-generation biocontainment systems for engineered organisms. Nature Chemical Biology, 14(6): 530-537.

Lee N C O, Larionov V, Kouprina N. 2015. Highly efficient CRISPR/Cas9-mediated TAR cloning of genes and chromosomal loci from complex genomes in yeast. Nucleic Acids Research, 43(8): e55.

Lee S, Kim P. 2020. Current status and applications of adaptive laboratory evolution in industrial microorganisms. Journal of Microbiology and Biotechnology, 30(6): 793-803.

Lee Y N, Bieniasz P D. 2007. Reconstitution of an infectious human endogenous retrovirus. PLoS Pathogens, 3(1): e10.

Lemoine F J, Degtyareva N P, Lobachev K, et al. 2005. Chromosomal translocations in yeast induced by low levels of DNA polymerase a model for chromosome fragile sites. Cell, 120(5): 587-598.

LeProust E M, Peck B J, Spirin K, et al. 2010. Synthesis of high-quality libraries of long (150mer) oligonucleotides by a novel depurination controlled process. Nucleic Acids Research, 38(8): 2522-2540.

Letsinger R L, Lunsford W B. 1976. Synthesis of thymidine oligonucleotides by phosphite triester intermediates. Journal of the American Chemical Society, 98(12): 3655-3661.

Letsinger R L, Mahadevan V. 1965. Oligonucleotide synthesis on a polymer Support. Journal of the American Chemical Society, 87(15): 3526-3527.

Li F, Li H, Zhai Q, et al. 2018a. A new vaccine targeting RANKL, prepared by incorporation of an unnatural Amino acid into RANKL, prevents OVX-induced bone loss in mice. Biochemical and Biophysical Research Communications, 499(3): 648-654.

Li J C, Liu T, Wang Y, et al. 2018b. Enhancing protein stability with genetically encoded noncanonical amino acids. Journal of the American Chemical Society, 140(47): 15997-16000.

Li J, Jia S, Chen P R. 2014a. Diels-Alder reaction-triggered bioorthogonal protein decaging in living cells. Nature Chemical Biology, 10(12): 1003-1005.

Li J, Yu J T, Zhao J Y, et al. 2014b. Palladium-triggered deprotection chemistry for protein activation in living cells. Nature Chemistry, 6(4): 352-361.

Li L, Jiang W H, Lu Y H. 2018c. A modified Gibson assembly method for cloning large DNA fragments with high GC contents. Methods Mol Biol, 1671:203-209.

Li L, Zhao Y W, Ruan L J, et al. 2015. A stepwise increase in pristinamycin II biosynthesis by *Streptomyces pristinaespiralis* through combinatorial metabolic engineering. Metabolic Engineering, 29: 12-25.

Li S Y, Zhao G P, Wang J. 2016. C-brick: a new standard for assembly of biological parts using Cpf1. ACS Synthetic Biology, 5(12): 1383-1388.

Li W T, Liu J, Shao L H, et al. 2021. DNAzyme-catalyzed cellular oxidative stress amplification for pro-protein activation in living cells. Chembiochem: a European Journal of Chemical Biology, 22(16): 2608-2613.

Li Y X, Wu Y, Ma L, et al. 2019. Loss of heterozygosity by SCRaMbLEing. Science China Life Sciences, 62(3): 381-393.

Lienert F, Lohmueller J J, Garg A, et al. 2014. Synthetic biology in mammalian cells: Next generation research tools and therapeutics. Nature Reviews Molecular Cell Biology, 15(2): 95-107.

Ling X S. 2020. DNA sequencing using nanopores and kinetic proofreading. Quantitative Biology, 8(3): 187-194.

Little J W. 1967. An exonuclease induced by bacteriophage λ. Journal of Biological Chemistry, 242(4): 679-686.

Liu J K, Chen W H, Ren S X, et al. 2014. iBrick: A new standard for iterative assembly of abiological parts with homing endonucleases. PLoS One, 9(10): e110852.

Liu W, Luo Z Q, Wang Y, et al. 2018. Rapid pathway prototyping and engineering using *in vitro* and *in vivo* synthetic genome SCRaMbLE-in methods. Nature Communications, 9: 1936.

Lohmann V, Körner F, Koch J, et al. 1999. Replication of subgenomic hepatitis C virus RNAs in a hepatoma cell line. Science, 285(5424): 110-113.

Low S C, Berry M J. 1996. Knowing when not to stop: Selenocysteine incorporation in eukaryotes. Trends in Biochemical Sciences, 21(6): 203-208.

Lu H, Zhou Q, Deshmukh V, et al. 2014. Targeting human C-type lectin-like molecule-1 (CLL1) with a bispecific antibody for immunotherapy of acute myeloid leukemia. Angewandte Chemie (International Ed in English), 53(37): 9841-9845.

Lu X Y, Li J L, Li C Y, et al. 2022. Enzymatic DNA synthesis by engineering terminal deoxynucleotidyl transferase. ACS Catalysis, 12(5): 2988-2997.

Lukinavičius G, Umezawa K, Olivier N, et al. 2013. A near-infrared fluorophore for live-cell super-resolution microscopy of cellular proteins. Nature Chemistry, 5(2): 132-139.

Luo J, Liu Q Y, Morihiro K, et al. 2016. Small-molecule control of protein function through Staudinger reduction. Nature Chemistry, 8(11): 1027-1034.

Luo J, Torres-Kolbus J, Liu J H, et al. 2017a. Genetic encoding of photocaged tyrosines with improved light-activation properties for the optical control of protease function. Chembiochem: a European Journal of Chemical Biology, 18(14): 1442-1447.

Luo J, Uprety R, Naro Y, et al. 2014. Genetically encoded optochemical probes for simultaneous fluorescence reporting and light activation of protein function with two-photon excitation. Journal of the American Chemical Society, 136(44): 15551-15558.

Luo J C, Sun X J, Cormack B P, et al. 2018b. Karyotype engineering by chromosome fusion leads to reproductive isolation in yeast. Nature, 560(7718): 392-396.

Luo J C, Vale-Silva L, Raghavan A, et al. 2018a. Synthetic chromosome fusion: Effects on genome structure and function. bioRxiv, 381137.

Luo X Z, Fu G S, Wang R E, et al. 2017b. Genetically encoding phosphotyrosine and its nonhydrolyzable analog in bacteria. Nature Chemical Biology, 13(8): 845-849.

Luo Y Z, Huang H, Liang J, et al. 2013. Activation and characterization of a cryptic polycyclic tetramate macrolactam biosynthetic gene cluster. Nature Communications, 4: 2894.

Luo Z Q, Hoffmann S A, Jiang S, et al. 2020. Probing eukaryotic genome functions with synthetic chromosomes. Experimental Cell Research, 390(1): 111936.

Luo Z Q, Wang L H, Wang Y, et al. 2018c. Identifying and characterizing SCRaMbLEd synthetic yeast using ReSCuES. Nature Communications, 9: 1930.

Luo Z Q, Yu K, Xie S Q, et al. 2021. Compacting a synthetic yeast chromosome arm. Genome Biology, 22(1): 5.

Ma H, Kunes S, Schatz P J, et al. 1987. Plasmid construction by homologous recombination in yeast. Gene, 58(2/3): 201-216.

Ma J S Y, Kim J Y, Kazane S A, et al. 2016. Versatile strategy for controlling the specificity and activity of engineered T cells. Proceedings of the National Academy of Sciences of the United States of America, 113(4): E450- E458.

Ma L, Li Y X, Chen X Y, et al. 2019a. SCRaMbLE generates evolved yeasts with increased alkali tolerance. Microbial Cell Factories, 18(1): 52.

Ma Y X, Mao G B, Wu G Q, et al. 2021. Dual-fluorescence labeling pseudovirus for real-time imaging of single SARS-CoV-2 entry in respiratory epithelial cells. ACS Applied Materials & Interfaces, 13(21): 24477-24486.

Ma Z R, Wang P G. 2019b. RecET direct cloning of polysaccharide gene cluster from gram-negative bacteria. Methods in Molecular Biology (Clifton, N J), 1954: 15-23.

Macino G, Coruzzi G, Nobrega F G, et al. 1979. Use of the UGA terminator as a tryptophan codon in yeast mitochondria. Proceedings of the National Academy of Sciences of the United States of America, 76(8): 3784-3785.

Magin C, Hesse J, Löwer J, et al. 2000. Corf, the Rev/Rex homologue of HTDV/HERV-K, encodes an arginine-rich nuclear localization signal that exerts a trans-dominant phenotype when mutated. Virology, 274(1): 11-16.

Malyshev D A, Dhami K, Lavergne T, et al. 2014. A semi-synthetic organism with an expanded genetic alphabet. Nature, 509(7500): 385-388.

Mandecki W, Bolling T J. 1988. FokI method of gene synthesis. Gene, 68(1): 101-107.

Mandell D J, Lajoie M J, Mee M T, et al. 2015. Biocontainment of genetically modified organisms by synthetic protein design. Nature, 518(7537): 55-60.

Marillonnet S, Grützner R. 2020. Synthetic DNA assembly using golden gate cloning and the hierarchical modular cloning pipeline. Current Protocols in Molecular Biology, 130(1): e115.

Marlière P, Patrouix J, Döring V, et al. 2011. Chemical evolution of a bacterium's genome. Angewandte Chemie (International Ed in English), 50(31): 7109-7114.

Marschall P, Malik N, Larin Z. 1999. Transfer of YACs up to 2.3 Mb intact into human cells with polyethylenimine. Gene Therapy, 6(9): 1634-1637.

Mathews A S, Yang H K, Montemagno C. 2016. Photo-cleavable nucleotides for primer free enzyme mediated DNA synthesis. Organic & Biomolecular Chemistry, 14(35): 8278-8288.

Matlin A J, Clark F, Smith C W J. 2005. Understanding alternative splicing: Towards a cellular code. Nature Reviews Molecular Cell Biology, 6(5): 386-398.

Matteucci M D, Caruthers M H. 1981. Synthesis of deoxyoligonucleotides on a polymer support. Journal of the American Chemical Society, 103(11): 3185-3191.

Matzas M, Stähler P F, Kefer N, et al. 2010. High-fidelity gene synthesis by retrieval of sequence-verified DNA identified using high-throughput pyrosequencing. Nature Biotechnology, 28(12): 1291-1294.

Maurer K, Cooper J, Caraballo M, et al. 2006. Electrochemically generated acid and its containment to 100 micron reaction areas for the production of DNA microarrays. PLoS One, 1(1): e34.

Maxwell P H, Burhans W C, Curcio M J. 2011. Retrotransposition is associated with genome instability during chronological aging. Proceedings of the National Academy of Sciences of the United States of America, 108(51): 20376-20381.

Mayer C, Dulson C, Reddem E, et al. 2019. Directed evolution of a designer enzyme featuring an unnatural catalytic amino acid. Angewandte Chemie (International Ed in English), 58(7): 2083-2087.

McBride L J, Caruthers M H. 1983. An investigation of several deoxynucleoside phosphoramidites useful for synthesizing deoxyoligonucleotides. Tetrahedron Letters, 24(3): 245-248.

Meinke G, Bohm A, Hauber J, et al. 2016. Cre recombinase and other tyrosine recombinases.

Chemical Reviews, 116(20): 12785-12820.

Mercy G, Mozziconacci J, Scolari V F, et al. 2017. 3D organization of synthetic and scrambled chromosomes. Science, 355(6329): eaaf4597.

Michelson A M, Todd A R. 1955. Nucleotides part XXXII. Synthesis of a dithymidine dinucleotide containing a 3′,5′-internucleotidic linkage. Journal of the Chemical Society (Resumed), (8): 2632-2638.

Miller C, Bröcker M J, Prat L, et al. 2015. A synthetic tRNA for EF-Tu mediated selenocysteine incorporation *in vivo* and *in vitro*. FEBS Letters, 589(17): 2194-2199.

Minhaz Ud-Dean S M. 2008. A theoretical model for template-free synthesis of long DNA sequence. Systems and Synthetic Biology, 2(3): 67-73.

Mishima Y, Tomari Y. 2016. Codon usage and 3′ UTR length determine maternal mRNA stability in zebrafish. Molecular Cell, 61(6): 874-885.

Mitchell L A, McCulloch L H, Pinglay S, et al. 2021. De novo assembly and delivery to mouse cells of a 101 kb functional human gene. Genetics, 218(1): iyab038.

Mitchell L A, Wang A, Stracquadanio G, et al. 2017. Synthesis, debugging, and effects of synthetic chromosome consolidation: synVI and beyond. Science, 355(6329): eaaf4831.

Modrich P. 1991. Mechanisms and biological effects of mismatch repair. Annual Review of Genetics, 25: 229-253.

Moger-Reischer R Z, Glass J I, Wise K S, et al. 2023. Evolution of a minimal cell. Nature, 620(7972): 122-127.

Montanari E, Gennari A, Pelliccia M, et al. 2018. Tyrosinase-mediated bioconjugation. A versatile approach to chimeric macromolecules. Bioconjugate Chemistry, 29(8): 2550-2560.

Moore J K, Haber J E. 1996. Capture of retrotransposon DNA at the sites of chromosomal double-strand breaks. Nature, 383(6601): 644-646.

Mu J, Pinkstaff J, Li Z H, et al. 2012. FGF21 analogs of sustained action enabled by orthogonal biosynthesis demonstrate enhanced antidiabetic pharmacology in rodents. Diabetes, 61(2): 505-512.

Mueller S, Papamichail D, Coleman J R, et al. 2006. Reduction of the rate of poliovirus protein synthesis through large-scale codon deoptimization causes attenuation of viral virulence by lowering specific infectivity. Journal of Virology, 80(19): 9687-9696.

Mukai T, Hayashi A, Iraha F, et al. 2010. Codon reassignment in the *Escherichia coli* genetic code. Nucleic Acids Research, 38(22): 8188-8195.

Müller T D, Sullivan L M, Habegger K, et al. 2012. Restoration of leptin responsiveness in diet-induced obese mice using an optimized leptin analog in combination with exendin-4 or FGF_{21}. Journal of Peptide Science: an Official Publication of the European Peptide Society, 18(6): 383-393.

Mushegian A R, Koonin E V. 1996. A minimal gene set for cellular life derived by comparison of complete bacterial genomes. Proceedings of the National Academy of Sciences of the United States of America, 93(19): 10268-10273.

Muyrers J P P, Zhang Y M, Testa G, et al. 1999. Rapid modification of bacterial artificial chromosomes by ET-recombination. Nucleic Acids Research, 27(6): 1555-1557.

Muyrers J P, Zhang Y, Stewart A F. 2001. Techniques: Recombinogenic engineering-new options for cloning and manipulating DNA. Trends in Biochemical Sciences, 26(5): 325-331.

Napolitano M G, Landon M, Gregg C J, et al. 2016. Emergent rules for codon choice elucidated by editing rare arginine codons in *Escherichia coli*. Proceedings of the National Academy of Sciences of the United States of America, 113(38): E5588-E5597.

Narita T, Weinert B T, Choudhary C. 2019. Functions and mechanisms of non-histone protein acetylation. Nature Reviews Molecular Cell Biology, 20(3): 156-174.

National Academies of Sciences, Engineering, and Medicine; Division on Earth and life Studies; Board on Life Sciences, et al. 2018. Biodefense in the Age of Synthetic Biology. In Biodefense in the Age of Synthetic Biology. Washington (DC): National Academies Press (US).

Nawy T. 2012. Capturing sequences for bioprospecting. Nature Methods, 9(6): 532.

Nguyen D P, Garcia Alai M M, Kapadnis P B, et al. 2009. Genetically encoding N(epsilon)-methyl-L-lysine in recombinant histones. Journal of the American Chemical Society, 131(40): 14194-14195.

Nguyen D P, Garcia Alai M M, Virdee S, et al. 2010. Genetically directing ε-N, N-dimethyl-L-lysine in recombinant histones. Chemistry & Biology, 17(10): 1072-1076.

Nguyen D P, Mahesh M, Elsässer S J, et al. 2014. Genetic encoding of photocaged cysteine allows photoactivation of TEV protease in live mammalian cells. Journal of the American Chemical Society, 136(6): 2240-2243.

Nguyen T A, Gronauer T F, Nast-Kolb T, et al. 2022. Substrate profiling of mitochondrial caseinolytic protease P via a site-specific photocrosslinking approach. Angewandte Chemie (International Ed in English), 61(10): e202111085.

Ni N, Deng F, He F, et al. 2021. A one-step construction of adenovirus (OSCA) system using the Gibson DNA Assembly technology. Molecular Therapy Oncolytics, 23: 602-611.

NIH. 1997. Guidelines for research involving recombinant DNA molecules. [2023-07-20]. https://www.oecd.org/sti/emerging-tech/guidelinesforresearchinvolvingrecombinantdnamolecules.htm.

Nishi T, Ito Y, Nakamura Y, et al. 2022. One-step *in vivo* assembly of multiple DNA fragments and genomic integration in *Komagataella phaffii*. ACS Synthetic Biology, 11(2): 644-654.

Nishiumi F, Kawai Y, Nakura Y, et al. 2021. Blockade of endoplasmic reticulum stress-induced cell death by *Ureaplasma parvum* vacuolating factor. Cellular Microbiology, 23(12): e13392.

Noskov V N, Kouprina N, Leem S H, et al. 2003. A general cloning system to selectively isolate any eukaryotic or prokaryotic genomic region in yeast. BMC Genomics, 4(1): 16.

Nowak M A, Boerlijst M C, Cooke J, et al. 1997. Evolution of genetic redundancy. Nature, 388(6638): 167-171.

Nyerges A, Vinke S, Flynn R, et al. 2023. A swapped genetic code prevents viral infections and gene transfer. Nature, 615(7953): 720-727.

Ogawa T, Iwata T, Kaneko S, et al. 2015. An inducible recA expression *Bacillus subtilis* genome vector for stable manipulation of large DNA fragments. BMC Genomics, 16(1): 209.

Ohtake K, Mukai T, Iraha F, et al. 2018. Engineering an automaturing transglutaminase with enhanced thermostability by genetic code expansion with two Codon reassignments. ACS Synthetic Biology, 7(9): 2170-2176.

Oka N, Yamamoto M, Sato T, et al. 2008. Solid-phase synthesis of stereoregular oligodeoxyribonucleoside phosphorothioates using bicyclic oxazaphospholidine derivatives as monomer units. Journal of the American Chemical Society, 130(47): 16031-16037.

Okamoto T, Suzuki , Yamamoto N. 2000. Microarray fabrication with covalent attachment of DNA using bubble Jet technology. Nature Biotechnology, 18(4): 438-441.

Oldfield L M, Grzesik P, Voorhies A A, et al. 2017. Genome-wide engineering of an infectious clone of herpes simplex virus type 1 using synthetic genomics assembly methods. Proceedings of the National Academy of Sciences of the United States of America, 114(42): E8885-E8894.

Ong J Y, Swidah R, Monti M, et al. 2021. SCRaMbLE: a study of its robustness and challenges through enhancement of hygromycin B resistance in a semi-synthetic yeast. Bioengineering,

8(3): 42.

Ostrov N, Beal J, Ellis T, et al. 2019. Technological challenges and milestones for writing genomes. Science, 366(6463): 310-312.

Ostrov N, Landon M, Guell M, et al. 2016. Design, synthesis, and testing toward a 57-codon genome. Science, 353(6301): 819-822.

Oye K A, Lawson J C H, Bubela T. 2015. Drugs: regulate 'home-brew' opiates. Nature, 521(7552): 281-283.

Palluk S, Arlow D H, de Rond T, et al. 2018. *De novo* DNA synthesis using polymerase-nucleotide conjugates. Nature Biotechnology, 36(7): 645-650.

Palm N W, Medzhitov R. 2009. Immunostimulatory activity of haptenated proteins. Proceedings of the National Academy of Sciences of the United States of America, 106(12): 4782-4787.

Pang K L, Chin K Y. 2019. Emerging anticancer potentials of selenium on osteosarcoma. International Journal of Molecular Sciences, 20(21): 5318.

Parenteau J, Durand M, Véronneau S, et al. 2008. Deletion of many yeast introns reveals a minority of genes that require splicing for function. Molecular Biology of the Cell, 19(5): 1932-1941.

Parenteau J, Maignon L, Berthoumieux M, et al. 2019. Introns are mediators of cell response to starvation. Nature, 565(7741): 612-617.

Park H S, Hohn M J, Umehara T, et al. 2011. Expanding the genetic code of *Escherichia coli* with phosphoserine. Science, 333(6046): 1151-1154.

Pawlowski D R. 2014. Cheat sheet: NIH guidelines for research involving recombinant or synthetic nucleic acid molecules (2013 revision) . Biosafety, 3(1): 1.

Pechmann S, Chartron J W, Frydman J. 2014. Local slowdown of translation by nonoptimal codons promotes nascent-chain recognition by SRP *in vivo*. Nature Structural & Molecular Biology, 21(12): 1100-1105.

Peeler J C, Falco J A, Kelemen R E, et al. 2020. Generation of recombinant mammalian selenoproteins through genetic code expansion with photocaged selenocysteine. ACS Chemical Biology, 15(6): 1535-1540.

Peeler J C, Weerapana E. 2019. Chemical biology approaches to interrogate the selenoproteome. Accounts of Chemical Research, 52(10): 2832-2840.

Peichel C L. 2017. Chromosome evolution: molecular mechanisms and evolutionary consequences. Journal of Heredity, 108(1): 1-2.

Pelletier J F, Sun L J, Wise K S, et al. 2021. Genetic requirements for cell division in a genomically minimal cell. Cell, 184(9): 2430-2440.e16.

Peng T, Hang H C. 2016. Site-specific bioorthogonal labeling for fluorescence imaging of intracellular proteins in living cells. Journal of the American Chemical Society, 138(43): 14423-14433.

Percudani R, Pavesi A, Ottonello S. 1997. Transfer RNA gene redundancy and translational selection in *Saccharomyces cerevisiae*. Journal of Molecular Biology, 268(2): 322-330.

Petry S, Brodersen D E, Murphy IV F V, et al. 2005. Crystal structures of the ribosome in complex with release factors RF$_1$ and RF$_2$ bound to a cognate stop codon. Cell, 123(7): 1255-1266.

Phillips I, Silver P. 2006. A new biobrick assembly strategy designed for facile protein engineering. [2022-07-03]. http://dspace.mit.edu/hondle/1721.1/32535.

Picard D. 1994. Regulation of protein function through expression of chimaeric proteins. Current Opinion in Biotechnology, 5(5): 511-515.

Pinglay S, Bulajić M, Rahe D P, et al. 2022. Synthetic regulatory reconstitution reveals principles of mammalian Hox cluster regulation. Science, 377(6601): eabk2820.

Pinheiro V B, Taylor A I, Cozens C, et al. 2012. Synthetic genetic polymers capable of heredity and evolution. Science, 336(6079): 341-344.

Pirman N L, Barber K W, Aerni H R, et al. 2015. A flexible codon in genomically recoded *Escherichia coli* permits programmable protein phosphorylation. Nature Communications, 6: 8130.

Pitera D J, Paddon C J, Newman J D, et al. 2007. Balancing a heterologous mevalonate pathway for improved isoprenoid production in *Escherichia coli*. Metabolic Engineering, 9(2): 193-207.

Plateau P, Saveanu C, Lestini R, et al. 2017. Exposure to selenomethionine causes selenocysteine misincorporation and protein aggregation in *Saccharomyces cerevisiae*. Scientific Reports, 7: 44761.

Postma E D, Dashko S, van Breemen L, et al. 2021. A supernumerary designer chromosome for modular *in vivo* pathway assembly in *Saccharomyces cerevisiae*. Nucleic Acids Research, 49(3): 1769-1783.

Postma E D, Hassing E J, Mangkusaputra V, et al. 2022. Modular, synthetic chromosomes as new tools for large scale engineering of metabolism. Metabolic Engineering, 72: 1-13.

Potapov V, Ong J L, Kucera R B, et al. 2018. Comprehensive profiling of four base overhang ligation fidelity by T4 DNA ligase and application to DNA assembly. ACS Synthetic Biology, 7(11): 2665-2674.

Pott M, Hayashi T, Mori T, et al. 2018. A noncanonical proximal heme ligand affords an efficient peroxidase in a globin fold. Journal of the American Chemical Society, 140(4): 1535-1543.

Presidential Commission for the Study of Bioethical Issues. 2010. New Directions: The Ethics of Synthetic Biology and Emerging Technologies. [2023-09-10]. https://bioethicsarchive.georgetown.edu/pcsbi/ sites/default/files/PCSBI-Synthetic-Biology-Report-12.16.10_0.pdf.

Presnyak V, Alhusaini N, Chen Y H, et al. 2015. Codon optimality is a major determinant of mRNA stability. Cell, 160(6): 1111-1124.

Prodromou C, Pearl L H. 1992. Recursive PCR: a novel technique for total gene synthesis. Protein Engineering, 5(8): 827-829.

Pryor J M, Potapov V, Kucera R B, et al. 2020. Enabling one-pot Golden Gate assemblies of unprecedented complexity using data-optimized assembly design. PLoS One, 15(9): e0238592.

Qiu P, Shandilya H, D'Alessio J M, et al. 2004. Mutation detection using Surveyor nuclease. BioTechniques, 36(4): 702-707.

Quan J Y, Saaem I, Tang N, et al. 2011. Parallel on-chip gene synthesis and application to optimization of protein expression. Nature Biotechnology, 29(5): 449-452.

Quax T E F, Claassens N J, Söll D, et al. 2015. Codon bias as a means to fine-tune gene expression. Molecular Cell, 59(2): 149-161.

Radding C M, Carter D M. 1971. The role of exonuclease and β protein of phage λ in penetic recombination. Journal of Biological Chemistry, 246(8): 2513-2518.

Rakauskaitė R, Urbanavičiūtė G, Rukšėnaitė A, et al. 2015. Biosynthetic selenoproteins with genetically-encoded photocaged selenocysteines. Chemical Communications, 51(39): 8245-8248.

Rakauskaitė R, Urbanavičiūtė G, Simanavičius M, et al. 2020. Photocage-selective capture and light-controlled release of target proteins. iScience, 23(12): 101833.

Ramadoss N S, Schulman A D, Choi S H, et al. 2015. An anti-B cell maturation antigen bispecific antibody for multiple myeloma. Journal of the American Chemical Society, 137(16): 5288-5291.

Rearick D, Prakash A, McSweeny A, et al. 2011. Critical association of ncRNA with introns. Nucleic Acids Research, 39(6): 2357-2366.

Reeve E C. 2014. Encyclopedia of Genetics. New York: Routledge.

Reider Apel A, d'Espaux L, Wehrs M, et al. 2017. A Cas9-based toolkit to program gene expression in *Saccharomyces cerevisiae*. Nucleic Acids Research, 45(1): 496-508.

Richardson S M, Mitchell L A, Stracquadanio G, et al. 2017. Design of a synthetic yeast genome. Science, 355(6329): 1040-1044.

Richardson S M, Nunley P W, Yarrington R M, et al. 2010. GeneDesign 3.0 is an updated synthetic biology toolkit. Nucleic Acids Research, 38(8): 2603-2606.

Richardson S M, Wheelan S J, Yarrington R M, et al. 2006. GeneDesign: Rapid, automated design of multikilobase synthetic genes. Genome Research, 16(4): 550-556.

Robertson W E, Funke L F H, de la Torre D, et al. 2021. Sense codon reassignment enables viral resistance and encoded polymer synthesis. Science, 372(6546): 1057-1062.

Rogerson D T, Sachdeva A, Wang K, et al. 2015. Efficient genetic encoding of phosphoserine and its nonhydrolyzable analog. Nature Chemical Biology, 11(7): 496-503.

Romesberg F E. 2019. Synthetic biology: The chemist's approach. Israel Journal of Chemistry, 59(1/2): 91-94.

Romesberg F E. 2022. Creation, optimization, and use of semi-synthetic organisms that store and retrieve increased genetic information. Journal of Molecular Biology, 434(8): 167331.

Ronchel M C, Ramos J L. 2001. Dual system to reinforce biological containment of recombinant bacteria designed for rhizoremediation. Applied and Environmental Microbiology, 67(6): 2649-2656.

Rose M D, Fink G R. 1987. KAR1, a gene required for function of both intranuclear and extranuclear microtubules in yeast. Cell, 48(6): 1047-1060.

Rouillard J M, Lee W, Truan G, et al. 2004. Gene2Oligo: Oligonucleotide design for *in vitro* gene synthesis. Nucleic Acids Research, 32(Web Server issue): W176-W180.

Rovner A J, Haimovich A D, Katz S R, et al. 2015. Recoded organisms engineered to depend on synthetic amino acids. Nature, 518(7537): 89-93.

Roy S, Caruthers M. 2013. Synthesis of DNA/RNA and their analogs via phosphoramidite and H-phosphonate chemistries. Molecules, 18(11): 14268-14284.

Rüegsegger U, Leber J H, Walter P. 2001. Block of HAC1 mRNA translation by long-range base pairing is released by cytoplasmic splicing upon induction of the unfolded protein response. Cell, 107(1): 103-114.

Ryan O W, Cate J H. 2014. Multiplex engineering of industrial yeast genomes using CRISPRm. Methods in Enzymology, 546: 473-489.

Sanders J, Hoffmann S A, Green A P, et al. 2022. New opportunities for genetic code expansion in synthetic yeast. Current Opinion in Biotechnology, 75: 102691.

Sarrion-Perdigones A, Falconi E E, Zandalinas S I, et al. 2011. GoldenBraid: An iterative cloning system for standardized assembly of reusable genetic modules. PLoS One, 6(7): e21622.

Schena M, Shalon D, Davis R W, et al. 1995. Quantitative monitoring of gene expression patterns with a complementary DNA microarray. Science, 270(5235): 467-470.

Schindler D, Walker R S K, Jiang S Y, et al. 2023. Design, construction, and functional characterization of a tRNA neochromosome in yeast. Cell, 186(24): 5237-5253.e22.

Schmidt M J, Weber A, Pott M, et al. 2014. Structural basis of furan-amino acid recognition by a polyspecific aminoacyl-tRNA-synthetase and its genetic encoding in human cells. Chembiochem: a European Journal of Chemical Biology, 15(12): 1755-1760.

Schmied W H, Elsässer S J, Uttamapinant C, et al. 2014. Efficient multisite unnatural amino acid incorporation in mammalian cells via optimized pyrrolysyl tRNA synthetase/tRNA expression and engineered eRF$_1$. Journal of the American Chemical Society, 136(44): 15577-15583.

Schott H, Schrade H. 1984. Single-step elongation of oligodeoxynucleotides using terminal deoxynucleotidyl transferase. European Journal of Biochemistry, 143(3): 613-620.

Scientific Committee on Consumer Safety (SCCS), Scientific Committee on Health and Environmental Risks (SCHER), Scientific Committee on Emerging and Newly Identified Health Risks (SCENIHR). 2015. Synthetic Biology II - Risk assessment methodologies and safety aspects. [2023-09-10]. https://health.ec.europa.eu/publications/synthetic-biology-ii-risk-assessment-methodologies-and-safety-aspects_en.

Sekiya T, Takeya T, Brown E L, et al. 1979. Total synthesis of a tyrosine suppressor transfer RNA gene. XVI. Enzymatic joinings to form the total 207-base pair-long DNA. Journal of Biological Chemistry, 254(13): 5787-5801.

Shao Y Y, Lu N, Cai C, et al. 2019. A single circular chromosome yeast. Cell Research, 29(1): 87-89.

Shao Y Y, Lu N, Wu Z F, et al. 2018. Creating a functional single-chromosome yeast. Nature, 560(7718): 331-335.

Shao Z Y, Luo Y Z, Zhao H M,. 2012. DNA assembler method for construction of zeaxanthin-producing strains of Saccharomyces cerevisiae. Methods in Molecular Biology, 898: 251-262.

Shao Z Y, Zhao H M. 2013. Construction and engineering of large biochemical pathways via DNA assembler. Methods in Molecular Biology, 1073: 85-106.

Shao Z Y, Zhao H M. 2014. Manipulating natural product biosynthetic pathways via DNA assembler. Current Protocols in Chemical Biology, 6(2): 65-100.

Shao Z Y, Zhao H, Zhao H M. 2009. DNA assembler, an in vivo genetic method for rapid construction of biochemical pathways. Nucleic Acids Research, 37(2): e16.

Shen M J, Wu Y, Yang K, et al. 2018. Heterozygous diploid and interspecies SCRaMbLEing. Nature Communications, 9: 1934.

Shen Y, Gao F, Wang Y, et al. 2023. Dissecting aneuploidy phenotypes by constructing Sc2.0 chromosome VII and SCRaMbLEing synthetic disomic yeast. Cell Genomics, 3(11): 100364.

Shen Y, Stracquadanio G, Wang Y, et al. 2016. SCRaMbLE generates designed combinatorial stochastic diversity in synthetic chromosomes. Genome Research, 26(1): 36-49.

Shen Y, Wang Y, Chen T, et al. 2017. Deep functional analysis of synII, a 770-kilobase synthetic yeast chromosome. Science, 355(6329): eaaf4791.

Shi S B, Choi Y W, Zhao H M, et al. 2017. Discovery and engineering of a 1-butanol biosensor in Saccharomyces cerevisiae. Bioresource Technology, 245(Pt B): 1343-1351.

Short S P, Williams C S. 2017. Selenoproteins in tumorigenesis and cancer progression. Advances in Cancer Research, 136: 49-83.

Si L L, Xu H, Zhou X Y, et al. 2016. Generation of influenza A viruses as live but replication-incompetent virus vaccines. Science, 354(6316): 1170-1173.

Si T, Luo Y Z, Bao Z H, et al. 2015. RNAi-assisted genome evolution in Saccharomyces cerevisiae for complex phenotype engineering. ACS Synthetic Biology, 4(3): 283-291.

Silverman G A, Jockel J I, Domer P H, et al. 1991. Yeast artificial chromosome cloning of a two-megabase-size contig within chromosomal band 18q21 establishes physical linkage between BCL2 and plasminogen activator inhibitor type-2. Genomics, 9(2): 219-228.

Singh-Gasson S, Green R D, Yue Y J, et al. 1999. Maskless fabrication of light-directed oligonucleotide microarrays using a digital micromirror array. Nature Biotechnology, 17(10): 974-978.

Sinsheimer R L. 1959. Purification and properties of bacteriophage φX174. Journal of Molecular Biology, 1(1): 37-IN5.

Sleator R D. 2010. The story of Mycoplasma mycoides JCVI-syn1.0. Bioengineered Bugs, 1(4): 231-232.

Sleator R D. 2016. JCVI-syn3.0 – A synthetic genome stripped bare! Bioengineered, 7(2): 53-56.

Smith A J H, De Sousa M A, Kwabi-Addo B, et al. 1995. A site-directed chromosomal translocation induced in embryonic stem cells by Cre-loxP recombination. Nature Genetics, 9(4): 9: 376-385.

Smith H O, Hutchison III C A, Pfannkoch C, et al. 2003. Generating a synthetic genome by whole genome assembly: φX174 bacteriophage from synthetic oligonucleotides. Proceedings of the National Academy of Sciences of the United States of America, 100(26): 15440-15445.

Smith J, Modrich P. 1997. Removal of polymerase-produced mutant sequences from PCRproducts. Proceedings of the National Academy of Sciences of the United States of America, 94(13): 6847-6850.

Smolskaya S, Andreev Y A. 2019. Site-specific incorporation of unnatural amino acids into *Escherichia coli* recombinant Protein: Methodology development and recent achievement. Biomolecules, 9(7): 255.

Snider G W, Ruggles E, Khan N, et al. 2013. Selenocysteine confers resistance to inactivation by oxidation in thioredoxin reductase: Comparison of selenium and sulfur enzymes. Biochemistry, 52(32): 5472-5481.

Sørensen M A, Kurland C G, Pedersen S. 1989. Codon usage determines translation rate in *Escherichia coli*. J Mol Biol Journal of Molecular Biology, 207(2): 365-377.

Sørensen M A, Pedersen S. 1991. Absolute in vivo translation rates of individual codons in *Escherichia coli*. The two glutamic acid codons GAA and GAG are translated with a threefold difference in rate. Journal of Molecular Biology, 222(2): 265-280.

Steidler L, Neirynck S, Huyghebaert N, et al. 2003. Biological containment of genetically modified *Lactococcus lactis* for intestinal delivery of human interleukin 10. Nature Biotechnology, 21(7): 785-789.

Subramaniam S, Erler A, Fu J, et al. 2016. DNA annealing by Redβ is insufficient for homologous recombination and the additional requirements involve intra-and inter-molecular interactions. Scientific Reports, 6: 34525.

Suzuki T, Asami M, Patel S G, et al. 2018. Switchable genome editing via genetic code expansion. Scientific Reports, 8: 10051.

Suzuki Y, Assad-Garcia N, Kostylev M, et al. 2015. Bacterial genome reduction using the progressive clustering of deletions via yeast sexual cycling. Genome Research, 25(3): 435-444.

Szybalski W, Kim S C, Hasan N, et al. 1991. Class-IIS restriction enzymes: a review. Gene, 100: 13-26.

Tack D S, Ellefson J W, Thyer R, et al. 2016. Addicting diverse bacteria to a noncanonical amino acid. Nature Chemical Biology, 12(3): 138-140.

Tan Y Z, Wang M, Chen Y J. 2022. Reprogramming the biosynthesis of precursor peptide to create a selenazole-containing nosiheptide analogue. ACS Synthetic Biology, 11(1): 85-91.

Taneda A, Asai K. 2020. COSMO: a dynamic programming algorithm for multicriteria codon optimization. Computational and Structural Biotechnology Journal, 18: 1811-1818.

Tang X Y, Li J, Millán-Aguiñaga N, et al. 2015. Identification of thiotetronic acid antibiotic biosynthetic pathways by target-directed genome mining. ACS Chemical Biology, 10(12): 2841-2849.

Tartakoff A M, Dulce D, Landis E. 2018. Delayed encounter of parental genomes can lead to aneuploidy in *Saccharomyces cerevisiae*. Genetics, 208(1): 139-151.

Taubenberger J K, Reid A H, Krafft A E, et al. 1997. Initial genetic characterization of the 1918 Spanish influenza virus. Science, 275(5307): 1793-1796.

Telenius H, Szeles A, Keresö J, et al. 1999. Stability of a functional murine satellite DNA-based artificial chromosome across mammalian species. Chromosome Research, 7(1): 3-7.

Temme K, Zhao D H, Voigt C A. 2012. Refactoring the nitrogen fixation gene cluster from *Klebsiella oxytoca*. Proceedings of the National Academy of Sciences of the United States of America, 109(18): 7085-7090.

Thao T T N , Labroussaa F, Ebert N, et al. 2020. Rapid reconstruction of SARS-CoV-2 using a synthetic genomics platform. Nature, 582(7813): 561-565.

Thyer R, d'Oelsnitz S, Blevins M S, et al. 2021. Directed evolution of an improved aminoacyl-tRNA synthetase for incorporation of L-3, 4-dihydroxyphenylalanine (L-DOPA) . Angewandte Chemie (International Ed in English), 60(27): 14811-14816.

Thyer R, Shroff R, Klein D R, et al. 2018. Custom selenoprotein production enabled by laboratory evolution of recoded bacterial strains. Nature Biotechnology, 36(7): 624-631.

Tian J, Li Q B, Chu X Y, et al. 2018. Presyncodon, a web server for gene design with the evolutionary information of the expression hosts. International Journal of Molecular Sciences, 19(12): 3872.

Tian J D, Gong H, Sheng N J, et al. 2004. Accurate multiplex gene synthesis from programmable DNA microchips. Nature, 432(7020): 1050-1054.

Tong A H Y, Lesage G, Bader G D, et al. 2004. Global mapping of the yeast genetic interaction network. Science, 303(5659): 808-813.

Torres B, Jaenecke S, Timmis K N, et al. 2003. A dual lethal system to enhance containment of recombinant micro-organisms. Microbiology, (Pt 12): 3595-3601.

Tsai C J, Sauna Z E, Kimchi-Sarfaty C, et al. 2008. Synonymous mutations and ribosome stalling can lead to altered folding pathways and distinct minima. Journal of Molecular Biology, 383(2): 281-291.

Tulloch F, Atkinson N J, Evans D J, et al. 2014. RNA virus attenuation by codon pair deoptimisation is an artefact of increases in CpG/UpA dinucleotide frequencies. eLife, 3: e04531.

Tumpey T M, Basler C F, Aguilar P V, et al. 2005. Characterization of the reconstructed 1918 Spanish influenza pandemic virus. Science, 310(5745): 77-80.

Turner G, Barbulescu M, Su M, et al. 2001. Insertional polymorphisms of full-length endogenous retroviruses in humans. Current Biology, 11(19): 1531-1535.

Uprety R, Luo J, Liu J H, et al. 2014. Genetic encoding of caged cysteine and caged homocysteine in bacterial and mammalian cells. Chembiochem: a European Journal of Chemical Biology, 15(12): 1793-1799.

Vad-Nielsen J, Lin L, Bolund L, et al. 2016. Golden Gate assembly of CRISPR gRNA expression array for simultaneously targeting multiple genes. Cellular and Molecular Life Sciences, 73(22): 4315-4325.

van Kooten M J F M, Scheidegger C A, Christen M, et al. 2021. The transcriptional landscape of a rewritten bacterial genome reveals control elements and genome design principles. Nature Communications, 12: 3053.

Vashee S, Stockwell T B, Alperovich N, et al. 2017. Cloning, assembly, and modification of the primary human cytomegalovirus isolate Toledo by yeast-based transformation-associated recombination. mSphere, 2(5): e00317-e00331.

Venetz J E, Del Medico L, Wölfle A, et al. 2019. Chemical synthesis rewriting of a bacterial genome to achieve design flexibility and biological functionality. Proceedings of the National Academy of Sciences of the United States of America, 116(16): 8070-8079.

Venter J C, Glass J I, Hutchison C A 3rd, et al. 2022. Synthetic chromosomes, genomes, viruses, and cells. Cell, 185(15): 2708-2724.

Venter J C, Smith H O, Adams M D. 2015. The sequence of the human genome. Clinical Chemistry, 61(9): 1207-1208.

Walker K W. 2016. Site-directed mutagenesis. // Encyclopedia of Cell Biology. Amsterdam: Elsevier: 122-127.

Wan W, Li L L, Xu Q Q, et al. 2014. Error removal in microchip-synthesized DNA using immobilized MutS. Nucleic Acids Research, 42(12): e102.

Wang F, Robbins S, Guo J T, et al. 2010. Genetic incorporation of unnatural amino acids into proteins in *Mycobacterium tuberculosis*. PLoS One, 5(2): e9354.

Wang H H, Isaacs F J, Carr P A, et al. 2009. Programming cells by multiplex genome engineering and accelerated evolution. Nature, 460(7257): 894-898.

Wang H L, Li Z, Jia R N, et al. 2016a. RecET direct cloning and Redαβ recombineering of biosynthetic gene clusters, large operons or single genes for heterologous expression. Nature Protocols, 11(7): 1175-1190.

Wang H L, Li Z, Jia R N, et al. 2018a. ExoCET: exonuclease in vitro assembly combined with RecET recombination for highly efficient direct DNA cloning from complex genomes. Nucleic Acids Research, 46(5): e28.

Wang J W, Wang A, Li K Y, et al. 2015. CRISPR/Cas9 nuclease cleavage combined with Gibson assembly for seamless cloning. BioTechniques, 58(4): 161-170.

Wang J, Liu Y, Liu Y J, et al. 2019a. Time-resolved protein activation by proximal decaging in living systems. Nature, 569(7757): 509-513.

Wang J, Xie Z X, Ma Y, et al. 2018b. Ring synthetic chromosome V SCRaMbLE. Nature Communications, 9: 3783.

Wang J, Zheng S Q, Liu Y J, et al. 2016b. Palladium-triggered chemical rescue of intracellular proteins via genetically encoded allene-caged tyrosine. Journal of the American Chemical Society, 138(46): 15118-15121.

Wang K H, de la Torre D, Robertson W E, et al. 2019b. Programmed chromosome fission and fusion enable precise large-scale genome rearrangement and assembly. Science, 365(6456): 922-926.

Wang K H, Fredens J, Brunner S F, et al. 2016c. Defining synonymous codon compression schemes by genome recoding. Nature, 539(7627): 59-64.

Wang L, Zhang Z W, Brock A, et al. 2003. Addition of the keto functional group to the genetic code of *Escherichia coli*. Proceedings of the National Academy of Sciences of the United States of America, 100(1): 56-61.

Wang P X, Xu H, Li H, et al. 2020. SCRaMbLEing of a synthetic yeast chromosome with clustered fssential genes reveals synthetic lethal interactions. ACS Synthetic Biology, 9(5): 1181-1189.

Wang Q, Wang L. 2008. New methods enabling efficient incorporation of unnatural amino acids in yeast. Journal of the American Chemical Society, 130(19): 6066-6067.

Wang Z U, Wang Y S, Pai P J, et al. 2012. A facile method to synthesize histones with posttranslational modification mimics. Biochemistry, 51(26): 5232-5234.

Wanke V, Cameroni E, Uotila A, et al. 2008. Caffeine extends yeast lifespan by targeting TORC1. Molecular Microbiology, 69(1): 277-285.

Wannier T M, Kunjapur A M, Rice D P, et al. 2018. Adaptive evolution of genomically recoded *Escherichia coli*. Proceedings of the National Academy of Sciences of the United States of America, 115(12): 3090-3095.

Warrens A N, Jones M D, Lechler R I. 1997. Splicing by overlap extension by PCR using asymmetric amplification: an improved technique for the generation of hybrid proteins of immunological interest. Gene, 186(1): 29-35.

Weber E, Engler C, Gruetzner R, et al. 2011. A modular cloning system for standardized assembly of multigene constructs. PLoS One, 6(2): e16765.

Wei H L, Hu J, Wang L, et al. 2012. Rapid gene splicing and multi-sited mutagenesis by one-step overlap extension polymerase chain reaction. Analytical Biochemistry, 429(1): 76-78.

Welch M, Villalobos A, Gustafsson C, et al. 2011. Designing genes for successful protein expression. //Methods in Enzymology. Amsterdam: Elsevier: 43-66.

Werner S, Engler C, Weber E, et al. 2012. Fast track assembly of multigene constructs using Golden Gate cloning and the MoClo system. Bioengineered Bugs, 3(1): 38-43.

Wesalo J S, Luo J, Morihiro K, et al. 2020. Phosphine-activated lysine analogues for fast chemical control of protein subcellular localization and protein SUMOylation. Chembiochem: a European Journal of Chemical Biology, 21(1/2): 141-148.

Whitehouse A, Deeble J, Parmar R, et al. 1997. Analysis of the mismatch and insertion/deletion binding properties of *Thermus thermophilus*, HB8, MutS. Biochemical and Biophysical Research Communications, 233(3): 834-837.

Wightman E L I, Kroukamp H, Pretorius I S, et al. 2020a. Rapid colorimetric detection of genome evolution in SCRaMbLEd synthetic *Saccharomyces cerevisiae* strains. Microorganisms, 8(12): 1914.

Wightman E L I, Kroukamp H, Pretorius I S, et al. 2020b. Rapid optimisation of cellulolytic enzymes ratios in *Saccharomyces cerevisiae* using in vitro SCRaMbLE. Biotechnology for Biofuels, 13(1): 182.

Williams T C, Kroukamp H, Xu X, et al. 2023. Parallel laboratory evolution and rational debugging reveal genomic plasticity to *S. cerevisiae* synthetic chromosome XIV defects. Cell Genomics, 3(11): 100379.

Willis N A, Rass E, Scully R. 2015. Deciphering the code of the cancer genome: mechanisms of chromosome rearrangement. Trends in Cancer, 1(4): 217-230.

Wright O, Delmans M, Stan G B, et al. 2015. GeneGuard: A modular plasmid system designed for biosafety. ACS Synthetic Biology, 4(3): 307-316.

Wu Y, Li B Z, Zhao M, et al. 2017. Bug mapping and fitness testing of chemically synthesized chromosome X. Science, 355(6329): eaaf4706.

Wu Y, Zhu R Y, Mitchell L A, et al. 2018. In vitro DNA SCRaMbLE. Nature Communications, 9: 1935.

Xiang Z, Ren H Y, Hu Y S, et al. 2013. Adding an unnatural covalent bond to proteins through proximity-enhanced bioreactivity. Nature Methods, 10(9): 885-888.

Xiao H, Nasertorabi F, Choi S H, et al. 2015. Exploring the potential impact of an expanded genetic code on protein function. Proceedings of the National Academy of Sciences of the United States of America, 112(22): 6961-6966.

Xie X P, Muruato A, Lokugamage K G, et al. 2020. An infectious cDNA clone of SARS-CoV-2. Cell Host and Microbe, 27(5): 841-848.e3.

Xie Z X, Li B Z, Mitchell L A, et al. 2017. Perfect designer chromosome V and behavior of a ring derivative. Science, 355(6329): eaaf4704.

Xie Z X, Mitchell L A, Liu H M, et al. 2018. Rapid and efficient CRISPR/Cas9-based mating-type switching of *Saccharomyces cerevisiae*. G3 Genes Genomes, Genetics, 8(1): 173-183.

Xu X M, Carlson B A, Mix H, et al. 2007. Biosynthesis of selenocysteine on its tRNA in eukaryotes. PLoS Biology, 5(1): e4.

Xuan W M, Schultz P G. 2017. A strategy for creating organisms dependent on noncanonical amino acids. Angewandte Chemie (International Ed in English), 56(31): 9170-9173.

Yadav T, Carrasco B A, Serrano E, et al. 2014. Roles of Bacillus subtilis DprA and SsbA in RecA-mediated genetic recombination. The Journal of Biological Chemistry, 289(40): 27640-27652.

Yamaguchi S, Ren X Y, Katoh M, et al. 2006. A new method of microcell-mediated transfer of human artificial chromosomes using a hemagglutinating virus of Japan envelope. Chromosome Science, 9: 65-73.

Yamanaka K, Reynolds K A, Kersten R D, et al. 2014. Direct cloning and refactoring of a silent lipopeptide biosynthetic gene cluster yields the antibiotic taromycin A. Proceedings of the National Academy of Sciences of the United States of America, 111(5): 1957-1962.

Yan J L, Li Z P, Liu C H, et al. 2010. Simple and sensitive detection of microRNAs with ligase chain reaction. Chemical Communications, 46(14): 2432-2434.

Yang A, Ha S, Ahn J, et al. 2016. A chemical biology route to site-specific authentic protein modifications. Science, 354(6312): 623-626.

Yang Z Y, Kuang D R. 1996. Study on the transferring of YACs to new host by means of KAR cross. Shi Yan Sheng Wu Xue Bao, 29(3): 247-253.

Ye Y R, Zhong M M, Zhang Z H, et al. 2022. Genomic iterative replacements of large synthetic DNA fragments in *Corynebacterium glutamicum*. ACS Synthetic Biology, 11(4): 1588-1599.

Yoneji T, Fujita H, Mukai T, et al. 2021. Grand scale genome manipulation via chromosome swapping in *Escherichia coli* programmed by three one megabase chromosomes. Nucleic Acids Research, 49(15): 8407-8418.

You L C, Yin J. 2002. Dependence of epistasis on environment and mutation severity as revealed by in silico mutagenesis of phage t7. Genetics, 160(4): 1273-1281.

Youil R, Kemper B W, Cotton R G. 1995. Screening for mutations by enzyme mismatch cleavage with T4 endonuclease VII. Proceedings of the National Academy of Sciences of the United States of America, 922(1): 87-91.

Young L, Dong Q H. 2004. Two-step total gene synthesis method. Nucleic Acids Research, 32(7): e59.

Yount B, Curtis K M, Baric R S. 2000. Strategy for systematic assembly of large RNA and DNA genomes: Transmissible gastroenteritis virus model. Journal of Virology, 74(22): 10600-10611.

Yu B J, Sung B H, Koob M D, et al. 2002. Minimization of the *Escherichia coli* genome using a Tn5-targeted Cre/loxP excision system. Nature Biotechnology, 20(10): 1018-1023.

Yu W C, Yau Y Y, Birchler J A. 2016. Plant artificial chromosome technology and its potential application in genetic engineering. Plant Biotechnology Journal, 14(5): 1175-1182.

Yuan Q C, Gao X. 2022. Multiplex base- and prime-editing with drive-and-process CRISPR arrays. Nature Communications, 13: 2771.

Zalucki Y M, Beacham I R, Jennings M P . 2011. Coupling between codon usage, translation and protein export in *Escherichia coli*. Biotechnology Journal, 6(6): 660-667.

Zalucki Y M, Beacham I R, Jennings M P. 2009. Biased codon usage in signal peptides: A role in protein export. Trends in Microbiology, 17(4): 146-150.

Zavriev S K, Shemyakin M F. 1982. RNA polymerase-dependent mechanism for the stepwise T7 phage DNA transport from the virion into E. coli. Nucleic Acids Research, 10(5): 1635-1652.

Zhang H L, Gong X M, Zhao Q Q, et al. 2022b. The tRNA discriminator base defines the mutual orthogonality of two distinct pyrrolysyl-tRNA synthetase/tRNAPyl pairs in the same organism. Nucleic Acids Research, 50(8): 4601-4615.

Zhang H M, Fu X, Gong X M, et al. 2022a. Systematic dissection of key factors governing recombination outcomes by GCE-SCRaMbLE. Nature Communications, 13: 5836.

Zhang H W, Zhang X X, Fan C X, et al. 2016. A novel sgRNA selection system for CRISPR-Cas9 in mammalian cells. Biochemical and Biophysical Research Communications, 471(4): 528-532.

Zhang J, Wang Y F, Chai B H, et al. 2020a. Efficient and low-cost error removal in DNA synthesis by a high-durability MutS. ACS Synthetic Biology, 9(4): 940-952.

Zhang M S, Brunner S F, Huguenin-Dezot N, et al. 2017a. Biosynthesis and genetic encoding of phosphothreonine through parallel selection and deep sequencing. Nature Methods, 14(7): 729-736.

Zhang M, Lin S X, Song X W, et al. 2011. A genetically incorporated crosslinker reveals chaperone cooperation in acid resistance. Nature Chemical Biology, 7(10): 671-677.

Zhang W M, Lazar-Stefanita L, Yamashita H, et al. 2023. Manipulating the 3D organization of the largest synthetic yeast chromosome. Molecular Cell, 83(23): 4424-4437.e5.

Zhang W M, Mitchell L A, Bader J S, et al. 2020b. Synthetic genomes. Annual Review of Biochemistry, 89: 77-101.

Zhang W M, Zhao G H, Luo Z Q, et al. 2017b. Engineering the ribosomal DNA in a megabase synthetic chromosome. Science, 355(6329): eaaf3981.

Zhang Y M, Buchholz F, Muyrers J P P, et al. 1998. A new logic for DNA engineering using recombination in *Escherichia coli*. Nature Genetics, 20(2): 123-128.

Zhang Y M, Muyrers J P P, Rientjes J, et al. 2003. Phage annealing proteins promote oligonucleotide-directed mutagenesis in *Escherichia coli* and mouse ES cells. BMC Molecular Biology, 4(1): 1-14.

Zhang Y P, Wang J, Wang Z B, et al. 2019. A gRNA-tRNA array for CRISPR-Cas9 based rapid multiplexed genome editing in *Saccharomyces cerevisiae*. Nature Communications, 10: 1053.

Zhang Y Q, Du Y M, Li M J, et al. 2020c. Activity-based genetically encoded fluorescent and luminescent probes for detecting formaldehyde in living cells. Angewandte Chemie (International Ed in English), 59(38): 16352-16356.

Zhang Y W, Werling U, Edelmann W. 2012. SLiCE: a novel bacterial cell extract-based DNA cloning method. Nucleic Acids Research, 40(8): e55.

Zhang Y W, Werling U, Edelmann W. 2014. Seamless ligation cloning extract (SLiCE) cloning method. //DNA Cloning and Assembly Methods. Totowa, NJ: Humana Press: 235-244.

Zhang Y, Chiu T Y, Zhang J T, et al. 2021. Systematical engineering of synthetic yeast for enhanced production of lycopene. Bioengineering, 8(1): 14.

Zhang Y, Lamb B M, Feldman A W, et al. 2017c. A semisynthetic organism engineered for the stable expansion of the genetic alphabet. Proceedings of the National Academy of Sciences of the United States of America, 114(6): 1317-1322.

Zhang Y, Ptacin J L, Fischer E C, et al. 2017d. A semi-synthetic organism that stores and retrieves increased genetic information. Nature, 551(7682): 644-647.

Zhao D, Zou S W, Liu Y, et al. 2013. Lysine-5 acetylation negatively regulates lactate dehydrogenase A and is decreased in pancreatic cancer. Cancer Cell, 23(4): 464-476.

Zhao M M, García B, Gallo A, et al. 2020. Home-made enzymatic premix and Illumina sequencing allow for one-step Gibson assembly and verification of virus infectious clones. Phytopathology Research, 2: 36.

Zhao Y, Coelho C, Hughes A L, et al. 2023. Debugging and consolidating multiple synthetic chromosomes reveals combinatorial genetic interactions. Cell, 186(24): 5220-5236.e16.

Zhou A X Z, Sheng K, Feldman A W, et al. 2019. Progress toward eukaryotic semisynthetic organisms: translation of unnatural codons. Journal of the American Chemical Society, 141(51): 20166-20170.

Zhou C, Wang Y, Huang Y, et al. 2023a. Screening and characterization of aging regulators using synthesized yeast chromosome XIII. bioRxiv, DOI: 10.1101/2023.11.07.566118.

Zhou J T, Wu R H, Xue X L, et al. 2016a. CasHRA (Cas9-facilitated Homologous Recombination Assembly) method of constructing megabase-sized DNA. Nucleic Acids Research, 44(14): e124.

Zhou M, Guo J H, Cha J, et al. 2013. Non-optimal codon usage affects expression, structure and function of clock protein FRQ. Nature, 495(7439): 111-115.

Zhou S J, Wu Y, Zhao Y, et al. 2023b. Dynamics of synthetic yeast chromosome evolution shaped by hierarchical chromatin organization. National Science Review, 10(5): nwad073.

Zhou W Y, Deiters A. 2021. Chemogenetic and optogenetic control of post-translational modifications through genetic code expansion. Current Opinion in Chemical Biology, 63: 123-131.

Zhou Z P, Dang Y K, Zhou M, et al. 2016b. *Codon* usage is an important determinant of gene expression levels largely through its effects on transcription. Proceedings of the National Academy of Sciences of the United States of America, 113(41): E6117-E6125.

Zürcher J F, Kleefeldt A A, Funke L F H, et al. 2023. Continuous synthesis of *E. coli* genome sections and Mb-scale human DNA assembly. Nature, 619(7970): 555-562.